Reihe Germanistische Linguistik 123

Herausgegeben von Helmut Henne, Horst Sitta
und Herbert Ernst Wiegand

Karlheinz Jakob

Maschine, Mentales Modell, Metapher

Studien zur Semantik und Geschichte der Techniksprache

Max Niemeyer Verlag
Tübingen 1991

Die Deutsche Bibliothek – CIP-Einheitsaufnahme

Jakob, Karlheinz:
Maschine, mentales Modell, Metapher : Studien zur Semantik und Geschichte der Techniksprache / Karlheinz Jakob. – Tübingen : Niemeyer, 1991
(Reihe Germanistische Linguistik ; 123)
NE: GT

ISBN 3-484-31123-1 ISSN 0344-6778

Printed in Germany.
Druck: Weihert-Druck GmbH, Darmstadt.
Einband: Heinr. Koch, Tübingen.

Inhalt

Vorwort

Eine sprachwissenschaftliche Arbeit zu schreiben, die sich mit Technik und Sprache auseinandersetzt, birgt ein Risiko in sich, mit dem zunächst jede interdisziplinäre Forschungsarbeit leben muß: Es gilt, eine spannungsreiche Harmonie zwischen der eigenen Spezialdisziplin und einem gelegentlich knapp am Dilettantismus vorbeizielenden Wildern in fremden Disziplinen herzustellen. Bei der vorliegenden Studie über die Semantik und die Geschichte der Techniksprache könnte sich eine solche disziplinenübergreifende Zusammenfügung als besonders spannungsreich erweisen, weil dem Geisteswissenschaftler technische Zusammenhänge traditionell besonders fremd sind. Schließlich gehört er der 'einen' der 'zwei Kulturen' an, während die Technik zur 'anderen' zählt.

Sollten in der vorliegenden Arbeit einige Ungereimtheiten zu finden sein, die auf mangelnden technischen Sachverstand zurückzuführen sind, so kann sich der Verfasser damit trösten, daß auch anderen Kulturwissenschaftlern, die sich der Technik annähern, gelegentlich Irrtümer unterlaufen: Der Innovationsforscher Gerhard Mensch ((1975) S.136) ordnet innerhalb seiner Klassifikation der Innovationen die Wasserturbine und den Benzinmotor dem Gebiet der Elektrotechnik zu, was wohl selbst bei Zugrundelegung großzügigster Klassifizierungskriterien nicht ganz einleuchten kann. Eher harmlos ist dagegen das Mißverständnis, das der *Gabelstapler* bei dem Sprachwissenschaftler Lutz Mackensen ((1959) S.297) hervorgerufen hat. Er reiht ihn bei den Objektkomposita ein, womit derselbe als Maschine zu deuten wäre, die vermutlich Eßbesteck anhäuft. Schließlich nennt Techniksprachenforscher Heinz Ischreyt ((1968) S.81) den *Diesel-Zweitakt-Vierzylindermotor* als ein besonders beeindruckendes Beispiel fachsprachlicher Wortbildung. Die sprachliche Komposition mag zwar korrekt sein, aber die Vereinigung der Prinzipien 'Zweitakt' und 'Diesel' in einem einzigen Motor muß dem Maschinenbauingenieur als eine Maschine aus einem technischen Wunderland erscheinen, wo es dann vermutlich auch *Dampf-Wasser-Windmühlen* geben wird. Nicht in polemischer Absicht werden solche Beispiele präsentiert. Es geht vielmehr darum, die besondere, mit Fallen gespickte Situation von Forschungsarbeiten zu skizzieren, die zwischen den zwei Kulturen vermitteln wollen.

Die Brücke, die dabei gerade zur Technik geschlagen werden muß, ist nochmals deutlich länger als die zu den Naturwissenschaften. Zur Biologie und Physik bestehen sowohl für den Geisteswissenschaftler als auch für den, der eine 'bildungsbürgerliche' Allgemeinbildung aufweist, noch eher traditionelle Verbindungen, sei es in philosophischen, theologischen oder anthropologischen Fragestellungen. Dagegen gehört die Technik traditionell nicht zu den Wissensbeständen der Gruppe, die man als bildungsbürgerlich charakterisiert. Dort mögen zwar Prometheus, Ikarus und Archimedes, vielleicht auch noch Leonardo da Vinci, Johannes Gutenberg und Sébastien Vauban einen festen Platz haben, aber je weiter man sich der Gegenwart des Industriezeitalters nähert, desto deutlicher werden die Lücken. Techniker, die mit ihren Basisinnovationen die Grundlage für die technische Welt des 19. und 20. Jahrhunderts legten, fehlen dann weitgehend im 'Bildungskanon': James Watt, Werner von Siemens, Nikolaus Otto u.a.

Die Technikdistanz der Kulturwissenschaftler und auch ihre relative Ferne zu den Naturwissenschaften gehen auf Wissenschaftstraditionen zurück, die seit der Klassik und dem deutschen Idealismus zu einer Zweigleisigkeit geführt haben, die man heute als das Phänomen der zwei Kulturen kennzeichnet: die Kultur der Geistes- und Sozialwissenschaften gegenüber der Kultur der Natur- und Ingenieurwissenschaften. Die Sonderstellung der Technik im gegenwärtigen Wertesystem der Allgemeinbildung ist durch eine weitere Entwicklung des 19. Jahrhunderts determiniert. Aus den verschiedensten historischen Wurzeln des 19. Jahrhunderts entsteht eine Technikdistanz, Technikskepsis und Technikkritik, die von Friedrich Hegel über Oswald Spengler, Martin Heidegger bis zu Carl Jaspers und Herbert Marcuse führt. Daraus resultiert eine merkwürdige Diskrepanz: Als Geisteswissenschaftler des Industriezeitalters muß man nichts über Technik wissen, man sollte aber eine standesgemäße Portion von Technikkritik und Technikdistanz aufweisen, man darf und muß aber gleichzeitig die Errungenschaften der Technik in Alltag und Beruf gewinnbringend einsetzen (vgl. hierzu Steinbuch (1987)).

Zum wissens- und ideengeschichtlichen Aspekt kommt der politikgeschichtliche hinzu. Auch die wesentlichen Wurzeln zweier sich noch heute gegenüberstehender Haltungen sind im 19. Jahrhundert angelegt: die fortschrittsgläubige Maschinenbegeisterung ebenso wie die kulturpessimistischen Prophezeihungen von der Verdrängung, Unterjochung oder gar vom Ersatz des Menschen durch die Maschine. Auch die derzeitige postmoderne Technikkritik (z.B. Ullrich (1977)) schöpft ihre Theorien aus der Breite dieser bildungsbürgerlichen und geisteswissenschaftlichen Traditionen, also aus einem Spektrum, das vom reaktionär-konservativen Rand (z.B. Oswald Spengler) bis zu marxistischen Interpretationen (z.B. Herbert Marcuse) reicht. Das Menetekel von der Abschaffung des Menschen durch die Maschine ist nicht in der gegenwärtigen Technikkritik entstanden. Es begleitet die technische Entwicklung seit Beginn des 19. Jahrhunderts.

Man darf allerdings nach der Schwarz-Weiß-Malerei über die beiden Kulturen auch nicht übersehen, daß es immer wieder in der Wissenschaftsgeschichte Versuche gegeben hat, die beiden Kulturen einander anzunähern. Dies gilt in besonderem Maße für modernere Geistes- und Sozialwissenschaften (z.B. Psychologie, Soziologie), denen aufgrund ihrer methodischen Nähe zu den Naturwissenschaften (z.B. Modellbildung, Laborversuche, Statistik) der Brückenschlag offensichtlich leichter fällt. Es gibt aber auch in den meisten 'traditionellen' Disziplinen Ansätze, die in interdiszlinärer Sehweise Brücken zur fremden Welt der Technik schlagen und explizit ausführen, daß keine Wissenschaft an dem bedeutenden Phänomen des Industriezeitalters vorbeigehen kann.

Am deutlichsten ist dies in der Geschichtswissenschaft verwirklicht, wo sich eine eigene Spezialdisziplin Technikgeschichte etabliert hat (vgl. Klemm (1983a), Treue (1977), Troitzsch/Wohlauf (1980)). Arbeiten aus anderen Fächern, die die Technik programmatisch einbeziehen wollen, werden aber stets im Vorwort ausdrücklich als erste Ansätze, als exotische Themenverknüpfung, als Forschungsdesiderata und hoffnungsvolle Zukunftsaufgaben gepriesen, bejammert und gerechtfertigt.[1] Was in Texten mancher Disziplinen zum Einleitungsritual gehört, nämlich aufmunternde Worte zu schreiben, was alles erforschenswert wäre, gilt in extremem Maße für exotische Randgebiete, zu denen eine Beschäftigung mit Sprache und Technik ohne weiteres gerechnet werden darf. Die Einleitungsrituale schwanken dann in noch stärkerem Maße zwischen Wehklagen über die Forschungslage und eindringlichen Appellen an die forschende Zunft, ihren eigenen Forscherschweiß oder zumindest den ihrer Doktoranden fließen zu lassen.[2]

Was allgemein für die Geisteswissenschaften ausgeführt wurde, gilt im besonderen auch für die Sprachwissenschaft. Während die Beschäftigung mit der Sprache der Naturwissenschaften noch eher im herrschenden Fachsprachenparadigma unterzubringen ist (vgl. Pörksen (1986)), ist die Technik in weit höherem Maße ein ferner Gegenstand. Die Arbeit von Heinz Ischreyt aus dem Jahre 1965 ist derzeit die jüngste einschlägige Monographie, die sich in einer Gesamtschau dem Problem der Techniksprache widmet.

Neben den allgemein wissenschaftsgeschichtlichen Hindernissen gibt es aber auch noch fachinterne. Ziele und Methoden, die für die Geschichte der Ausdruckssysteme vom Germanischen bis zum Frühneuhochdeutschen beeindruckende Forschungsergebnisse zur deutschen Sprachgeschichte erbrachten, versagen offensichtlich für die Beschäftigung mit der Sprachgeschichte des 18. bis 20. Jahrhunderts. Traditionelle Fragestellungen und erfolgreiche philologische Methoden werden plötzlich zu 'methodischen Restriktionen'. Besonders für das hier zur Debatte stehende 19. Jahrhundert, das erst in jüngerer Zeit als neues Feld der Sprachgeschichtsforschung entdeckt wird,[3] sollen die Restriktionen der bisherigen Sprachgeschichtsschreibung durchbrochen werden (vgl. auch Möhn (1979b) S.18). Die vorliegende Abhandlung will dazu einen Beitrag leisten.

Fragestellung und Konzeption der Arbeit lassen sich in acht Punkten skizzieren:

(1) Die Arbeit ist als Beitrag zur jüngeren Forschungsdiskussion zu verstehen, in der angemahnt wird, die Sprachgeschichtsschreibung des Deutschen

---

[1] Vgl. zur Techniksoziologie: Jokisch (1982), Linde (1972), Lutz (1987), Ropohl (1979). Vgl. zur Anthropologie und Philosophie: Menne (1987), Sachsse (1978). Vgl. zur Literaturwissenschaft: Segeberg (1987a). Vgl. zur Sprachwissenschaft: Ischreyt (1965), Mackensen (1959).

[2] Vgl. z.B. Jokisch (1982) S.VII; vgl. hierzu auch die ironischen Bemerkungen zur Postulatorik in der Fachsprachenforschung in Hahn (1983) S.3.

[3] Vgl. hierzu die Sammelbände: Cherubim/Mattheier (1989), Dieckmann (1989), Rindermann (1986), Schildt u.a. (1981).

auch auf das Industriezeitalter auszudehnen.

(2) Es soll der Versuch gemacht werden, technische und industrielle Entwicklungen der Neuzeit ebenfalls als eine selbstverständliche historische Basis des Sprachwandels zu sehen. Bisher waren die historischen Folien vorwiegend der Politik-, Sozial- und Ideengeschichte entnommen. Kein Mediävist kann Sprachgeschichte ohne Blick auf die kulturellen, politischen und sozialen Leitideen und Leitbegriffe der Epoche betreiben. Der Sprachhistoriker der Neuzeit scheint dies gelegentlich zu tun, zumindest hat er zunächst Probleme, die Technik als **das** zentrale Leitkonzept des Industriezeitalters zu akzeptieren.

(3) Die Abhandlung will Fachsprache und Alltagssprache gleichermaßen ins Visier nehmen und beide daraufhin untersuchen, welche Veränderungen sie im Zeitalter der industriellen Technik erfahren. Das bedeutet, daß die Beschäftigung mit Techniksprache nicht auf Aspekte der Fachsprachenforschung beschränkt sein kann, wie dies der Titel der Arbeit vielleicht vermuten läßt: Das Sprechen über Technik soll hier nicht nur unter den Perspektiven einer theoretischen Fachsprache der Naturwissenschaften und einer praktischen Fachsprache der Techniker beleuchtet werden. Auch die Folgerungen über die Fachwelt hinaus, die man plakativ als 'Mechanisierung des Alltags' und 'Technisierung der Welt' umschrieben hat, sollen analysiert werden. Sprachwissenschaftlich präzisiert bedeutet dies: Wir interessieren uns für die Auswirkungen der technischen Entwicklungen auf die Ausdruckssysteme **und** die Semantik der Alltagssprache **und** der technischen Fachsprachen.

(4) Mit diesen Vorgaben der Erkenntnisziele ergibt sich fast zwangsläufig der zu untersuchende Zeitraum. Die generelle Beobachtung von Rüdiger Fluck ((1980) S.164f.), wonach im 18. und 19. Jahrhundert die Sprache im hohen Maße durch technische Metaphorik bereichert werde, weist auf den Zeitraum der 'Technisierung' der Sprache hin und gibt den Schwerpunkt unseres Untersuchungszeitraumes an: etwa Mitte des 18. Jahrhunderts bis zum Beginn des 20. Jahrhunderts.

(5) Es ist völlig unmöglich, sich mit allen sprachlichen Veränderungen, die durch moderne Technik hervorgerufen wurden, zu beschäftigen. Die Arbeit stellt daher in den Mittelpunkt die technischen Innovationen aus dem Großbereich Maschinenbau. Schwerpunkte sind dabei Kraftmaschinen/Motoren und Fahrzeuge. Auch hier gibt die generelle Themenstellung von selbst die sektorale Begrenzung vor. In den genannten Bereichen finden in den angegebenen 150 Jahren entscheidende Basisinnovationen und Verbesserungsinnovationen statt, die zu den Meilensteinen der Technikgeschichte zu zählen sind. Drei Kumulationszeitpunkte von Basisinnovationen liegen nach Auffassung der Innovationsforschung in unserem Zeitraum.[4] Die drei Zeitpunkte sind mit jeweils einem Meilenstein der Technikgeschichte in Verbindung zu bringen, die auch dem Nichtspezialisten bekannt sein müßten: um 1770 die Dampfmaschine, um 1830 die Eisenbahn und um 1880 das Automobil.

(6) Ferner umfaßt der ausgewählte Technikbereich der Kraftmaschinen

[4] Vgl. zur Klassifizierung und Kumulation der Innovationen des Industriezeitalters: Mensch (1975) S.134ff. Vgl. zur Kritik an Mensch: Ropohl (1979) S.274.

und der Fahrzeuge Produkte, die nicht auf die industrielle Produktion beschränkt sind und somit dem Laien versteckt bleiben. Zu ihrer bedeutendsten Eigenschaft gehört es, auch die Technik des Alltags entscheidend zu prägen. In der ausgewählten Zeitspanne liegen die erstmalige technische Innovation und die Diffusion in vielen Produktionszweigen und die Diffusion in den Alltag. Speziell für diese technischen Produkte gilt das Schlagwort von der 'Mechanisierung des Alltags' (siehe oben) besonders. Denn sie haben, wie im historischen Teil der Arbeit gezeigt werden soll, auch Teile unserer alltagssprachlichen Semantik entscheidend verändert. Sie prägen in entscheidendem Maße unsere Alltagsauffassungen von Raum und Zeit, unsere Maßangaben und Einschätzungen von Entfernung, Geschwindigkeit. Sie beeinflussen die sprachlichen Mittel, mittels derer wir über körperliche Mühsal und über den Arbeits- und Kraftaufwand von Mensch und Maschine sprechen.

(7) Die sprachlichen Besonderheiten der Technikfachsprachen, etwa ihre exzessive Metaphernbildung, sind Beleg dafür, daß mit naiven Alltagstheorien, mit den Denkmodellen alltäglicher und untheoretischer Lebensbewältigung die Artefakte und der Umgang mit ihnen angegangen werden. In diesem Sinne müssen sie als spezielle Ausdrucksmittel und als Spezialsemantik einer Sprachvarietät interpretiert werden. Dabei ist für den Spezialfall der Technikfachsprachen besonders zu berücksichtigen, daß sie — aus technikgeschichtlichen Gründen — der Alltagssprache besonders nahe stehen. Auf den Erörterungen in den grundlegenden Kapiteln zu anthropologischen und wissenspsychologischen Aspekten aufbauend (siehe Kap. 2 und 3) soll die These gestützt werden, daß hier keine spezifische 'Fachstilistik' vorliegt, sondern die besondere Versprachlichung von Fachwissen. Das Forschungsprogramm dieser Arbeit richtet sich somit gegen die bisherigen Schwerpunkte der Fachsprachenlinguistik: Semantik statt Stilistik.

(8) Der zweite Teil der Arbeit ist nicht nur historischer Zusatz, sondern ein ebenso wichtiger Bestandteil der Arbeit, der die Ausführungen des ersten Teils zur 'Semantik der Techniksprache' absichern soll. Durch ihn wird sich (hoffentlich) erweisen, daß erst in einer diachronen Sehweise die speziellen Probleme von Technik- und Alltagssprache deutlicher heraustreten. Es zeigt sich, wie die sich verändernden semantischen Strukturen an technikgeschichtliche Entwicklungen gebunden sind, wie die Varietäten und ihr Verhältnis zueinander sich wandeln. Erst im Vergleich über mehr als ein Jahrhundert können die ausdrucksseitigen und semantischen Probleme der Techniksprache deutlich getrennt und angemessen dargestellt werden.

Die vorliegende Arbeit ist in den Jahren 1986 bis 1990 entstanden. Im Mai 1990 wurde das Manuskript abgeschlossen und im WS 1990/91 wurde die Arbeit vom Gemeinsamen Ausschuß der Philosophischen Fakultäten der Universität Freiburg als Habilitationsschrift angenommen. Für den Druck wurden im historischen Teil einige Kürzungen vorgenommen.

Viele Personen haben zum Zustandekommen dieser Arbeit beigetragen. Für kritische Lektüre, wertvolle Anregungen und Diskussionen danke ich Andrea Becker, Markus Hundt, Bernhard Kelle, Günter Kochendörfer, Uwe Pörksen, Wolfgang Raible und ganz besonders meiner Frau.

Meinem Lehrer Hugo Steger danke ich — am Ende der sechsjährigen Hochschulassistentenzeit — für Förderung, Unterstützung, Freiräume, Anregungen, Zustimmung, Kurskorrekturen und für Widerspruch. Besonders seine gelegentlich unerbittliche Kritik hat sich in entscheidenden Phasen des Projekts außerordentlich arbeitsstimulierend ausgewirkt.

Freiburg, im Mai 1991 K. Jakob

Teil I: Theoretische Grundlagen

1. Einleitung und Problemstellung

1.1 Was ist eigentlich Technik?

Eine Szene aus einer Fernsehsendung zur gegenwärtigen Technikkritik: Ein Jugendlicher äußert sich im Interview sehr skeptisch über die ihn umgebende technische Welt, behauptet schließlich am Ende, ganz ohne Technik auskommen zu können, beendet die Straßenbefragung damit, daß er den Kopfhörer seines 'walkmans' (kleiner tragbarer Casettenrecorder) aufsetzt und sich aufs Fahrrad schwingt.

Das Beispiel zeigt zweierlei Problemfelder auf, die in den Abschnitten 1.2 und 1.3 zu behandeln sind:

(1) Das Wort *Technik* kann offensichtlich für unterschiedliche Technikbegriffe stehen, die in den theoretischen Wissenschaften, in den technischen Fachdisziplinen und im Alltag unterschiedliche Ausprägungen haben (vgl. Steger (1986), Steger (1988a)). Der Alltagsbegriff des Jugendlichen scheint triviale Alltagstechniken nicht zu umfassen, vielmehr scheint er ausschließlich industrielle Großtechnik damit zu meinen. Es gilt also begriffsgeschichtlich die verschiedenen Bereiche zu trennen, die mit dem Wort *Technik* ausdrucksseitig vereint werden.

(2) Menschliches Alltagsleben und Alltagshandeln ist ohne technische Hilfsmittel nicht denkbar. Daß dies in vortheoretischer Alltagsvorstellung erst als eine Folge der Industriellen Revolution angesehen wird, ist teilweise berechtigt, schließlich gehört dieser Einschnitt zu den großen Zäsuren der Menschheitsgeschichte. Demgegenüber sollte aber auch die vorindustrielle Technik, die den Menschen als anthropologische Konstante seit seiner Urgeschichte begleitet, betont werden. Sie war und ist, ebenso wie Sprache und Religion, ein obligatorischer Bestandteil aller menschlichen Kulturen, gleichgültig ob wir diese als primitive Naturvölker, als agrarische Hochkulturen oder als moderne Zivilisationen einstufen. Die unter (1) genannten Divergenzen des Alltags- und Theoriebegriffs Technik bekommen somit auch noch die große Dimension modern–industriell vs. anthropologisch–konstant. Darauf beruhen auch im Prinzip die zum Schmunzeln anregenden Widersprüchlichkeiten im Reden und Handeln des genannten Jugendlichen.

1.2 Der Technik–Begriff in Theorie und Alltag

Das Dilemma des vielschichtigen Technikbegriffs wird verständlich, wenn man die Bedeutungen auflistet, die mit dem Wort in Alltags- und Fachsprache verbunden sind (vgl. Walther–Klaus (1987) S.210):

(1) Technik als Kunstfertigkeit und körperliche Geschicklichkeit des Menschen

(2) Technik als generelle Bezeichnung für Maßnahmen des Menschen zur Bewältigung der Natur

(3) Technik als spezielle Bezeichnung nur für die moderne industrielle Produktionstechnik

(4) Technik als Sammelbezeichnung für die Produkte der Technik: Werkzeug, Instrument, Apparat, Maschine

(5) Technik als Disziplinenbezeichnung, synonym mit Technologie, Ingenieurwissenschaft, Technikforschung etc.

Die erste Bedeutungsangabe geht auf den griechischen Ursprung des Wortes zurück. *techne* bedeutete im Griechischen 'Kunst, Kunstfertigkeit'. Die lateinische Entsprechung ist *ars*. Die adjektivische Form *technisch* wird heute für einen Menschen gebraucht, der "etwas kann", "sich auf etwas versteht" (vgl. Walther–Klaus (1987) S.204). In dieser Bedeutung verwenden wir Technik noch sehr häufig als Alltagsbezeichnung für eine spezialisierte, trainierte Fertigkeit:
Musik und Sport: *Er muß noch an seiner Anschlagtechnik arbeiten. Sie spielt technisch brillant. Er hat eine katastrophale Technik an der Hürde.*
Handwerk und Produktion: *Die Technik des Holzschnitzens.*
Verbales und mentales Handeln: *Technik der Gesprächsführung, Technik der Überredungskunst, Training der Mnemotechnik.*

Nahezu alle körperlichen, aber auch sehr viele geistige Fertigkeiten kann man alltäglich als *technisch* bezeichnen. Damit fällt der Alltagsbegriff Technik praktisch mit dem alltäglichen Begriff von routiniertem Handeln zusammen.[1] Der Bedeutungsgegensatz körperliche Fertigkeit vs. Artefakt ist im Wort Technik schon immer gegeben, allerdings mit wechselnden Schwerpunkten, die durch die Technikgeschichte gesetzt werden. An den einschlägigen Technikartikeln in Nachschlagewerken des 19. Jahrhunderts ist zu beobachten, wie der Bedeutungsgegensatz Körper– vs. Maschinentechnik sich im Zeitalter der Industrialisierung verändert. Bis 1886 wird in dem entsprechenden Artikel des Brockhaus' die 'alte' Bedeutung betont: "eigentlich Kunst, Kunstlehre". Aber insgesamt ist in den Artikeln der verschiedenen Brockhaus–Auflagen von 1830 bis 1908 anschaulich ablesbar, wie der Schwerpunkt der Bedeutungsbeschreibung in der Dreifachskalierung 'Körper → Werkzeug bzw. Instrument → Maschine' sich immer mehr zur dritten Stufe hin verschiebt.[2]

[1] Bemerkenswert ist, daß auch die Bedeutung der 'geschickten Täuschung' seit der Antike überliefert ist. Dies ist sowohl für den Technik–Begriff als auch für den Maschinenbegriff des 16. bis 18. Jahrhunderts noch von maßgeblicher Bedeutung: Automaten dienen der 'Täuschung' des Menschen, Maschinentechnik 'überlistet' die Natur. Siehe Kap. 7.

[2] Vgl. den Abdruck der Technik–Artikel aus den verschiedenen Auflagen des Brockhaus' in Seibicke (1968) S.313ff.

Es wird deutlich, daß der alltägliche Technikbegriff relativ unscharf teils körperliches Handeln allgemein, teils körperliches Handeln speziell mit Artefakten, aber teils auch die Artefakte selbst meinen kann. Demgegenüber bewegt sich die Bedeutung des theoretischen Technikbegriffs zwischen den Varianten (2) und (3) der obigen Aufzählung. Eine Arbeitsdefinition von Ellen Walther-Klaus betont den dritten Aspekt. Demnach umfasse Technik alles

> "Handeln zur Bewältigung der Natur durch Artefakte, erstellt durch industrielle, arbeitsteilige, komplexe Organisation" (Walther-Klaus (1987) S.209f.)

Diese Definition ist angreifbar. Geht sie doch davon aus, daß die Zäsur zwischen der 'alten' vorindustriellen und der 'neuen' industriellen Technik so hoch zu bewerten sei, daß eine neue Art von Technik entstanden sei, die mit der Vorgängertechnik nichts mehr gemeinsam habe (siehe 4.4).

Für Günter Ropohl gibt es diesen Unterschied in der Technikbestimmung nicht. Seine Definition betont — im Sinne der obigen Bedeutungsvariante (2) — die anthropologische Konstante der menschlichen Technik. Technik sei jede "planvoll und zweckmäßig ausgeübte Fertigkeit", die "es mit künstlich gemachten, nutzenorientierten, gegenständlichen Gebilden zu tun hat" (Ropohl (1985) S.60). Damit ist der Technikbegriff, wie er auch für die vorliegende Arbeit zugrundegelegt werden soll, nur noch im Sinne von Real-Technik zu verstehen:

> "Wir wollen immer dann, und nur dann, von 'Technik' im Sinne von 'Realtechnik' sprechen, wenn vorwiegend künstliche Objekte, also Artefakte, von Menschen erzeugt und für bestimmte Zwecke verwendet werden, [...] Drei Bestimmungsstücke zeichnen also diesen Technikbegriff vor allem aus: (a) die Artefakte selbst, (c) deren Herstellung durch den Menschen und (c) deren Verwendung im Rahmen zweckorientierten Handelns [...]" (Ropohl (1979) S.31)

Geht man von dieser strengen sozialwissenschaftlichen Bestimmung des Technik-Begriffes aus, so wird noch einmal deutlich, woher die große Unschärfe des alltäglichen Alltagsbegriffes rührt. Er klassifiziert nicht systematisch, sondern **historisch** und **phasenverschoben** (siehe 1.3). Er schließt paradoxerweise die alltägliche triviale Technik, die uns schon länger umgibt (Fahrrad, Möbel, Gebäude), aus und rückt die komplizierte moderne Technik der Produktionssphäre und des Industriezeitalters in den Mittelpunkt.

An dieser Begriffsdiskussion kann man m.E. gut aufzeigen, daß in Alltagssprache und Theoriesprachen unterschiedliche Begriffssysteme existieren, die es rechtfertigen, hier von deutlich getrennten Kommunikationsbereichen zu sprechen.[3] Bezieht man den alltäglichen Technikbegriff und den Theoriebegriff der obigen sozialwissenschaftlichen Definition aufeinander, vergleicht

---

[3]Vgl. hierzu Steger (1988a); vgl. auch die Vermischung alltäglicher und fachbezogener Merkmale im Artikel 'Technik' des Duden-Wörterbuchs (1976-1981) S.2572f.

man Unvergleichbares. Auch in den zitierten Darstellungen von Ropohl und Walther-Klaus werden gelegentlich alltägliche unreflektierte Teilbedeutungen und theoretisch gesetzte Begriffsbestimmungen nicht deutlich genug abgegrenzt. Beispielsweise beklagt der Techniktheoretiker Ropohl die "mysteriösen Sprachkonventionen" unserer Alltagssprache (Ropohl (1979) S.163), nach denen wir technische Produkte mit völliger Willkürlichkeit mal *Maschine, Gerät, Apparat* oder *Anlage* nennen, ohne damit eindeutige Klassifikationen ausdrücken zu können. Solche Willkür ist aber typisch für die Semantik des alltäglichen Sprechens über Technik. Hier ist keine klassifizierte Struktur von Hyponym, Supernym etc. herauszuarbeiten. Diese Struktur kann nur in einer Theoriesprache mit klar gesetzten Begriffsdefinitionen erwartet werden (vgl. Steger (1991)).

Eine der zentralen Grundannahmen dieser Arbeit — und damit gleichzeitig auch methodisches Leitprinzip bei den historischen Studien — soll sein, Begriffsgeschichte, Phänomene des Sprachwandels u.a. in drei Varietätenbereiche aufzuteilen: Theoriesprache, Technikfachsprache und Alltagssprache. Im historischen Teil der Arbeit[4] läßt sich exemplarisch am Begriff der Maschine zeigen, wie die Bedeutungsveränderungen durch drei Jahrhunderte nur dann gewinnbringend dargestellt werden können, wenn man streng zwischen dem Alltagsbegriff, dem Technikbegriff in der Technikerliteratur und dem Theoriebegriff (z.B. in Schriften von Descartes, Lamettrie) trennt.

1.3 Die alltägliche Technik und ihre Geschichte

Der weitestgehende Technik-Begriff (etwa im Sinne der Definition von Ropohl) berücksichtigt, daß menschliches Handeln notwendigerweise schon immer auch technisches Handeln war. Dies sollte als bedeutende anthropologische Konstante auch entsprechende Berücksichtigung finden. Es ist daran zu erinnern, daß der menschliche Alltag nicht erst durch die industrielle Technik technisiert wurde. Er ist es seit mindestens zweihunderttausend Jahren:

Beschaffung der Nahrung (Waffen, Fallen, Sammelgefäße), Zubereitung der Nahrung (Feuertechnik, Gefäße, Schlachtwerkzeuge), Herstellung von Kleidern (Schneid- und Gerbwerkzeuge), Beschaffung und Transport von Wasser (Gefäße, Brunnentechnik).

Der Alltag des homo sapiens ist durch und durch technisch, was ihn in den Entwicklungsstufen der Urgeschichte im übrigen deutlich vom homo erectus und homo habilis unterscheidet. Erst die Technik macht es ihm möglich, seine 'paradiesischen' Heimatregionen (vermutlich in Ostafrika) zu verlassen und auch 'unparadiesische' Teile der Erde zu besiedeln. Schließlich muß man betonen, daß auch Frühformen kultureller, religiöser und sozialer Institutionen technisch hergestellte Dingsymbole als Grundlagen haben müssen (sakrale

[4] Vgl. hierzu die Diskussionen zum Maschinenbegriff in den Abschnitten 7.2, 7.3, 7.4, 8.4, 8.5, 9.3, 9.4.

Bauten und Gegenstände, Schmuck, Symbole der Herrschaft, Zauberinstrumente).

Gerade dieser Aspekt der historischen Konstanz wird im Alltagsbegriff von Technik nicht berücksichtigt: Das schon seit langer Zeit eingeführte Werkzeug, welches selbstverständlicher und nicht hinterfragter Bestandteil des Alltagslebens ist, gilt fälschlicherweise als *nicht-technisch* oder am Ende gar *natürlich* (Federhalter, Waschbrett). Das neue, meistens komplexere Nachfolgeprodukt ist eine Maschine (Schreibmaschine, Waschmaschine) und demzufolge in diesem vortheoretischen Sinne *technisch*. Die alltägliche Vorstellung von Technik ist also epochenabhängig, dabei aber konservativer als die technikgeschichtliche Entwicklung und somit gewissermaßen ein 'phasenverschobener Begriff'. Akzeptiert man diese Zeitabhängigkeit des alltäglichen Technikbegriffes, so ergibt sich, daß etwa der Technikbegriff im Alltagsleben des 19. Jahrhunderts ein völlig anderer als der gegenwärtige gewesen sein muß. Man vergegenwärtige sich beispielsweise die folgenden drei Lebensbereiche, in denen die Technikgeschichte des 19. Jahrhunderts beeindruckende Neuerungen erbringt:

Verkehrsmittel: Dampfschiff, Eisenbahn, Fahrrad, Automobil, Motorschiff, Motorflugzeug.

Häusliches Leben: Gasbeleuchtung, elektrische Beleuchtung, elektrische Batterie, Elektromotor, Stromgenerator, Küchenmaschinen.

Kommunikation und Information: Telephon, Telegraph, Kinematograph, Rotationspresse, Photographie, Schreibmaschine.[5]

Alle diese revolutionären Erfindungen des 19. Jahrhunderts sind für uns bereits selbstverständliche Teile des Alltagshandelns. Dem beeindruckten Zeitgenossen müssen sie jedoch noch als technische Wunder erschienen sein. Man kann somit pointieren: Der alltägliche Technikbegriff 'wächst' mit der Technikgeschichte und der allmählichen Gewöhnung an sie mit. Dagegen gilt der Ropohlsche Theoriebegriff epochenunabhängig und anthropologisch konstant.

Ungeachtet der Konstanz und Kontinuität der Technik in der Geschichte der Menschheit sollte allerdings auch eingeräumt werden, daß aus der Gesamtsicht der unterschiedlichsten Teildisziplinen der Geschichtswissenschaft die industrielle Revolution als die entscheidendste Zäsur der Geschichte seit dem Seßhaftwerden des Menschen im Neolithikum angesehen wird. Vorindustrielle Technik ist Mimesis der Natur, abhängig von den Launen der Witterung (Windmühle), abhängig von der Leistungsfähigkeit der Tiere (Pferdekutsche) und des Menschen (Handkurbel, Tretrad), abhängig von Jahreszeit (Wassermühle) und Sonnenlicht. Die industrielle Maschinentechnik hebt solche natürlichen und physischen Beschränkungen auf und steigert die Leistungen ins Unermeßliche. Diese Entwicklung geht von der Dampfmaschine, der ersten 'unnatürlichen' Kraftmaschine, aus. Zwar ist sie noch auf die Zufuhr von in der Natur vorkommenden Stoffen (Wasser, Kohle oder Holz) ange-

[5] Vgl. zur chronologischen Datierung: Klemm (1983a).

wiesen, aber ihre Tätigkeit und vor allem ihre Effektivität ist bereits naturunabhängig. Sie läuft Tag und Nacht bei Windstille oder Sturm. Das Leistungsvermögen vorindustrieller Kraftmaschinen konnte nur begrenzt durch Erhöhung der natürlichen Ressourcen gesteigert werden (Erhöhung der Wasserzufuhr, Vermehrung der antreibenden Pferde). Sie wurden dabei immer größer und gigantischer (siehe 7.7). Die Leistungen der Dampfmaschine und ihrer Nachfolger können durch technische Weiterentwicklung gesteigert werden. Diese werden dabei stets kleiner und kompakter.

Der qualitative Sprung vom körperbezogenen Werkzeug oder der naturabhängigen Maschine zur 'Entkörperlichung' der technischen Handlungen durch Industriemaschinen ist möglicherweise die entscheidende Ursache für den 'phasenverschobenen' Alltagsbegriff von Technik: Das 'körpernahe' Werkzeug Bleistift steht dem 'entkörperlichten' Textautomaten gegenüber. Dann könnte man die im naiven, vortheoretisches Bewußtsein vorhandene Zäsur der Industriellen Revolution sogar rechtfertigen. Denn nach dieser geschichtlichen Zäsur wird mit dem sich wandelnden Technikbegriff auch der Alltagsbegriff von dem, was für natürlich gehalten wird, anders. Die Begriffsdichotomie Technik vs. Natur verändert sich in der Vorstellung der Menschen analog zu den technischen Entwicklungen in den Jahrhunderten:

17. und 18. Jahrhundert: Die Fortbewegung auf dem Pferderücken ist 'natürlicher und untechnischer' als die in der Pferdekutsche.

19. Jahrhundert: Die Fortbewegung in der Pferdekutsche ist 'natürlicher und untechnischer' als die auf dem Lauf-, Hoch- oder Fahrad oder als die im Eisenbahnwagen.

20. Jahrhundert: Die Fortbewegung auf dem Fahrad ist 'natürlicher und untechnischer' als die im Automobil.

Die zentralen Aussagen der Technikkritik (siehe 4.4) klammern sich im wesentlichen immer an die diffusen alltäglichen Begriffe von Technik und Natur, die aus der Perspektive des Zeitgenossen entstehen. In ihren nostalgischen Postulaten, z.B. vom Leben in Einklang mit der Natur, wird nicht reflektiert, daß Natur hier nur eine relative Technikfreiheit meinen kann. Denn Leben ohne Technik in Einklang mit der Natur endet für den Menschen tödlich, weil er keine natürliche Umgebung hat (siehe 2.2).

1.4 Was ist das Besondere am Sprechen über Technik?

Aus der nur vorläufig skizzierten historischen und anthropologischen Bestimmung der Technik ergibt sich als erste linguistische Folgerung, daß der Technikfachsprache gegenüber anderen Fachsprachen eine Sonderstellung zukommen muß. Als historisch älteste Fachsprache ist sie nicht originär der Arbeitsteilung, der Schaffung von Institutionen, der Entstehung der Wissenschaften oder anderen Phänomenen der menschlichen Kultur oder der modernen Welt zuzuschreiben. Sie ist vielmehr als anthropologische Konstante der Kommunikation notwendig fürs Überleben und in diesem Sinne Bestandteil von Alltagssprache.

Das in ihr gespeicherte Wissen ist im Gegensatz zu anderen Fachsprachen nicht aus theoriegeleiteten Prinzipien erwachsen, nicht in Auseinandersetzung um Leitbegriffe, theoretische Deutungsmuster oder Ideologien. Es ist Wissen, das sich aus praktischen und alltäglichen Erfahrungen herleitet und die Regeln für die alltägliche Lebensbewältigung enthält. Dieses technische Praxiswissen fußt auf untheoretischer Wissensgrundlage und körperlicher Erfahrung. Darin sind enthalten Bestandteile einer naiven Alltagsphysik und einer naiven Techniktheorie.

Diese Wissensbestände können zum einen relativ **epochenunabhängig** sein, so z.B. das praktische Wissen um Materialbrüchigkeit, Reibung, Krafteinsatz, Schwerkraft, Trägheitsgesetze etc. Beispiele: Man weiß als erwachsener Mensch, daß ein Bindfaden oder Strohhalm keine geeignete Aufhängung oder Zugleine für einen schweren Gegenstand ist, ohne die Zusammenhänge von Reißfestigkeit, Zugkraft, Masse etc. zu kennen. Man weiß, daß man im Wasser 'leichter' ist, ohne die Gesetze des Auftriebes zu kennen. Man weiß, daß Kugeln sich gegenseitig anstoßen können, ohne die Impulsgesetze zu kennen.

Zum anderen sind die Wissensbestände aber auch in hohem Maße **epochenabhängig**, da der Zuwachs an technischem Praxiswissen durch die technische Entwicklung zunimmt. Das vortheoretische Wissen um Geschwindigkeit, Bewegungsenergie, Fahrtwind, Luftwiderstand, Rollreibung, Zugkräfte etc. ist z.B. an die technikgeschichtliche Chronologie der Landfahrzeuge angebunden, bzw. wird durch sie geprägt (vgl. Tarr (1978)):

(1) Einfache Rolle, Schleife, Schlitten

(2) Handkarren

(3) Pferdewagen, Kutsche

(4) Dampfwagen, Eisenbahn

(5) Automobil

Damit kann eine der zentralen Fragestellungen dieser Arbeit an einem konkreten Beispiel dargelegt werden: Wie verändert die technische Entwicklung der Landfahrzeuge die Semantik der Technikfachsprache? Wie wird aber dadurch auch die Semantik alltäglicher Raum- und Zeitangaben verändert? Im Handbuch für Reisende aus dem Jahre 1846 stehen die Entfernungsangaben noch so:

> "Das Thal der **Dreisam** [...] ist bei Freiburg ein breites, wiesenreiches und sehr bevölkertes Thal. Eine gute Stunde weiter nimmt es den Namen **Himmelreich** an, als Gegensatz zu den Schluchten der **Hölle**, durch welche, 3 St. von Freiburg entfernt, die Strasse führt." (Baedeker (1846) S.437)

Die Zeitangabe "eine gute Stunde weiter" für eine Strecke von ca. 15 km ist nur aus der technikgeschichtlichen Entwicklungsstufe (3) zu verstehen. Sie war alltagssprachlich eindeutig, weil auf Pferdefuhrwerk und Kutsche bezogen. Heute, da das Alltagswissen für Reisegeschwindigkeiten anders strukturiert ist, wirkt diese Formulierung erstens irritierend und zweitens sogar unverständlich: Warum wird für die nach Kilometern nur etwa doppelte Strecke von Freiburg ins Höllental die dreifache Zeit angegeben? Weil der deutlich größere Höhenunterschied in der zweiten Teilstrecke in der Zeitangabe mitberücksichtigt wird: Die größere Steigung, die für den Pferdewagen noch bedeutend war, ist für das Automobil auf der Bundesfernstraße im Höllental irrelevant.

Durch die entwicklungsgeschichtliche Nähe — jedes Sprechen über Technik war zuerst Sprechen über Alltagshandlungen — wird die Abgrenzung von Alltagssprache und technischer Fachsprache so schwierig. Aufgrund dieser historischen Tiefe ist die Technikfachsprache in ihren Grundbestandteilen ebenso vormodern und konservativ wie die Alltagssprache. Von daher wird es zu den leitenden Fragestellungen dieser Arbeit gehören, ob der Einschnitt der Industriellen Revolution auch sprachlich eine Zäsur ist, ob er neue Begriffe der Alltagssprache hervorbringt und ob die Semantik der Alltagssprache wirklich so entscheidend verändert wird, wie die beeindruckenden technischen Umwälzungen dies vermuten lassen.

Gemäß einer allgemeinen Definition dienen Fachsprachen vor allem "der Kommunikation innerhalb von im weitesten Sinne technisch und wissenschaftlich orientierten Handlungs- und Arbeitssystemen." (Hahn (1980) S.390) Ferner dienen sie der Kommunikation über Spezialwissen, das sich eine spezialisierte Gruppe innerhalb einer arbeitsteiligen Gesellschaft angeeignet hat. Dieses Spezialwissen kann — je nach Interessenslage des einzelnen — mehr oder weniger in das Alltagswissen hineinragen. Es bleibt aber gegenüber dem eigentlichen Alltagswissen ein Fachwissen, ohne das man leben könnte.

Für die Technikfachsprachen ist jedenfalls festzuhalten, daß sie in ihrem Verhältnis zur Alltagssprache eine besondere Stellung haben. Sie reichen aufgrund ihrer anthropologischen und historischen Sonderstellung am stärksten in die Wissensstufen des Alltagswissens hinab. Sie sind — in Umkehrung der obigen Definition — aus der Kommunikation in alltäglichen Handlungs- und Arbeitssystemen emporgestiegen. Die ausdrucksseitige Nähe läßt sich als vorläufigen Beleg nennen: Technikfachsprachen weisen ebenso wie alltägliches Sprechen über Technik eine Fülle an Körpermetaphorik, naiven Analogien und Modellbildungen auf, die als sprachliche Indikatoren für das hier Skizzierte gelten können (siehe 2.3 und 2.4).

1.5 Aspekte bisheriger Fachsprachenforschung

Die erste der hauptsächlichen Domänen bisheriger Fachsprachenforschung ist das Gebiet der Morphologie.[6] Die Besonderheiten der Derivation und Komposition gehören zu den auffälligen Erscheinungen von fachsprachlichen Varietäten. Entsprechend intensiv ist dieses Feld durch eine ohnehin sehr ausdrucksseitig orientierte Fachsprachenlinguistik bearbeitet.[7]

Die zweite systemlinguistische Domäne ist die Bilanzierung syntaktischer Phänomene, die in Fachsprachen besonders häufig auftreten. Diese Konstruktionen sind jedoch nicht exklusiv fachsprachliche Ausdrucksmittel, sie sind hier lediglich überproportional vorhanden: Funktionsverben, Modalverben, anonymisierende und deagentivierende Konstruktionen, Passivkonstruktionen etc.[8] Mit der Beobachtung syntaktischer Häufigkeiten gehen Beobachtungen einher, die bereits textlinguistisch genannt werden können, so z.B. Nominalisierung, Kondensierung, Deagentivierung. Solche Erscheinungen gelten als typische Vertreter eines spezifischen Fachstils.[9]

Auch Übergänge zur Lexikologie und Semantik, dabei besonders die Darstellung von Bildhaftigkeit und Metaphorik, haben eine längere Forschungstradition. Solche Phänomene gelten als stilistisches Merkmal für vermeintlich 'niedere Schichten' der Fachsprachen, für Lebendigkeit und Nähe zur Alltagssprache. Sie werden speziell für vorindustrielle Fachsprachen betont (siehe 5.4).

Insgesamt zeigt sich die bisherige Fachsprachenforschung trotz unterschiedlichster Richtungen weitgehend als Fachsprachenstilistik, die die Phänomene in der Tradition der Funktionalstilistik immer als im allerweitesten Sinne 'stilistische' beschreibt und damit vorrangig an den ausdrucksseitigen Varianten interessiert ist (vgl. Spillner (1989), Drozd/Seibicke (1973) S.79ff). Dagegen sollen in dieser Arbeit die Ausdrucksmittel der Techniksprache (z.B. ihre Bildhaftigkeit) stärker als anthropologisches, semantisches und wissenspsychologisches Problem herausgearbeitet werden.

Einen weiteren Traditionsstrang hat das Thema Sprache und Technik speziell zu den Blütezeiten der inhaltbezogenen Sprachwissenschaft. Damals ent-

---

[6] Hier kann nur eine kurze Skizze zur Forschungsgeschichte und zu den bisherigen Schwerpunkten der Fachsprachenlinguistik gegeben werden. Vgl. hierzu die zusammenfassenden Kapitel in den maßgeblichen Handbüchern zur Fachsprachenforschung: Drozd/Seibicke (1973), Fluck (1980), Hahn (1983), Hoffmann (1985) (1988), Möhn/Pelka (1984).

[7] Vgl. die entsprechenden Kapitel in Forschungsarbeiten zu einzelnen Fachsprachen, wie z.B. Hahn (1971), Spiegel (1972), Dröge (1978). Vgl. auch das Wortbildungslexikon Fachwort Technik (1984).

[8] Vgl. die exemplarischen Arbeiten zur Syntax deutscher Fachsprachen Köhler (1970/1981), Kuntz (1979), Möslein (1974/1981); vgl. fürs Englische Beier (1980); fürs Französische Kocourek (1982); vgl. zur statistischen Fundierung von Syntax- und Stilanalysen Hoffmann (1978); vgl. zur Kritik Steger (1988a).

[9] Vgl. hierzu Hahn (1983) S.83-126. Allerdings ist die Hinführung zu einer modernen Textlinguistik und zu einer entsprechenden Pragmatisierung der Fachsprachenforschung über das Stadium der Postulatorik noch nicht hinausgekommen; vgl. Kalverkämper (1983), Hoffmann (1988) S.122ff.

standen einige Studien, die heute noch wichtige Anregungen für die Behandlung fachsprachlicher Semantik liefern können.[10] Jedoch sind sie nach den soziolinguistischen, pragmatischen, varietätenlinguistischen und kognitionswissenschaftlichen Paradigmenwechseln der Sprachwissenschaft fortzuführen.

[10] Vgl. z.B. Bückendorf (1963), Ischreyt (1965), Ischreyt (1968), Mackensen (1959), Mackensen (1962), Schirmer (1952).

2. Anthropologische Aspekte

2.1 Technik als anthropologische Konstante

Alle Bereiche des Alltagslebens sind seit der Frühgeschichte der Menschheit durch in den Alltag eingebundenes technisches Handeln geprägt: Jagd, Nahrungsbeschaffung und Nahrungszubereitung, Herstellung von Kleidung, Waffen und Werkzeuge.

Menschliche Lebensbewältigung braucht Technik. Dabei ist für die Ur- und Frühgeschichte die Rolle der Technik gar eines der zentralen Kriterien der evolutionären Entwicklung des Menschen. Durch die planvolle Werkzeugbenutzung und -herstellung wird der Mensch erst zum Menschen und hebt sich damit von seinen tierischen oder anthropoiden Vorstufen ab. Der Einteilung des Urmenschen in Stufen wie homo habilis und homo sapiens, seiner Charakterisierung als 'toolmaker' und anderen Klassifizierungen der Ur- und Frühgeschichte liegen häufig ausschließlich technikgeschichtliche Kriterien zugrunde. Der Bearbeitungsstand des gefundenen Faustkeils weist auf den Entwicklungsstand des menschlichen Herstellers und Benutzers.[11]

Für den Paläanthropologen ist der Prozeß der Menschwerdung von der gelegentlichen Bipedie, über die endgültige Freisetzung der Hand und die Phase des Wild- und Freibeuters bis zur entscheidenden Zäsur der Seßhaftwerdung und der Agrarwirtschaft seit dem Neolithikum ein durch und durch technikgeschichtlicher. Gleichzeitig wird für die frühe Menschheitsentwicklung eine prinzipielle Interdependenz von Hand und Werkzeug, also von anatomischen Dispositionen und technischen Fertigkeiten angenommen. Erst nachdem die Hand von der Fortbewegungsarbeit entlastet ist, kann das feingliedrige Greiforgan entstehen. Erst entlastet und freigesetzt wird die Hand fähig, technische Fertigkeiten, also die geschickte Haltung und Führung eines Handwerkzeuges, auszuüben. Dadurch wird sie weiter trainiert und ihre Beweglichkeit und Geschicklichkeit gesteigert.

Unter solchen Gesichtspunkten der philosophischen Anthropologie ließe sich ohne weiteres ein Primat der Werkzeugentwicklung für die Menschwerdung formulieren. Die Urgeschichte der Menschheit wird demzufolge vorrangig als Technikgeschichte geschrieben. Schließlich sei daran erinnert, daß der Historiker seine Epochenbenennung der Frühzeit auf technikgeschichtliche Grundlagen stellt (Stein-, Eisen- und Bronzezeit). Epochengliederungen, die den Stand der Institutionenbildung, den Entwicklungsgrad von Sprache und Schrift, die Herausbildung von Literatur, Wissenschaft, Religion etc. in den Mittelpunkt rücken, setzen in der Geschichte erst später ein. Auch die erste große Zäsur der Menschheit, die neolithische Revolution (ca. 10000 bis 5000 v.Chr.), der Übergang vom Jäger und Sammler zum seßhaften Bauern, ist in zentralen Teilen eine technische Revolution. Der nunmehr seßhafte Landbebauer und Tierzüchter benötigte neue Techniken der Bodenbearbei-

[11] Vgl. zur Frühgeschichte der Menschheit und ihrer Verwobenheit mit der technikgeschichtlichen Entwicklung Sachsse (1978).

tung (Hacke, Pflug), der Tierhaltung (Stall, Zaun) und der Vorratshaltung (Gefäße, Gebäude).

Seit der Menschwerdung gehört Technik zur Natur des Menschen, weil der Mensch keine natürliche Umgebung mehr hat. Die Umgebung, in der der Mensch dem Tiere gleich ohne Technik leben konnte, hat er schon längst verlassen. Jetzt reicht seine 'natürliche', aber eigentlich 'unnatürliche' Umgebung vom tropischen Regenwald bis zum Polarkreis. Die Technik tritt unmittelbar mit dem Menschen zusammen in der Geschichte auf (vgl. Huning (1986) S.35). Damit wird der uns so geläufige Gegensatz 'menschliche Natur' vs. 'Technik' ebenso fraglich wie der gegenwärtig modische Naturbegriff. Technik gehört zum Wesen und zur Natur des Menschen. Die Frage nach der eigentlichen Natur des Menschen ist daher nicht zu beantworten. Auch der Wildfrüchte sammelnde und Fallen stellende Nacktgänger prähistorischer Zeiten hat bereits keine natürliche Umgebung mehr. Die Sehnsüchte von Jean-Jacques Rousseau nach dem 'unzivilisierten Wilden' waren daher ebenso obsolet wie es gegenwärtige Sehnsüchte nach dem vorindustriellen Handwerk sind, das vermeintlich noch 'in Einklang mit der Natur' erledigt wurde (vgl. Ropohl (1985) S.77f).

2.2 Organimitation und Organentlastung

Mit dem 1877 erschienenen Werk "Grundlinien einer Philosophie der Technik" von Ernst Kapp liegt der erste Versuch vor, eine zusammenfassende Darstellung einer Technikphilosophie des Industriezeitalters zu geben.[12] In diesem Werk wird die sogenannte Organimitation zum zentralen Konzept erhoben, das die Entwicklung des Verhältnisses von Mensch und Technik erklären soll. Ausgehend von der ersten Werkzeugherstellung in der Menschheitsgeschichte, von dem Faustkeil, der die Faust imitiert, von dem primitiven Hammer, der Arm und Faust imitiert, werden alle nachfolgenden Artefakte nach diesem Prinzip der unbewußten Organimitation gedeutet:

> "Die Hand ist also das natürlichste Werkzeug, aus dessen Thätigkeit das künstliche, das Handwerkzeug hervorgeht. Sie liefert in allen denkbaren Weisen ihrer Stellung und Bewegung die organischen Urformen, denen der Mensch unbewusst seine ersten nothwendigen Geräthe nachgeformt hat." (Kapp (1877) S.41)

Das Werkzeug imitiert in Form und Bewegung Arm und Hand und wird — ähnlich einer Prothese — zur Verlängerung der menschlichen Extremitäten:

> "Die Bewegung des Handwerkzeuges ist die Fortsetzung der Hand- und Armbewegung durch Überleitung derselben auf die technische Verlängerung, die in Form eines Gliedansatzes an das Organ stattfindet." (Kapp (1877) S.61)

[12] Vgl. Kapp (1877), ferner die kurzen kritischen Referate seiner Theorie in Cassirer (1930/1985) S.71ff. und Huning (1986) S.36ff.

An die menschliche Hand, die im Vergleich zu den huf- oder krallenbewehrten Extremitäten der Tierwelt ein primitives und unspezialisiertes Organ ist, die den Menschen aber gerade deshalb zum 'toolmaker' befähigt, werden spezialisierte Werkzeuge angefügt, die einerseits das natürliche Organ imitieren, es aber gleichzeitig 'spezialisieren'. Aber das Konzept der Organimitation ist für Kapp noch weitgehender. Auch andere Formen und Prozesse der belebten und unbelebten Natur werden technisch imitiert. Der Mensch entwirft seine Handwerkszeuge gewissermaßen nach den Vorbildern, die die Natur bietet: Die Baumwurzel, die den Felsbrocken umschlingt, bietet ein Vorbild für die Verbindung von Holz und Stein zum einfachen Hammerwerkzeug. Der herabstürzende, Bäume zerschmetternde Felsbrocken kann ebenso zu Formen der technischen Materialbearbeitung anregen wie der hämmernde Spechtvogel.

Ernst Kapp will die These von der Organimitation ausdrücklich über das einfache Werkzeug hinaus bis zur Maschinentechnik des Industriezeitalters verlängert sehen. Auch in den technikgeschichtlichen Nachfolgern sei noch immer die Projektion erkennbar. Der menschliche Zahn, der primitive Mahlstein, die schon komfortablere Handmühle und schließlich auch die Maschinenmühle bilden für ihn eine durchgehende Projektionsreihe. Auch in der Abfolge von menschlicher Faust, primitivem Faustkeil, einfachem Hammer und Maschinenhammer gehört für ihn selbstverständlich der "kolossalste Dampfstahlhammer" dazu (vgl. Kapp (1877) S.42, S.204).

Das Konzept der Organimitation wird aber dann brüchig, wenn damit auch jegliche Maschinentechnik erklärt werden soll. Für die Phase der einfachen Werkzeugtechnik mag das Bild von der direkten Organimitation noch richtig sein, aber mit der Zäsur der industriellen Maschinentechnik stößt es an Grenzen. Dies wird in entsprechenden Kritiken an Ernst Kapp immer wieder betont:

> "Mag man mit Kapp die ersten menschlichen Werkzeuge noch als bloße Weiterführungen dieses Daseins zu verstehen und zu deuten suchen — mag man in der Gestalt des Hammers und der Axt, des Meißels und des Bohrers, der Zange und der Säge nicht anderes als Sein und Bau der Hand selbst wiederfinden — , so versagt doch diese Analogie sofort, wenn man weiterschreitet und in die Sphäre der eigentlichen technischen Betätigung eintritt. Denn diese Sphäre wird von einem Gesetz beherrscht, das man mit Karl Marx als das Gesetz der 'Emanzipation von der organischen Schranke' bezeichnet hat." (Cassirer (1930/1985) S.73)

Es gehört gerade zu den konstituierenden Merkmalen der Maschinentechnik, daß sie nicht mehr die Handarbeit oder Arbeitsvorgänge in der Natur nachahmt, sondern mit eigenen, 'künstlichen', von der Natur verschiedenen Prinzipien gegen die von der Natur gesetzten organischen Grenzen angeht. Im Bewußtsein der Zeitgenossen, die im 18. Jahrhundert die neue faszinierende Maschinentechnik erlebten, ist dieser qualitative Sprung deutlich, wie die Begriffsgeschichte der Maschine fürs 17. und 18. Jahrhundert ausweist: Maschinen sind 'künstlich' (siehe 7.4).

An den Entwicklungsstufen der technischen Hilfestellungen für die menschliche Fortbewegung kann die notwendige technikhistorische Differenzierung in der Theorie von der Organimitation gut verdeutlicht werden:

(1) Einfache Schutzvorrichtungen und Fortbewegungshilfen, die der Mensch sich zur Unterstützung der Füße und Beine geschaffen hat und noch schafft (Schuh, Stiefel, Hüftstiefel, Gamasche, Steigeisen, Stelze, Schneeschuh, Schwimmflosse) sind prothesenhafte Organverlängerungen. Sie imitieren natürliche Vorbilder aus der Tierwelt (z.B. Huf, Kralle, Flosse, Panzerung).

(2) Bereits der primitivste Wagen der Urgeschichte geht seit der Erfindung des Rades (ca. 3000 v.Chr.) über die einfache Organimitation hinaus. Er ist bereits Artefakt ohne irgendein damals erkennbares Naturvorbild.

(3) Auch für moderne Fahrzeuge, die nicht maschinengetrieben sind, gilt dies: etwa für das Fahrrad und seine technikgeschichtlichen Vorgänger des 19. Jahrhunderts (Laufrad, Hochrad). Fahrräder sind Maschinen, die, ohne auf ein Naturvorbild zu bauen, dem Menschen die Mühsal der Fortbewegung erleichtern. Mit seiner maschinenspezifischen Technik (Tretkurbel, Kettenantrieb, Umsetzung des Tretens in Rotationsbewegungen) liegt das Fahrrad außerhalb jeder organbezogenen Projektionsreihe. Aber immerhin wird es noch werkzeugähnlich durch Handarbeit geführt und durch Fußarbeit in Gang gesetzt.

(4) Das Automobil, als letzte Stufe in der Chronik der Fortbewegung zu Lande, weist auch dieses Merkmal nicht mehr auf. Es ist nicht mehr wie ein einfaches Werkzeug führbar und beherrschbar, es ist zur "Handlungseinheit aus Fahrzeug und Mensch", zum "Mensch–Maschine–System" geworden (vgl. Ropohl (1985) S.139).

Wie noch zu zeigen sein wird, wäre die sprachliche Kontinuität, durch die bis in unsere Zeit der organimitierende Ursprung tradiert wird, ein Beleg für Kapps Vorstellungen. Doch lassen sich technikgeschichtlich gute Argumente gegen eine zu naive Deutung und Perpetuierung des Konzeptes von der Organimitation anbringen. Schließlich ging schon in der Ur– und Frühgeschichte der Menschheit der homo sapiens über eine bloß äußerliche Imitation des in der Natur vorgefundenen hinaus (Rad, Pfeil und Bogen). Insofern sind auch manche technikhistorische Argumentationen unangemessen. Friedrich Rapp ((1981) S.34) begründet beispielsweise die relativ späte Erfindung und Verbreitung der handgetriebenen Drehkurbel im Spätmittelalter damit, daß sie auf kein Naturvorbild zurückginge. Die Erfindung des Rades spricht allerdings gegen solche Argumentation.

Ein zu beharrliches Festhalten am natürlichen Organvorbild kann sogar die technische Entwicklung hemmen. Die Motorflugtechnik sei hierfür als Beispiel genannt. Erst als man von den **beweglichen** Schwingen des Vogels abging, die von Ikarus bis Otto Lilienthal maßgeblich die Denkschemata der Erfinder bestimmte, und zur Konzeption der unbeweglichen Tragflächen überging, war der entscheidende Fortschritt für die Luftfahrttechnik zu Beginn des 20. Jahrhunderts getan (vgl. Cassirer (1930/1985) S.74).

Allerdings sollte bei der Kritik an Kapps Konzeption bedacht werden, daß er im Laufe seiner Abhandlung ohnehin das Prinzip der Imitation erweitert und verallgemeinert. Neben der ursprünglichen 'Imitation der Form', gilt nun auch eine 'Imitation des Prinzips':

> "Die Organprojektion hat somit in der Maschine eine mächtige Bundesgenossin gefunden [...] Die machinale Kinematik ist die unbewusste Übertragung der organischen Kinese ins Mechanische und das Verstehenlernen des Originals mit Hülfe der Übersetzung wird bewusste Aufgabe der Erkenntnislehre." (Kapp (1877) S.208)

In dieser erweiterten Form erhält die Organimitation eine bedenkenswerte Erklärungskraft, die dahingehend zu präzisieren ist, daß technischem Denken immer die mentalen Modelle über die Natur zugrundeliegen müssen (siehe 3.7).

> In einer amüsanten Polemik wird die vermeintliche Organimitation durch den Technikhistoriker Artur Fürst verworfen. Er geht dabei mit der unvollkommenen Natur recht hart ins Gericht:
> Eine so wichtige und vollkommene Erfindung wie die des Rades sei der Natur "bei ihrer unabsehbar langen Entwicklungsarbeit niemals eingefallen". Ganz im Gegenteil müsse beklagt werden, daß Mensch und Tier "recht stümperhaft" für die Fortbewegung ausgerüstet seien. Das Gehen sei nichts anderes als "ein ständig verhindertes Fallen" und somit "ein unwirtschaftlicher Taumelgang". Für die menschlichen Fortbewegungswerkzeuge gelte der Sinnspruch: "Der Geist ist willig, aber das Bein ist schwach." (vgl. Fürst (1924/1985) Bd.2 S.41)

Aber ungeachtet der kritischen Einwände aus unterschiedlichen Positionen ist die Organtheorie von Ernst Kapp dennoch als erste Grundlage eines der zentralen Konzepte in der philosophischen Anthropologie des 20. Jahrhunderts zu sehen. In allen Bereichen, in denen sich die Anthropologie mit dem Verhältnis von Mensch und Technik beschäftigt, werden das 'Organhafte' der Technik, die Einmaligkeit der 'Organschaffung' gegenüber dem Tier und die morphologische Sonderstellung des Menschen betont. Daß der Mensch sich künstliche Organe schafft, um seine unvollkommenen natürlichen zu überbieten, wird zur selbstverständlichen Technikdeutung im 20. Jahrhundert und zum gemeinsamen Nenner unterschiedlicher Schulen, wenngleich die Detailanalysen und Formulierungen im einzelnen divergieren, beispielsweise bei Oswald Spengler mit der Betonung des waffenwählenden Raubtiers:

> "Kein anderes Raubtier wählt die Waffe. Der Mensch aber wählt sie nicht nur, sondern er stellt sie her, nach eigener persönlicher Erwägung." (Spengler (1931) S.29)

Die umfassendste Weiterentwicklung der Kappschen Ansätze zu einer Deutung der Technik im Rahmen einer philosophischen Anthropologie erfolgte im 20. Jahrhundert durch die Schriften von Arnold Gehlen.[13] Gehlen sieht die besondere Stellung des Menschen in der Schöpfung vor allem dadurch gegeben, daß der Mensch ein 'Mängelwesen' sei:

> "Morphologisch ist nämlich der Mensch im Gegensatz zu allen höheren Säugern hauptsächlich durch **Mängel** bestimmt, die jeweils im exakt biologischen Sinne als Unangepaßtheiten, Unspezialisiertheiten, als Primitivismen, d.h. als Unentwickeltes zu bezeichnen sind: also wesentlich negativ. Es fehlt das Haarkleid und damit der natürliche Witterungsschutz; es fehlen natürliche Angriffsorgane, aber auch eine zur Flucht geeignete Körperbildung; der Mensch wird von den meisten Tieren an Schärfe der Sinne übertroffen, er hat einen geradezu lebensgefährlichen Mangel an echten Instinkten und er unterliegt während der ganzen Säuglings- und Kinderzeit einer ganz unvergleichlich langfristigen Schutzbedürftigkeit. Mit anderen Worten: innerhalb **natürlicher**, urwüchsiger Bedingungen würde er als bodenlebend inmitten der gewandtesten Fluchttiere und der gefährlichsten Raubtiere schon längst ausgerottet sein." (Gehlen (1940/1986) S.33)

In der Technikliteratur wurde das Bild vom Menschen als 'Mängelwesen' schon gelegentlich skizziert, allerdings nicht in einer philosophischen Erklärung des menschlichen Daseins, sondern recht anschaulich und 'praktisch':

> "Denn das Feld konte er nicht mit bloser Hand umarbeiten, wie etwa ein Schwein mit seinem Rüssel thun kan; also muste er auf Hakken und Grabscheider dencken." (Leupold (1725b) S.17)

Folgerichtig ist in demselben Techniktext auch schon die Konsequenz bedacht, daß allein die Technik es sei, die das Überleben des Menschen sichere:

> Nur durch sie ist "der sonst schwache Mensch ein Beherrscher und Bezwinger worden aller gewaltigen und grausamen Thiere, daß er sie entweder zähmen, anspannen, zu seinem Dienste brauchen, oder mit List und Gewalt fangen, bändigen und bestreiten kan." (Leupold (1725b) S.18)

In der Theorie der philosophischen Anthropologie wird daher die Technik für das 'Mängelwesen' zum existentiell notwendigen Überlebensprogramm. Es muß sich zwingend künstliche Organe schaffen, weil sein Körper mangelhaft und unspezialisiert ausgestattet ist.

> "er vergütet diesen Mangel allein durch seine **Arbeitsfähigkeit** oder Handlungsgabe, d.h. durch Hände und Intelligenz; eben deshalb ist

[13] Für die Technik besonders einschlägig: "Der Mensch" (1940/1986) und "Die Seele im technischen Zeitalter" (1957). Vgl. auch die Kurzreferate in Glaser (1972) und Stork (1977) S.134ff.

> er aufgerichtet, 'umsichtig', mit freigelegten Händen. [...] Er muß die ihm organisch versagten Schutz- und Angriffswaffen ebenso wie seine in keiner Weise natürlich zu Gebote stehende Nahrung sich selbst 'präparieren', muß zu diesem Zweck Sacherfahrungen machen und Techniken der objektiven, sachentsprechenden Behandlung entwickeln." (Gehlen (1940/1986) S.34, S.37)

Wenn sich aus den Mängeln des Menschen zwingend ein Überlebensprogramm ergeben muß, das auf den drei Säulen Intelligenz, Hände und Technik ruht, dann kann nochmals mit neuen Argumenten behauptet werden: Auch die Technik gehört zur Natur des Menschen.

In Fortschreibung der Kappschen Organkonzeption stellt das technische Handeln des Menschen dreierlei dar (vgl. Gehlen (1957) S.8): **Organersatz, Organverstärkung** und **Organentlastung**. Durch den Einsatz von Messern und anderen Schneidwerkzeugen **ersetzt** der Mensch die fehlenden Reißzähne und die fehlenden Klauen. Mit dem Faustkeil **verstärkt** und überbietet er die Kraft der Hand und der Faust. Der Wagen **entlastet** ihn von mühseliger Transport- und Fortbewegungsarbeit. Moderne Technik vereinigt die drei Aspekte oft in einer einzigen technischen Handlung:

> "Wer im Flugzeug reist, kann alle drei Prinzipien in einem haben: es ersetzt die uns nicht gewachsenen Flügel, überbietet weit alle organischen Flugleistungen überhaupt und erspart unserer Fortbewegung über ungeheuere Entfernungen jegliche Eigenbemühung." (Gehlen (1957) S.8)

Die primitive Hand, die darauf 'spezialisiert' ist, 'nichtspezialisiert' zu sein, wird durch ein künstliches Werkzeug verstärkt und zu spezialisierten Handlungen befähigt. Damit kann gleichzeitig das ebenfalls 'nicht-spezialisierte' Wesen Mensch sich als Individuum nun mittels der Werkzeuge auf spezifische Fertigkeiten spezialisieren. Somit wird durch die Schaffung der künstlichen Organe die Grundlage für die Arbeitsteilung der menschlichen Gemeinschaften geschaffen, weil die neuen Organe "ausleihbar" sind (Sachsse (1984) S.27) und weil nun von Teilgruppen der menschlichen Gemeinschaften trainierte spezialisierte Fertigkeiten aufgebaut werden können und müssen. Ersatz, Verstärkung und Entlastung sind demnach auch als Etiketten der fortschreitenden Gruppenbildungen und Spezialisierungen zu sehen.

Das Konzept von der Organentlastung läßt sich auch in eine technikgeschichtliche Dimension umdeuten: Technikgeschichte könnte auch als Geschichte der immer mehr zunehmenden 'Organüberbietung' und einer daraus resultierenden 'Entkörperlichung' der technischen Handlungen geschrieben werden. Denn parallel zur Weiterentwicklung der neuen technischen Organe werden dem Menschen und seinen natürlichen Organen immer mehr Handlungs- und Arbeitsfunktionen abgenommen bzw. erleichtert. Dies ist sozusagen die konstante gradlinige "Aufwärtsbewegung" im Fortschritt der technischen Entwicklung (vgl. Ropohl (1985) S.140).

In der Entwicklung der für das Überleben entscheidenden Wasserfördertechnik lassen sich die erste Organimitation und die danach immer weiter fortschreitende Organüberbietung anschaulich illustrieren. In Techniktexten des 18. Jahrhunderts werden die dabei erzielten Fortschritte explizit als technikgeschichtliche Abfolge und als Entwicklungsstufen der Menschheit dargestellt (vgl. Leupold (1724c), Prony (1795) S.339f.):

(1) Zum Gefäß geformte Hand (organisches Vorbild)

(2) Einfaches Gefäß (erste Organimitation und erste Überbietung des Handvolumens)

(3) Gefäß am Seil (Überbietung der Armlänge)

(4) Seil über der Rolle und Flaschenzug (erste einfache Maschine, bessere Applizierung der Kraft, dadurch erste Stufe der Organentlastung erreicht)

(5) Antriebstechnik mit Kurbel und Übersetzungsgetriebe (weitere Kraftersparnis durch Verlängerung des Weges nach der goldenen Regel der Mechanik)

(6) Mehrere Gefäße fördern simultan im Umlaufverfahren an einer Endloskette (erste Form der Rotationsmaschine, endgültige Steigerung der Fördermenge in ein 'übermenschliches' Maß)

Auch mit der üblichen technikgeschichtlichen Abfolge von **Werkzeug, Maschine** und **Automat** läßt sich die anthropologische Deutung der Geschichte der Arbeitsteilung und der Entkörperlichung technischen Handelns in Einklang bringen. Am Anfang steht das einfache organhafte Werkzeug, das aber lediglich die Kräfte von Arm und Hand verstärkt, jedoch immer noch mit Hand oder Fuß geführt und somit unmittelbar 'beherrscht' wird. Die Entwicklung führt über die ersten Arbeitsmaschinen, die ersten Formen der unglaublichen Übersteigerungen menschlicher Arbeitskraft, dann zu den Kraftmaschinen, die mit ihren Möglichkeiten der Energieerzeugung die Leistungsfähigkeit und Ausdauer des Menschen endgültig in den Schatten stellen. Schließlich geht die Entwicklung über den mechanischen Automaten zur Maschine auf elektronischer Basis, die durch 'Informationsverarbeitung', 'Selbststeuerung' und 'Intelligenz' nun auch unsere informationsverarbeitenden Organe entlastet und überbietet.

Man hat diese Abfolge der Organüberbietung und Organablösung auch als Entkörperlichung in dem Sinne beschrieben, daß sie einen Verlust an körperlicher und sinnlicher Erfahrungsmöglichkeit mit sich bringe. Solche Formulierungen tragen jedoch — meistens beabsichtigt — die Doppeldeutigkeit in sich, gleichzeitig Schlagworte der Technikkritik zu sein. Wer sich mit Techniktexten aus den verschiedenen Jahrhunderten beschäftigt, wird dies aber kaum als einen beklagenswerten Verlust an unmittelbarer körperlicher Erfahrung deuten, sondern als einen begrüßenswerten Verlust an Mühsal, als einen Gewinn an körperlichem Wohlbefinden und Unversehrtheit.[14] Ferner sei darauf hingewiesen, daß dem vermeintlichen Verlust an leiblicher Erfahrung auch eine durch die Technik erst mögliche, unermeßliche Steigerung unserer rezeptiven Sinnlichkeit gegenübersteht (vgl. Bahr (1983) S.28). Erst vermittelt durch technische Medien (d.h. durch Werkzeuge, Gefäße und erst recht durch die Maschinentechnik der Moderne) ist es uns möglich, mit Elementen umzugehen, die unsere körperliche Rezeption überfordern bzw. zerstören würden: Feuer, Hitze, Strahlungen, Gas, Elektrizität.

Da die Intellektualität des homo sapiens, seine fehlende Instinktausstattung, seine mangelnde organische Anpassung und schließlich auch der daraus resultierende Zwang, in seine Umwelt mit künstlich geschaffenen Dingen einzugreifen, zwingend zusammengehören, ergibt sich die zunächst paradox wirkende Gleichsetzung von Technik und Natur:

> "Wenn man unter Technik die Fähigkeiten und Mittel versteht, mit denen der Mensch sich die Natur dienstbar macht, indem er ihre Eigenschaften und Gesetze erkennt, ausnützt und gegeneinander ausspielt, so gehört sie in diesem allgemeinsten Sinne zum Wesen des Menschen." (Gehlen (1957) S.8f.)

Der Mensch hat keine Natur, er hat nur eine Kultur, die samt inbegriffener Technik an Stelle der Natur steht:

> "es gibt keinen 'Naturmenschen' im strengen Sinne: d.h. keine menschliche Gesellschaft ohne Waffen, ohne Feuer, ohne präparierte und künstliche Nahrung, ohne Obdach und ohne Formen der hergestellten Kooperation. Die Kultur ist also die 'zweite Natur' — will sagen: die menschliche, die selbsttätig bearbeitete, innerhalb deren er allein leben kann — und die 'unnatürliche' Kultur ist die Auswirkung eines einmaligen, selbst 'unnatürlichen', d.h. im Gegensatz zum Tier konstruierten Wesens in der Welt. An genau der Stelle, wo beim Tier die 'Umwelt' steht, steht daher beim Menschen die Kulturwelt." (Gehlen (1940/1986) S.38)

Die natürliche Umwelt gibt es nicht, stattdessen kann der Mensch sich sehr unterschiedlichen Umgebungen durch planmäßige Schaffung einer auf Technik begründeten Kultur anpassen. Deshalb reicht seine Natur und seine Kultur vom Äquator bis zum Polarkreis. Für Gehlen ist somit Kultur nur als "anthropo-biologischer Begriff" zu verstehen (vgl. Gehlen (1940/1986) S.80).

Die selbstverständliche Verwobenheit der Technik mit dem Menschen und seiner Herstellung einer Natur soll zunächst an relativ einfachen Sprachbeispielen aufgezeigt werden (siehe 2.3). Daran anschließend sind die sprachlichen Phänomene der Organ-Metaphorik und der Verlebendigungstendenzen

[14] Vgl. hierzu die technikgeschichtlichen Darlegungen zu Tretrad, Tretmühle und anderen 'körperlich erfahrbaren' Kraftmaschinen in 7.6, 8.8 und 9.5.

(siehe 2.4), sowie das teleologisierende Sprechen über Technik (siehe 2.5) einer vertieften anthropologischen Interpretation zu unterziehen.

2.3 Resonanz und Isomorphie: Mensch, Natur, Technik

Natürliche Sprachen weisen zahllose 'Universalmetaphern' auf. Am Beispiel einer dieser Metaphern lassen sich die eigentlichen sprachlichen Probleme der Techniksprache aufzeigen: Das Wort *Flügel* meint in seiner alltäglichen Bedeutung ein

> "paariges, am Rumpf sitzendes Organ, mit dessen Hilfe Vögel und Insekten fliegen." (Duden-Wörterbuch (1976-81) S.869)

Selbstverständlich können dann aufgrund einer gewissen 'Funktionsübereinstimmung' auch Engel, Elfen und andere Wesen mit *Flügeln* ausgestattet sein. Außer in dieser Grundbedeutung wird das Wort aber auch in vielfältiger Weise als Metapher für natürliche und künstliche Gegenstände verwendet:[15]

(1) Formähnliche Gegenstände: *Flügel (Klavier), Flügelärmel, Flügelhaube, Flügelmutter.*

(2) Beweglicher seitlicher Teil eines mehrgliedrigen, symmetrischen Ganzen: *Altar–, Fenster– und Türflügel, Lungen– und Nasenflügel.*

(3) Abstehender Teil an einem sich im Zentrum drehenden Mittelstück eines mechanischen Gerätes: *Flügel der Windmühle, Flügel einer Schiffsschraube.*

(4) Äußere Teilgruppe einer Menschengruppe: *Flügel einer Armee, einer Partei oder einer Fußballmannschaft.*

Erst in der systematischen Sammlung und Gliederung eines Lexikonartikels erkennt man die vielfältigen Einsatzmöglichkeiten solcher Universalmetaphern in der Alltags– und Fachsprache. Sie können für Menschlich–Tierisches, Natürliches und Technisches eingesetzt werden können, ohne daß der Sprecher sich im Normalfall dieser metaphorischen übertragungen überhaupt bewußt ist. Auf der Suche nach weiteren Beispielen ergibt sich, daß sowohl technische Fachsprachen als auch Alltagssprache voll von solcher Bildhaftigkeit sind, die zwischen den drei Bereichen Mensch, Natur und Technik sprachlich vermitteln. Beispiele für Metaphern aus allen drei Gruppen:

- Natur → Technik: *Strom, Feder, Blatt, Birne, Flügel, Baum, Hahn, Bock, Schnabel*
  Natur → Mensch: *stürmisch, aufgewühlt, Flügel hängen lassen, Stammbaum*

[15]Vgl. hierzu Bückendorf (1963) S.33, Duden–Wörterbuch (1976-81) S.869, Meyer Bd.9 (1973) S.83.

- Mensch → Technik: *Fuß, Auge, Kopf, Daumen, Finger, Hut, Zahn, Kamm, Bett*
  Mensch → Natur: *Kletterpflanze, Lauf/Arm eines Flusses, launisches Wetter, Fuß des Berges*

- Technik → Natur: *Schlüsselblume, Glockenblume, Sägefisch, Hammerhai*
  Technik → Mensch: *Brustkorb, Schlüsselbein, Schraube locker, ausspannen, durchdrehen, ungehobelt.*

Weder sind solche Metaphern in der Alltagssprache konsequent klassifizierbar, noch gibt es im Alltagswissen ein Sprachbewußtsein über sie, vielmehr gelten sie als unreflektiertes, selbstverständliches und angemessenes Sprechen. Beispielsweise gibt es kein Wissen darüber, ob die ursprüngliche Normalbedeutung von *Horn* das tierische Organ war und zur Metapher für das Blasinstrument wurde oder ob die Übertragung umgekehrt war. Ohne etymologisches Wissen existiert in dem Wort eine 'völlig normale' Doppelbedeutung, die auf Isomorphie gegründet ist.

Zur Deutung dieser sprachlichen Phänomene ist auf die Organtheorie der philosophischen Anthropologie zurückzugreifen, wie sie im letzten Abschnitt skizziert wurde: In solchen Universalmetaphern zeigt sich das sprachliche Symptom der Wechselwirkungen in der Deutung von Mensch, Natur und Technik, die Arnold Gehlen als "Resonanzphänomen" bezeichnet:

> "Und wenn wir heute noch vom 'Gang' der Gestirne, vom 'Gang' der Maschine reden, so sind das keine oberflächlichen Vergleiche, sondern aus der Resonanz heraus objektivierte Selbstauffassungen bestimmter Wesenszüge des Menschen — der die Welt nach seinem Bilde interpretiert und umgekehrt sich nach Weltbildern." (Gehlen (1957) S.16f.)

Auch bei anderen Beispielen (*aufgehende Sonne, Lauf des Flusses, Lauf der Dinge, Gang der Maschine* etc.) könnte man als 'wörtliche' Bedeutung den menschlichen Gang annehmen. Das Dilemma besteht aber darin, daß durch den Gebrauch der Metaphern keine 'freiwillige' bildhaft-stilistische Variante entsteht, sondern die einzige Möglichkeit gewählt wird, die Sachverhalte aus Natur und Technik angemessen auszudrücken: Das Resonanzphänomen ist demnach sprachlich nicht zu umgehen.

Aus dem bisher Ausgeführten ergeben sich weitreichende Folgerungen und eine erste vorläufige Bilanz: Alle sprachlichen Beobachtungen, die auf eine natürlich-artifizielle Isomorphie hindeuten, können als Symptom des 'Resonanzphänomens' gelten. Sie sind dann kein Stil- oder Veranschaulichungsmittel, sondern Ausdruck von elementaren Deutungsmustern der Welt. Die in die verschiedenen Richtungen stattfindenden bildhaften Übertragungen sind weder kognitiv noch sprachlich als einfache Imitation zu sehen. Vielmehr liegt eine komplizierte Wechselwirkung in der gegenseitigen Deutung der drei

Bereiche vor, die zu einer kognitiven und damit zu einer sprachlichen Isomorphie führt. In den Sprachausdrücken wird gewissermaßen bei menschlichen, natürlichen und technischen Gegenständen und Abläufen eine Übereinstimmung 'vorgetäuscht', die allerdings unbedingt nur als "Gestaltgleichheit", nicht als "substantielle Gleichheit" (Gehlen (1957) S.21) zu werten ist. Die völlig selbstverständliche Verwobenheit und Nichttrennbarkeit unseres Grundwortschatzes für natürliche, menschliche und technische Handlungen ist, wie die Darlegungen zur Anthropologie der Technik zeigen sollten, in der Entwicklungsgeschichte der Menschheit angelegt.

Für den Erwachsenen ergeben sich hieraus im allgemeinen keine Mißverständnisse oder sonstige Verständnisprobleme. Er hat ein unhinterfragtes, stabiles Wissen darüber, daß hier **keine** substantielle Gleichheit vorliegt. Ihm bereitet die sprachliche Isomorphie von Sonne, Mond, Mensch, Tier, Gewässer, Maschine und Uhr, die allesamt *gehen* oder *laufen* können, keine Probleme. Sie wird ihn nicht zu Sprachreflexionen veranlassen. Dagegen ist es für das kindliche naive Wissen noch ein bewußt reflektiertes Problem (siehe 3.2). In Fragen wie

> ***Wird die Sonne nie müde? Brauchen Menschen zum Gehen auch eine Batterie? Warum haben Autos keine Beine?***

zeigt sich der noch nicht abgeschlossene Wissens- und Spracherwerb zur Isomorphie der Fortbewegung.

Die dargestellten Phänomene haben weitreichende Folgen für die Sonderstellung der Technikfachsprache gegenüber anderen Fachsprachen. Da Sprechen über Technik historisch gesehen zunächst Sprechen über Alltagshandeln (Nahrungszubereitung, Fortbewegung etc.) ist, ist Techniksprache entwicklungsgeschichtlich eine Fachsprache 'von unten'. Sie kommt aus dem Alltag ohne Theorie. Dies gilt länger und deutlicher als für andere Fachsprachen bis weit in die Gegenwart. Technikfachsprache entsteht aus einem allmählichen 'Herüberwachsen' aus Alltagswissen und Alltagssprache. Deshalb hat auch jede modernste Technikfachsprache einen hohen Anteil an unsystematisiertem, scheinbar zufälligem und unmotiviertem Wortschatz. Trotz der weitgehenden Dominanz der Maschinentechnik in den verschiedenen Technikdisziplinen bleibt sprachlich noch immer die vorindustrielle Ära bestimmend. Ein Veranschaulichungsbeispiel: Von der Längen- und Zeitmessung abgesehen, kommt die Technik bis weit ins 19. Jahrhundert ohne genaue — im heutigen Sinne technische — Maßangaben aus, stattdessen wird aus Alltagserfahrung mit entsprechender Ungenauigkeit gemessen: Mensch und Natur sind noch das 'Maß' aller Dinge. Erst mit James Watt und seiner Maßangabe der 'horse power' war die Möglichkeit gegeben, Leistungsangaben von Maschinen technisch relativ exakt zu bestimmen. Aber noch bis weit ins 19. Jahrhundert hinein findet man technisch ungenaue, auf Alltagsanalogien basierende Maßangaben (siehe 9.8):

> "etwa soviel wie 4 Pferde in 2 Stunden leisten" — "die sechsfache Kraft eines durchschnittlichen Arbeiters" — "die Maschine hebt 30 Eimer in 1 Stunde"

Technik gehört also auch sprachlich zur Natur des Menschen. Der Mensch deutet Technik durch seine Natur, der Mensch deutet Natur durch Technik. Auf einem vortheoretischen Niveau existiert hier kein deutlicher Trennzaun, weil wir uns der technisch–natürlichen Mischung in den Bildern nicht bewußt sind. Die sprachliche Vermengung ist sprachliches Symptom eines Resonanzphänomens, das sich so konkretisieren läßt: In die Himmelskörper projizieren wir Menschliches, in die Natur projizieren wir technische Vorgänge, in die Maschinen projizieren wir menschliche Organe. In den Maschinen des Industriezeitalters gewinnt dies noch eine neue Qualität, weil in sie komplexes menschliches und teleologisches Handeln projiziert werden kann. Unter dieser anthropologischen Sehweise werden für die Analyse zwei Kategorien wichtig: die Analogie und das Modell (vgl. Huning (1986) S.35). Der Mensch wird zum 'Modell' für die Maschine, die Maschine wird durch 'Analogien' zu menschlichen Qualitäten erst verständlich, durch das 'Modell' Maschine werden Teile des menschlichen Körpers erst deutbar.[16] Die Beschäftigung mit Metaphern muß solche theoriegeleiteten Grundannahmen berücksichtigen. Denn Metaphern sind eben als **sprachliche** Isomorphismen die Indikatoren für die **kognitiven** Isomorphismen. Mit der Charakterisierung, daß sie aus dem "Boden der Muttersprache" (siehe 5.4) stammten, ist dies nur unzureichend dargestellt.

Auch in der magischen Faszination, die heute wie früher, für Kinder und Erwachsene gleichermaßen, von komplexen Artefakten wie (Spiel–)Automaten, Uhren, Fahrzeugen, Arbeits– und Kraftmaschinen ausgeht, zeigt sich das skizzierte Resonanzphänomen:

> "Die Faszination durch den Automatismus bildet den vorrationalen und überpraktischen Antrieb in der Technik, der sich zuerst viele Jahrtausende lang in der Magie, der Technik des Übersinnlichen, auswirkte, bis er erst in jüngster Zeit seine vollkommene Erfüllung in Uhren, Motoren und rotierenden Maschinen jeder Art fand." (Gehlen (1957) S.15)

Solche vorrationalen Antriebe müssen für das Fortschreiten der Technikentwicklung immer wieder betont werden, weil diese ansonsten als zu rationale und zu planvolle Geschichte erscheint. Gerade in der Gestalt des 'spleenigen', für verrückt gehaltenen oder gar als Außenseiter stigmatisierten Erfinders zeigt sich, daß das zielgerichtete, gar ökonomisch motivierte planvolle Entwickeln nicht alleiniger Antrieb des technischen Fortschritts war und ist. Die Jahrhunderte währende Utopie vom perpetuum mobile, der mit Ikarus erstmals belegte Traum der Menschheit vom Fliegen u.a. zeigen die irrationale und utopische Seite der Technik: der Traum vom Leben ohne Mühsal,

---

[16] Im nachfolgenden Kapitel 3 zur Wissenspsychologie wird hierauf ausführlich eingegangen.

der Traum vom Schlaraffenland der unbegrenzten Energie–Ressourcen, der Traum von einer unbegrenzten Mobilität (vgl. Heckmann (1982), Klemm (1983b), Simmen (1967), Steger (1988b)).

Auch auf diesem Hintergrund, daß Technik — je nach Zeitalter variierend — immer auch etwas Magisches, Utopisches hat, sind die sprachlichen Isomorphismen zu bewerten. Wenn man davon spricht, daß die Maschine *gut läuft*, dann wäre dies auch zu deuten als: Die Maschine *läuft* statt meiner, nimmt mir die Mühsal des *Laufs* ab und tut dies obendrein noch viel schneller und ausdauernder.

2.4 Organprojektion und Metapher

Ausgehend von den Kategorien der Philosophischen Anthropologie Arnold Gehlens ist festzustellen, daß Sprechen über Mensch, Natur und Technik **notwendigerweise** isomorph sein muß. Eine fein säuberliche Trennung zwischen 'natürlicher' oder 'menschlicher' Grundbedeutung der Wörter und technischer Metapher (oder auch entsprechend umgekehrt) ist meistens nicht möglich. In jeder Sprache müssen sich technische, menschliche und natürliche Inhalte und Sprachformen permanent überlagern und durchdringen. Dies kann an einem häufig ausgeführten Thema der historischen Technikspracheforschung, nämlich an der Mensch–, Tier– und Organmetaphorik linguistisch vertieft werden (siehe 5.4). Die möglichen Naturmetaphern sind in fünf Gruppen aufteilbar:

(1) Menschliche Organe und Körperteile

(2) 'Artifizielle' Organe des Menschen

(3) Tiere

(4) Tierische Organe und Körperteile

(5) Pflanzen und Pflanzenteile

Es gibt fast keinen 'äußeren sichtbaren Teil' des menschlichen Körpers, der nicht als Metapher für technische Beschreibungen eingesetzt werden könnte.[17]

(1) **Menschliche Organe und Körperteile:** *Arm, Auge, Backe, Bart, Bauch, Bein, Brust, Busen, Daumen, Elle, Faust, Finger, Fuß, Gesicht, Glatze, Haar, Hals, Hand, Herz, Kehle, Kinn, Knie, Kopf, Kropf, Leber, Lippe, Locke, Mund, Nacken, Narbe, Nase, Niere, Ohr, Rippe, Rücken, Rumpf, Schenkel, Schulter, Sehne, Sohle, Stirn, Wange, Zahn, Zehe, Zopf, Zunge.*

[17]Aus der Literatur ergibt sich, daß bei den vorindustriellen Fachsprachen die Organmetaphern stets ca. ein Fünftel bis ein Viertel des Metaphernbestandes darstellen; vgl. Hahn (1971) S.91ff., Spiegel (1972) S.157ff., Taenzler (1955) S.198ff.

Dazu kommen dann auch 'artifizielle' Organe (sowohl körperbezogene als auch Gebrauchsgegenstände des alltäglichen Lebens und der häuslichen Umgebung), die als technische Alltagsgegenstände ihrerseits wieder als Metaphern in der Produktionstechnik gebraucht werden können und dort ebenso 'vermenschlichend' wirken wie die natürlichen Organ–Metaphern.

(2) **'Artifizielle' Organe des Menschen:** *Bett, Brille, Flöte, Gabel, Griffel, Haube, Helm, Hemd, Hose, Hut, Kamm, Kette, Korb, Krone, Krücke, Mantel, Mütze, Sattel, Schürze, Schuh, Schwert, Tasche, Trommel.*

Neben dem Menschen ist die Tier- und Pflanzenwelt als weitere große Gruppe der Naturmetaphern vertreten:

(3) **Tiere:** *Bär, Bock, Esel, Fisch, Frosch, Fuchs, Gans, Geier, Geiß, Gemse, Grille, Henne, Hund, Igel, Kalb, Kamel, Katze, Kranich, Kröte, Krokodil, Küken, Maulwurf, Maus, Pferd, Ratte, Roß, Sau, Schildkröte, Schlange, Schnecke, Schwein, Vogel, Wespe, Widder, Wolf, Wurm.*

(4) **Tierische Organe und Körperteile:** *Feder, Fell, Flügel, Horn, Huf, Klaue, Kralle, Panzer, Pratze, Quaste, Rüssel, Schnabel, Schuppen, Schwanz, Schwinge, Stachel, Tatze.*

(5) **Pflanzen und Pflanzenteile:** *Apfel, Ast, Banane, Baum, Beere, Birne, Blatt, Blüte, Blume, Bohne, Dorn, Frucht, Korn, Krone, Nuß, Rose, Rute, Schale, Stamm, Stengel, Stiel, Wurzel, Zweig, Zwiebel.*

Man erkennt in den Beispielen zahlreiche, leicht nachvollziehbare Formmetaphern (*Banane, Brille, Niere, Schnecke*), ferner Metaphern, die durch eine Funktionsähnlichkeit motiviert sind (*Hand, Krücke, Panzer, Stamm*) und schließlich Metaphern, die eine Gesamtdeutung und -gleichsetzung von Artefakt und Lebewesen anzeigen: *Wolf* für Zerkleinerungsmaschine, *Bär* für Rammvorrichtung. Die beiden letztgenannten Gruppen sind die interessanteren, weil hier die gegenseitige Deutung von Artefakt und Lebewesen am auffälligsten und am tiefgreifendsten ist. Nach Meinung der älteren Fachsprachenforschung sind solche Lebewesen–Metaphern in den Techniksprachen Indikatoren für bestimmte Denkkonzepte:

> Sie "geben einen Einblick in das Empfinden des Menschen, dem die Maschinen nicht tot sind, sondern durch Einordnung in die von stetem Bezug auf das eigene Dasein bestimmte Umwelt Leben besitzen." (Taenzler (1955) S.216)

Zwei entscheidende Punkte sind in dem Zitat angedeutet:
(1) Der Mensch deutet Technik lebendig oder gar menschlich, ohne aber wirklich an ein 'Leben' im Werkzeug oder in der Maschine zu glauben.
(2) In das Alltagshandeln eingebundene technische Handlungen sind uns so selbstverständlich 'menschlich' und 'alltäglich', daß sie — ohne weitere Reflexion — in vermenschlichende Sprachhandlungen eingebunden werden.

Im übrigen ist in Theorieschriften zur Technik zu beobachten, daß die Organ–Metaphorik in bestimmten Zeitabschnitten häufig als poetisches Stilmittel bei der Beschreibung von technikgeschichtlichen oder technikphilosophischen Sachverhalten eingesetzt wird:

> Das Rad ist ein "reifförmig geschwungener künstlicher Muskel [...] seine eigentliche Bedeutung erlangte das Rad erst mit der Ersetzung des Tiermuskels durch die große künstliche Triebkraft: den Dampf. Der Dampf gab dem Rad die Schwingen."(Weckerle (1928) S.7)

In diesen Texten haben die Metaphern allerdings eine andere Funktion: Sie sind für das Sprechen über Artefakte nicht zwingend notwendig. Sie sind hier wirklich eine **stilistische**, also auch zeit- und modeabhängige Variante in der Sprache der Technikgeschichtsschreibung.

2.5 Teleologisierung der Technik, historische Relativierung und Bilanz

Aus dem dargestellten Resonanzphänomen und der daraus resultierenden Lebewesen-Metaphorik ergibt sich oberflächlich nicht nur der Eindruck einer vermeintlichen Verlebendigung, sondern oft auch der Eindruck, als würden technische Produkte intentionale und teleologische Qualitäten aufweisen und wie Menschen selbständig handeln:

> *Der Computer* **will** *das nicht annehmen. Der Motor* **streikt.** *Die Maschine* **holt** *sich den Werkstoff* **selbst** *herbei und* **überwacht** *dabei die Menge.*

Auch hier gilt, daß eine vorschnelle Kritik der Techniksprache fehl am Platze ist. Wer dies als Verfehlung und als Bedrohung durch eine sich verselbständigende Technik kritisiert, der fällt auf die Inkonsequenzen und vormodernen Elemente und Ungenauigkeiten unserer Alltagssprache herein. Das organanalogische Sprechen über einfache Werkzeugtechnik erscheint noch jedermann unproblematisch, weil die Funktionstrennung zwischen zielgerichtet handelndem Menschen und dem Werkzeug als bloßem Instrument offensichtlich und überdeutlich ist. Erst das Sprechen über komplexe Maschinentechnik wirkt dagegen irritierend und mißverständlich, weil es das Artefakt als vermeintlich intelligent oder teleologisch handelndes Wesen erscheinen läßt. Dabei werden allerdings nicht vermeidbare Sprachformen der Alltagssprache und der Techniksprache kritisiert. Insofern stellt Günter Ropohl eine utopische Forderung auf, wenn er solche Sprachformen beseitigen will:

> "Da wir freilich Zielsetzung und Zielverfolgung für spezifisch menschliche Fähigkeiten zu halten haben, erscheint uns jene Redeweise, sofern sie sich auf nicht menschliche Systeme bezieht, als anthropomorphisierende Metapher, die unfruchtbare Mißverständnisse heraufbeschwören kann und daher vermieden werden sollte." (Ropohl (1979) S.72)

Die Kritik kann jedoch m.E. nicht an der Sprache ansetzen, sondern an dem unvollkommenen oder fehlenden Wissen über Technik. Da schließlich **jeder** weiß, daß die Uhr eigentlich gar nicht *nachgeht* und dies auch gar nicht *will*, daß sie eigentlich auch gar nicht die Zeit *anzeigen kann*, ist solches Sprechen völlig unbedenklich. Bei einer technischen Innovation der Gegenwart, über die das Allgemeinwissen noch nicht so gefestigt und selbstverständlich ist wie bei der Uhr, sind die teleologischen Formulierungen von keiner anderen Qualität, erscheinen aber — ob des **noch** fehlenden Wissens — als gefährlich. In diesem Sinne hält Magdalena Zoeppritz die *laufende* Maschine für eine unbedenkliche Metapher, weil längst durch Allgemeinwissen gesichert ist, was diese Analogie ganz unanimistisch ausdrückt. Dagegen sei die *denkende* Maschine bedenklicher, weil es angesichts der jungen Entwicklung noch nicht Allgemeingut sei, ob dies real oder metaphorisch gemeint sein könnte (vgl. Zoeppritz (1988) S.110f.)

In der Tat können viele Beispiele aus der Technikgeschichte verdeutlichen, daß allein die historische Distanz des Betrachters, der über ein inzwischen gefestigtes Wissen über das Artefakt verfügt, die Metapher ihrer vermeintlichen Gefährlichkeit beraubt und deshalb auch die vermutete Intelligenz der Artefakte schnell relativiert wird. Bei vielen technischen Innovationen werden zunächst unangemessen übertriebene Attribute (*selbsttätig, fühlend, denkend* etc.) vergeben, bis dann nach einiger Zeit das vermeintlich Sensationelle der Artefakte zur trivialen Normaltechnik wird. Dazu einige Beispiele aus der Technikgeschichte: die erste Dampfmaschine mit Selbstregulierung, das erste Fahrzeug ohne Pferde, die elektronische Intelligenz der Gegenwart, der denkende Computer, das mitdenkende Fahrwerk oder Bremssystem, der fühlende Thermostat, der aufpassende Rauchmelder etc.

Eine Bilanz:

(1) Anthropomorphisierungen und Teleologisierungen im Sprechen über Technik sind ebenso wie die vorherrschende organische Metaphorik nicht kritikwürdig. Die sprachlichen Gleichsetzungen von menschlichem Handeln und technischer Operation sind gleichermaßen harmlose Organ-Metaphern wie der *Hebelarm* und *Schraubenkopf.*

(2) Es sollte deutlich geworden sein, daß notwendigerweise über jede Technik so gesprochen werden muß. Dies ist als eine anthropologische Konstante der Alltagssprache und der Techniksprache zu sehen, die in der Geschichte der Menschheit begründet ist. Es ist das sprachliche Symptom einer historisch sehr alten Verwobenheit von Alltag und Technik: Die Technik gehört auch sprachlich zur Natur des Menschen.

(3) Solches Sprechen ist das Symptom der Nichttrennbarkeit von naiver Alltagstheorie und naivem Technikwissen. In ihm zeigt sich das Resonanzphänomen, die drei Sphären Mensch, Natur, Technik in gegenseitiger Durchdringung zu deuten. Es ist sprachlicher Indikator einer

kognitiven Isomorphie, die nicht als substantielle Gleichsetzung mißverstanden werden darf.

(4) Metaphern der Technikfachsprachen können damit nicht mehr als Phänomene eines spezifischen 'Fachstils' angesehen werden, sie sind vielmehr als sprachliche und kognitive Modelle aufzufassen.

3. Wissenspsychologische Aspekte

3.1 Vorbemerkung

In diesem Kapitel wird versucht, die zuvor unter anthropologischen Aspekten dargestellten Phänomene des Sprechens über Artefakte nochmals unter wissenspsychologischen Aspekten zu durchleuchten. Dadurch soll eine methodische Präzisierung und Erhellung des bisher Behandelten erreicht werden. Die Isomorphismen im Sprechen über Mensch, Natur und Technik sind nach Auffassung der Wissenspsychologie[18] keine kognitiven oder sprachlichen Einzelfälle. Vielmehr gehört es zu den Grundprinzipien der menschlichen Wissensspeicherung und -verarbeitung, daß sie mit Hilfe von Analogien zu bestehendem Vorwissen und mit modellhaften Repräsentationen anderer Wissensbestände operiert.

Nicht die einzelne Metapher, sondern die hinter ihr stehenden metaphorischen Konzepte, wie z.B. MASCHINE IST MENSCH, sind die sprachlichen Belege dafür, daß die Verarbeitung von Technikwisssen in einigen wenigen Modellen vonstatten geht.[19] In vier Konzepten oder Modellen der Techniksprache läßt sich m.E. systematisch präzisieren, was in den vorhergehenden Abschnitten 2.3 bis 2.5 allgemein zu Resonanzphänomen, Isomorphismen, Verlebendigungs–Metaphorik etc. erörtert wurde:

Mentales Modell I: KÖRPER

Das erste Modell beinhaltet diejenigen Vorstellungen und sprachlichen Mittel, die Artefakte der Realtechnik analog zu den Gesetzen und Bauprinzipien organischer Körper (Mensch, Tier) behandeln (siehe 3.8).

Mentales Modell II: MENSCH

Im zweiten Modell wird das Artefakt der Realtechnik als 'intelligent' und vermeintlich 'menschlich' handelndes Wesen gedeutet und entsprechend beschrieben (siehe 3.9).

Mentales Modell III: HANDLUNG

Technische Operationen der Maschinen werden als quasi–intentionale Handlungen gedeutet und mit entsprechenden 'vermenschlichenden' Verben beschrieben (siehe 3.10).

Mentales Modell IV: MECHANIK

Alle 'nicht–mechanischen', 'unanschaulichen' und 'unkörperlichen' Vorgänge und Operationen der Technik werden mit Kategorien einer naiven Alltagsphysik bewältigt, deren tragende Denkschemata KÖRPERLICHKEIT und ALLTAGSMECHANIK sind (siehe 3.11).

Bevor diese vier Modelle ausführlich an Sprachbeispielen erörtert werden

---

[18] Vgl. zu den Teilgebieten, Methoden und Fragestellungen der Psychologie, die sich unter der neuen Disziplin Wissenspsychologie vereinen: Mandl/Spada (1988).

[19] Vgl. hierzu die ausführliche Darlegung der metaphorischen Konzepte nach Lakoff/Johnson (1980) in Abschnitt 3.3. Metaphorische Konzepte werden im folgenden stets durch Großbuchstaben hervorgehoben.

(siehe 3.7–3.11), ist eine ausführlichere Referierung der Theorie der metaphorischen Konzepte und der mentalen Modelle vonnöten (siehe 3.3–3.5). Zur Grundlegung dieser kognitionswissenschaftlichen Darlegungen ist es hilfreich, zunächst die Tendenzen zur 'Verlebendigung' unter entwicklungspsychologischen Aspekten zu betrachten.

3.2 Verlebendigungs–Metaphorik: Sprachliche Symptome des Animismus

Zunächst ist in Erinnerung zu rufen, daß eine zur 'Verlebendigung' neigende Sprechweise kein exklusives Merkmal der Techniksprache ist. Auch bei anderen Themen bewegen wir uns in der Fach- und Alltagssprache auf ähnlichem Wissens- und Sprachniveau, was aber bei der Beschreibung von Naturvorgängen offensichtlich weniger auffällt als bei technischen Vorgängen:

> *Der Fluß* **tritt** *über die Ufer. Der Fluß* **bringt** *Geröll zu Tale. Der Vulkan* **bricht aus**. *Das Hochdruckgebiet* **wandert** *weiter. Das Tiefdruckgebiet* **weicht aus**. *Der Donner* **grollt**. *Der Blitz* **zuckt**. *Der Wind hat* **sich beruhigt**.

Die Beispiele zeigen, daß auch Naturereignisse agentiviert, teleologisiert oder gar anthropomorphisiert werden. Spricht man beispielsweise über die Naturerscheinung Wind, dann begeht man nach Auffassung des Entwicklungspsychologen Jean Piaget einen dreifachen Irrtum:

> "Wenn diese Sprache sagt 'der Wind bläst' oder ganz einfach vom 'Wind' wie von einem Wesen spricht, so begeht sie die dreifache Absurdität, daß sie annimmt, der Wind sei unabhängig vom Akt des Blasens, es könnte einen Wind geben, der nicht bläst, und der Wind subsistiere unabhängig von seinen äußeren Manifestationen. Für uns ist es derart natürlich, so zu sprechen, daß wir diese Formulierung fast für richtig halten." (Piaget (1926/1988) S.223)

Gemessen an dem, was man heute im Alltagswissen über Wind weiß — und erst recht gemessen an den wissenschaftlichen Erkenntnissen der Klimatologie — , sind diese Vorstellungen zwar 'falsch', dennoch ist es alltäglich und alltagssprachlich 'richtig', so animistisch und agentiviert über Wettererscheinungen (Wind, Regen, Donner, Blitz, Sturm, Hagel etc.) und andere Phänomene der unbelebten Natur zu sprechen. Insofern wäre aus linguistischer Sicht der letzte Satz im angeführten Zitat Piagets zu kritisieren: Es gibt kein "fast für richtig halten" aus der Sicht des Alltagswissens. Die Formulierung ist 'richtig'.

Wie kommt es zu diesen 'eigentlich falschen', aber 'dennoch richtigen' Ausdrucksformen in der Alltagssprache? Hierzu sind zunächst einige entwicklungspsychologische Bemerkungen notwendig. Nach Piagets Theorie haben Kinder in einer bestimmten Entwicklungsphase ihrer Weltorientierung und ihres Weltwissens als wichtigstes Deutungsprinzip den kindlichen Animismus (vgl. Piaget (1926/1988) S.157-225). Zahlreiche leblose Körper, seien sie natürlich oder künstlich, werden als lebendig und mit Bewußtsein ausgestattet gedeutet. Der Wind wird beispielsweise deshalb für lebendig gehalten, weil seine sichtbaren Effekte als Eigenbewegung eingestuft werden.

Wichtig sind die Klarstellungen Piagets, daß dieser Animismus dem Kind weniger als Überzeugung, sondern vielmehr als Erklärungsschema diene (vgl. Piaget (1926/1988) S.173). Das Kind 'glaubt' nicht an die lebendige Sonne oder an den lebendigen Wind, sondern schreibt ihnen lediglich zur besseren Erklärung ihrer Bewegungen — und mangels anderer Erklärungsmöglichkeiten — solche Eigenschaften zu:

> "Wir haben immer wieder festgestellt, daß das Kind nicht so anthropomorphistisch ist, wie man meint. Das ist darauf zurückzuführen, daß es den Dingen nur das Allernotwendigste an Bewußtsein zuschreibt, damit sie ihre jeweiligen Funktionen erfüllen können." (Piaget (1926/1988) S.200)

Dieser einschränkende Gesichtspunkt ist auch für die nachfolgende Betrachtung über die Animismen der Erwachsenensprache besonders zu betonen. Die animistischen Vorstellungen des Kindes werden im Laufe des intellektuellen Reifungsprozesses nach und nach abgebaut. Immer mehr Bereiche werden ausgeschieden, denen anfangs noch 'Bewußtsein' und 'Leben' zugeschrieben wurde (vgl. Piaget (1926/1988) S.159ff., S.178ff). Zunächst sind in der kindlichen Vorstellung alle Dinge mit 'Bewußtsein' ausgestattet. Dann wird das Attribut nur noch für Dinge mit 'Beweglichkeit' vergeben. Nach einer weiteren Reduzierung werden nur noch Körper, die zur Eigenbewegung fähig sind, eingeschlossen:

> *Spürt der Wind, daß er bläst? — Nein. — Warum nicht? — Weil es die Wolke ist, die ihn blasen läßt.*
> *Spüren die Wolken, daß sie sich bewegen? — Weil sie selbst den Wind machen, können sie spüren.*

Schließlich wird in der letzten Phase nur noch den Tieren und — überraschend lange anhaltend — den Himmelskörpern (Sonne, Mond) ein Bewußtsein zugeschrieben.

Eine ähnliche Reduzierung in vier Stufen erfährt das Merkmal 'Leben' im Laufe des Entwicklungsprozesses. Zunächst wird mit jeder Aktivität das allgemeine Merkmal 'Leben' verbunden (z.B. *Ist die Sonne lebendig? — Ja. — Warum? — Sie gibt hell*). Dann wird auch hier die Merkmalsvergabe von der Bewegung abhängig, was schließlich weiter auf die Fähigkeit zur Eigenbewegung eingeschränkt wird:

> *Ist der Wind lebendig? — Ja. — Warum? — Er ist lebendig, denn es ist der Wind, der die Wolken vorwärtstreibt.*
> *Ist ein Fahrrad lebendig? — Nein, es wird von uns bewegt.*

Schließlich wird das Merkmal 'Leben' korrekt für die Tier–und Pflanzenwelt reserviert.

Piaget stellt die Wissensentwicklung des Kindes ferner als eine Abfolge dar, in der die magischen Elemente früher als die animistischen Anteile zurückgedrängt werden.

> "In dieser dritten Etappe kann somit der Animismus noch fortbestehen, während die Magie bereits am Verschwinden ist [...] Das Kind hält die Sonne vielleicht immer noch für lebendig, während es bereits von der Vorstellung abgekommen ist, sie folge ihm nach." (Piaget (1926/1988) S.224)

Auch dies ist für die hier zur Diskussion stehende Techniksprache der Erwachsenen von Bedeutung. Ursprünglich magische Anteile (z.B. die Vorstellungen von Wundermaschinen o.ä.) werden 'rationalisiert' und in weniger magische, aber noch deutlich animistisch geprägte sprachliche Muster überführt. Wobei sofort wiederum zu betonen ist, daß solche Formulierungen und Vorstellungen nicht 'geglaubt' werden, sondern nur 'erklärend' für die naiven Alltagsvorstellungen stehen. Auch im gegenwärtigen Sprechen über Technik, besonders wenn es um Erzeugung von Bewegungsenergie in Kraftmaschinen oder Fahrzeugen geht, finden sich quasi–magische Relikte:

> "Diese Magie des Sichbewegens hat sich, zumindest formell, in den meisten Definitionen der Maschine erhalten. Und doch ist sie auf spezielle Weise abgeschwächt worden. Die Maschine tut etwas, aber sie lebt nicht, und doch tut sie, im Unterschied zu mancher nichtmaschinellen Natur, etwas Zweckgerichtetes." (Bahr (1983) S.30)

Eine pädagogische Studie über den Erwerb des physikalischen Energiebegriffs zeigt anschaulich das kindliche animistische Denken und seine Zurückdrängung. Die Vorführung eines einfachen physikalischen Versuches, das Emporschleudern einer Kugel mittels einer gespannten Feder, wird altersabhängig deutlich unterschiedlich beschrieben (vgl. Jenelten–Allkofer (1979) S.118ff.):
(1) Das **achtjährige** Kind beschreibt noch ausschließlich mit animistischen Verben: *geht raus, geht hoch, fliegt hoch, kommt runter, geht runter.*
(2) Beim **zehnjährigen** Kind treten dann Tendenden zur Deagentivierung und Vorformen mechanischer Begriffe hinzu: *wird abgestoßen, bekommt Kraft, wird Druck hergestellt, schießt heraus, wird geschoben, kommt zurück.*
(3) Auch der **sechzehnjährige** Jugendliche hat noch immer als Grundlage der Beschreibung die animistischen Basisverben, aber sie werden nun durch die theoriegestützten Begriffe aus dem Physikunterricht ergänzt: *gehen, kommen, liegen, springen, ziehen, Bewegung, Energie, Geschwindigkeit, Kraft, Schwerkraft.*

Die Befragungen der Kinder ergaben in Piagets Forschungen ja für natürliche und technische Gegenstände gleichermaßen eine Zuschreibung von Leben.

Insofern ist es gerechtfertigt, das alltägliche Sprechen über Naturvorgänge, Naturgesetze und technische Abläufe hier kurzzeitig gleichzusetzen. Daher läßt sich beim direkten Vergleich von Kinder- und Erwachsenensprache festhalten: Die kindlichen Vorstellungen sind prinzipiell nichts anderes als die animistischen Deutungen unserer naiven Alltagstheorien. Sie sind allenfalls eine graduell gesteigerte Vorform, deren 'Extremwerte' im Laufe des Reifungsprozesses abgebaut werden, deren 'Normalformen' aber lebenslang bestehen bleiben.

Solche Entwicklungen sind unter einem wissensgeschichtlichen Aspekt zu verallgemeinern. Wissensentwicklung und Theoriebildung über Naturvorgänge, wie beispielsweise das Donnergrollen, beginnen bekanntlich beim Gott des Donners oder anderen personifizierenden Mythen. Über die naiv-kindliche, animistische Deutung des Donners gelangen wir als Erwachsene zur agentivierenden Deutung der Alltagstheorie. Die Theoriebildung endet schließlich bei der naturwissenschaftlichen Erklärung der Luftausdehnungsvorgänge und deren akustischen Begleiterscheinungen. Doch in der Alltagssprache wird der letzte Schritt nicht mehr vollzogen. Sie bleibt sprachlich und kognitiv auf einem archaischen Stand stehen.

Die sprachlichen Formen sind dann keinesfalls, wie oben bereits betont wurde, Beweise von 'Überzeugungen', sondern sprachliche Relikte von 'rationalisierten Animimus-Konzepten', die die notwendigen 'Erklärungsmodelle' für die Verarbeitung von Natur und Technik liefern müssen. Solch rationalisierter Rest-Animismus ist eine Konstante der Techniksprache. Vom Temperaturfühler bis zur selbststeuernden Maschine finden sich sprachliche Phänomene, die den Animismus als zentrales Deutungsmuster für die Technik bestätigen. Solches Sprechen über Technik hat nicht die Funktion, eine Versinnlichung, Veranschaulichung oder Verlebendigung (etwa gar im Sinne einer stilistischen Aufwertung) zu leisten. Es ist sprachlicher Ausdruck dafür, daß die auf Alltagswissen aufbauenden Deutungskonzepte der Technik, trotz aller neuzeitlichen Rationalisierungen, stets mit einem animistischen Denken verbunden bleiben.

Dabei verstehe ich den aus entwicklungspsychologischen Akzenten entwickelten Animismus lediglich als eine Sehweise, die komplementär zum Resonanzphänomene und zu den Isomorphismen gesehen werden muß: hier die entwicklungspsychologische und ontogenetische, dort die anthropologische und phylogenetische Akzentuierung. Die bereits als Beispiel herangezogenen vielfältig einsetzbaren Grundverben *laufen* und *gehen* sollte man sich unter den neuen Aspekten des kindlichen und erwachsenen Animismus noch einmal vergegenwärtigen. Als ursprüngliche und vermeintlich wörtliche Bedeutung ist die Fortbewegung des Menschen mittels seiner beiden Beine anzunehmen.

Die sprachliche Übertragung auf andere Bereiche ist dann in **fünf Stufen der Isomorphie** denkbar:

(1) Übertragung auf die belebte Natur, genauer auf die Fortbewegung von landbewohnenden Tieren mittels dafür spezialisierter Extremitätenpaare

(Säugetiere, Amphibien, Reptilien, Vögel, Insekten), aber auch für die kriechende Fortbewegung von Tieren ohne Extremitäten (Wurm, Schnecke).
(2) Übertragung auf die sichtbaren Ortsveränderungen und Bewegungen der unbelebten Natur (Gewässer, geologische Formationen, Himmelskörper). Somit ist die erste Stufe einer animistischen Deutung von Nicht-Lebendigem, aber immerhin noch Natürlichem gegeben.
(3) Übertragung auf die Eigen- oder Fortbewegungen von mechanischen Artefakten der Realtechnik: Werkzeug, Maschine, Fahrzeug. Damit ist erstmals eine natürlich-artifizielle Isomorphie erreicht.
(4) Übertragung auf Bewegungen in nicht-mechanischen Artefakten der Realtechnik: elektrische, optische und akustische Vorgänge, Prozesse in der Elektro- und Computertechnik.
(5) Übertragung auf die 'Bewegungen' oder 'Ortsveränderungen' oder 'Zustandsveränderungen' in menschlichen Handlungen oder sozialen Gebilden (Beispiel: *Das Geschäft läuft*).

3.3 Zur Bedeutung der metaphorischen Konzepte

Jeder kompetente Sprecher des Deutschen, der keinerlei technisches Wissen über den Bau und die Wartung von Motoren hat, wird folgende Charakterisierungen eines Verbrennungsmotors verstehen:
Ein Motor kann *stottern, bocken, schnurren, saufen, laufen, verrückt spielen.*
Ein Motor ist *gutmütig, altersschwach, sparsam, stark, leistungsbereit, zuverlässig.*

Es wird zumindest deutlich, daß es um unerwünschte Störungen, um unangenehme Geräuschentwicklungen, um qualitative und quantitative Attribuierungen zu Verbrauch und Leistung des Motors gehen muß. Obwohl diese Fakten nur 'ungefähr' auf der Grundlage des Alltagswissens verstanden werden können, sind die metaphorisch gebrauchten Verben und Adjektive dennoch 'eindeutig' zu entschlüsseln. Solches Verständnis ist dadurch gesichert, daß alle verwendeten Metaphern in einem übergeordneten metaphorischen Konzept MOTOR IST LEBEWESEN anzusiedeln sind, vom dem aus die gegebenenfalls unbekannten Qualitäten gedeutet oder zumindest laienhaft erahnt werden können. Die einzelne Metapher ist kaum aus sich selbst heraus zu verstehen, sondern nur als Teil eines übergeordneten Deutungsschemas LEBEWESEN.[20] Zwei Beispiele aus nichttechnischen Bereichen:

(1) Siegfried Grosse hat in einer Untersuchung über die Metaphorik in den Leitartikeln großer deutscher Zeitungen festgestellt, daß bei der Beschreibung und Kommentierung von politischen und wirtschaftlichen Sachverhalten am häufigsten Bilder aus den Bereichen Militär, Religion und Sport/Spiel Verwendung finden (vgl. Grosse (1979) S.214). Demzufolge ließen sich folgende metaphorische Konzepte für die Zeitungssprache formulieren:

[20]Diese Behauptung kann an Neuschöpfungen überprüft werden: *der Motor humpelt, der Motor bellt* etc. Solche Phantasiebildungen wären sicherlich als mögliche Metaphern für Motorenverhalten vorstellbar. Vgl. zur menschlichen Verstehensleistung bei neuen Metaphern auch Aitchison (1987) S.143-151.

POLITIK IST SPORT/SPIEL: *Eigentor, Sturmlauf.*
POLITIK IST RELIGION: *absegnen, Sündenfall, Paradies.*
POLITIK IST KRIEG: *Verteidigung, Bastion, Fußtruppen.*
Auch hier sind ohne weiteres Neuschöpfungen denkbar, die sofort verstanden werden, solange sie im Bereich der einmal vorgegebenen Konzepte bleiben.

(2) Sprechen über Elektrizität ist nicht möglich, ohne daß man sprachliche Analogien zu anderen physikalischen Teildisziplinen (Mechanik, Wärmelehre, Hydrodynamik) herstellt (vgl. hierzu Unger (1980) S.140f.) In Wissenschafts-, Technik- und Alltagssprache gleichermaßen gelten also mindestens zwei selbstverständliche metaphorische Konzepte für die Elektrizität:
ELEKTRIZITÄT IST KÖRPER: *Entladung, Widerstand.*
ELEKTRIZITÄT IST FLÜSSIGKEIT: *fließt, Strom.*

Die Theorie der metaphorischen Konzepte ist in dem Gemeinschaftswerk von George Lakoff und Mark Johnson (1980) ausgearbeitet, welches den programmatischen Titel "Metaphors We Live By" trägt. Wie bereits an den Eingangsbeispielen zum Motor, zur Zeitungssprache und zur Elektrizität angedeutet, sind nach der Theorie von Lakoff/Johnson menschliches Handeln, Erfahrungen, Verstehensprozesse und die Sprache in solche einzelne Konzepte gegliedert. Die Verfasser bedienen sich eines besonders drastischen Einführungsbeispiels:

> "This is an example of what it means for a metaphorical concept, namely, ARGUMENT IS WAR, to structure (at least in part) what we do and how we understand what we are doing when we argue. **The essence of metaphor is understanding and experiencing one kind of thing in terms of another.** It is not that arguments are a subspecies of war. Arguments and wars are different kinds of things — verbal discourse and armed conflict — and the actions performed are different kinds of actions. But ARGUMENT is partially structured, understood, performed, and talked about in terms of WAR. The concept is metaphorically structured, the activity is metaphorically structured, and, consequently, the language is metaphorically structured." (Lakoff/Johnson (1980) S.5)

Auch im Deutschen existiert selbstverständlich dieses metaphorische Konzept. Denn über Streitgespräche kann man ohne besonders 'kriegerische' Absicht etwa folgendermaßen sprechen:[21]

> *Seine Position war wirklich nicht zu halten. — Sie griff alle Schwachpunkte gnadenlos an. — Er versuchte sich durch Gegenattacken zu verteidigen.*

Lakoff/Johnson refererieren dann weitere Konzepte, die in alltäglicher Kommunikation (also keinesfalls begrenzt auf journalistische oder poetische Texte)

[21] Damit wird im übrigen das für die Zeitungssprache festgehaltene Konzept POLITIK IST KRIEG nochmals bestätigt.

das Sprechen beherrschen. Ihnen allen ist gemeinsam, daß sie eine Konkretisierung, Verkörperlichung und Organismus-Ähnlichkeit für Abstraktes, Unkörperliches und Nicht-Organisches herstellen (vgl. Lakoff/Johnson (1980) S.26, S.42-51):

ARGUMENT IS A JOURNEY: *zu einem weiteren Punkt kommen*
EMOTION IS PHYSICAL CONTACT: *jemanden hart treffen*
THEORIES ARE BUILDINGS: *die Theorie bricht zusammen*
IDEAS ARE FOOD: *verschlingen, aufwärmen*
IDEAS ARE PLANTS: *einen Gedanken reifen lassen*
TIME IS A MOVING OBJECT: *jemandem die Zeit stehlen*
SEEING IS TOUCHING: *die Augen an jemanden heften*
VITALITY IS A SUBSTANCE: *überschäumen vor Lebenslust*
LIFE IS A CONTAINER: *leer, überlastet, erfüllt*

Solche Konzepte sind teils Universalien, teils an Einzelsprachen gebunden. Einige Beispiele des englischsprachigen Buches wirken befremdlich, wenn man versucht, sie wörtlich ins Deutsche zu übertragen. Da sie mit den Denkschemata bestimmter historischer Epochen verknüpft sind, ergibt sich eine weitere Einschränkung ihrer Reichweite, was die Verfasser an dem 'anrüchig-kapitalistischen' Metaphern-Konzept TIME IS MONEY verdeutlichen (vgl. Lakoff/Johnson (1980) S.8f.) Über solche geschichtlichen Gemeinsamkeiten ergibt sich jedoch dann — gegen die Betonung der prinzipiellen Nichtuniversalität gerichtet — eine partiell universale Konstanz der Konzepte, die zumindest in den geistes- und kulturgeschichtlichen Gemeinsamkeiten der europäischen Sprachen gelten wird.

Der beliebigen Anwendbarkeit der metaphorischen Konzepte sind die gleichen Grenzen gesetzt, die in den traditionellen Theorien für die Einzelmetapher schon festgehalten wurden. Nicht jedes Merkmal und jedes Detail der bildspendenden Domäne kann in das Metaphernkonzept übernommen werden. Beispielsweise wird man innerhalb des Konzeptes THEORIES ARE BUILDINGS kreativ mit Metaphern zu Fundament, Stockwerk, Keller, Dachboden etc. spielen können (z.B. *der Theorie fehlen noch die Zwischengeschosse*), aber nicht mit Ausstattungsdetails wie Tapetenfarbe, Bodenbelag und Treppengeländer (vgl. Lakoff/Johnson (1980) S.52).

Die Personifizierungen oder die bildhaften Konkretisierungen, die in solchen Konzepten stecken, können gelegentlich befremdlich wirken und — wie im Falle von ARGUMENT IS WAR — auch sprachkritische Reaktionen provozieren. Solche Konzepte als unangemessen zu kritisieren, heißt, ihre eminent wichtige und gleichzeitig 'harmlose' Erklärungskraft für unanschauliche, komplexe Prozesse und Phänomene zu ignorieren. Lakoff/Johnson führen diese Problematik für INFLATION IS AN ADVERSARY aus:

> "Viewing something as abstract as inflation in human terms has an explanatory power of the only sort that makes sense to most people. When we are suffering substantial economic losses due to complex

> economic and political factors that no one really understands, the INFLATION IS AN ADVERSARY metaphor at least gives us a coherent account of why we're suffering these losses." (Lakoff/Johnson (1980) S.34)

Eine weitere Gruppe der metaphorischen Konzepte, die sogenannten "orientational metaphors", können eine noch größere Universalität für sich beanspruchen, weil sie auf physischer und physikalischer Erfahrung des Menschen beruhen. Sie sind so selbstverständliche Bestandteile des alltäglichen Sprechens, daß sie weit weniger erkannt und beachtet werden als die metaphorischen Konzepte der ersten Gruppe. Es existieren sechs Orientierungskonzepte, die aus körperlicher und anderer physikalischer Erfahrung entstehen: UP–DOWN, IN–OUT, FRONT–BACK, ON–OFF, DEEP–SHALLOW, CENTRAL–PERIPHERAL.

> "These spatial orientations arise from the fact that we have bodies of the sort we have and that they function as they do in our physical environment. Orientational metaphors give a concept a spatial orientation; for example, HAPPY IS UP [...] Such metaphorical orientations are not arbitrary. They have a basis in our physical and cultural experience." (Lakoff/Johnson (1980) S.14)

Die große Reichweite solcher Konzepte leuchtet unmittelbar ein, wenn man sich die verschiedenen Bereiche vorstellt, in denen z.B. mit UP–DOWN operiert werden kann (vgl. Lakoff/ Johnson (1980) S.15ff.): Physikalische Maßangaben quantitativer und qualitativer Art (Wärme, Leistung, Energie) ebenso wie physische und psychische 'Maßangaben' für den Zustand des Menschen (Gesundheit, Wohlbefinden, Glück, Stimmung).

Betont man nochmals die im obigen Zitat angeklungene Dominanz der Körperbezogenheit dieser Konzepte, dann müssen Orientierungsmetaphern wohl als universale Metaphorik aller menschlichen Sprachen gelten. Denn überall gelten identische 'Naturgesetze' für unbelebte und belebte Körper:

(1) Warme Körper steigen empor oder dehnen sich aus (UP); kalte Körper dagegen sinken nieder oder ziehen sich zusammen (DOWN).

(2) Der wache und gesunde Mensch verweilt aufrecht (UP); dagegen liegt der Schlafende, Kranke oder Tote (DOWN).

(3) Der Stärkere oder der Sieger 'obsiegt' oder ist 'überlegen' (UP); der Schwächere und Besiegte dagegen 'unterliegt' (DOWN).

Jegliche Beschreibung unkörperlicher Vorgänge und Prozesse muß sich solcher elementarer Konzepte bedienen. Beispielsweise sind für die sprachliche Umsetzung und Beschreibung eines Schaubildes, eines Diagrammes, eines Kurvenverlaufes oder einer statistischen Darstellung zwingend das Konzept MESSGRÖSSE IST KÖRPER und die Orientierung UP–DOWN erforderlich. Der Proband einer wissenspsychologischen Untersuchung beschreibt und

interpretiert die ihm vorgelegten Schaubilder mit folgenden Formulierungen (vgl. Opwis (1985) S.166ff.):
UP–DOWN: ***hochgehen, runtergehen, gehen, unten, oben, in der Mitte.***
BODY: ***gegenseitig aufschaukeln, parallel laufen, nachlaufen, abnehmen, auseinanderliegen, verringern, verzögern, wachsen.***

Abschließend ist die kognitivistische Grundposition von Lakoff/Johnson nochmals herauszuheben:

> "Metaphor is primarily a matter of thought and action and only derivatively a matter of language [...] The primary function of metaphor is to provide a partial understanding of one kind of experience in terms of another kind of experience." (Lakoff/Johnson (1980) S.153)

In einem später erschienenen Werk hat Mark Johnson (1987) die Ansätze der metaphorischen Konzepte weiterverfolgt und besonders diejenigen in den Mittelpunkt der Abhandlung gestellt, die mit dem zentralen metaphorischen Konzept 'Körper' zu tun haben. Der Titel des Werkes "The Body in the Mind" steht für das kognitionswissenschaftliche Programm des Werkes, das Johnson folgendermaßen einführt:

> "First, our bodily movements and interactions in various physical domains of experience are structured (as we saw with image schemata), and that structure can be projected by metaphor onto abstract domains." (Johnson (1987) S.XV)

Die elementare und für alle Menschen identische Körper–Erfahrung ist — ähnlich wie die Raum–Erfahrung der Orientierungsmetaphern bei Lakoff/Johnson — weder kulturabhängig noch theoriegeleitet, sondern aus unmittelbarer Alltagserfahrung des Körpers und der Sinnesorgane hergeleitet. Zu den bereits referierten Grundkonzepten der Raumerfahrung kommen jetzt Grundkonzepte der Kraft– und Bewegungserfahrung hinzu.

Johnson nimmt sieben grundlegende "force schemata" an. Mit diesen primitiven Schemata bewältigt der Mensch das vortheoretische Wissen über die Physik des Alltags. Sie gelten gleichermaßen für natürliche und technische Bewegungen (vgl. Johnson (1987) S.45ff.):

(1) COMPULSION	=	durch Kraft bewegt werden
(2) BLOCKAGE	=	auf ein Hindernis stoßen
(3) COUNTERFORCE	=	gegen eine entgegengerichtete Kraft wirken
(4) DIVERSION	=	das Resultieren einer Kraft aus zwei zusammenwirkenden Kräften
(5) REMOVAL OF RESTRAINT	=	Entfernung eines Hindernisses
(6) ENABLEMENT	=	Erfahrung in der quantitativen Einschätzung von Kräften
(7) ATTRACTION	=	Erfahrung von Anziehungskraft zwischen zwei Körpern

Zur Verdeutlichung: Das Wissen um die bewegende Kraft des werfenden Armes ist eine Grunderfahrung von COMPULSION. Der Aufprall des geworfenen Balles auf ein Hindernis (z.B. Fenster) ist eine Grunderfahrung von BLOCKAGE. Der die Flugbahn beeinflussende Gegenwind ist eine Grunderfahrung von COUNTERFORCE. Die neue Flug- oder Laufrichtung zweier aufeinandertreffender Bälle ist eine Grunderfahrung von DIVERSION. Den Ball durch das geöffnete Fenster zu werfen ist eine Erfahrung von nicht vorhandener BLOCKAGE, somit von REMOVEL OF RESTRAINT. Die routinierte Einschätzung des Kraftaufwandes, der Flugbahn, der Flugweite ist im Schema ENABLEMENT verankert. Das Schema ATTRACTION ist durch Erfahrungen mit Kohäsion, Haftreibung, Magnetismus etc. aufgebaut.

Ebenso wie die Raum–Metaphern sind auch die 'force schemata' vielfältig für Abstraktes und für unkörperliche Erfahrungen einsetzbar. Auch hier entsteht bei der Beispielsuche jener Überraschungseffekt, daß man erst durch die sprachwissenschaftliche Reflexion auf die selbstverständliche alltagssprachliche Anwendung dieser Konzepte gestoßen wird. Kaum eine Formulierung für kognitive Einschätzungen, Bewertungen und emotionale Größen ist ohne sie denkbar:

(1) COMPULSION: *sich mitreißen lassen*
(2) BLOCKAGE: *gegen eine Wand anrennen*
(3) COUNTERFORCE: *aufeinanderstoßende Meinungen*
(4) DIVERSION: *auseinanderstrebende Meinungen*
(5) REMOVAL OF RESTRAINT: *ein befreiendes Argument*
(6) ENABLEMENT: *etwas zu leicht nehmen*
(7) ATTRACTION: *jemanden anziehend finden*

In diesem Kapitel wurden drei Gruppen von metaphorischen Konzepten vorgestellt und diskutiert:

(1) Konzepte, die mit allgemein bekannten, konkretisierenden, oft auch personifizierenden Modellen arbeiten.

(2) Räumliche Orientierungskonzepte aus körperbezogener und alltäglicher Erfahrung von Raum.

(3) Kraft–Konzepte aus körperbezogener und alltäglicher Erfahrung von Kraft, Bewegung und Geschwindigkeit: die Grundkonzepte einer naiven Alltagsphysik.

Für alle drei Gruppen gilt gleichermaßen die Behauptung: Die Bedeutung einer Metapher ist allein in ihrer **gedanklichen** Zuordnung zu einem übergeordneten Metaphernkonzept begründet, das als kognitive Struktur aufzufassen ist. Ausschließlich an der Ausdrucksseite orientierte Erklärungsversuche, seien sie sprachgeschichtlich, sprechakttheoretisch, generativistisch oder formallogisch ausgerichtet, reichen nicht aus. Sie können nicht adäquat erklären, warum man relativ problemlos neue Metaphern, die man zuvor noch nie gehört hat, verstehen kann.

Die Verständnissicherung ist nicht im Einzelwort, sondern im gedanklichen Gesamtkonzept zu suchen. Die isolierte Einzelmetapher wird daher relativ bedeutungslos. Damit sind für die semantische Interpretation der Metaphern die üblichen Klassifizierungen in tote vs. lebendige Metapher, in lexikalisierte und habitualisierte Metapher, in Pseudometapher, in Exmetapher und andere Untertypen unerheblich. Solche Unterscheidungen sind nur für sprachgeschichtliche Fragestellungen relevant.[22]

Mark Johnson leitet das Problem der BODY-Metaphorik in einen größeren Zusammenhang über:

> "My epigram for this undertaking is 'putting the body back into the mind.' Imaginative projection is a principle means by which the body (i.e., physical experience and its structures) works its way up into the mind (i.e., mental operations). By using the term 'body' I want to stress the nonpropositional, experiental, and figurative dimensions of meaning and rationality." (Johnson (1987) S.XXXVI)

Mit der Betonung der analog-bildhaften Wissensverarbeitung des Menschen ist ein gerade für die Analyse der Techniksprache zentrales Problem angesprochen: Ist das bildhafte Sprechen über technische Vorgänge ein Indiz für die Verarbeitung von technischem Wissen in sogenannten 'mentalen Modellen'?

3.4 Die Theorie der Mentalen Modelle

In populärwissenschaftlichen Schriften oder in anderen Vermittlungstexten, die dem Laien Grundlagenwissen vermitteln sollen, sind komplexe Sachverhalte häufig in naiv anmutende Bilder übertragen. Beispielsweise wird in einem medizinischen Text (vgl. Möhn (1979a) S.81ff.) dem Leser ein Bild geboten, das die laienhafte Vorstellung von der menschlichen Nahrungsaufnahme, von Verdauung und Stoffwechsel durch eine Skizze unterstützt, in der in einem arbeitsteiligen und fließbandähnlichen Produktionsablauf Menschen verschiedene körperliche und handwerkliche Tätigkeiten entlang des 'Verdauungstraktes' ausüben: Sie gießen Säure zu, schöpfen Wasser ab, öffnen und schließen Schiebervorrichtungen etc.

Eine solche Skizze leistet eine im wahrsten Sinne des Wortes bildhafte Vorstellung von den mit Alltagswissen nicht durchschaubaren biologischen und chemischen Vorgängen der menschlichen Verdauung. Die modellhafte Vorstellung kann entstehen, weil Analogien zwischen verschiedenen Bereichen hergestellt werden. Damit wird weit über das hinausgegangen, was im Zusammenhang des Animismus, der Verlebendigungsmetaphorik und der metaphorischen Konzepte bisher ausgeführt wurde. In den bisherigen aus

[22] Vgl. zu den in der Fachsprachen- und Metaphern-Literatur üblichen Subklassen: Hums (1988) S.45. Vgl. zur älteren Metapherndiskussion aus philosophischer und philologischer Sicht: Enzyklopädie Philosophie und Wissenschaftstheorie Bd.2 (1984) S.867-870, Historisches Wörterbuch der Philosophie Bd.5 (1980) Sp.1179-1186, Haverkamp (1983).

verschiedener Sicht zusammengetragenen Aspekten ließ sich alles noch unter dem übergreifenden Thema Metapher zusammenfassen. Doch mit der Diskussion solcher Bilder ist die Behandlung des Themas endgültig kognitionswissenschaftlich und wissenspsychologisch orientiert.

Erst später wird ausführlich auf die spezifisch linguistischen Seiten der Modelldiskussion und die Folgerungen für die vorliegende Arbeit einzugehen sein (siehe 3.5). Zunächst nochmals zum genannten Eingangsbeispiel, zum Modell und Bild von der VERDAUUNG. Seine Leistung ist für Lehr- und Lernzwecke eine dreifache:
(1) Es erschließt das **Unbekannte** der biologischen und chemischen Prozesse durch Analogien zu anderen Wissensbereichen (teils Alltagswissen, teils Fachwissen über mechanische Materialbearbeitung).
(2) Es erschließt die **Unanschaulichkeit** der Prozesse durch die Anschaulichkeit körperbezogener und technischer Handlungen.
(3) Es erschließt die **Komplexität** des Gegenstandes, die nur in einer naturwissenschaftlichen Abhandlung angemessen darstellbar wäre, durch eine rigorose Komplexitätsreduktion. Somit entsteht kein Grundlagenwissen, sondern ein einfaches Wissen über Verfahren und Funktionen der einzelen Verdauungsetappen.

Das Bild läßt sich mit den Schlagwörtern 'naiv', 'unvollständig' und 'falsch' charakterisieren. Es trägt somit alle typischen Merkmale eines **mentalen Modells**. In der Kognitionswissenschaft der 80er Jahre hat sich unter diesem Schlagwort eine neue Theorie etabliert. Im folgenden soll ausführlich darauf eingegangen werden, was diese stellenweise noch diffuse Theorie für eine sprachwissenschaftliche Fragestellung leistet.[23] Mit den mentalen Modellen ist eine besondere theoretische Annahme über das menschliche Wissen und seine Verarbeitung verbunden, wie sie in der folgenden Definition ausgeführt ist.

> Ein mentales Modell wird angenommen als "eine ganzheitliche analoge Repräsentation des darzustellenden Sachverhalts. So wie man unter einem Modell (im Sinne eines Analogmodells) einen Gegenstand versteht, der auf der Grundlage einer Struktur-, Funktions- oder Verhaltensanalogie zu einem entsprechenden Original dazu dient, Aufgaben und Probleme stellvortretend an diesem Objekt statt direkt am Original zu lösen, ist ein mentales Modell eine Art 'innerer Gegenstand', der auf der Grundlage einer entsprechenden Analogie dazu dient, Aufgaben und Probleme mental zu lösen." (Schnotz (1988) S.310)

Zunächst ist diese allgemeine Begriffsbestimmung noch nicht sehr aussagekräftig, wenn man über die Qualitäten der Relationen, über die Auswahl der analogiestiftenden Attribute etc. keine genaue Aussage macht. Dies alles ist

[23] Vgl. zur Grundlegung der Theorie Johnson-Laird (1983) und Gentner/Stevens (1983); vgl. auch die kurzen Referierungen und Diskussionen in Schnotz (1988), Steiner (1988), Tergan (1986) S.162ff und Zimmer/Engelkamp (1988).

bei Johnson–Laird (1983) in der ersten Fassung der Theorie auch noch nicht konkret ausgearbeitet, was in der einschlägigen Sekundärliteratur oft betont wird:

> "Insofern hat sein Vorschlag eines mentalen Modells mehr den Charakter eines Rahmens, der im konkreten Fall spezifiziert werden müßte. Genau hier beginnen aber die kritischen Fragen. Nicht das Postulat einer Analogie zwischen mentalem Modell und physikalischer Realität ist der interessante Punkt, sondern die **Spezifikation dieser Analogie**, d.h. die Angabe jener Attribute, bezüglich derer die Analogie besteht." (Zimmer/Engelkamp (1988) S.135)

Erst durch die interpretierende, ordnende und ergänzende Nachfolgeliteratur läßt sich mit der Arbeitshypothese der mentalen Modelle etwas anfangen. Erst in deren verschiedenen 'Lesarten' wird eigentlich deutlich, wo — bei der dort vorgenommenen Unterscheidung verschiedener Modellebenen — die Bedeutung und die Funktion der sprachlichen Analogie zu suchen ist.[24]

Die grundsätzliche Frage, ob in den Wissensrepräsentationen analoge oder nicht–analoge Formen dominieren, braucht für die vorliegende Arbeit keine Rolle zu spielen. Auch in der kognitionswissenschaftlichen Diskussion ist einigermaßen unumstritten, daß in der menschlichen Informationsverarbeitung weder ausschließlich analoge noch nicht–analoge Repräsentationsformen anzunehmen sind.[25] Ganz im Gegenteil wird man von einer sich ergänzenden Parallelität beider Formen für unterschiedliche Wissensarten ausgehen müssen:

> "Wir können daraus schließen, daß Individuen sowohl propositionale wie auch analoge Repräsentationen verwenden und daß analoge Repräsentationen mit propositionalen konstruiert werden können. Statt zu fragen, welche Repräsentation die fundamentale ist, sollte man eher nach den Bedingungen forschen, die den Einsatz einer spezifischen Repräsentationsform begünstigen." (Wessels (1984) S.292)

Zunächst ist noch genauer auf den Analogiebegriff einzugehen, der mit seiner Doppeldeutigkeit zum großen Teil auch für die unklare Begriffsbestimmung bei Johnson–Laird verantwortlich war. Zimmer/Engelkamp unterscheiden für den Analogiebegriff zwei gängige 'Lesarten' in der kognitionswissenschaftlichen Literatur:

> "Man bezieht sich auf die Relation zwischen mentalem Modell und realer Welt oder auf die Relation zwischen mentalem Modell und psychologischem Modell. **'Analog' wird hier als zweistellige Relation zwischen Modellen gebraucht.** Man interessiert sich dafür,

[24]Deshalb kann hier auch auf eine ausführliche Referierung des 'Originals' verzichtet werden; vgl. hierzu besonders das Kapitel "The nature of mental models" in Johnson–Laird (1983) S.396-447.

[25]Vgl. die allgemeinen Referierungen zur Dichotomie Analogie vs. Nicht–Analogie in Rost (1980) S.14ff. und Wessels (1984) S.279ff.

> welche Attribute des Urbildes sich auch im abbildenden Modell wiederfinden lassen [...] Bei der zweiten Sprachverwendungsweise bezieht man sich auf die Art und Weise, wie die Information im mentalen oder psychologischen Modell repräsentiert sein soll. **'Analog' bezieht sich hier auf Eigenschaften der Repräsentation selbst."** (Zimmer/Engelkamp (1988) S.134)

Die **zweite Lesart** ist eher eine intern kognitionswissenschaftliche Angelegenheit, die für den an den sprachlichen Indizien Interessierten weniger wichtig ist. Der **ersten Lesart** muß unsere Aufmerksamkeit gelten, denn die Betrachtung "zweistelliger Relationen zwischen Modellen" ist auf sprachliche Analogien, Metaphern und bildhaftes Sprechen angewiesen. Bei allem Vorrang der gedanklichen Einheiten gegenüber den Ausdrucksformen gilt schließlich doch ein methodisches Primat der Sprache: Denn schließlich sind mentale Modelle ausschließlich durch sprachliche Indikatoren und deren Attribute schlüssig belegbar.

Ausgehend von diesen beiden Lesarten ist demzufolge in einer vorläufigen Zwischenbilanz zu prüfen, welche Aspekte der vorhergegangenen theoretischen Überlegungen überhaupt für die linguistische Fragestellung der vorliegenden Arbeit relevant sind. Da wir uns im wesentlichen für die sprachlichen 'äußeren' Indikatoren der 'inneren' mentalen Größen interessieren, kann hier vieles vernachlässigt werden, was für die grundsätzlichen Diskussionen in der Kognitionswissenschaft wichtig ist. Beispielsweise ist das Problem, welche inneren Strukturen für diese mentalen Modelle anzunehmen sind, linguistisch unerheblich. Dies gilt erst recht für die Spekulation, auf welcher neuronalen Grundlage die analogen Wissensrepräsentationen angenommen werden können. Auch der angesprochene Konflikt um das jeweilige Primat der analogen oder nicht–analogen Wissensverarbeitung ist hier nur bedingt relevant. Aus linguistischer Sicht gibt es jedenfalls gute Gründe, Denken in Modellen oder anderen analogen Formen anzunehmen. Besonders für die Beschreibung der Techniksprache ist dies, wie noch zu zeigen sein wird, recht plausibel.

Nach meinem Eindruck werden in der Theoriediskussion um die mentalen Modelle relativ unbekümmert zwei verschiedene Modellarten gelegentlich vermengt. Nach dem ersten Verständnis ist ein mentales Modell als 'inneres Modell' aufzufassen, das man sich von einem komplexen Sachverhalt der äußeren Realität macht: Stadtpläne, Planskizzen, Schaltpläne, Grundrißzeichnungen, Diagramme u.a. sind schriftlich niedergelegte Formen solcher innerer Modellvorstellungen.

Eine Wegbeschreibung beispielsweise setzt beim Erklärenden ein 'inneres' Modell eines Stadtplans voraus. Nur so kann man sinnvolle Beschreibungen mit Handlungsanweisungen äußern. Der Informierende kann beispielsweise formulieren:

(1) *immer den Straßenbahnschienen nach,*

(2) *dann an der Kreuzung nach der Tankstelle links abbiegen,*

(3) *dann die zweite Querstraße rechts.*

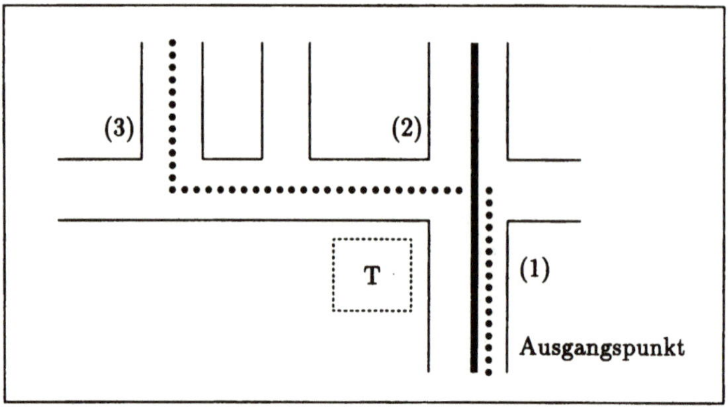

Abbildung 1

Der Informierte entwirft auf der Grundlage der sprachlichen Informationen dann ein ungefähres Modell von seinem zukünftigen Weg (vgl. Abb. 1). Der Wissensbestand dieses Modells ist rigoros auf das reduziert, was notwendig ist, um die erstrebte Handlung ausführen zu können. Das Modell enthält keine oder nur sehr vage Wissensbestände über Entfernungen (z.B. vom Ausgangspunkt bis zur Tankstelle) oder über weitere Querstraßen und Gebäude.

Ein weiteres Beispiel: Ein technischer Text kann einfache, beschreibende und gleichzeitig erklärende Sätze der folgenden Art enthalten:

> *Im Zylinder wird der Kolben durch den Druck des Dampfes nach oben bewegt.*

Eine solche Beschreibung setzt bei Sprecher und Hörer ein 'inneres Modell' über die Grundvorgänge in einer Dampfmaschine voraus. Erst innerhalb eines solchen Modells werden die elementaren Raum- und Kraftschemata verstehbar (vgl. Abb. 2):
(1) Kolben 'ist im' Zylinder: CONTAINER
(2) Dampf 'ist im' Zylinder: CONTAINER
(3) Dampf hat 'Kraft' durch 'Druck': COMPULSION
(4) Zylinderwand hält Dampf 'zurück': BLOCKAGE
(5) Kraft 'bewegt' den Kolben: COMPULSION
(6) Kolben geht 'nach oben': UP–DOWN

Neben solchen mentalen Modellen, die ein reduziertes 'inneres' Abbild einer äußeren Realität darstellen, deutet die Literatur in einer zweiten Lesart die mentalen Modelle vorrangig als 'analogiestiftende' Modelle, durch

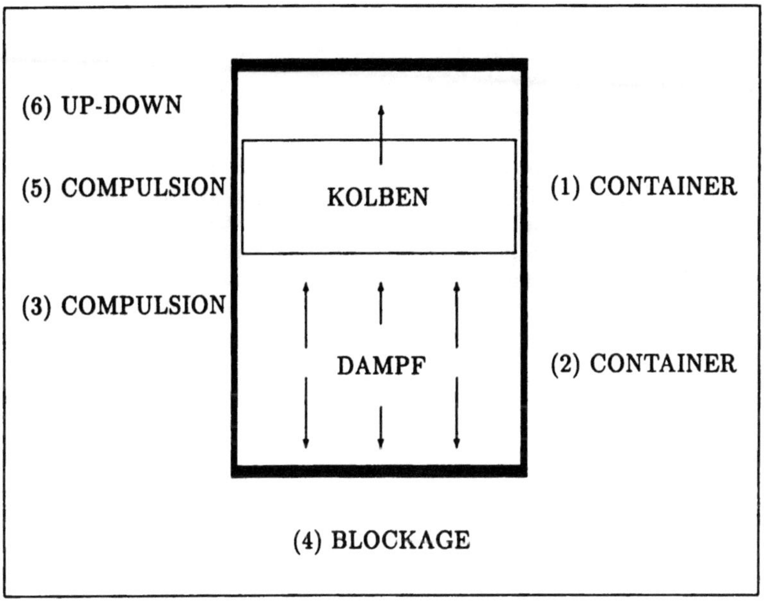
(6) UP-DOWN
(5) COMPULSION
KOLBEN
(1) CONTAINER
(3) COMPULSION
DAMPF
(2) CONTAINER
(4) BLOCKAGE

Abbildung 2

die eine Wissensverknüpfung zwischen verschiedenen Wissensbereichen hergestellt wird. Diese Art des Modells steht im Mittelpunkt der Abhandlungen von Dedre Gentner. Für sie leisten solche Analogien zwischen verschiedenen Domänen ein "structure-mapping of knowledge":

> "The analogical models used in science can be characterized as structure-mappings between complex systems. Such an analogy conveys that like relational systems hold within two different systems. The predicates of the base domain (the known domain) — particularly the relations that hold among the objects — can be applied in the target domain (the domain of inquiry)." (Gentner/Gentner (1983) S.102; vgl. auch Gentner/Toupin (1986) S.279)

Für beide Modellarten gilt, daß die Entsprechung zwischen Modell und repräsentiertem Original **nicht in jeder Hinsicht** besteht. Nur bestimmte Eigenschaften der realen Sachverhalte finden sich im Modell wieder. Mentale Modelle sind demnach 'unvollständig', allerdings auf unterschiedlichen Niveaus.

Wir sind bisher immer von einer relativ homogenen Qualität dieser Modelle ausgegangen, doch ist es angemessener, auf verschiedenen Niveau-Ebenen Modelle unterschiedlicher Komplexität und Qualität anzunehmen. Gerade für die Linguistik ist eine solche Differenzierung wichtig, weil **beide** Kommunikationsbereiche Fachsprache und Alltagssprache sich modellhafter Analogien bedienen. Ihre sprachliche **und** kognitive Bewertung muß aber nach unterschiedlichen Qualitätsmaßstäben erfolgen, ebenso wie die Genauigkeit und Vollständigkeit der verschiedenen Modellebenen nach unterschiedlichen Ansprüchen zu bewerten ist. Eine sehr genaue Ausdifferenzierung ist in Norman (1983) geleistet (vgl. auch Opwis (1985) S.17):

> "In the consideration of mental models we need really consider four different things: the target system, the conceptual model of that target system, the user's mental model of the target system, and the scientist's conceptualization of that mental model." (Norman (1983) S.7)

Für uns ist aus dieser Vierfachstufung im folgenden der Gegensatz zwischen dem 'conceptual model', als anspruchsvollem, auf Fachwissen gegründetem Modell eines Systems, und dem 'mental model', als unvollständigem mentalem Modell des naiven Anwenders, wichtig.

(1) Ein **'conceptual model'**:

> "is invented to provide an appropriate representation of the target system, appropriate in the sense of being accurate, consistent, and complete. Conceptual models are invented by teachers, designers, scientists, and engineers." (Norman (1983) S.7)

(2) Ein '**mental model**' umfaßt,

> "what people really have in their heads and what guides their use of things. Ideally, there ought to be a direct and simple relationship between the conceptual and the mental model. All too often, however, this is not the case." (Norman (1983) S.12)

Wenn man diese Differenzierung in zwei Modellniveaus speziell für die Probleme der Technik in Beziehung zu der linguistischen Differenzierung zwischen Alltags- und Fachsprache setzt, dann ergibt sich folgende vorläufige Gegenüberstellung (siehe 3.12 und 5.4):
(1) Technikfachwissen ist angelegt in 'conceptual models', aus denen sich die spezifischen metaphorischen Konzepte der Fachsprache ergeben.
(2) Alltägliches Technikwissen ist gespeichert in 'mental models', die in spezifischen metaphorischen Konzepten des alltäglichen Sprechens ausgedrückt werden.

Das heißt, die 'äußere' gemeinsame Sprachmetapher von Alltags- und Fachsprache (z.B. *Strom*) verdeckt und nivelliert möglicherweise eine semantische Differenz und das unterschiedliche Wissensniveau auf dem Hintergrund verschiedener Modelle. Damit muß eine parallele Behandlung von literarischer und fachsprachlicher Metaphorik, wie sie in der allgemeinen Literatur zur Metaphern-Diskussion häufig erfolgt, problematisch erscheinen. Gentner verdeutlicht dies an den völlig unterschiedlichen Bewertungsmaßstäben "clarity" und "richness":

> "Good science analogies are rated high in clarity and low in richness; bad science analogies, low in clarity and high in richness. In contrast, good literary metaphors are rated high in richness and poor literary metaphors, low in richness. Clarity is about equal for good literary comparisons as for poor ones." (Gentner (1982) S.124)

Von der Differenzierung Normans ausgehend lassen sich die Kriterien 'Vollkommenheit' und 'Vollständigkeit' für die mentalen Modelle genauer präzisieren: Die mentalen Modelle haben unterschiedliche Grundlagen in der Allgemeinbildung und dem speziellen Vorwissen des jeweiligen Anwenders. Sie sind nicht als Konstanten vorgegeben, sondern werden für die jeweilige Anwendung u.U. erst aufgebaut oder modifiziert. Sie erreichen nur einen solchen Grad der 'Vollkommenheit' und 'Vollständigkeit', wie er für die Bewältigung des Anwenders notwendig ist (vgl. Norman (1983) S.9).

Kempton berichtet über eine Untersuchung, in der die uneingeschränkte Leistungsfähigkeit mentaler Modelle für das Anwenderwissen nachgewiesen wurde, obwohl die Modelle teilweise falsch waren: Über das Funktionieren der thermostatgeregelten Zentralheizungssysteme machen sich die Benutzer ungefähre Vorstellungen, die zwei verschiedenen mentalen Modellen zuzuordnen sind. Kempton nennt sie die "valve theory" und die "feedback theory" (vgl. Kempton (1986) S.80ff). Obwohl das erste Modell falsch ist, hat dies keine nachteiligen Auswirkungen auf die Benutzung der Technik. Geht man davon aus, daß für das Anwenderwissen das 'Funktionieren' und die stimmige Erklärung im Vordergrund stehen müssen, wird deutlich, warum die 'Falschheit' keine Folgen haben muß. Mentale Modell können daher

> "als Arbeitsmodelle verstanden werden, die der Benutzer verwendet, um (in der Regel reale und dynamische) Phänomene seiner Umwelt zu verstehen, zu erklären und vorherzusagen und/oder um eigene Aktionen im Umgang mit den realen Phänomenen zu steuern. Das Hauptcharakteristikum mentaler Modelle ist damit deren Funktionalität: Sie müssen sich für den Benutzer als geeignete Arbeitsmodelle zur Erklärung und Vorhersage erweisen." (Tergan (1986) S.166)

Demnach dürfen mentale Modelle falsch sein, solange dies ihre Anwendung nicht behindert (vgl. Strube (1986) S.7). Beispielsweise können und dürfen die mentalen Modelle vieler Autofahrer vom Verbrennungsmotor, dem sie 'Gas geben', oder vom Übersetzungsgetriebe, das sie 'schalten', falsch sein. Nach aller Erfahrung sind sie dies auch meistens (siehe 3.13). Schließlich lehrt auch die Wissenschaftsgeschichte, daß Modelle und Analogien, die sich später mit fortschreitender Wissensentwicklung als 'falsch' herausstellten, für ihre Entstehungszeit 'richtig' waren, weil sie zu neuen Erkenntnissen führten (vgl. Gentner (1982) S.107).

Den Thermostatregler der Heizung, im übrigen ein Musterfall für im Alltag angewandte Regelungstechnik, fälschlicherweise in Analogie zum Wasserhahn oder Gaspedal (=valve theory) zu deuten, ist auch ein Beispiel für Komplexitätsreduktion (vgl. Dörner (1981)). Unter diesem Stichwort sind die mentalen Modelle ebenfalls zu charakterisieren. Mentale Modelle über technische, naturwissenschaftliche, soziale und politische Zusammenhänge sind auch deshalb unvollkommen, weil sie komplexe Strukturen auf wenige einfache kausale Zusammenhänge zurechtstutzen.[26]

Mentale Modelle sind außerdem unersetzbare Hilfsmittel bei Lehr- und Lernprozessen. Eben weil sie Komplexität reduzieren und auf evtl. falschen 'Simplifizierungen' aufbauen und Analogien bilden, die man alltagssprachlich als 'hinkende Vergleiche' charakterisieren würde, leisten sie in lehrhaften Texten den wichtigen Effekt der 'Veranschaulichung'. Viele 'undurchschaubare' Prozesse bedürfen einer Umsetzung in eine externale Repräsentation. Unter Veranschaulichung versteht man daher in diesem Zusammenhang

> "das Bestreben, verschiedenartige Zusammenhänge (z.B. kausal-mechanischer, aber etwa auch ökonomisch-organisatorischer Art) klar zu machen, indem die wesentlichen Elemente und die Relationen zwischen ihnen schaubar und schließlich einsichtig gemacht werden." (Steiner (1988) S.113)

Wie oben bereits ausgeführt wurde, ist die 'Bildhaftigkeit' einer metaphernreichen Fachsprache von ganz anders zu bewertender Qualität als die 'Bildhaftigkeit' des alltäglichen Sprechens. Nun müßte eine textsortenspezifische

[26] Vgl. zu den Formen des naiven Theoriewissens und seinen Aufgaben die wissenssoziologischen Ausführungen in 3.12.

Dimension hinzukommen: Die 'Bildhaftigkeit' **belehrender Texte** ist nochmals nach anderen Qualitätsmaßstäben zu messen.

Für die vertiefte Diskussion um den Zusammenhang von mentalem Modell und sprachlichen Indikatoren sind die wichtigen Präzisierungen notwendig, die Dedre Gentner für das Problem der Analogien geliefert hat.[27] Gentner/Gentner (1983) gehen in einer sehr überzeugenden Studie der Frage nach, ob das, was man oberflächlich sehr schnell gedankliche oder sprachliche Analogie zu nennen bereit ist, wirklich eine tiefergehende Wissensanalogie ist ("the generative analogy hypothesis") oder ob es sich eher um mehr oder weniger zufällige sprachliche Assoziationen handelt ("shallow lexical associations"). Solche gedanklichen und sprachlichen Analogien, in denen man sich scheinbar Wissensbestände und Sprachstrukturen aus einem anderen Bereich 'leiht', ohne dies im Normalfall überhaupt zu bemerken, müssen genau überprüft werden (vgl. Gentner/Gentner (1983) S.99).

Zwei Probandengruppen wurde das Phänomen Elektrizität unterschiedlich gelehrt, so daß der Aufbau zweier unterschiedlicher mentaler Modelle angenommen werden konnte. Dann wurde überprüft, ob die Versuchspersonen der ersten Gruppe mit dem mentalen Modell "water–flow analogy" bestimmte einfache Aufgabenstellungen aus der Elektrotechnik anders oder besser lösen konnten als die zweite Gruppe, die sich der Vorstellung von einem "moving-crowd model" bediente (vgl. Gentner/Gentner (1983) S.107ff). Diese Versuchsanordnung wurde sehr sorgsam abgesichert und die Aufgabenstellungen so gewählt, daß an den Ergebnissen wirklich divergierende kognitive Prozesse ablesbar sein sollten.

Als Ergebnis dieser Untersuchung ergab sich, daß die Lösungen der beiden Probandengruppen mit unterschiedlichem mentalem Modell signifikant voneinander abwichen (vgl. Gentner/Gentner (1983) S.118). Die Gruppe mit dem Modell FLOWING WATER konnte Aufgabenstellungen zur Schaltung von Batterien, die Gruppe mit dem Modell MOVING CROWD konnte Probleme von Widerstandsverbindungen besser lösen. Damit war die Vorstellung von einer "shallow lexical association" widerlegt. Mentale Modelle haben demzufolge generative Qualitäten, da sie offensichtlich in den Versuchen leitend für die Weiterverarbeitung und für notwendige kognitive Inferenzen waren:

> "Generative analogies can indeed serve as inferential frameworks." (Gentner/Gentner (1983) S.127)

[27] Vgl. hierzu die verschiedenen Beiträge: Gentner/Gentner (1983), Gentner/Stevens (1983), Gentner/Toupin (1986).

3.5 Folgerungen für die Linguistik: Analogie, Modell oder Metapher?

Die Diskussion der Theorie der mentalen Modelle erbrachte eine Fülle von Einzelproblemen, die im folgenden auf die linguistische Akzentuierung der Arbeit hin zu bündeln sind: Was untersucht man eigentlich als Sprachwissenschaftler, wenn man sich mit den Bildern und Metaphern der Fachsprachen befaßt: Analogien, Modelle oder Metaphern? Man sollte sich dabei in Erinnerung rufen, daß auch die Kognitionswissenschaft auf das sprachlich Beobachtbare angewiesen ist:

> "Das **mentale Modell** ist der Beobachtung **nicht direkt** zugänglich. Wir können seine Eigenschaften nur aus **Indizes** erschließen." (Zimmer/Engelkamp (1988) S.131)

Besonders das beeindruckende Untersuchungsergebnis von Gentner/Gentner (1983) zur generativen Qualität der Modelle legt nahe, nochmals das Verhältnis von innerem Modell und äußerer Versprachlichung zu bilanzieren. Folgt man Dedre Gentner, dann ist Analogie die höchstrangige und allgemeine Bezeichnung für alle Relationen zwischen zwei Vergleichsgrößen:

> "for any non–literal similarity comparison, including metaphors, similes and models." (Gentner (1982) S.108)

Nochmals am Beispiel der Elektrizität lassen sich der Zusammenhang und die Hierarchie der Begriffe Analogie, Modell und Metapher veranschaulichen:

(1) **Analogie:** Eine Analogie ist die Herstellung einer Relation, somit ein selbstverständlicher Prozeß der Informationsbewältigung. Besonders die Aufnahme neuer Information in der Lehrsituation zeigt dies anschaulich. Eine lehrhafte Aufforderung zur Analogiebildung könnte theoretisch lauten:

> *Stell Dir vor, Elektrizität sei 'irgendwie ähnlich' wie Flüssigkeit.*

(2) **Mentales Modell:** Konsequenz dieser Analogie ist ein Modell, das — nachdem es einmal etabliert ist — fürderhin für die Wissenserweiterung und Problembewältigung dieser Naturerscheinung prägend und entscheidend ist. Dies ist dann vorstellbar als eine 'innere' mentale Regelformulierung:

> *Nimm zur Lösungssuche für elektrotechnische Aufgaben und auch zur Beschreibung der Elektrizität stets das MODELL FLÜSSIGKEIT.*

(3) **Metapher:** Das metaphorische Konzept ist sprachlicher Ausdruck dieses Modells. Es stellt die Einzelmetaphern und andere Sprachformen (z.B. eine entsprechende Auswahl der Verben) zur Verfügung, die für die sprachliche Bewältigung notwendig sind:

Strom, Stromstärke, fließen, Spannungsgefälle, Leitung, einspeisen, ankommen, Schalter.[28]

Es ist nun prinzipiell problematisch, das eher kognitionswissenschaftlich intendierte 'innere Modell' und die sprachwissenschaftliche Seite 'metaphorischer Ausdruck', die zwei Seiten einer Medaille sind, zu trennen.[29] Über den Zusammenhang der beiden Seiten handeln ausführlich Martin/Harré in einem Beitrag. Zunächst werden gute Gründe angeführt, warum gerade für die Sprache der Wissenschaft eine Unterscheidung sinnvoll wäre:

> "For the purposes of discussing metaphor in scientific theory we have noticed that it is necessary to distinguish metaphors from models. A metaphor, we have said, is a figure of speech; a model is a non-linguistic analogue." (Martin/Harré (1982) S.100)

Doch im weiteren Verlauf der Ausführungen rücken die beiden Konzepte wieder enger zusammen: Das erste ist die gedankliche Grundlage, das zweite bloß die vermeintlich nachgeordnete Ausführung:

> "The relationship of model and metaphor is this: if we use the image of a fluid to explicate the supposed action of the electrical energy, we say that the fluid is functioning as a model for our conception of the nature of electricity. If, however, we then go on to speak of the 'rate of flow' of an 'electrical current', we are using metaphorical language based on the fluid model. Strictly speaking 'rate of flow' has not the same sense when used in the context of electrical phenomena as it does when speaking of liquids, say." (Martin/Harré (1982) S.100)

Als Belege für die relative Selbständigkeit der sprachlichen Seite sind die Metaphern zu werten, die — ohne strengen Analogieprinzipien zu folgen — in scheinbarer Beliebigkeit als sprachlicher Wildwuchs in solchen Disziplinen entstehen, die sich gerade in einer stürmischen Entwicklung des Erkenntnisfortschrittes befinden.

> "In particular, their success does not depend on their conveying quite specific respects of similarity or analogy. Indeed, their users are typically unable to precisely specify the relevant respects of similarity or analogy, and the utility of these metaphors in theory change crucially depends upon this open-ended-ness." (Boyd (1979) S.357)

[28]Bei *Schalter* ist die Zuordnung zum Modell FLÜSSIGKEIT nicht mehr erkennbar, sondern nur noch wortgeschichtlich nachzuvollziehen: Es wurde aus dem Wasser- und Deichbau übernommen.

[29]Daher muß auch in manchen kognitionswissenschaftlichen Arbeiten der überraschende Eindruck entstehen, als würden sie sich vorrangig mit Sprache beschäftigen. Andererseits mag dem sprachwissenschaftlichen Leser die vorliegende Arbeit vielleicht in zu großer Ferne zur Linguistik erscheinen.

Daß die Physiker die Gesamtheit ihrer zu erforschenden Elementarteilchen *Teilchen–Zoo* nennen, wäre beispielsweise eine solche 'beliebige', spielerische Metapher, die keine besonders stringente Analogie erkennen läßt. Für die Techniksprache, die in besonderer Weise historisch in der Alltagssprache verwurzelt ist, sind solche spielerischen, nicht in Modellschemata rationalisierbaren Sprachelemente häufig zu finden. Schon Johann Jacobsson wunderte sich im 18. Jahrhundert über völlig unmotivierte Sprachgewohnheiten der Textilarbeiter:

> "Reißt ihnen während dem Waschen ein Wickel, so nennen sie solches einen Engländer. Sie haben mir darüber keine Ursache angeben können, warum sie einen solchen gerissenen Wickel diesen Nahmen geben, welcher mit der Beschaffenheit und Natur der Sache nichts ähnliches hat." (Jacobsson (1773-76); zit. nach Hahn (1983) S.41)

Es ist für die ausdrucksseitig orientierte Fachsprachenforschung ein schwieriges Problem, daß beispielsweise eine Metapher wie *Strom* in Alltags– und Fachsprache gleichermaßen vorkommt. Wie bei der Diskussion um die unterschiedlichen Modellniveaus bereits angedeutet, ist dies ja möglicherweise eine gemeinsame Metapher für zwei völlig verschiedene mentale Modelle. Aber bei einer stilistisch ausgerichteten Behandlung der Fachsprachen wird übersehen, daß für den Anwender hinter der Metapher *Strom* wohl ein sehr naives, unvollständiges Modell FLÜSSIGKEIT stehen wird. Auch beim Fachmann verbirgt sich hinter **derselben** Metapher ein Modell FLÜSSIGKEIT, das aber als 'conceptual model' sehr viel mehr differenzierende Größen umfassen wird (z.B. Spannung, Stromstärke, Widerstand, Ladung).

Dennoch kann es möglicherweise in den Ausdrücken weitgehend mit dem naiven Benutzermodell übereinstimmen. Diese Übereinstimmung ist nun speziell in verschiedenen Technikfachsprachen besonders problematisch, weil sie entwicklungsgeschichtlich aus dem Alltag kommen, also Fachsprachen 'von unten' sind. Insofern ist es sehr problematisch, die vertikale Gliederung der Fachsprachen hinsichtlich ihres Metapherngebrauchs, Metaphernreichtums u.ä. vorzunehmen (siehe 5.4). Nur in einer utopischen Welt, in der keine Arbeitsteilung und auch keine anderweitig erzeugten Wissensunterschiede existieren, ließe sich eine Übereinstimmung der beiden Modell–Welten möglich machen (vgl. hierzu Norman (1983) S.14). Solange man aber von einer gravierenden Divergenz der beiden Modelltypen ausgehen muß, bleibt auch die sprachkritische Forderung Günter Ropohls an das Sprechen über Technik Utopie (siehe 2.5).

Anknüpfend an das Beispiel vom Dampfkolben können die alltagssprachlichen und fachsprachlichen Formulierungsvarianten, mit denen der 'innere Vorgang' in einer Dampfmaschine — basierend auf unterschiedlichen mentalen Modellen — simuliert wird, so aussehen:

(1) *Der Dampf verleiht dem Kolben Schwung.*

(2) *Der Dampf schiebt den Kolben nach oben.*

(3) *Der Druck des Dampfes sorgt dafür, daß der Kolben sich nach oben bewegt.*

(4) *Durch die Steigerung des Dampfdruckes im Zylinder erfährt der Kolben eine Aufwärtsbewegung.*

(5) *Die Druckenergie des Dampfes wird im Zylinder teilweise in die Bewegungsenergie des Kolbens überführt.*

In den ersten drei Varianten werden agentivierende und anthropomorphisierende Versprachlichungen verwandt, die wiederum die Techniksprachenkritik Ropohl herausfordern müßte. Aber die technischen Fachsprachen kommen wohl ohne solche naiven Formulierungen des Konzepts COMPULSION nicht aus. Erst die Variante (5) erfüllt solch hohe Ansprüche: Allerdings formuliert sie den technischen Vorgang bereits auf einem wissenschaftlichen Wissensniveau, nämlich fußend auf den Axiomen von der Energieumwandlung und der Energieerhaltung. Die Techniksprache teilt mit der Alltagssprache, daß sie alle Grundverben des menschlichen Handelns (z.B. *schieben, dafür sorgen, verleihen*) bedenkenlos für technische Prozesse verwenden kann (siehe 3.10).

Eine vorläufige Bilanz in sieben Punkten, in denen eine linguistische Konkretisierung im Hinblick auf die empirischen und sprachgeschichtlichen Studien zur Techniksprache in Teil II angestrebt wird:

(1) Wissen über Technik benötigt, genau wie alle anderen nichtalltäglichen Wissensbestände auch, Analogien zu anderen Bereichen.

(2) Aus solchen Analogien entstehen mentale Modelle, innerhalb derer das Fachwissen verarbeitbar wird, entweder 'innere simulierende' Modelle oder 'analogiestiftende' Modelle.

(3) Sprachliche Indikatoren dieser Modelle sind u.a. die metaphorischen Konzepte. Gehäuftes Auftreten von sprachlichen Elementen, die einem gemeinsamen metaphorischen Konzept zuzuordnen sind, muß als Beleg für ein solches mentales Modell gelten. Die Sprachformen sind nicht nur zufällige, oberflächliche Spracherscheinungen, sondern haben generative und inferierende Qualitäten.

(4) Im Rückblick sind auch die in Abschnitt 3.2 beschriebenen Phänomene der 'rationalisierten Animismen' hier einzureihen: Sie sind Teile von Konzepten, wie z.B. MASCHINE IST MENSCH, FAHRZEUG IST LEBEWESEN.

(5) Die Einzelwortmetapher ist nicht mehr im Mittelpunkt des Interesses. Denn ansonsten müßte man konsequenterweise Präpositionen (*in, auf, neben*) oder einfache Grundverben (*gehen, treiben*) auch schon als Metaphern begreifen, was den Metaphernbegriff ad absurdum führen würde. Sie sind besser als einzelne sprachliche Elemente in einem übergeordneten metaphorischen Konzept (BODY, UP–DOWN, CONTAINER etc.) aufzufassen.

(6) Eine Anmerkung zur 'Sprachregelung' im weiteren Verlauf der Arbeit: In der Abhandlung von Mark Johnson über die Körper–Metaphorik findet sich eine vorsichtige Andeutung, daß die von ihm postulierten metaphorischen Konzepte faktisch gleichzusetzen wären mit dem, was Dedre Gentner in ihren Untersuchungen analogische Modelle nennt (vgl. Johnson (1987) S.109). Ermutigt durch diese Anregung wird für die weitere Abhandlung (incl. der empirischen und sprachgeschichtlichen Untersuchungen) eine **begriffliche Gleichsetzung von metaphorischem Konzept und mentalem Modell** vorgenommen. Für die dezidiert sprachwissenschaftliche Ausrichtung dieser Arbeit erscheint dies legitim: Wenn also vom Konzept oder Modell MASCHINE IST LEBEWESEN gesprochen wird, sind damit **mentales und sprachliches Konzept** gemeint.

(7) Es ist sehr gut möglich, daß eine solch sprachwissenschaftlich einseitige Begriffsklärung zu weit von den ursprünglichen Intentionen der referierten kognitionswissenschaftlichen Literatur abweicht. Aber dafür läßt sich eine angemessene Entschuldigung vorlegen. Schließlich wurde bereits zu Beginn des Abschnitts 3.4 eine vorauseilende Rechtfertigung für dieses Vorgehen zitiert:

> "Insofern hat sein Vorschlag [=Johnson–Laird (1983)] eines mentalen Modells **mehr den Charakter eines Rahmens** , der im konkreten Fall spezifiziert werden müßte." (Zimmer/Engelkamp (1988) S.135; Erläut. und Hervorhebung K.J.)

3.6 Wissenserwerb, Analogien und Begriffsbildung

In einer Vermittlungsschrift, die die technischen Entwicklungen und deren Bedeutung für die Menschheitsgeschichte in populärwissenschaftlicher Form darstellt, wird die zur Zeit ihrer Veröffentlichung relativ junge Luftschiffahrt anhand ihrer Unterschiede und Gemeinsamkeiten mit anderen Verkehrsmitteln dargestellt. Das Besondere an den Luftschiffen ist:

> "Sie benötigen keine Geleise **wie die Eisenbahnen**, keine Wasserwege **wie die Binnenschiffahrt**, keine Straßen **wie das Auto**. Sie ziehen ihre Wege selber durch den blauen Aether und sind insofern **den Schiffen gleich**, die die Ozeane durchqueren, ohne daß Menschenhände ihnen zuvor einen Weg bereiten." (Weckerle (1928) S.18; Hervorhebung K.J.)

In dem Text wird durch einen Merkmalsvergleich gewissermaßen nochmals nachprotokolliert, welchen Wissenserwerb der teilnehmende Zeitgenosse durchzuführen hatte, um die Innovation Luftschiffahrt zu verarbeiten: Es wird verkehrstechnisches Vorwissen aktiviert. Dabei wird nach der Überprüfung von Unterschieden ("kein ... wie die") und Gemeinsamkeiten ("insofern ... gleich") die entscheidende Analogie zum Wasserfahrzeug gezogen und somit die bereits eingeführte Metapher vom *Luftschiff* expliziert und begründet.

Es ist derjenige kognitive Prozeß niedergelegt, der in Abschnitt 3.6 als Abfolge von Analogie, Modell und Metapher dargestellt wurde. Die entscheidende Akzentsetzung ist hier, daß in Lehrtexten oder Vermittlungsschriften ein solches Nachprotokollieren der Wissensverarbeitung genau den Leitzweck solcher Texte unterstützt: Veranschaulichung einer neuen, zu lehrenden Gegebenheit.

Zur Verdeutlichung ein Beispiel der Gegenwart: In den Gebrauchsanweisungen und in den sogenannten 'Benutzeroberflächen' der modernen Textverarbeitungssysteme ist die 'Schreibtisch–Metaphorik' allgegenwärtig (vgl. Strube (1986)). Da diese Technik und ihre begleitenden Texte sich an eine Benutzergruppe richten, die Textverarbeitung noch als 'Papierverarbeitung' (also mit Bleistift, Farbstift, Radiergummi, Schere, Klebstoff) kennengelernt hat, wird das neu zu lehrende an dieses technikgeschichtliche Vorwissen angeschlossen. Deshalb werden die ungewohnten und unanschaulichen Funktionen und Vorgänge des Systems mit den jeweils älteren Vorgängen verglichen und entsprechend metaphorisiert. Beispielsweise kann eine 'Papierkorb'–Funktion aufgerufen werden, oder es gibt im Auswahlmenue des Programms Piktogramme mit Radiergummis, Tintenfässern, Schere etc. Die historische Vorstufe ist als Denkmodell durchgehend präsent. Erst eine nächste Generation, die die 'Papier–Text–Verarbeitung' nicht mehr kennt, kann auf diese Lehr– und Veranschaulichungshilfen verzichten.[30]

In älterer Literatur wurde immer wieder auf die grundsätzlich bedeutende Leistung der Metapher für den Wissenserwerb, die Wissenserweiterung und den Ablauf des Lehr– und Lernprozesses hingewiesen:

> "What I shall suggest here is a third alternative — that metaphor can provide a rational bridge from the known to the radically unknown, from a given context of understanding to a changed context of understanding." (Petrie (1979) S.440f.)

Dies ist auf kognitionswissenschaftlichem Hintergrund noch genauer auszuführen. Geht man von den heute gängigen Modellen aus, in denen das menschliche Wissen in sogenannten Netzwerken, die aus der Verknüpfung einzelner Propositionen bestehen, angenommen wird, dann ist eine triviale Konsequenz daraus, daß jede Wissenserweiterung eine Neuaufnahme einer weiteren Proposition in das vorhandene Netz ist (vgl. Rost (1980) S.150). Erst wenn diese simplifiziert als 'Additionsprozeß' dargestellte und daher trivial wirkende Vorstellung von Wissenserweiterungen differenziert wird, ergeben sich interessante Aussagen, die auch für linguistische Bewertungen taugen.

Es können drei qualitativ verschiedene Formen der Wissenserweiterung unterschieden werden (vgl. Rost (1980) S.151):

[30]Auch in der EDV–Fachsprache finden sich solche technikhistorischen Relikte. Ein Beispiel: Im internationalen ASCII–Maschinenkode heißt das Zeichen für Zeilenende 'carriage return'. Dies ist ein Relikt aus jener Zeit, als bei den Schreibmaschinen der Walzen–'Wagen' noch von rechts nach links 'zurücklief'.

(1) eine einfache Wissensaddition,
(2) eine Wissenserweiterung, die zur Abstraktion innerhalb einer bestehenden Teilstruktur führt,
(3) eine Wissenserweiterung, die eine Erklärung für eine bestehende Teilstruktur bietet.

Dabei scheint für unser Thema der zweite Typ von herausragender Bedeutung:

> "Dieser Typ von Wissenserwerb scheint mir besonders relevant für den Aufbau naturwissenschaftlichen Wissens zu sein: Erst das Prinzip, Wissen in Form von immer abstrakter werdenden Propositionen abzuspeichern, ermöglicht es, die Fülle der in der Natur beobachtbaren Sachverhalte, oder der in der Schule angebotenen Wissensinhalte ohne 'Kapazitätsüberschreitung' und mit einer echten Chance, einzelne Inhalte auch 'wiederzufinden', abzuspeichern." (Rost (1980) S.157)

Deutet man diese Äußerungen linguistisch, dann wäre auch aufgrund der relativ begrenzten lexikalischen Kapazität des menschlichen Gedächtnisses eine solche abstrahierende Speicherung einleuchtend: Was zunächst als verschiedene einzelne Eintragungen bestand, wird im Laufe der Wissenserweiterung zu einer abstrakten Größe vereinigt, die kognitiv wiederum nur als ein 'Meta–Modell' über die konkreten Einzelausprägungen und sprachlich als Gesamt–Metapher der einzelnen Wörter aufzufassen ist. Das bedeutet, daß Metaphern in diesem Sinne grundlegend für Klassifikation im Alltags– und Fachwissen sind. Ohne sie gibt es weder eine alltägliche noch eine wissenschaftliche Klassifikation, keine Bildung abstrakter Klassen, Sammelbegriffe oder sonstiger Kategorien.

Wiederholung und Bilanz:

(1) In lehrhaften Texten wird die analogische Anknüpfung neuer Sachverhalte an Vorwissen zunächst durch einfache sprachliche Mittel geleistet:

> ***ist ähnlich wie, ist genau wie, ist nicht wie, ist gleich wie, unterscheidet sich von, hat Gemeinsamkeit mit, ist aufzufassen als.***

(2) Nachdem das neu einzuführende *Luftschiff* mit solchen Mitteln an das Wasserfahrzeug 'angebunden' worden ist, wird jenes zum leitenden Modell. Die ehemals 'wörtlichen' Bedeutungen, die nur fürs Wasserfahrzeug galten (*Schiff, Ruder, Bullauge* u.a.), werden zu 'abstrakten' Wörtern für beide Domänen. Zwar weist die alltägliche (und häufig auch die wissenschaftliche) Sprachauffassung dem Herkunftsbereich weiterhin die 'wörtliche Bedeutung' zu und nennt den Gebrauch für die neue Bedeutung metaphorisch, aber eigentlich ist das Wort nunmehr ein abstrahiertes Modell für **beide** Bereiche.
(3) Ganz am Schluß dieser Prozesse der Wissenserweiterung und Analogiebildung steht dann die sprachliche Verfestigung von neuem Wissen in Begriffen. Auch die Entwicklung zu einem selbstverständlich gebrauchten und

lexikalisierten Fachwort ist abgeschlossen: Aus dem ehemaligen Vergleich (*ist eigentlich wie ein Schiff in der Luft*) wurde das Wort *Luftschiff*.
(4) Der allerletzte Schritt könnte dann die Terminologisierung sein. Besonders in lehrhaften Fachtexten ist dies ablesbar, wenn Begriff und Wort in eineindeutiger Weise aufeinander bezogen werden: "In der Disziplin A wird der Sachverhalt B, der die Merkmale C aufweist, mit dem Fachausdruck D bezeichnet."[31]

3.7 Mentale Modelle der Techniksprache

Es fällt auf, daß in der kognitionswissenschaftlichen Literatur die Argumentationen zu den mentalen Modellen sehr häufig mit Beispielen aus Technik und Naturwissenschaft gestützt sind. Wissensbestände aus anderen Bereichen der Wissenschaft oder Wissen über kulturelle oder soziale Phänomene werden kaum für die Erläuterung oder Konkretisierung der Theorie herangezogen. Die Auswahl hat zunächst forschungsinterne und forschungspraktische Gründe.

> "it is very easy to tell an expert from a novice in a domain like Newtonian mechanics, and very difficult to tell the expert from the novice in a domain like marriage." (Gentner/Stevens (1983) S.2)

Ferner ist ein Zusammenhang damit zu sehen, daß naturwissenschaftliche und technische Wissensbestände in kleine "geschlossene Problemräume" (Tergan (1986) S.163) unterteilbar, modellierbar und formalisierbar sind. Darum sind sie für eine Umsetzung in experimentelle Studien, Probandenbefragungen u.ä. bestens geeignet. Eine solche 'Minimalisierung' der Problemausschnitte ist aus methodischen Gründen sicher zu rechtfertigen. Für den Außenstehenden kann es allerdings gelegentlich irritierend oder gar lächerlich wirken. Zu krass erscheint die Divergenz zwischen der theoretisch anspruchsvollen Wissenschaftsdisziplin und deren Anwendungsbeispielen, in denen stets auf anscheinend trivialste Kleinthemen zurückgegriffen (Thermostat, elektrische Klingel).

Eine weitere Erklärung für die Affinität zu bestimmten Beispieltypen ergibt sich aus der Konstruktion der mentalen Modelle selbst. Sie scheinen prädestiniert als Erklärungsansatz für naturwissenschaftliches und technisches Wissen.

> "The reason that mental models research has focused on seemingly technical domains is precisely because those domains that have proved the most tractable to physical scientists are the ones for which there exists the best explicit normative models." (Gentner/Stevens (1983) S.2)

[31] Vgl. hierzu die Typisierungen, besonders die sogenannten "Referenzfixierungsakte", in Wimmer (1979) S.250.

Die einschlägige Literatur nimmt ja bei der möglichen Dichotomie analoger und propositionaler Repräsentationsformen ausdrücklich eine themenabhängige Form der Wissensverarbeitung an. Da der Bereich der Technik verstärkt eine Repräsentation von figuralen Gegebenheiten erforderlich macht oder eine Transformation in bildhafte Repräsentation zwingend nahelegt, kann man hier verstärkt eine analoge und damit modellhafte Wissensverarbeitung vermuten (vgl. Steiner (1988) S.101). Insofern scheint eine gewisse vorgegebene Affinität zwischen der Theorie und dem Spezialgegenstand dieser Arbeit, der Techniksprache, vorzuliegen.

Die Annahme sogenannter 'mechanistischer mentaler Modelle' für das richtige Verständnis von technischen Gebilden unterstützt solche Vermutungen:

> "Our long-range goal is to develop a model of how one acquires an understanding of mechanistic devices such as physical machines, electronic and hydraulic devices, or reactors. We focus on two aspects of this problem. First, we lay out a framework for investigating the structure of people's mental models of physical devices, which we call **mechanistic mental models**. This involves developing a precise notion of a qualitative simulation and the kinds of 'work' on expects it to do. The concept of qualitative simulation derives from the common intuition of 'simulating the machine in the mind's eye.' One of the goals of this chapter is to put this common intuition on a more solid theoretical base." (de Kleer/Brown (1983) S.155)

Zunächst ist die treffend formulierte Aussage zu überprüfen, nach der man sich technische Abläufe 'irgendwie vorstellen kann' und sie simulieren kann, als würden sie 'vor einem geistigen Auge' ablaufen. Dazu betrachte man folgende einfache und kurze Beschreibung einer Dampfturbine (vgl. de Kleer/ Brown (1983) S.157):

> *Der Wasserdampf wird durch Wärmezufuhr im Dampferzeuger (1) hergestellt. Dann wird er über eine Rohrleitung (2) den Dampfturbinen (3) zugeführt, wo er die Drehbewegung derselben verursacht.*

Ohne Kenntnis der Dampfturbinentechnik ist die Beschreibung für jeden Laien verständlich und nachvollziehbar, weil vor seinem 'inneren Auge' ein mentales Modell der 'drei Teile einer Dampfturbine' entsteht, das durch Vorwissen oder naive Analogien gestützt wird (vgl. Abb. 3).

Mentale Modelle leisten somit für das Verstehen von Technik eine entscheidende Umsetzung. Selbst wenn dies auf möglicherweise naivsten Grundlagen geschieht, ermöglichen sie die Simulation von undurchschaubarer Technik. Technische Prozeße, die sich der unmittelbaren Anschauung entziehen, müssen als Modell 'vor dem geistigen Auge' simuliert werden können: Alle Vorstellungen über das 'Innere' eines Verbrennungsmotors, eines Computers, einer Thermostatregelung, einer Batterie, eines Fernsehgerätes beruhen

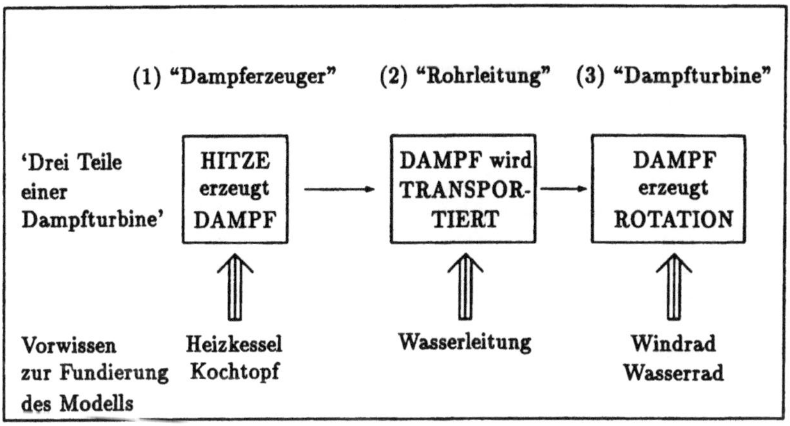

Abbildung 3

darauf. Auf einer solchen naiven Wissensgrundlage, wie sie in der Skizze dargestellt wurde, ergeben sich dann entsprechende Versprachlichungen: Mechanisierungen, Agentivierungen, Teleologisierungen, Anthropomorphisierungen.

Das oben skizzierte mentale Modell ist 'richtig' und 'angemessen', wenngleich natürlich 'unvollständig' und 'naiv' im Vergleich zum technischen Fachwissen über Dampfturbinen. Denn die 'drei Teile einer Dampfturbine' sehen in ausführlicher fachsprachlicher Beschreibung folgendermaßen aus:

(1) Die Erzeugung des Dampfes:

> "Im Dampferzeuger (Dampfkessel) wird Wasser durch die heißen Feuergase auf Siedetemperatur erwärmt und verdampft. Es entsteht Sattdampf, der sich im Dampfraum über dem siedenden Wasser sammelt. Die Siedetemperatur ist vom Druckzustand abhängig. Der eingeschlossene Dampf hat Überdruck und somit Druckenergie." (Böge (1985) S.1038)

(2) Die Weiterleitung des Dampfes:

> "Der im Dampferzeuger unter Druck stehende Dampf besitzt potentielle Energie. Dieser Dampf strömt unter Druckminderung durch düsenförmige Leiteinrichtungen, wobei die potentielle Energie des Dampfes in kinetische Energie umgesetzt wird. [...] Die Reibung des Dampfes an den Düsenwandungen verringert die Dampfgeschwindigkeit." (Böge (1985) S.1048)

(3) Die Erzeugung der Rotationsbewegung:

> "Der aus den Düsen austretende Dampf strömt auf die Schaufeln des Laufrades. Die Schaufeln bilden gekrümmte Kanäle mit konstanter Kanalweite, in denen die durchströmende Dampfmasse abgelenkt wird. [...] Der erzeugte Ablenkdruck wirkt als Triebkraft F am Radumfang und treibt die Radschaufeln mit der Umlaufgeschwindigkeit u an, wodurch sich die Triebleistung $P = F \cdot u$ ergibt. Der Druckzustand des Dampfes ist vor und hinter dem Laufrad gleich groß. Das Laufrad arbeitet als Gleichdruckrad, die Turbine gilt als Gleichdruckturbine." (Böge (1985) S.1052)

Erst im Kontrast zur technisch genauen Beschreibung wird die Qualität der laienhaften Modellvorstellung von komplexen Maschinen deutlich. Sie ist in Übereinstimmung mit dem Kriterienkatalog Normans (siehe 3.4) reduziert, sparsam, ungenau und unvollständig, aber dennoch 'richtig'.

De Kleer/Brown (siehe obiges Zitat) führen ihre Annahme von sogenannten 'mechanistic mental models' für Maschinen und andere technische Anlagen ausführlich am Beispiel eines einfachen Stromkreises mit Batterie, Spule und Klingelmechanismus aus. Die Vorstellung vom Aufbau einer einfachen Klingel (also die 'innere' Simulation im obigen Sinne) und den Vorgängen im Stromkreis ist nur 'mechanistisch' denkbar. Das bedeutet: Das Nicht–Mechanische der Elektrotechnik erfährt eine mechanistische Deutung.

In vielen Fällen und Beispielen, die im Laufe der bisherigen Diskussion angesprochen wurden, läßt sich dieses allgemeine Verstehensprinzip nachweisen: Beispielsweise ist das Sprechen über die elektronische Textverarbeitung mit der 'altertümlichen' Sprache aus den Zeiten der 'Papier'–Verarbeitung eine Deutung der ELEKTRONIK durch das Modell MECHANIK.

Diese spezifischen Prozesse der 'Mechanisierung' und 'Konkretisierung' sind im vierten mentalen Modell verankert. Die vier mentalen Modelle der Techniksprache wurden bereits in Abschnitt 3.1 einleitend vorgestellt. Nach der Diskussion der Abschnitte 3.2 bis 3.7 können sie nun in den folgenden Abschnitten genauer vorgestellt und begründet werden.

Die vier mentalen Modelle der Techniksprache	
Mentales Modell I: KÖRPER (siehe 3.8)	(1.1) NAHRUNGSZUFUHR (1.2) STOFFWECHSEL (1.3) SCHWÄCHE/KRANKHEIT (1.4) LEISTUNGSFÄHIGKEIT (1.5) TIERVERHALTEN
Mentales Modell II: MENSCH (siehe 3.9)	
'Mentale' Qualitäten	(2.1) INTELLIGENT (2.2) SELBSTÄNDIG (2.3) ZUVERLÄSSIG (2.4) WAHRNEHMEND
'Emotionale' Qualitäten	(2.5) LAUNISCH (2.6) STARRKÖPFIG (2.7) FÜRSORGEND
Mentales Modell III: HANDLUNG (siehe 3.10)	
Mentales Modell IV: MECHANIK (siehe 3.11)	(4.1) FESTER KÖRPER (4.2) FLÜSSIGKEIT (4.3) MATERIALQUALITÄT (4.4) KRAFT (4.5) BEWEGUNG

3.8 Mentales Modell I: KÖRPER

Das erste der vier Modelle ist das zentralste und grundlegendste Denk- und Sprachmodell, das in Alltags- und Techniksprache zur Deutung der Artefakte und zum angemessenen Sprechen über sie zur Verfügung steht. Unter diesem sehr weit gefaßten Modell KÖRPER sind all diejenigen Phänomene zusammengefaßt, die bei der Behandlung der Techniksprache in unterschiedlichen Zusammenhängen und in den verschiedensten Ausdrucksformen aufgefallen sind: Sprachliche Ausdrucksformen für vermeintlich animistische Vorstellungen, unreflektierte Organ–Metaphorik, gleichsetzende Sprachbilder von Maschine und Tier etc.

In dem Einführungsbeispiel MOTOR IST LEBEWESEN (siehe 3.3) wurden bereits wesentliche Merkmale dieses organischen Sprechens über Technik angeführt: Die Maschine wurde mit Metaphern belegt, die nun den fünf Submodellen des ORGANISMUS–Modells zugeordnet werden können. In fünf Submodellen wird die Gleichsetzung von Artefakt und Organismus vollzogen und somit dem technischen Produkt vermeintlich 'organische Qualitäten' übertragen:

(1.1) NAHRUNGSZUFUHR: *der Motor säuft viel*
(1.2) STOFFWECHSEL: *der Motor verbraucht viel Öl*
(1.3) SCHWÄCHE/KRANKHEIT: *der Motor ist altersschwach*
(1.4) LEISTUNGSFÄHIGKEIT: *der Motor ist stark*
(1.5) TIERVERHALTEN: *der Motor schnurrt*

Was hier als theoriegeleitete Klassifizierung für unreflektierte Sprachformen vollzogen wird, kann in Theoriedarstellungen auch im Text selbst ausgeführt sein, wenn beispielsweise unverblümt über die Parallelisierung von Maschine und Organismus gehandelt wird:

> "Die Locomotive wie das Thier bedarf der Speisung, um dann die aus der chemischen Arbeit des Oxydationsprozesses hervorgehende Wärme in Locomotion, in ein System von Bewegungen, umzusetzen. Jene wie diese secernirt Abfälle, Verbrennungsprodukte in mehr als einem Aggregatzustande. Dort wie hier Verbrauchung und Abnutzung der Maschinentheile, resp. der Organe. Dort wie hier Stillstand aller Functionen und Tod [...]" (Otto Liebmann; zit. nach Kapp (1877) S.128)

Hier ist die Gleichsetzung allerdings nicht nur auf der naiven Alltagsanalogie aufgebaut, sondern sie setzt in ihren Einzelbeziehungen die wissenschaftlichen Erkenntnisse aus den ersten zwei Dritteln des 19. Jahrhunderts voraus. Anders wäre die Parallelität in der "chemischen Arbeit", der "hervorgehenden Wärme", der Energieumwandlung und des Energieverlustes nicht denkbar. Die Gleichsetzungen von Maschine und Lebewesen sind zwar schon seit Descartes (siehe 7.3) bekannt und beliebt, doch die direkte Gleichsetzung der chemischen und physikalischen Arbeits- und Energieprozesse ist erst in der zweiten Hälfte des 19. Jahrhunderts möglich.

Im sprachhistorischen Teil der Arbeit wird das vorliegende ORGANISMUS-Modell im Mittelpunkt stehen, weil es sich in historischer und gegenwärtiger Zeit bei der ausdrucksseitigen Analyse als das häufigste erweist, was nach der Diskussion der anthropologisch konstanten Isomorphie von Natur und Technik in Kap. 2 nicht überraschend ist. Die entsprechend häufigen sprachlichen Belege umfassen einfache und naive tierimitierende Wörter der Technikfachsprachen:

> "Knabbern auch Nibbeln oder Nagen — ist das fortlaufende Abstanzen von kleinen Spänen." (Pelka (1982) S.95)

Sie reichen bis zu den bildhaften Sprachentwürfen, die der Theoretiker beim Sprechen über die Technik in bewußt gestalteter Analogie setzt:

> "Durch das Rasseln und Klappern, Aechzen und Stampfen von Rädern, Walzen und Hämmern, durch das Summen und Schwirren des Spinnstuhls, durch den Pfiff der Locomotive und das Ticken des Telegraphen hindurch vernehmen wir eine Mahnung, dass auch in diesen an ein organisches Vorbild erinnernden Mechanismen das menschliche Wesen sich selbst gegenständlich geworden ist." (Kapp (1877) S.186)

Das Modell ist, wie man anhand des *Knabberns* sehen konnte, in den Fachsprachen einfacher handwerklicher Techniken dominierend. Es reicht aber auch bis zur modernsten Technik im Zeitalter der Elektronik. Denn ohne größeren Reflexionsaufwand kann jeder Computer-Benutzer das Konzept STOFFWECHSEL (=1.2) formulieren: *der Computer spuckt das Ergebnis aus.*

3.9 Mentales Modell II: MENSCH

Das zweite Modell MENSCH schließt an die ORGANISMUS-Analogien des ersten Modells an. Es zielt im Gegensatz zum ersten Modell nicht auf die allgemeinen Isomorphismen Lebewesen und Artefakt, sondern auf die Gleichsetzungen mit spezifisch menschlichen Verhaltensweisen und Eigenschaften: intelligentes Verhalten, zielgerichtetes Verhalten, charakterliche Eigenschaften, Emotionen etc.

Die Spracherscheinungen der Techniksprache, die zum Modell MENSCH gehören, sind nicht referierbar, ohne daß man gleichzeitig die damit stets selbstverständlich mitgelieferte sprachkritische Komponente berücksichtigt. Beispielsweise hält Lutz Mackensen den *Temperaturfühler* des Thermostaten für eine sprachliche Entgleisung, weil das Verb *fühlen* für den Menschen reserviert sein müsse. Im weiteren Verlauf der Abhandlung will er solche Anthropomorphisierungen zwar nicht überbewerten, kommt aber zu dem Urteil, daß sie "Unheil stiften" könnten (vgl. Mackensen (1962) S.61/68). Die Beispiele zu den sieben angenommenen Submodellen zeigen jedoch, wie selbstverständlich der Umgang mit solchen sprachlichen Anthropomorphisierungen in der Techniksprache ist.

Die vermenschlichenden Charakterisierungen von Maschinen oder anderen komplexen Artefakten kann man in sieben Gruppen unterteilen:
(2.1) INTELLIGENT: *Die Maschine merkt das und schaltet daraufhin ab*
(2.2) SELBSTÄNDIG: *Die Maschine holt sich selbst das Material*
(2.3) ZUVERLÄSSIG: *Der Motor ist zuverlässig*
(2.4) WAHRNEHMEND: *Der Gasmelder riecht die Verunreinigung*
(2.5) LAUNISCH: *Die Maschine spielt verrückt*
(2.6) STARRKÖPFIG: *Der Motor bockt*
(2.7) FÜRSORGEND: *Der Thermostat sorgt für die angenehme Raumtemperatur*

Wenn technische und menschliche Intelligenz aufeinander bezogen wird, sind prinzipiell zwei gedankliche Übertragungsrichtungen zu unterscheiden, die ausdrucksseitig jedoch kaum zu trennen sind.

(1) In der direkten Analogie wird die vermeintliche Intelligenz des Artefaktes unmittelbar im Vergleich zum Menschen gedeutet und entsprechend versprachlicht:

> *der Temperatur***fühler** (s.o.), *das* **riechende** *und* **warnende** *Gasmeßinstrument* (Pelka (1979) S.75), *das* **intelligente** *Bremssystem, das* **mitdenkende** *Fahrwerk* (Automobilwerbung der Gegenwart).

Alle Beispiele haben die drei gemeinsamen Komponenten jeder modernen Regelungstechnik: Ermittlung eines Meßwertes (*fühlen, riechen, merken*), Erkennen einer Abweichung (*mitdenken*) und schließlich Durchführung einer Handlung (*warnen*).

(2) Es gibt aber auch Bereiche der Technik, in denen die menschliche Intelligenz gigantisch überboten wird. Dies gilt nicht erst seit den gestiegenen Möglichkeiten der EDV in der jüngeren Zeit, sondern auch schon für ältere informationsverarbeitende Systeme (Rechenmaschinen, Automaten). Auch die unter (1) genannten Steuerungs- und Regelungssysteme tun dies streng genommen schon. Strube (1986) weist darauf hin, daß man zu vorschnell gerade diejenigen Techniken, die besonders 'schwache' Leistungen des Menschen besonders 'stark' ausführen können (z.B. das Multiplizieren fünfstelliger Zahlen), als 'intelligent' bezeichnet. Umgekehrt käme beispielsweise eine einfache Arbeitsmaschine kaum dazu, mit Intelligenz-Metaphorik belegt zu werden, weil die Maschinenleistung der menschlichen Leistung nur in quantitativer, aber nicht in qualitativer Hinsicht so beeindruckend weit voraus zu sein scheint: Sie arbeitet vielleicht schneller, genauer und ausdauernder. Aber sie führt im Prinzip nichts aus, was der Mensch nicht langsamer, ungenauer und kurzzeitiger auch produzieren könnte.

Gerade unter diesem zweiten Gesichtspunkt sind die vermenschlichenden Computerbeschreibungen ausführlicher zu betrachten. Kein anderer Bereich der Technik ist derzeit so deutlich vom Modell MENSCH geprägt. An ihm kann die gesamte Problematik dieses Modells nochmals vertieft werden (vgl.

Jakob (1991)), besonders weil das Modell hier sprachlich so deutlich hervortritt, daß es auch dem Laien bewußt ist:
(2.1) INTELLIGENT: *der Computer entdeckt den Fehler*
(2.2) SELBSTÄNDIG: *der Computer macht das selber*
(2.3) ZUVERLÄSSIG: *der Computer paßt auf*
(2.4) WAHRNEHMEND: *der Computer liest das*
(2.5) LAUNISCH: *der Computer spinnt*
(2.6) STARRKÖPFIG: *der Computer ist widerspenstig*
(2.7) FÜRSORGEND: *der Computer hat das vorsichtshalber gespeichert*

Innerhalb der Forschungsdiskussion zur Künstlichen Intelligenz existiert eine heftige Kontroverse darüber, inwieweit die zentrale Mensch–Metaphorik für den Computer (besonders *Intelligenz, Wissen, Denken*) wörtlich aufzufassen ist.[32] Der Streit um Sinn und Ziel der KI–Forschung wird dabei fast auf die Frage der Metaphernbewertung reduziert. Nur selten findet man in dieser Art von Literatur die Differenzierung zwischen 'wörtlicher' und 'metaphorischer' Gleichsetzung. Zu den Ausnahmen gehört MacCormac:

> "Die Unterschiede zwischen Mensch und Maschine zu vergessen, entmenschlicht den Menschen und personifiziert die Maschine, was die Realität verzerrt. Menschen und Maschinen haben zwar viel Ähnlichkeit miteinander, aber sie sind auch sehr unähnlich. Metaphern, die beide gleichsetzen, sind dann gelungen, wenn sie nicht nur Analogie hervorrufen, sondern auch ihr Gegenteil in der Erzeugung einer semantischen Anomalie." (MacCormac (1986) S.60)

Wenn man dies akzeptiert, dann stellt sich das Sprachproblem als 'Gewöhnungsproblem' dar. Die relativ junge semantische Anomalie in der Metaphorik zu technisch gestütztem 'Denken und Wissen' ist noch nicht als sprachlicher Normalfall akzeptiert (siehe 4.1). Für den Fall, daß diese Gewöhnung stattgefunden hat, würde das mentale Modell MENSCH sogar die Behauptung ermöglichen, daß ein einfacher Heizungsthermostat drei 'Überzeugungen' habe (vgl. MacCormac (1986) S.56):
(1) 'Es ist zu warm' (=Meßwert ist größer als Richtwert)
(2) 'Es ist zu kalt' (=Meßwert ist kleiner als Richtwert)
(3) 'Es ist richtig' (=Meßwert ist gleich dem Richtwert)

Wenn 'Denken', 'Wissen', 'Überzeugung' u.a. entsprechend genau als Verarbeitungstechniken von Artefakten definiert wären, müßte solcher Sprachgebrauch nicht anstößig erscheinen. Dann würden sich auch einige Fragestellungen der genannten kontroversen Diskussion erübrigen: "Sind Computer intelligent?" oder "Wissen wissensbasierte Programme etwas?" (vgl. Stoyan (1988)).

[32]Vgl. zur Diskussion zwischen McCarthy, Minsky und Pylyshyn die Referierung in MacCormac (1986) und Stoyan (1988).

3.10 Mentales Modell III: HANDLUNG

Die Aufgabe des Getriebes in einem Kraftfahrzeug könnte in einem entsprechenden Fachbuch folgendermaßen beschrieben sein (vgl. Ropohl (1979) S.62):

> *Das Getriebe hat die Aufgabe, die Drehzahl und das Drehmoment der Antriebsräder den jeweiligen Fahrerfordernissen anzupassen.*

Mit der Formulierung *anpassen* wird dem technischen Sachverhalt eine Bedeutungsnuance zugesprochen, die streng genommen eine unangemessene Teleologisierung des Artefakts beinhaltet. Das Getriebe scheint seine 'Aufgabe' als intentional ausgerichtete Handlung auszuführen: Für das angestrebte Ziel ('die ideale Drehzahl') erfolgt eine zielgerichtete 'Anpassung' an die technische Umgebung (Drehzahl des Motors, Rollreibung der Räder). Auch in unzähligen anderen Fällen wird mit identischen Ausdrücken sowohl über intentionale Handlungen des Menschen als auch über technische Abläufe oder Prozesse gesprochen (vgl. Weingarten (1988) S.72). Es sind hier also keine vordergründig auffälligen oder bildhaften Anthropomorphisierungen zu besprechen, sondern ein relativ unauffälliges Phänomen, das im Prinzip in der Wortart Verb steckt. Aufgrund dieser besonderen Qualität wurden die Handlungen als drittes mentales Modell etabliert und nicht beim mentalen Modell MENSCH untergebracht.

Während technisches Handeln hinsichtlich der funktionalen Beziehung und der Differenzierung von Mitteleinsatz und Zielerreichung präzise beschreibbar ist, ist das nicht–technische menschliche Handeln "vielsinnig und diffus" (Joerges (1981) S.141). Außerdem findet beim letzteren keine klare Unterscheidung zwischen Handlungsziel und Handlungmittel statt. Die einschlägige Literatur zur Techniktheorie folgt hier der Unterscheidung von Alexej Leontjew: Eine menschliche Handlung hat einen intentionalen Aspekt (**was** soll erreicht werden) und einen operationalen Aspekt (**wie** soll das Ziel erreicht werden). Die technische Handlung, erst recht der technische Vorgang in einer Maschine, kann nur einen operationalen Charakter haben (vgl. Schmitz (1988) S.160).

An der Alltagsformulierung *Ich haue ab* läßt sich diese Vermengung von operationalen und intentionalen Aspekten zeigen. Sie kann verschiedene operationale Aspekte ausdrücken:

> *ich haue* **sofort** *ab; ich haue* **sehr schnell** *ab; ich verändere meinen aktuellen Standort* **vorübergehend**; *ich verändere meinen aktuellen Standort* **dauerhaft** etc.

Aber auch unglaublich viele intentionale Aspekte können damit gemeint sein:

> *ich will nicht gesehen werden; ich muß mich verstecken; ich will Unangenehmem aus dem Weg gehen; ich gehe, weil ich keine Zeit mehr habe; ich gehe dorthin, wo es besser ist.*

Das Grunddilemma ist, daß die Differenzierung der beiden Aspekt-Bündel theoretisch und methodisch gut zu begründen ist, aber fortwährend durch das alltägliche Sprechen über technische und menschliche Handlungen desavouiert wird:

a.	*Der Dampf*	**entweicht**	durchs Überdruckventil.
b.	*Der Dampf*	**entweicht**	durchs Küchenfenster.
c.	*Der Dieb*	**entweicht**	durchs Küchenfenster.

a.	*Der Vater*	**schiebt**	den Kinderwagen.
b.	*Der Maulwurf*	**schiebt**	die Erde vor sich her.
c.	*Der Gletscher*	**schiebt**	Gesteinsmassen zu Tale.
d.	*Der Rückstoß*	**schiebt**	den Verschlußhebel zurück.
e.	*Der Dampf*	**schiebt**	den Kolben nach oben.

In vielen Verben der Alltagssprache gibt es offensichtlich keine Unterscheidung zwischen menschlicher Handlung, natürlichem Ablauf und technischer Operation.[33] Sowohl intentionale als auch operationale Aspekte einer Handlung sind in einem Verb vereint. Gerade viele Verben des Grundwortschatzes, die körperbezogene Handlungen ausdrücken können, sind vielseitig für menschliche und technische Handlungen verwendbar:

> *drücken, fallen, fassen, geben, gehen, greifen, heben, laufen, nehmen, schieben, steigen, stoßen, treiben, ziehen*

Diese menschlich-technische Doppeldeutigkeit der Grundverben ist so selbstverständlich, ebenso die Isomorphie des Handelns von natürlichen und artifiziellen Körpern, daß der sprachliche Zusammenfall in einem einzigen Verb nicht reflektiert wird. Man bedenke beispielsweise die völlig unhinterfragte Parallelisierung im Verb *ziehen*: Ein Wagen wird stets *gezogen*, gleichgültig ob dies Mensch, Tier oder Zugmaschine bewerkstelligen.

Wie schon beim Modell MENSCH (siehe 3.9) werden die ansonsten völlig 'unproblematischen' technisch-menschlichen Doppeldeutigkeiten zum anstößigen Problem, wenn man das Sprechen über EDV hinzunimmt:

> "Im folgenden soll gezeigt werden, daß sich die übliche Redeweise innerhalb der Interaktion zwischen Menschen und 'intelligenten' Maschinen ebenso wie die Redeweise über diese Interaktion durchgängig bestimmter Metaphern bedient, welche den Unterschied zwischen menschlichen Handlungen und maschinellen Operationen zu verwischen geeignet sind." (Schmitz (1988) S.162)

Dieser Unterschied kann m.E. aber auch nicht mehr 'verwischt' sein als der zwischen den *schiebenden* Agenten Vater, Maulwurf und Dampf. Das Eingangsbeispiel vom 'anpassungsfähigen' Getriebe zeigt, daß auch in der Fachsprache ein Mindestmaß an teleologischer Technikinterpretation nebst entsprechender Versprachlichung vorhanden sein muß. Die alltagssprachlichen

[33] Vgl. zur spezifischen Semantik der Alltagssprache auch Steger (1991).

Anthropomorphisierungen und andere sprachliche Erscheinungen der Modelle I und II wären dann lediglich eine graduelle Steigerung der auch fachsprachlich vorhandenen HANDLUNGS-Modelle.

Die Einbettung des technischen Handelns in den menschlichen Alltag seit der Frühzeit der Menschheit und die selbstverständliche isomorphe Deutung von menschlichem Handeln, natürlichen und technischen Prozessen scheint hier für das 'Zwanghafte' verantwortlich zu sein. In diesem Sinne sind die sprachlichen Phänomene des Modells HANDLUNG die grundlegenderen und tiefergehenden Phänomene im Sprechen über Technik: Sie stehen für eine **obligatorisch intentionale und teleologische Deutung** technischer Vorgänge.

Das Problem der Handlungsverben des Grundwortschatzes, die gleichermaßen technische Operationen und körperbezogene Handlungen bezeichnen können, soll im folgenden mit den Vorgaben der "conceptual dependency theory" von Roger Schank und der darin enthaltenen Annahme, Handlungen als Bündelung einiger weniger Typen von "primitive acts" darstellen zu können, nochmals ausführlicher behandelt werden.[34] Auf diese Theorie wird deshalb recht ausführlich eingegangen, weil sie mit ihrer Zerlegung der Handlungen in elementare Handlungstypen u.E. einen geeigneten Erklärungsversuch dafür darstellt, wie völlig unterschiedliche operationale und intentionale Handlungsdimensionen in einem einzigen Verb untergebracht werden können. In Schanks Theorie werden Verben in elementare Bedeutungseinheiten zerlegt, die "primitive acts" (in der Übersetzung von Wettler (1980): primitive Aktionen) genannt werden. Die Bedeutung des Verbes setzt sich aus der Kombination mehrerer solcher Einzelelemente zusammen. Formal entsteht dann für jedes Verb ein Teilnetz, bestehend aus dem Verbknoten und mit Kanten verbundenen Knoten für die primitiven Aktionen. Schank nimmt elf Grundtypen von primitiven Aktionen an:[35]

(1) **PTRANS:** Physikalischer Transfer eines Objektes von einem Ort zu einem anderen (z.B. werfen, senden, gehen, laufen, reisen, holen)

(2) **MOVE:** Bewegung eines Körperteils (z.B. blinzeln, winken, schlagen)

(3) **PROPEL:** Ausüben einer physikalischen Kraft auf ein Objekt. Eine mögliche Folge von PROPEL ist PTRANS (z.B. stoßen, ziehen, drücken)

(4) **GRASP:** Das Ergreifen eines Objektes durch einen Aktor (z.B. fassen, heben)

(5) **INGEST:** Das Einverleiben eines Objektes (z.B. einatmen, essen)

[34] Vgl. zur Grundlegung der Theorie die ausführliche Darstellung in Schank (1975) S.22-82, ferner Schank/Abelson (1977). Eine sehr gute, ausführliche Referierung findet sich in Wettler (1980) S.118-164, eine kurze Zusammenfassung in Wender (1988) S.67-69.

[35] Vgl. hierzu die tabellarischen Zusammenfassungen in: Schank (1975) S.70ff., Schank/Abelson (1977) S.11ff., Wettler (1980) S.126f., Wender (1988) S.67.

(6) **EXPEL:** Das Ausscheiden eines Objektes (z.B. schwitzen, spucken)

(7) **ATRANS:** Übertragung des Besitzes, des Eigentums oder der Kontrolle eines Objektes von einer Person zu einer zweiten (z.B. geben, nehmen, kaufen, mieten)

(8) **MTRANS:** Die Übertragung von mentaler Information zwischen physikalischen oder mentalen Orten (z.B. antworten, sehen, hören, telephonieren)

(9) **MBUILD:** Die Schaffung neuen Wissens bzw. Information in die mentale Repräsentation aufnehmen (z.B. erkennen, entscheiden)

(10) **SPEAK:** Die Produzierung von Tönen (z.B. sprechen, pfeifen, singen)

(11) **ATTEND:** Seine Aufmerksamkeit oder ein Sinnesorgan auf etwas ausrichten (z.B. ansehen, horchen, anstarren)

Die Bedeutung und der Stellenwert der primitiven Aktionen[36] ist dadurch zu zeigen, daß man deren Erklärungskraft für Inferenzen deutlich macht (vgl. Wender (1988) S.67f.): Aus dem Satz *Der Vater* **schiebt** *den Kinderwagen* ist herleitbar,
(1) daß darin eine Kraftausübung eines Handelnden auf ein Objekt enthalten ist (PROPEL),
(2) daß damit eine gemeinsame Ortsveränderung von Agens und Objekt verbunden ist (PTRANS),
(3) daß bei einem menschlichen Agens die Kraft über die Bewegung der Arme (MOVE) und die Greiffähigkeit der Hände (GRASP) weitergegeben wird.

Liegt als Handelnder ein Maulwurf, ein Gletscher oder Dampfdruck vor (s.o.), dann entfällt die dritte Komponente MOVE/GRASP. Übrig bleibt eine Elementarbedeutung der Operation *schieben*, die für menschliche und tierische Handlungen, für Vorgänge in der Natur und für technische Abläufe gleichermaßen gilt:
(1) PROPEL: Agens → Objekt
(2) PTRANS: Agens und Objekt
(3) RÄUMLICHE ANORDNUNG: Das Agens ist in der Bewegungsrichtung von PTRANS **hinter** dem Objekt.

[36] Die sogenannten 'physical acts' (1)–(6) stehen im Zentrum für physikalische und technische Vorgänge. Auf sie kann sich daher die folgende Diskussion beschränken.

Damit ergibt sich folgendes Modell für *Schieben*:

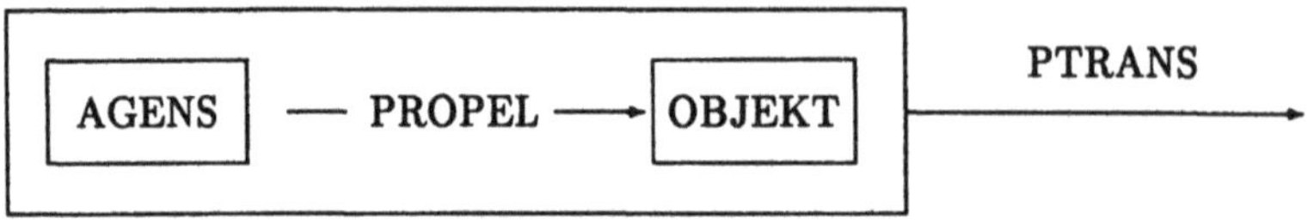

Abbildung 4

Das Aktionsmodell für *Ziehen* wäre dagegen:

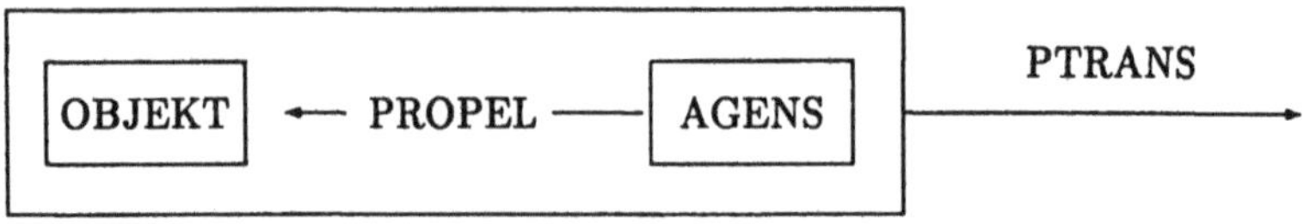

Abbildung 5

Die entscheidende Neuerung in der Theorie der primitiven Aktionen besteht gegenüber früheren Ansätzen darin,

> "daß Schank Handlungen auf eine begrenzte Zahl von sog. primitiven Aktionen reduziert. Dabei wird angenommen, daß es sich bei den primitiven Aktionen um psychische Entitäten handelt, und daß komplexe Handlungen im LZG [=Langzeitgedächtnis] als aus primitiven Aktionen zusammengesetzte Strukturen gespeichert werden." (Wettler (1980) S.125f.)

Daraus ist zu folgern, daß die elf Klassen der Aktionen keinesfalls als Verbklassen mißverstanden werden dürfen, unter die sich die verschiedenen Handlungsverben unterordnen lassen. In den in der obigen Liste angeführten Beispielverben dominiert jeweils ein Akt, also z.B. PTRANS in *gehen*. Dies bedeutet jedoch nicht, daß *gehen* ein Verb des Typs PTRANS sei. Die Verben setzen sich in der Regel aus mehreren Aktionen zusammen. Beispielsweise ist das Verb *werfen* aufzufassen als eine Abfolge und ein Zusammenwirken von vier Aktionen: GRASP → MOVE → PROPEL → PTRANS. Auf der Grundlage dieser vier Aktionen wäre der Vorgang des Werfens somit paraphrasierbar:

> "X bewegt Y von X nach Z, indem er auf Y in Richtung von X nach Z Kraft ausübt, indem er seine Hand bewegt und Y losläßt." (Wettler (1980) S.139)

Ursprünglich waren bei Schank die Aktionstypen auf die Handlungen von Lebewesen beschränkt (vgl. Wettler (1980) S.124). Erst in späteren Arbeiten wurde die Theorie der begrifflichen Abhängigkeiten erweitert, so daß auch unbelebte Agenten, also physikalische Kräfte als Agenten von Handlungen klassifiziert werden können. Da ferner die Klassifizierung im wesentlichen auf die

Handlungskomplexe 'Bewegung' und 'Informationsübertragung' zugeschnitten ist, erscheint es legitim, hier eine Applikation auf technische Vorgänge zu versuchen.[37]

Folgerungen und eine Zwischenbilanz: Die 'Ähnlichkeit' von technischer Operation und intentionaler Handlung und ihre ausdrucksseitige Übereinstimmung in möglicherweise einem einzigen Verb führt dazu, daß Sprechen über technische Prozesse immer in dem hier zu besprechenden mentalen Modell HANDLUNG gefangen ist. Durch dieses Modell erscheint die technische Operation ausdrucksseitig immer 'intentionaler' als sie eigentlich gemeint ist.

Durch die referierten Methoden der Schankschen Theorie läßt sich dieses Sprachdilemma nun genauer darstellen: Wir haben für die Vorstellung von technischen Abläufen eine Liste von primitiven Aktionen, die vermutlich weitgehend identisch ist mit der, die für die körperlichen Handlungen des Menschen gilt. Das bedeutet, daß die verbale Übereinstimmung in vielen grundlegenden Handlungen (z.B. *gehen, schieben, greifen*) auf die weitgehende Übereinstimmung im Schema der primitiven Aktionen zurückgeht. Am Beispiel von *schieben* wurde ja gezeigt, daß lediglich durch die Hinzufügung der Komponenten MOVE/GRASP die spezifisch menschliche Bedeutung der Handlung entsteht. Ansonsten war die Bedeutungsstruktur identisch.

Mit der Zerlegung der Verben in primitive Aktionen im Sinne der Schankschen Theorie wird offengelegt, wo die gemeinsamen und unterschiedlichen Teilbedeutungen in den doppeldeutigen Verben zu suchen sind. Da nun der größte Teil der Handlungsverben diese zweifache Bedeutung aufweist, also für alltäglich-menschliche und für technische Handlungen eingesetzt werden kann, ist es — ähnlich wie bei anderen Modellen — unmöglich, eine primäre und eine übertragene Bedeutung anzusetzen. Die Bedeutung der technischen Operation ist ebenso primär, weil sie für einfachste und vorindustrielle Handwerkstechnik schon gilt.

Das Modell HANDLUNG wäre demnach möglicherweise von ganz anderer Qualität als die zuvor referierten Modelle. Die Modelle I und II wurden als grundlegende mentale Modelle, nämlich als zwanghaft 'organische' und 'vermenschlichende' Deutung der Technik, dargestellt. Doch bei den beiden ersten Modellen wäre immerhin ein Teil der dafür verwandten sprachlichen Ausdrücke zumindest theoretisch vermeidbar: statt *Fuß des Berges*, besser *der unterste Teil des Berges*; statt *der Motor ist launisch*, besser *der Motor weist Unregelmäßigkeiten auf*.

Sucht man jedoch für die hier im Modell III besprochenen Handlungsverben Paraphrasen, die die möglichen Assoziationen an menschliche und intentionale Qualitäten des Vorgangs restlos verhindern sollen, wird man vermutlich zu metasprachlichen Formulierungen greifen müssen (siehe oben für *werfen*). Diese wären aber allenfalls als Lexikoneinträge denkbar:

[37] Vgl. zu den Grenzen der Schankschen Theorie, ihren Anwendungsmöglichkeiten und zur kritischen Gesamtwürdigung: Wettler (1980) S.135ff., Wender (1988) S.68.

'SCHIEBEN = Ein Agens bewirkt durch Kraftausübung, daß ein Objekt fortbewegt wird, und folgt selbst der Bewegungsrichtung dem Objekt hinterher.'

Es erweist sich, daß aber in normalen Texten überhaupt kein sprachliches Ausweichen möglich wäre. Das mentale Modell III ist am deutlichsten durch die Grenzen der Ausdrucksmöglichkeiten gegeben: Der begrenzte Umfang an Verben in einer natürlichen Sprache führt zum selbstverständlichen Doppelgebrauch für intentionale Handlungen und technische Operationen. Der Streit darüber, welche Variante 'wörtlich' und welche Variante 'metaphorisch' sein könnte, erübrigt sich.

3.11 Mentales Modell IV: MECHANIK

Das vierte und letzte mentale Modell, das für die Techniksprache postuliert wird, umfaßt Phänomene, die man zunächst vage als Konkretisierung von Unanschaulichem umschreiben könnte. Um die grundsätzliche Problematik dieses Modells darlegen zu können, ist zunächst ein Rückgriff auf einige Besonderheiten der Wissenschaftssprachen, im besonderen der Sprache der Physik, notwendig.

Nach Auffassung des Physikers Friedrich Hund sind die verschiedenen Teilgebiete der modernen Physik in unterschiedlicher Weise dem menschlichen Verstehen zugänglich. Einige davon sind kognitiv und sprachlich besonders schwer zu erfassen. (Als Beispiel wird jedem Physikschüler die Relativitätstheorie oder die Quantentheorie einfallen.) Ihnen stehen Bereiche gegenüber, wo sich die physikalischen Prozesse und Gesetze auch für Schul- und Lehrzwecke relativ einfach veranschaulichen und formulieren lassen. Der Grad der allgemeinen 'Anschaulichkeit' nimmt in folgender Reihenfolge immer mehr ab (vgl. Hund (1979) S.11):

(1) Mechanik, (2) Feldtheorie, (3) Statistische Physik,
(4) Quantentheorie, (5) Hochenergiephysik.

Daraus resultiert für die Wissenschaftssprache der Physik (und vermutlich auch für andere Naturwissenschaftssprachen), daß die Mechanik als erstes und wichtigstes Erklärungs- und Veranschaulichungsmodell dient. Der "Vordergrund der Vorstellung" (vgl. Hund (1979) S.9ff.) wird in allen Gebieten von den Größen der klassischen Mechanik (Kraft, Bewegung, Impuls, Geschwindigkeit, Masse) dominiert. Sie bieten allein die Gewähr dafür, daß sich ein Höchstmaß an Anschaulichkeit erzielen läßt.

Dies ist auf zwei Gründe zurückzuführen: Zum einen ist die Mechanik die älteste und somit die am längsten im allgemeinen Schulwissen verankerte Teildisziplin der Physik. Deshalb ist es nicht verwunderlich, wenn sie zum prägenden Denkmodell für nachfolgende neuere Disziplinen wird. Zum anderen knüpft sie am engsten an die alltägliche körperliche Erfahrung des Menschen von Kraft, Bewegung und Masse, an die naive Alltags-Mechanik, an (siehe 3.3). Dagegen fehlt die körperbezogene Erfahrung und somit auch die Alltagskompetenz für Unsichtbares bzw.

> "für Dinge und Phänomene, für die wir keine Sinnesorgane haben (z.B. Elektrizität, Radioaktivität), die uns nur durch Medien vermittelt sind" (Kruse (1981) S.80)

Die Wissenschaftsgeschichte zeigt, daß die Behandlung des 'Unsichtbaren' sich stets der Modelle IST WIE EIN KÖRPER oder IST WIE MATERIE bedienen mußte, daß ferner die Prozesse und Gesetze der 'unfaßbaren Materie' (Gas, Wärme, Dampf, Elektrizität, Magnetismus) stets analog den anschaulichen Größen der Mechanik gesehen wurden. Dabei ist Mechanik im weiteren Sinne zu verstehen, schließt also auch Teildisziplinen wie Hydrodynamik u.a. mit ein. Einige historische Beispiele:

(1) Die sogenannten Imponderabilien (Feuer, Wärme) werden bis ins 19. Jahrhundert hinein als Stoff gedeutet (siehe 8.3.4). Dadurch lassen sie sich als Körper behandeln, die den bekannten Gesetzen der Mechanik folgen. Noch bei Sadi Carnot (1796-1832) ist der 'Wärmestoff' im Modell einer Flüssigkeit gedeutet und damit nach den auf der Mechanik aufbauenden Gesetzen der Hydrodynamik beschrieben (vgl. Gentner/Toupin (1986) S.278).

(2) Alle Wellentheorien der Akkustik und Optik folgen dem im Vordergrund stehenden Modell der Hydrodynamik (vgl. Gentner (1982) S.106f.)

(3) Die schon oft als Beispiel genannte Elektrizität ist seit den Entdeckungen Galvanis und Voltas am Ende des 18. Jahrhunderts ohne das Modell Hydrodynamik nicht vorstellbar (vgl. Gentner/Gentner (1983)). Sie hieß sogar zunächst ausdrücklich "elektrisches Fluidum".

(4) Das jedem Schüler bekannte Atommodell nach Bohr (vgl. Gentner/Toupin (1986) S.281ff.) ist eine 'Mechanisierung' eines besonders unanschaulichen Gebietes, nämlich der Atomphysik.

In allen Sprachvarietäten, von der Alltagssprache bis zu Wissenschaftssprache, existieren sprachliche Relikte dieser Substanzvorstellungen für Nicht-Substantielles:

> *die Wärme nimmt zu, der Druck steigt, die Spannung fällt ab, die Kälte kriecht durch die Ritzen, der Strom fließt, die Energie verpufft.*

Demzufolge kann auch die Beschreibung von Technik nicht darauf verzichten, unanschauliche und 'unmaterielle' Phänomene durch Materielles zu erklären und nichtmechanische Vorgänge durch einfache Größen der Mechanik darzustellen. Die kognitiven und sprachlichen Vorgänge einer solchen allgemeinen Konkretisierung sollen in dem vierten mentalen Modell MECHANIK zusammengefaßt werden.

In der Technik nimmt die Bedeutung des vierten Modells im Laufe der technischen Entwicklungen stets zu. In früheren Zeiten war die Veranschaulichung durch MECHANIK nicht notwendig, die Technik war MECHANIK. Ein Längsschnitt für die Technik der Wasserförderung zeigt dies. Die Beschreibung der wassergetriebenen und wasserfördernden Technik ist im 17. Jahrhundert noch gänzlich auf 'durchschaubarer' mechanischer und hydrodynamischer Grundlage:

> "Erstlich / wird durch das **abfallend** Wasser das grosse Wasser–Rad C **umgetrieben** / an dessen Wellbaum ist ein Trillis D befestiget / mit starcken Spindeln / welche das grosse liegende gezäpffte Rad E **fassen** / und zusamt dessen aufrechten Wellbaum F mit dem Rad G **umtreiben** / welches Rad hernach ferner mit seinen Zapffen in die Spindeln bey H **greiffet** / und dardurch den Schnecken I **umtreibet** / damit das Wasser aus R in den Kasten A **erhebet** / und **steigen** machet." (Böckler (1661) S.56; die Großbuchstaben verweisen auf eine Abbildung; Hervorhebung K.J.)

Die Formulierungen, mittels derer die Zeichnung einer Wasserhebeanlage erläutert wird, fußt noch ganz auf einer Mechanik, die mit Alltagsverständnis nachvollziehbar ist: Auch der Laie weiß, daß Wasserkraft Räder bewegen kann (*abfallen, umtreiben*), daß eine Kombination aus Achse, Rad und Zahnrad eine Rotationsbewegung weiterleitet (*fassen, umtreiben*) etc. Das Gesamtverständnis der Anlage erfolgt auf der Grundlage solch physikalischen Alltagswissens, teils durchsetzt mit Anlehnungen an eine 'Körper–Mechanik' (*greifen, erheben*). Für eine solch komplett durchschaubare Technik waren keine bildhaften, organischen oder vermenschlichenden Deutungsmodelle notwendig. Erst mit dem Zeitpunkt, mit dem die Nachfolgetechnik in die nichtmechanischen Bereiche mit beschränkter Möglichkeit der sinnlichen Wahrnehmung vorstößt, benötigt die Techniksprache das mentale Modell IV:
(1) Für die Dampfmaschine, den Verbrennungsmotor oder den Elektromotor, die das oberschlächtige Wasserrad ersetzen.
(2) Für die Saug– oder Druck– oder Kolben– oder Kreiselpumpe, die die einfache Schöpf– und Hebevorrichtung ersetzt.

In dem Modell sind unterschiedliche Qualitäten zusammengefaßt, aber eine Trennung in Mechanisierung (im engeren physikalischen Sinne) und in allgemeinere Konkretisierung (im weitesten Sinne) hat sich als nicht durchführbar erwiesen.

Mentales Modell IV: MECHANIK
(4.1) FESTER KÖRPER: *einen elektr.* **Schlag** *bekommen*
(4.2) FLÜSSIGKEIT: *der Dampf* **strömt** *durchs Rohr*
(4.3) MATERIALQUALITÄT: *nasser, trockener, gespannter Dampf*
(4.4) KRAFT: *der Dampf* **drückt** *das Ventil herunter*
(4.5) BEWEGUNG: *der Dampf* **tritt** *ins Freie* **aus**

3.12 Stufen des Technikwissens und naive Theorien

In Abschnitt 3.4 wurde bereits darauf hingewiesen, daß die mentalen Modelle auf unterschiedlichen Wissensniveaus anzusiedeln sind. Mal sind sie als 'conceptual models' näher am Fachwissen orientiert, mal sind sie als naivere Versionen mentaler Modelle im Alltagswissen verankert.
Abhängig von routiniertem und langandauerndem Umgang mit einem Technikprodukt oder auch abhängig von dem Hobby-Fachwissen eines nichtspezialisierten Anwenders kann jeder Technikbenutzer in unterschiedlichem Ausmaß an Fachwissen teilhaben. Als Veranschaulichungsbeispiel eignet sich hierfür eine Skalierung von unterschiedlich vollständigen mentalen Modellen über die Technik der Bilderzeugung im Fernsehgerät (vgl. Johnson-Laird (1983) S.3f.):
1. Version: Im Fernsehgerät erscheint 'irgendwie' die 'Kopie' eines Bildes, das durch die Antenne oder durchs Kabel 'gesendet' wird und im Empfangsgerät 'ankommt'.
2. Version: Im Fernsehgerät geschieht die Bilderzeugung 'irgendwie' durch 'Elektronik' in einer 'Braunschen Röhre'.
3. Version (und weitere): Auf der Grundlage von Version (2) sind dann weitere Versionen möglich, in denen immer mehr technische Details hinzukommen (Spezielleres Wissen über die elektrotechnischen Details, über die Methoden der verschiedenen Farbsysteme, über die Grundprinzipien von analoger und digitaler Signalverarbeitung etc.)

Auch wenn man betonen muß, daß hier praktisch unendlich viele Zwischenabstufungen möglich wären und daß Fachmann und Laie sich in ihren Wissenbeständen auf einem Kontinuum begegnen, ist es doch sinnvoll, hier über typisierte Abstufungen unseres Technikwissens zu debattieren. Günter Ropohl ((1979) S.209ff.) differenziert das technische Wissen in fünf verschiedene Teilsysteme:
(1) Technisches Können
(2) Funktionales Regelwissen
(3) Strukturales Regelwissen
(4) Technologisches Gesetzeswissen
(5) Soziotechnologisches Systemwissen

Das **Technische Können** (1) ist als erste Stufe des Wissens hier unglücklich subsumiert. Damit ist eine "psychophysische Geschicklichkeit" (Ropohl

(1979) S.211) gemeint, die durch Training und Routine ausgebildet wird und damit operativen und keinen kognitiven Charakter hat. In dieser Kategorie sind eher Reflexe des allumfassenden alltäglichen Begriffs von Technik zu vermuten, der auch Technik im Sinne von Fingerfertigkeit u.ä. umfaßt (siehe 1.2). Technisches Können umfaßt den durch Training und Routine ausgebildeten geschickten Umgang mit Hammer und Meißel, mit den Funktionstasten eines PC oder mit Kupplung, Gaspedal und Handbremse beim Anfahrvorgang am Berg.

Für die Leitfragen der vorliegenden Arbeit sind die Wissensstufen (2) und (3) die zentraleren. Sie haben einen direkten Bezug zur Semantik von Alltagssprache und Technikfachsprache. Das **Funktionale Regelwissen** (2) umfaßt jene Wissensbestände, die man 'von außen' über das 'Funktionieren' und 'äußere Verhalten' eines Artefaktes hat. Es ist das alltägliche Technikwissen des Nichttechnikers, des Anwenders, des Benutzers und des Konsumenten. Dieses Wissen wird nicht aus theoretisch abgesicherten Kausalgesetzen hergeleitet, sondern aus eigener oder fremder Erfahrung über die Reaktionsregelmäßigkeiten der Maschine. Die Wissensaneignung geschieht, wie bei anderen Wissensbeständen des Alltages auch,

> "durch einen wissenschaftstheoretisch zwar naiven, aber alltagspraktisch gleichwohl unentbehrlichen Induktivismus" (Ropohl (1979) S.213)

Wer dagegen auch noch über **Strukturales Regelwissen** (3) verfügt, hat Einblick in technische Strukturen:

> Vor allem "rezeptartige Kenntnisse über technische Regelmäßigkeiten, die zwar theoretisch nicht begründet, aber praktisch bewährt sind, bilden großenteils den Fundus des strukturalen Regelwissens." (Ropohl (1979) S.292)

Ropohl führt als einleuchtende Belege hierfür die auf "Praxis", "Erfahrung", "Vorbildlösungen" und "gebrauchsfertiges Regelwissen" aufgebauten Ausbildungsgänge des angehenden Ingenieurs in den praxisorientierten Fächern an. Dieses strukturelle Regelwissen ist selbstverständlich Fachwissen, doch ist es mit seiner Verwertungsorientierung auf die Praxis hin deutlich vom theoretischen Grundlagenwissen der wissenschaftlichen Disziplinen zu scheiden. Auch der Anwenderlaie kann partiell über Elemente dieses Wissens verfügen, also über die naive Außenansicht hinaus auch einzelne Einblicke in strukturelle Zusammenhänge haben.

Die nicht genau festlegbare Grenze zwischen funktionalem und strukturalem Regelwisssen und zwischen Alltags- und Fachwissen setzt sich in den entsprechenden Sprachvarietäten Alltags- und Fachsprache fort. Für Stufe (2) kann eine naive Beschreibungssprache angesetzt werden, die alle Merkmale des alltäglichen Sprechens über Artefakte umfaßt. Die für Stufe (3) anzusetzende Technikfachsprache hat eine Zwischenstellung zwischen der eben genannten Alltagssprache des Anwenders und einer Theoriefachsprache.

Einerseits ist sie übereinstimmend mit alltäglichen Ausdrucksformen, weil aus der Erfahrung und Rationalisierung des Alltagswissens entstanden. Andererseits hat sie Merkmale der Fachsprachen (Terminologisierung, komplexe Ausdrucksformen zur Darstellung von Strukturen und Prozessen).[38]

Das bei Ropohl als funktionales Regelwissen (2) eingestufte Wissen und der Stellenwert naiver Techniktheorien lassen sich genereller bestimmen, wenn man Vergleiche mit anderen Wissensbeständen vornimmt, z.B. mit den naiven Theorien über menschliches Verhalten. In Lauckens Schrift "Naive Verhaltenstheorie" (1974) wird dargestellt, wie die Grundmuster unseres naiven, vortheoretischen Wissens über das menschliche Verhalten und dessen Antriebe und Motive strukturiert sind. Lauckens Untersuchung befaßt sich mit dem Alltagswissen, das wir im alltäglichen Umgang mit Mitmenschen einsetzen, um deren Verhalten zu beschreiben und zu erklären:

> "Eine Handlung gilt im Alltag als erklärt, wenn plausibel gemacht werden kann, daß zum einen die handelnde Person ein bestimmtes Ziel verfolgt und daß sie zum anderen die zu erklärende Handlung konzipiert hat, um dieses Ziel zu erreichen." (Laucken (1974) S.68, vgl. auch S.17ff.)

Ungeachtet der Komplexheit menschlichen Handelns, das ein vielfach geschichtetes Gefüge aus Relikten von instinktgeleitetem Verhalten, verschiedenen Triebstrukturen und kulturell ausgeformten Motivationsklassen unterschiedlichster Präferenzen bildet, reduziert beispielsweise die einfache Handlungserklärung im Sinne des obigen Zitats die Motivationen des Menschen auf zwei einfache Typisierungen, auf ein 'Um-zu'- Motiv für die Erklärung einer zielgerichteten Handlung und auf ein 'Weil'-Motiv für eine Erklärung der antreibenden Ursache.[39]

Vergleiche zu einer 'naiven Verhaltenstheorie über Artefakte' drängen sich auf: auch hier minimale Deutungskategorien für ein komplexes Phänomen, auch hier einfache 'Weil'- und 'Um-zu'-Schemata für die Beschreibung von Verfahren und Prozessen. Ferner wird durch die Einbeziehung quasimenschlicher Verhaltenskategorien naive Verhaltenstheorie für Mensch und Artefakt scheinbar in eins gesetzt: Die Diskussion der mentalen Modelle MENSCH (siehe 3.9) und HANDLUNG (siehe 3.10) legen dies zumindest für die sprachliche Seite nahe.

Walter Sprondel differenziert aus wissenssoziologischer Sicht zwischen sogenanntem Experten- und Laienwissen. Das Laienwissen wird folgendermaßen charakterisiert:[40]

---

[38] Vgl. zu den direkten sprachlichen Konsequenzen dieser Wissensstufung die Darstellung der Modellversionen für das 'Automobil' in 3.13.

[39] Die Grundlagen gehen teilweise auf Alfred Schütz zurück; vgl. hierzu Laucken (1974) S.177f.

[40] Man muß in der Abhandlung von Sprondel über einige Formulierungen hinwegsehen, die in einer wissenschaftlichen Abhandlung nicht mehr zeitgemäß wirken (z.B. die Metaphern vom 'Kleinen Mann Mann auf der Straße'). Wenn man dies schafft, liest sich die Abhandlung immer noch mit Gewinn.

"Der 'Mann auf der Straße' verfügt danach über pragmatisch motiviertes Rezeptwissen, das angibt, wie 'in typischen Situationen typische Ergebnisse mit typischen Mitteln' zu erreichen sind. Für diese Zwecke ist solches Wissen ausreichend." (Sprondel (1979) S.145)

In der Formulierung vom Rezeptwissen, das für normale Problembewältigungen ausreichend ist, ergeben sich Beziehungspunkte zu Lauckens Charakterisierung der naiven Verhaltenstheorie und zum funktionalen Regelwissen Ropohls, das ja ebenfalls als Rezept- und Verwendungswissen für technische Handlungen charakterisiert wurde.

3.13 Zwei Versionen eines mentalen Modells

Die Aspekte dieses Kapitels sollen zusammenfassend an den möglichen naiven mentalen Modellen demonstriert werden, die man als Benutzer eines Automobils zwingend haben muß (Version 1) und die man darüber hinausgehend noch zusätzlich haben kann (Version 2).

In der folgenden 1. Version wird von der naivsten Vorstellung ausgegangen, die ein Autofahrer über die innere Funktionsweise eines Automobils haben muß, um es sachgerecht zu behandeln. Gemeint ist damit nicht das Wissen um äußere Bestandteile der Fahrzeugtechnik und um deren Anwendungszweck (Kofferraum, Scheinwerfer, Scheibenwischer, Hupe). Diese Teile sind direkt 'zugänglich' und in ihrer Funktion unmittelbar einleuchtend. Das nachfolgende Modell soll nur die inneren Funktionszusammenhänge zeigen, für die notwendigerweise ein Modellwissen da sein muß. Es beinhaltet auf dem besagten 'primitivsten' Niveau vier 'Teile', sechs 'Anwendungen' (A1–A6) und drei 'Auswirkungen' (B1–B3).

Erläuterungen zur Gliederung und zu den Details (vgl. Abb. 6):

(1) Im vorliegenden Modell besteht ein Auto aus vier 'Teilen': TANK, MOTOR, RÄDER und AUSPUFF. Sie sind für den Benutzer 'von außen' durch ihre Lage erkenntlich oder durch auf sie wirkende 'Anwendungen' oder von ihnen ausgehenden 'Auswirkungen' bekannt.

(2) Der MOTOR gilt als das zentrale Aggregat, das für den 'Antrieb' des Fahrzeuges sorgt. Die hervorgebrachte und erwünschte Fortbewegung wird in der Rotation der RÄDER erkennbar. Eine weitere genauere Unterteilung (z.B. Getriebe, Bremsanlage) ist nicht notwendig, sie verschwindet in den beiden großen 'Sammelkategorien' MOTOR und RÄDER.

(3) TANK und AUSPUFF sind selbstverständliche Wissensbestände, weil durch die 'Anwendung' des Tankens und durch den Augenschein der austretenden Verbrennungsgase bekannt.

(4) Ohne genau zu wissen, welche Prozesse in einem Verbrennungsmotor ablaufen, kann ein Mindestwissen über die Abfolge TANK — MOTOR — AUSPUFF angenommen werden, d.h. ein diffuses Wissen um Zuführung eines Energieträgers, Verbrennung desselben und Abfuhr der Restbestände.[41]

[41]Vgl. zu den Bezeichnungen der primitiven Aktionen nach der Theorie von Schank die

Erste Version eines mentalen Modells AUTOMOBIL

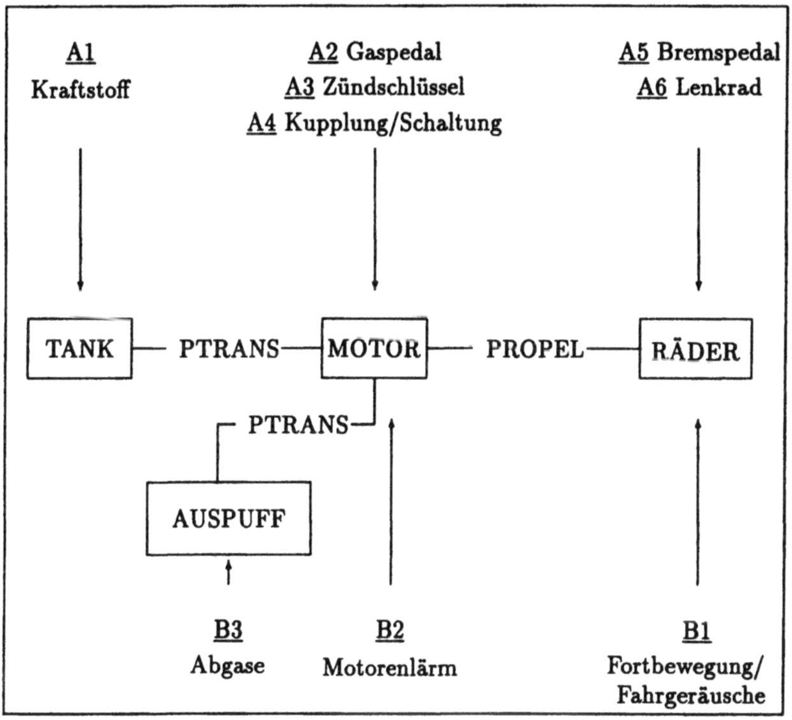

Abbildung 6

(5) Der MOTOR ist der 'Mittelpunkt' und wichtigste Teil in dem Modell. Er wird durch die drei 'Anwendungen' von Gaspedal, Zündschlüssel und Kupplung/Schaltung bedient. Er ist der 'zentrale Antrieb', von dem aus auf nicht genauer spezifierte Art die Kräfte ausgehen und an die RÄDER geleitet werden (=PROPEL). Erst dadurch entsteht die wichtigste 'Auswirkung', die Fortbewegung des Fahrzeuges.

(6) Die sechs 'Anwendungen von außen' sind für den Laien genau auf die drei Instanzen TANK, MOTOR und RÄDER lokalisierbar. Ansonsten genügen sie aber nur minimalsten Ansprüchen. Das Anwenderwissen muß zwingend nur folgende Merkmale beinhalten:

A1 Kraftstoff: 'Diesel, Super, Bleifrei etc.'
A2 Gaspedal: 'schnell/langsam'
A3 Zündschlüssel: 'an/aus'
A4 Kupplung/Schaltung: 'schnell/langsam'
A5 Bremspedal: 'schnell/langsam'
A6 Lenkrad: 'rechts/links'

(7) Für die 'Anwendungen' auf den MOTOR (A2–A4) reicht die naive Vorstellung von einem 'Zentralschalter' (A3), von einem stufenlosen 'Regler' für die Geschwindigkeit (A2) und einer komplexen 'Regelvorrichtung' für die Geschwindigkeit in vier oder fünf Stufen (A4). Lenken und Bremsen als 'Anwendungen' auf die RÄDER (A5–A6) sind problemlos im naiven Wissen zu verarbeiten, weil sie bereits im 'Anwenderwissen' für das Fahrrad und andere 'körpergetriebene' Fahrzeuge notwendig sind. Bemerkenswert an einem solchen Modell ist, wie unproblematisch die drei Anwendungen A2, A4 und A5, die real an ganz unterschiedlichen Bereichen des Automobils wirken und nach völlig verschiedenen Prinzipien arbeiten, hier naiv unter den gemeinsamen Effekt 'schnell/langsam' subsumiert sind.

(8) Die drei 'Auswirkungen nach außen' (B1–B3) sind dem Laien selbstverständlich und trivial, da direkt durch die Sinnesorgane wahrnehmbar:

B1 Fortbewegung/Fahrgeräusch: Optische und akustische Wahrnehmung, körperliche Erfahrung (z.B. Fahrtwind)
B2 Motorenlärm: Akustische Wahrnehmung
B3 Abgase: Optische Wahrnehmung und Wahrnehmung durch den Geruchssinn

Das Wissen, über das der Automobilbenutzer auf der Grundlage eines solch reduzierten Modells verfügt, kann im wörtlichsten Sinne als naives Anwenderwissen über die allernotwendigsten Funktionszusammenhänge angesehen werden: 'Welches Bedienungselement muß man wie betätigen, wenn man einen bestimmten Effekt erreichen will?' Im Sinne der Ropohlschen Gliederung liegt hier einfachstes Technikwissen der ersten Stufe, nämlich funktionales Regelwissen, vor. In Anlehnung an Laucken könnte man auch von einer 'naiven Automobiltheorie' des Anwenders sprechen, der die Zusammenhänge von Teilen, Anwendungen und Auswirkungen in zwei einfache Konnektionen bringt: UM–ZU und DESHALB–WEIL.

Darstellung in 3.10.

Ein Teil der Autofahrer wird sicher weiteres Detailwissen über die wichtigsten Bau- und Funktionsprinzipien eines Automobils haben, ohne deshalb schon Spezialist mit wirklichem Technikfachwissen zu sein. Eine solchermaßen ausgebaute 2. Version des Modells beschränkt sich immer noch auf die bereits beschriebenen drei 'Auswirkungen' und sechs 'Anwendungen'. Aber diese können jetzt hinsichtlich ihres Ziel- oder Herkunftsortes genauer bestimmt werden, weil in dieser Version das 'Innere' eines Automobils nun in zehn Teilinstanzen differenziert ist. Dennoch ist auch die 2. Version weiterhin auf dem Wissensniveau des funktionalen Regelwissens anzusiedeln.

Erläuterungen zur Gliederung und zu den Details (vgl. Abb. 7):

(1) Die Anwendungen (A1-A6) und Auswirkungen (B1-B3) sind weiterhin als relativ naive Bestände eines erfahrenen oder gelernten Praxiswissens zu verstehen. Geändert hat sich lediglich ihre genauere Lokalisierbarkeit, weil sie auf Teile einwirken, die erst in der 2. Version bekannt sind.

(2) Gegenüber der 1. Version hat sich das Modell vom Automobil weiter ausdifferenziert. Aus dem ehemaligen Konzept MOTOR werden nun die vier Konzepte MOTOR, VERGASER, ELEKTRISCHE ANLAGE und GETRIEBE. Das ehemalige RÄDER-Konzept zerfällt nun in RÄDER, FAHRWERK, BREMSANLAGE und LENKUNGSVORRICHTUNG.

(3) Aber auch die zehn neuen Teile sind weiterhin als naive Wissensbestände zu veranschlagen. Auch jetzt ist das Wissen über die Kraftübertragung MOTOR - GETRIEBE - FAHRWERK diffus. Kein Spezialwissen über Details in dieser Dreiteilung (Kurbelwelle, Differential, Kardanwelle, Synchrongetriebe etc.) muß hinzukommen. Weiterhin gilt eine grobe Unterscheidung zwischen Weitergabe von Materie (PTRANS) und Weitergabe von Kraft (PROPEL).

(4) Ein Wissensfortschritt ist dennoch erkennbar, denn mit der Auflösung der gigantischen Einheit MOTOR in vier Untergliederungen tritt eine enorme Wissensdifferenzierung ein. Der MOTOR (nun im engeren Sinne) deutet nun auf das Wissen über den Kern des Antriebs, nämlich über das Prinzip VERBRENNUNGSMOTOR. Der VERGASER steht für das Wissen über die 'Umwandlung' und Zuführung des zu verbrennenden Kraftstoffes. Die ELEKTRISCHE ANLAGE deutet in Ansätzen elektrotechnische Wissensbestände an (Batterie, Anlasser, Zündkerzen). Schließlich vervollständigt das GETRIEBE das ungefähre Wissen über die 'Umwandlung' und Weitergabe der erzeugten Bewegung. Aber die technischen Zusammenhänge von Zündspannung, Drehzahlen, Verbrennungstemperatur etc., die ins strukturale Technikwissen überleiten würden, bleiben immer noch verborgen. Die große 'black box' MOTOR der 1. Version ist jetzt lediglich in vier kleinere 'black boxes' zerlegt.

Konsequenzen für die sprachlichen Ausdrücke: Es kann eigentlich nicht verwundern, daß die Sprache eines Automobilbenutzers, der über ein ähnlich niedriges Wissensniveau verfügt, wie es sich in den beiden Versionen

Zweite Version eines mentalen Modells AUTOMOBIL

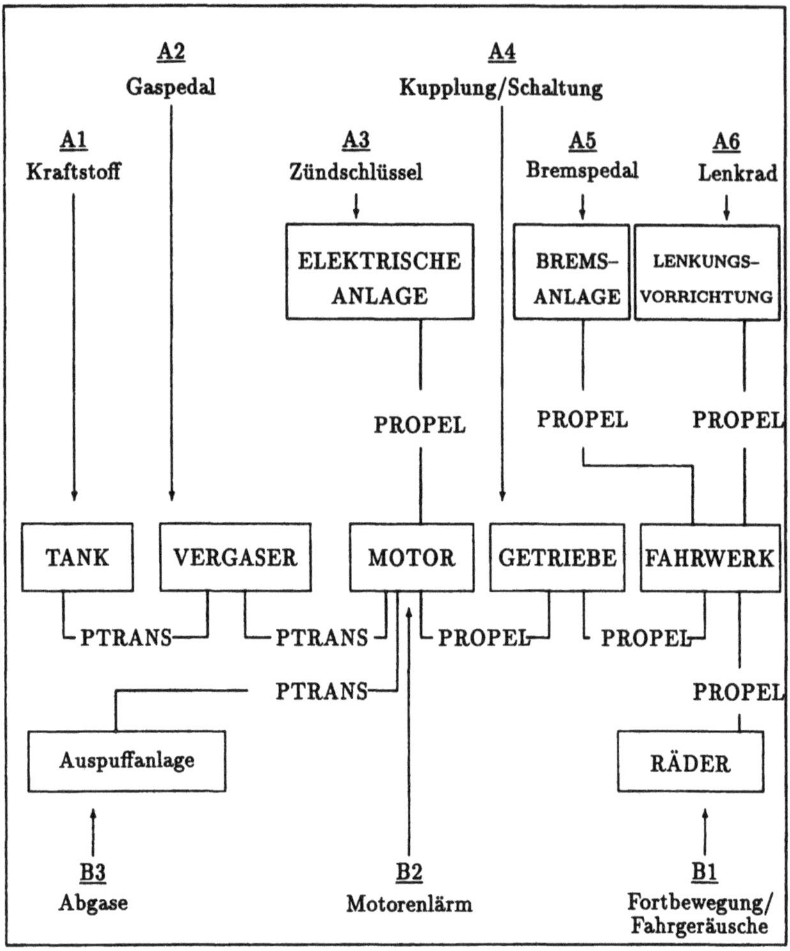

Abbildung 7

ausdrückt, agentivierende, verlebendigende und teleologisierende Tendenzen zeigt. Ohne ein Detailwissen über die Energieverwertung, Bewegungserzeugung und Kraftübertragung im Verbrennungsmotor und im Fahrwerk des Kraftfahrzeuges muß das gesamte Automobil als ein quasi–animistisches Artefakt erscheinen, in dem ein zentraler Antrieb für die 'Lebendigkeit' verantwortlich ist. Das Modell genügt einem rationalisierten Animismus–Konzept (siehe 3.2). Insofern sind die bereits vorgestellten Formulierungen über das LEBEWESEN MOTOR (siehe 3.3) typische Ausdrucksmittel für technische Gegenstände, über die nur ein einfaches Anwenderwissen besteht: das LEBEWESEN wird nicht 'geglaubt', sondern es dient der 'Erklärung'.

Anhand der nachfolgenden Beispielsammlung kann deutlich werden, wie die Ausdrucksmittel Indizien für Einzelteile und einzelne Verlaufsstränge der vorgestellten Modelle sind. Daher orientiert sich die Gliederung in neun Punkte an den Vorgaben des Modells der 2. Version. In der Zusammenstellung sind ferner genügend Beispiele vertreten, die nochmals die vier grundlegenden mentalen Modelle der Techniksprache KÖRPER, MENSCH, HANDLUNG und MECHANIK belegen:

(1) A1 → TANK: *tanken, einfüllen, faßt x Liter, läuft über*

(2) A2 → VERGASER → MOTOR: *schlucken, saufen, verbrauchen, Gas geben, Gas wegnehmen, auf die Tube drücken (u.a.), den Motor hochjagen, der Motor ist abgesoffen*

(3) A3 → ELEKTRISCHE ANLAGE → MOTOR: *starten, anlassen, orgeln, springt (schlecht/gut) an, hat schwache Batterie, Batterie ist leer*

(4) MOTOR → AUSPUFFANLAGE → B3: *stinken, qualmen, rauchen, rußen, Abgas.*

(5) MOTOR → B2: *husten, stottern, dieseln, röhren, dröhnen, nageln, klingeln*

(6) A4 → GETRIEBE: *rechtzeitig/früh schalten, Gang einlegen, den Gang ausfahren, hoch-/herunterschalten*

(7) A5 → BREMSANLAGE → FAHRWERK → RÄDER: *bremsen, die Räder blockieren, die Bremsen ziehen ungleichmäßig, stoppen, mit voller Kraft auf die Bremse steigen, Bremsspur, den Wagen anhalten*

(8) A6 → LENKUNGSVORRICHTUNG → FAHRWERK → RÄDER: *herumreißen, kurbeln, lenken, einschlagen, abbiegen*

(9) FAHRWERK → RÄDER → B1: *ausbrechen, rollen, schwanken, schleudern, klappern, quietschen, vorbeirauschen, durchdrehende Räder*

3.14 Bilanz: Verharmlosung und Verschleierung?

Verlebendigung, Teleologisierung, Vermenschlichung, Anthropomorphisierung, Konkretisierung und Verkörperlichung sind Schlagwörter, mit denen markante Phänomene der Technikfachsprachen und des alltäglichen Sprechens über Technik oft gekennzeichnet werden und wurden. In diesem Kapitel wurde versucht, die Vielfalt der ausdrucksbezogenen und inhaltsbezogenen Charakterisierungen auf vier Modelle zu typisieren: KÖRPER, MENSCH, HANDLUNG, MECHANIK.

In der Erklärung solcher sprachlichen Phänomene sollte ein dezidiert wissenspsychologischer Ansatz gewählt werden, der eine angemessene Begründung und Bewertung aus den Grundlagen des Technikwissens heraus zuläßt. Die ganz und gar außerlinguistischen Erklärungen nochmals in Schlagwörtern: Alltagswissen, naives Wissen, mentale Modelle, Komplexitätsreduktion, Verständnissicherung, Veranschaulichung, Körpererfahrung, Alltagsphysik, Alltagsmechanik.

Es bleibt die Grundsatzfrage bestehen, ob durch die Vorgabe von mentalen Modellen Einblicke in die Technik nicht nur gefördert, sondern auch verzerrt werden können, Technik somit auch durch sprachliche Mittel einer gezielt einsetzbaren 'Verharmlosung' oder 'Verschleierung' unterliege. In dem Zusammenhang sind die Ergebnisse von Dedre Gentner (siehe 3.4) zu bedenken, die in der Elektrotechnik den Zusammenhang von Lösungserfolgen und angewandten Modellen nachgewiesen hat. Zu bedenken ist aber auch die an Piaget angelehnte Behauptung, daß viele 'Animismen' nur harmlose Erklärungsmuster sind, ohne daß man dabei auf tiefergehende 'Glaubensbestände' schließen darf. Denn die animistisch wirkenden Denkweisen sind doch weitgehend 'rationalisiert'.

Bleibt man bei einer Skepsis gegenüber den Ausdrucksmitteln des alltäglichen Sprechens über Technik, so ist dies jedenfalls auf die gesamte Alltagssprache zu erweitern. Denn Alltagssprache ist gemessen an wissenschaftssprachlichen Konzepten stets 'ungenau' und 'verzerrend'. Sie verwehrt uns aufgrund ihrer sprachlichen 'Verschleierungen' und 'Verharmlosungen' möglicherweise den Einblick in die komplexe Innenwelt der Artefakte. Allerdings verschleiert sie auch die naturgesetzlichen Zusammenhänge der Welt und, wie Laucken nachgewiesen hat, schließlich auch die Vielfalt des menschlichen Verhaltens und Handelns. Wie im nachfolgenden Kapitel 6. zu behandeln sein wird, unterliegt darüberhinaus das Problem der 'Verschleierung' stets einer zeitgebundenen Relativierung.

4. Technikgeschichtliche Aspekte

4.1 Die Veränderungen in der Wechselbeziehung von Alltag und Technik

Bereits im 18. und 19. Jahrhundert erfolgten die entscheidenden technischen Innovationen für die Entfaltung der Industrietechnik (vgl. Mensch (1975)). Im 20. Jahrhundert kommt mit der allumfassenden Diffusion der industriellen Technik in den Alltag allerdings eine Entwicklung von neuer Qualität hinzu. War der Verbreitungsprozeß neuer Maschinen und Techniken zunächst hauptsächlich auf die Produktionssphäre (Webmaschine, Dampfmaschine, Drehbank) oder auf öffentliche Dienstleistungen (Eisenbahn, Telegraph, Straßenbeleuchtung) begrenzt, so kommt nun auch eine Technisierung des häuslichen Lebens (Beleuchtung, Medien, Unterhaltung, Küche, Haushaltsgeräte, Hobby- und Sportausrüstungen) und der privat verfügbaren Verkehrsmittel (Fahrrad, Automobil) hinzu, wobei die endgültige und massenhafte Diffusion in den Alltag erst für die zweite Hälfte des 20. Jahrhunderts angesetzt werden kann (vgl. Lenk/Ropohl (1978) S.265).

Diese Vorgänge der Diffusion schon älterer Innovationen charakterisiert Hörning mit den Schlagwörtern "Technisierung des Alltags" und "Veralltäglichung von Technik" ((1988) S.51). Neue Bereiche der Technik finden eine immer weitergehende Verbreitung in bisher vermeintlich 'technikfreien' Bereichen des Alltagslebens. Damit einher geht die Tendenz, daß die eingesetzte Technik (vor allem aus den Bereichen Maschinen- und Elektrotechnik) professioneller, also im Gegensatz zu früherer einfacher Handwerkstechnik nicht mehr mit Alltagswissen durchschaubar ist. Diese Diskrepanz zwischen der massenhaften Verbreitung auf der einen Seite und dem inkompetenten Umgang mit ihr auf der anderen Seite wird als die Parallelität von "Trivialisierung und Professionalisierung von Technik" bezeichnet (vgl. Weingart (1988) S.151).

'Technisierung des Alltags' wird als Schlagwort meist mit einem Unterton des Bedauerns über die technischen Übergriffe auf einen ehemals noch technikfreien Bereich des Menschen gebraucht. Der Diffusionsschub der Gegenwart (als Spätfolge der Hochindustrialisierung) erklärt solche empfindlichen Reaktionen in diesem Jahrzehnt gegenüber der 'Herrschaft der Mechanisierung'. Eine ausschließliche Deutung der Mechanisierung als 'Oktroyierung' ist für Werner Rammert nicht akzeptabel. Er akzentuiert die Öffnung des Alltagsbereichs für die "Technisierungsangebote" ausdrücklich als Teil einer allgemeinen Entwicklung in den Industriegesellschaften des 20. Jahrhunderts, sozusagen als **ein** Baustein unter vielen innerhalb eines neuen "konsumorientierten Paradigmas" (vgl. Rammert (1987) S.321f). Die im Vergleich zu früheren Zeiten bestehende 'Überausstattung' des Alltagslebens in den hochentwickelten Industrieländern ist in fast allen Bereichen und Sektoren des Lebens zu beobachten, also auch in der technischen Ausstattung des Alltags

Dessen ungeachtet wird die sogenannte Veralltäglichung der Technik aus der Perspektive des betroffenen Zeitgenossen oft als bedrohlich empfunden, weil ihm das historische Bewußtsein darüber fehlt, daß hier — wie bei allen anderen Modernisierungsprozessen auch — ein phasenverschobener Anpassungsprozeß vorliegt:

> "Erst über die neue Technik unserer Zeit, etwa den Computer, erhitzen wir uns. Das Vertrauen in die Technik wächst mit dem Alter. Nicht aber weil wir die ältere Technik besser verstehen als die neue. Wir haben uns an sie gewöhnt, wir nehmen sie hin, wir sind mit ihr einverstanden." (Hörning (1988) S.84)

Das heißt aber auch, daß der zunächst noch 'außeralltägliche' Charakter verschwindet, wenn die neue Technik erst einmal ihre "Aura als Droh- oder Heilmittel" (Rammert (1987) S.323) verloren hat. Sie wird dann selbstverständlicher Teil des Alltags. Aus diesen Gründen ist eine technikhistorische Distanz in der Betrachtung äußerst wichtig, um die begrenzte Sicht des Zeitgenossen zu durchbrechen. Was für die Großeltern noch eine technische Sensation darstellte, ist für das Enkelkind bereits der Alltag des Kinderzimmers. "Sekundäre Traditionalisierung von Technik im Alltag" nennt Karl Hörning diesen generationsspezifischen Anpassungs- und Gewöhnungsprozeß ((1988) S.84).

Ein Beispiel: Um 1900 war das Automobil als kleine, mobile und universell einsetzbare Maschine zur Fortbewegung die beeindruckende technische Neuerung (siehe Kapitel 10). Die Metaphern, die der damalige Zeitgenosse für das faszinierende technische Merkmal '**selbst**bewegend' fand, erinnern heute nicht mehr an ihren 'animistischen' Ursprung, nämlich an den sensationellen Unterschied zum '**tier**bewegten' Straßenfahrzeug. Wir haben uns inzwischen an diese technische Sensation gewöhnt.

So wie im Laufe der geistigen Entwicklung des Kindes die animistischen Vorstellungen abgebaut oder wenigstens rationalisiert werden (siehe 3.2), so könnte dies auch für eine historische Gesamtgeneration angenommen werden. Für einschneidende technische Innovationen ist dies vermutlich erst nach ca. 50 Jahren, wenn die Innovation ein breit diffundierter Normalfall des Alltags geworden ist, möglich. Die Konservativität der Alltagssprache sorgt für die Beibehaltung dieser nichtalltäglichen, mirakelhaften Deutung (z.B. in einer überkommenen 'Selbstbewegungs'-Metaphorik für das Automobil). Sie bewahrt gleichermaßen kindliche Deutungen und die animistischen Deutungen unserer Vorfahren:

> "For example, do the models of novices develop into those of experts in stages that parallel the historical evolution of the topic area?" (Gentner (1982) S.128)

Der Veralltäglichung steht — wie eingangs bereits angedeutet — die zunehmende Professionalisierung der Technik entgegen. Deshalb ließe sich die technikgeschichtliche Entwicklung im Industriezeitalter insgesamt auch als die Geschichte der zunehmenden 'Professionalisierung', 'Verunanschaulichung' und der 'Verkapselung' der gebrauchten Technikprodukte schreiben. Dazu kann auf ein Textbeispiel zurückgegriffen werden, das bereits in Abschnitt 3.11 zitiert wurde: die Beschreibung einer Wasserfördereinrichtung aus dem 17. Jahrhundert. In der Abbildung aus jener Zeit ist die Technik der Anlage im wahrsten Sinne des Wortes 'offenliegend'. Für jeden laienhaften Betrachter sind Wasserrad, Räderwerk, Hebevorrichtung und die zwischen ihnen stattfindenden Kraft- und Bewegungsübertragungen erkennbar. Im Laufe der weiteren technischen Verbesserungen sind dann Zwischenstufen vorstellbar, wo entweder die antreibenden Teile in einer Kraftmaschine oder die arbeitenden Teile in einer Arbeitsmaschine ansatzweise verkapselt werden. Eine entsprechende Anlage nach dem heutigen Stand der Technik wäre dann endgültig und in mehrfachem Sinne verkapselt: in völlig 'geschlossenen' Gehäusen würden Elektromotor und Pumpe arbeiten, die Teile wären undurchschaubar 'verkleinert', die eigentliche mechanische Transportarbeit ist hinter einem elektrischen Steuerpult 'versteckt', selbst die Trennung von Kraft- und Arbeitsmaschine wäre nicht mehr erkennbar.

Gerade mit der elektrotechnischen und elektronischen Revolution ist im Besonderen eine neue Qualität der Verkapselung erreicht, die notwendigerweise die oben angesprochene 'Trivialisierung' als Folge der 'Professionalisierung' mit sich bringt. Aufbauend auf den Darlegungen in Kapitel 3 zu den mentalen Modellen der Techniksprache kann hier noch eine historische Deutung nachgetragen werden. Solche naiven Modelle werden in dem Maße notwendig, wie die Artefakte verkapselter und nicht mehr durch Alltagswissen 'aufschlüsselbar' werden:

> "Daß man im Falle von Computern nicht mehr sieht, wie etwas getan wird, ist die Grundlage für eine metaphorische Redeweise." (Schmitz (1988) S.164)

Dann wäre auch die Sehweise der Fachsprachenforschung zu korrigieren. Bild- und metaphernreiche Sprache ist mitnichten eine Domäne der einfachen, handwerklichen und vorindustriellen Technik. Jetzt kann eher behauptet werden: je hochentwickelter und damit 'verkapselter' die technischen Produkte sind, desto dringender und wichtiger sind die naiven Modelle und ihre sprachlichen Mittel.

Auch mit dem aufgezeigten Gegensatz von Trivialisierung und Professionalisierung steht die Technik in der Entwicklung der Industriegesellschaft nicht allein. Auch in anderen Bereichen gilt eine immer größer werdende Diskrepanz zwischen Können und Wissen der Menschen als Kennzeichen der Moderne. Da die Wissensentwicklung des einzelnen mit der Wissensgeschichte nicht mithalten kann, ergibt sich logischerweise die Folge, daß eine immer größer werdende Diskrepanz zwischen dem Wissen des Individuums und dem prinzipiell verfügbaren Gesamtwissen besteht:[42]

[42]Die Theorie von der Diskrepanz zwischen Können und Wissen geht auf Max Weber zurück. Vgl. hierzu die Referierung in Linde (1972) S.49.

"Die Reichweite des individuellen Wissens schrumpft und die Abhängigkeit vom spezialisierten Wissen anderer wächst [...] Dem ist zugleich die allgemeine Vorstellung verbunden, daß prinzipiell alles gewußt werden könne." (Sprondel (1979) S.140)

Die Diskrepanz erbringt, daß der mit Technik routiniert und andauernd umgehende Mensch der Gegenwart sein Technikwissen im wesentlichen auf das Wissen über Bedienungselemente, auf das sogenannte "Knopfdruck-Wissen", beschränken kann und muß (vgl. Linde (1972) S.70f., Kruse (1981) S.73). Um einem möglichen Mißverständnis vorzubeugen: Damit soll keine Aussage im Paradigma eines allgemeinen Kultur–, Niveau– und Wissensniedergangs gefällt werden. Auch in früheren Zeiten gab es genügend Bereiche, in denen der Mensch sich ohne strukturales Regelwissen bewegte und sich völlig auf das funktionale Regelwissen verließ (vgl. die Wissensstufen nach Ropohl in Abschnitt 3.12). Neu ist lediglich, daß sich immer mehr triviale Alltagsgebrauchsgüter einer genaueren Wissensfundierung entziehen, während die Grundlagen der technikgeschichtlichen Vorgänger noch bekannt und 'durchschaubar' waren. Einige Vergleichspaare:
Abakus — Taschenrechner; Handkurbel — Elektromotor; Kohleherd — Mikrowellenherd; Petroleumlampe — Leuchtstofflampe (sogenannte 'Neonröhre'); Felgenbremse (Fahrrad) — hydraulisches Bremssystem (Automobil); Uhr mit Räderwerk und Analoganzeige — Quarzuhr mit Digitalanzeige.

Wie in den Abschnitten über die anthropologischen Konstanten der Technik in der Menschheitsgeschichte dargelegt wurde (siehe Kap. 2), besteht seit der Frühgeschichte der Menschheit eine gegenseitige Interdependenz von Alltag und Technik: Vormoderne Technik ist zunächst einfache Lebensbewältigung und damit eine 'normale' Technisierung alltäglicher Abläufe, die zu den kognitiven und sprachlichen Isomorphismen führt, mit denen eine quasi–natürliche und quasi–menschliche Bewältigung des Technischen einhergeht. Daher muß es auch schon immer einen wechselseitigen Wissenstransfer sowohl vom Alltag zur Technik als auch von der Technik zum Alltag gegeben haben. Damit gab es auch schon immer für die Sprache eine 'Veralltäglichung von Technik' und eine 'Technisierung des Alltags'. In der jüngeren Sprachgeschichte ist der wechselseitige Transfer und sprachliche Kreislauf anschaulich zu belegen. Es gibt Zeiten, in denen, der jeweiligen aktuellen technischen Sensation angepaßt, bestimmte sprachliche Bildungen dominieren. Im 19. Jahrhundert ist es überdeutlich eine Eisenbahn– und Dampfmaschinenmetaphorik, um die Jahrhundertwende wirkt das Automobil, in der Gegenwart sind herausragend Bilder der elektronischen Datenverarbeitung prägend. Alltägliches menschliches Handeln und Denken kann dann 'modeabhängig' metaphorisiert werden.[43]

[43]Redensarten und Sprichwörter können somit zu einer technikgeschichtlichen Quelle werden, besonders wenn sie mit nicht mehr gängigen Techniken umgehen (*einen auf die Lampe gießen, jemandem etwas ausspannen*). Die auf das vorindustrielle Handwerk zurückgehenden Redensarten belegen dies eindrücklich (vgl. Röhrich/Meinel (1972)).

Dampfmaschine: *mit Volldampf arbeiten, unter Hochdruck stehen, Dampf ablassen, jemandem Dampf machen.*
Eisenbahn: *Trittbrettfahrer, umsteigen, entscheidende Weichenstellung, entgleisen, Notbremse ziehen, auf einen fahrenden Zug springen, Schlußlicht sein.*
Verbrennungsmotor/Automobil: *Spätzündung, durchdrehen, ankurbeln, anwerfen, Gas geben, auf die Bremse treten.*
Computertechnik: *einen Gedanken abspeichern, etwas aus dem Gedächtnis löschen.*

Für das 19. und 20. Jahrhundert kommt eine weitere wichtige Art des Sprachtransfers hinzu. Bezeichnungen werden bei schnell fortschreitender Technikentwicklung von der Vorgänger– auf die Nachfolgertechnik übertragen. Ein solcher technikgeschichtlicher Transfer trägt zu einer großen Stabilität der Techniksprache bei, weil trotz aller revolutionärer Entwicklungen die Grundbegriffe und der Wortschatz relativ stabil bleiben: die Artefakte sind konservativ.

4.2 Die Konservativität der Artefakte und Begriffe

Die Technikgeschichte nimmt gegenüber anderen Teildisziplinen der Geschichtswissenschaft eine Sonderstellung ein. Denn sie ruht auf der Stabilität der artifiziellen Objekte. Da diese wiederum in die Konstanz und Stabilität des Alltagshandelns eingebunden sind, können große Bereiche der Technik als quasi–anthropologische Konstanten betrachtet werden. Auf dieser Grundlage weist die Technikgeschichte eine stabilere und gradlinigere 'Fortschrittsentwicklung' als andere Geschichtsstränge auf (vgl. Freyer (1960) S.542). Wenn man bedenkt, daß von den Hochkulturen der Frühgeschichte bis ins 18. Jahrhundert eine Stabilität und eine kontinuierliche Weitergabe in den Grundprinzipien der einfachen Handwerkstechnik und der Agrartechnik herrschte, dann werden die Auswirkungen auf die Stabilität der Alltagssprache und der Techniksprache entsprechend zu veranschlagen sein. Technik ist — trotz entscheidender Innovationen (z.B. im Spätmittelalter) — bis ins 18. Jahrhundert eine im wesentlichen unveränderte und stabile Wissensgröße der Menschheit. Sie ist in tradierte Vorstellungen und Kenntnisse eingebunden, die als Alltagswissen und Alltagstheorie von Generation zu Generation weitergegeben werden, wie Sprache, Moral und Religion (vgl. Rapp (1981) S.25).

Die Stabilität wird dadurch erreicht, daß der Handlungszusammenhang trotz technischer Veränderung des benutzten Artefakts konstant bleibt. Man vergegenwärtige sich, welche Vielfalt an primitiven und hochentwickelten technischen Varianten in zentralen Begriffen der Techniksprache zusammengefaßt sind.

BOOT: vom primitivsten Einbaum über das einfache Ruderboot bis zum modernen Schnellboot.
WAGEN: vom primitivsten einrädrigen Wagen über den einfachen Pferdewagen bis

zum mit Verbrennungsmotor und Elektrotechnik ausgerüsteten Kraftfahrzeug.
WAFFE: von der primitivsten Keule über die einfache Schlag- oder Schußwaffe bis zur atomkopfbestückten Rakete.
BOHRER: vom primitivsten Nagelbohrer bis zur elektrischen Bohrmaschine.

Zum letztgenannten Beispiel: Der Handlungszusammenhang von Werkzeug und Hand bleibt vom Nagelbohrer bis zur handkurbelgetriebenen Bohrmaschine gleich, ferner die Stabilität des Begriffs und des Wortes *Bohrer*. Erst die antreibende Kraftmaschine und die Automatisierung der Arbeitsmaschine bringen im Industriezeitalter eine neue Qualität: maschinelle statt manueller Führung, gewaltige Steigerung der Umdrehungszahl und der Kraftübertragung. Aber die Konservativität überlebt auch die Zäsur der industriellen Revolution: *bohren* und *Bohrer* sind Belege dafür, daß der begriffliche und sprachliche Transfer von der Einfachsttechnik über die Handwerkstechnik zur Industrietechnik vollzogen wird.

In Phasen bedeutender Innovationen tritt die Parallelität von altem und neuem Modell besonders deutlich auf. Die Frühphase der Automobilgeschichte bis etwa um 1910 (siehe Kapitel 10) zeigt recht plastisch, wie das neue Denkmodell AUTOMOBIL in das alte Denkmodell PFERDEKUTSCHE eingepaßt wird. Dies geschieht zunächst ganz real in der Gestaltung des neuen Produktes. Die ersten Automobile sahen aus wie Kutschen, denen man die Pferde ausgespannt und die Deichsel entfernt hatte und die daher 'selbst' fuhren. Dies ist dann auch in der sprachlichen Modellbildung nachvollziehbar, denn die neuen Fahrzeuge hießen:

Motorkutschen, Benzinkutschen, pferdelose Wagen, Motorwagen, Selbstfahrer.

Da das Vorgängerfahrzeug technisch imitiert wird, sind ferner Fachbezeichnungen für Einzelteile oder bestimmte Fahrzeugtypen ins neue Modell übernommen:

Untergestell, Wagenkasten, Vorder-/Hinterwagen, Achse, Karosse, Landauer, Coupé, Phaëton.

Auch verschiedene Beschreibungen erinnern noch an den Pferdewagen:

der Wagen stürzt, der Motor geht durch, man sitzt **auf** *dem Wagen, der Wagen wird gelenkt oder geleitet.*

Ist dann die erste stürmische Innovationsphase vorbei, wird in technischer und kognitiver Hinsicht das Modell PFERDEWAGEN aufgegeben und durch ein neues Modell AUTOMOBIL ersetzt. Die Sprache aber konserviert noch weiterhin die alte Parallelität der beiden Modelle.

Die sprachliche Bewahrung älterer Technikzustände hat Auswirkungen auf die sprachgeschichtliche Bewertung. Ein Technikhistoriker muß deshalb auch sprachgeschichtlich arbeiten, weil oft ein altes Wort für einen neuen Begriff stehen kann. Auf den ersten Blick sind daher bei technikgeschichtlichen Quellen Mißverständnisse möglich. Gelegentlich hat es den Anschein, "als ob eine frühere Zeit die Erfindung einer späteren bereits gekannt hätte." (Kainz (1939) S.7, vgl. auch Spiegel (1979) S.23). Wer beispielsweise in frühen Texten des 19. Jahrhunderts von *Eisenbahnen* liest (z.B. Brockhaus 2.Aufl. (1812) Bd.2 S.369; Baader (1825) S.12) wird sich ob des Datumeintrages in seinem Schulwissen 'Fürth–Nürnberg 1835' wundern: Bis zu jenem historischen Datum handelte es sich jedoch um Pferdewagen auf Schienen, die auch mit dem Wort *Eisenbahn* bezeichnet wurden, jedoch mit dem heutigen Begriff von Eisenbahn nur noch das Merkmal 'schienengestützt' gemeinsam haben.

4.3 Die Gleichzeitigkeit des Ungleichzeitigen

Von Ernst Bloch stammt die dialektische Formel von der "Gleichzeitigkeit des Ungleichzeitigen", mit der er archaische, vormoderne Elemente und Bewußtseinszustände innerhalb der modernen Gesellschaft charakterisierte und damit beispielsweise verschiedene archaische Rituale des Nationalsozialismus als "Vorzeitiges" in der Gegenwart der 30er Jahre deutete (vgl. Bloch (1935/1977) S.113/115). Daraus resultierte dann die politisch motivierte Feststellung, daß Deutschland geradezu "das klassische Land der Ungleichzeitigkeit" sei.

Unterschiedliche Entwicklungsstufen in verschiedenen Regionen eines Landes erscheinen so ebenfalls als eine Facette des Ungleichzeitigen, denn es gibt einen "Zeitunterschied zwischen Stadt und Land" (vgl. Bloch (1935/1977) S.108). Auch die Diskrepanz zwischen dem "zurückgebliebenen Bewußtseinstand" bestimmter sozialer Gruppen (Bauern, Kleinbürger) und ihrer inzwischen fortgeschrittenen ökonomischen und sozialen Lage sind Phänomene des Ungleichzeitigen:

> "Viele von diesen gingen im Jetzt nur nach. Blieben hinter seinem Zug nur zurück, weil ihr Gang zu lahm ist, obwohl sonst ganz und gar von heute." (Bloch (1935/1977) S.111)

Ferner gilt für das generelle Verhältnis des Menschen zur Produktionstechnik eine solche Verschiebung. Der Mensch der Industriegesellschaft bewältigt die inzwischen fortgeschrittenen Produktionstechniken und Produktionsverhältnisse noch mit älterem, vormodernem Bewußtsein und Wissen (vgl. Bloch (1935/1977) S.106ff).

Von dem letzten Gesichtspunkt ausgehend läßt sich ein Bogen zur Technikgeschichte schlagen: Auch der Umgang mit Technik und ihre Bewältigung im Alltag geschieht auf der Grundlage von vormodernem Bewußtsein und Wissen, ist durch einen "Zeitunterschied" zwischen Artefakt und Benutzer gekennzeichnet. Demnach ist das 'Hinterhergehen' hinter der Entwicklungsstufe des Artefakts ein dreifaches: kognitiv, sprachlich und verhaltensmäßig.
(1) **Kognitiv:** Alle vorgeführten mentalen Modelle des naiven Technikwissens sind mit ihren Modellen ORGANISMUS, KÖRPER und anderen Konzepten gegenüber der technischen Entwicklung geradezu archaisch.

(2) **Sprachlich:** Alltägliches Sprechen über Technik und Technikfachsprachen sind somit ob ihrer Konservativität (siehe 4.2) eine sprachliche Reliktsammlung, in der alle früheren primitiven Technikverfahren konserviert sind (vgl. Ostwald (1911) S.14). Stand der technischen Entwicklung und Techniksprache sind im allerhöchsten Maße 'gleichzeitig ungleichzeitig'.
(3) **Verhaltensmäßig:** Auch der konkrete Umgang mit den Produkten der modernen Technik zeigt unglaubliche Archaismen. An harmloseren Beispielen wäre der Umgang mit moderner Heizungstechnik zu nennen (siehe 3.7), die möglicherweise noch auf der Grundlage von 'Kohleofen–Wissen' beruht. Zu den weniger harmlosen Beispielen gehört der Umgang mit dem Massenverkehrsmittel Automobil, wo offensichtlich noch eine gefährliche Mischung aus 'Reiter–, Jagd– und Kutschermentalität' verbunden mit dem Unwissen über die Energie von großen Massen bei Hochgeschwindigkeiten (Trägheitsgesetze, Deformierungsenergie etc.) für 'vormoderne' Verhaltensweisen sorgt.

In bestimmten Phasen der Technikgeschichte scheint es Bereiche zu geben, die sich über das normale Maß an Ungleichzeitigkeit noch weiter herausheben. Dies ist zu beobachten, wenn das Nebeneinander und der parallele Einsatz von vormoderner Vorgängertechnik und moderner Nachfolgetechnik besonders kraß sind. Dazu gehört wohl (zumindest hinsichtlich der von mir untersuchten Sektoren Kraftmaschinen und Fahrzeugbau) das letzte Viertel des 19. Jahrhunderts. Technikgeschichtlich fokussiert kann dieser Zeitraum als die 'klassische Epoche' der Gleichzeitigkeit des technikgeschichtlich Ungleichzeitigen gelten.

Zur Veranschaulichung: Auf der Weltausstellung in Chicago 1893 wurden neben modernen Hochdruckdampfmaschinen mit gigantischem Leistungsvermögen auch immer noch die neuesten verbesserten Typen von Tretwerken und Göpeln für Menschen–und Tierantrieb ausgestellt (vgl. Amtl. Bericht (1894) Bd.1 Teil B S.33). Am Ende des 19. Jahrhunderts ist somit eine 'Gleichzeitigkeit' der Kraftmaschinen aus fünf Jahrhunderten gegeben:
(1) **'noch 16. bis 18. Jahrhundert':** In die technische Vergangenheit der drei vergangenen Jahrhunderte weisen sowohl die Muskelkraftmaschinen (Pferdegöpel, Tretwerk) als auch die immer noch in Betrieb befindlichen atmosphärischen Dampfmaschinen nach Newcomen, die technisch schon 100 Jahre überholt sind (vgl. Varchmin/Radkau (1981) S.94).
(2) **'19. Jahrhundert':** Die technische Gegenwart ist durch die herausragende Kraftmaschine des 19. Jahrhunderts, die direktwirkende Dampfmaschine auf der Grundlage der Wattschen Innovation, vertreten.
(3) **'20. Jahrhundert':** In die technische Zukunft verweisen die modernen Kraftmaschinen, die das 20. Jahrhundert beherrschen werden: Dampfturbine, Elektromotor und Verbrennungsmotor.

Ein solches Ausmaß an "Gleichzeitigkeit des Ungleichzeitigen" wäre auf einer gegenwärtigen Büro–Fachausstellung etwa gegeben, wenn neben modernen Textsystemen und Laser–Druckern auch noch die neuesten Entwicklungen im Bleisatzverfahren und technisch verbesserte Gänsekielhalter angeboten würden.

Diese erhöhte Gleichzeitigkeit für die letzten Jahrzehnte des vergangenen Jahrhunderts wäre für die sprachliche Interpretation zu bedenken: Das Nebeneinander von Pferdekutsche, Dampflokomotive und Automobil, das Nebeneinander von Dampfmaschine und Pferdegöpel muß zu einer anderen Bewertung von 'Lebendigkeit' im technischen Sprechen führen. Für das gegenwärtige Alltagswissen ist die ehemals bestehende Querverbindung zwischen 'lebendigen' und 'maschinellen' Antrieben völlig abgetrennt, aber damals war die 'Parallelität' durch die Gleichzeitigkeit noch deutlich sichtbar. Ferner muß die Parallelität von unverkapselter und verkapselter Kraftmaschinentechnik noch stärker bewußt gewesen sein als heute. Die Interpretation der damaligen Alltagsbegriffe von Maschine, Motor, Fahrzeug muß dies berücksichtigen (siehe z.B. die Abschnitte 8.8 und 9.7).

4.4 Industrielle Revolution und Technikkritik

Zwei große Zäsuren existieren in der Menschheitsgeschichte: die Seßhaftwerdung des Menschen im Neolithikum bei gleichzeitigem Übergang zur Agrarwirtschaft und die industrielle Revolution im 18. und 19. Jahrhundert:

> "Bei diesen beiden Umbrüchen wird jedesmal die Menschheit mit einem Schub wie mit neuen Organen ausgestattet, so daß man fast sagen könnte: es entsteht eine neue Art von Lebewesen." (Sachsse (1978) S.57)

Für die Kulturwissenschaftler ist der Einschnitt der industriellen Revolution hinsichtlich ihrer Technikbewertung und Technikkritik offensichtlich auch eine entscheidende Zäsur. Mit ihr beginnt die Kritik an der 'bösen' modernen Technik, die der 'guten' alten Technik gegenübergesetzt wird. Es entsteht der kulturpessimistische Mythos von der Weltherrschaft der Maschine:

> "Die Schöpfung erhebt sich gegen den Schöpfer: Wie einst der Mikrokosmos Mensch gegen die Natur, so empört sich jetzt der Mikrokosmos Maschine gegen den nordischen Menschen. Der Herr der Welt wird zum Sklaven der Maschine [...] Der gestürzte Sieger wird von dem rasenden Gespann zu Tode geschleift." (Spengler (1931) S.75)

Auch andere, weniger spektakuläre Formulierungen als die von Oswald Spengler zeugen von der Vorstellung, die Maschine könne in Gegenwart und Zukunft zur übermächtigen Unterwerferin des Menschen werden.[44] Dabei ist besonders beeindruckend, daß sich innerhalb der Industrie–, Technik– und Maschinenkritik die verschiedensten Strömungen von der älteren Zivilisationskritik

[44] Vgl. zur Technikkritik in Geschichte und Gegenwart: Bühl (1983), Stork (1977) und Sieferle (1984); vgl. außerdem die polemischen Auseinandersetzungen in Dessauer (1956) und Steinbuch (1987). Derzeit hat der Mythos von der Maschinenherrschaft durch die Computer–Technik eine neue Variante ausgebildet; vgl. hierzu Jakob (1991).

bis zur neueren Herrschaftskritik mit ähnlichen Argumenten vereinen. Allen technikskeptischen Kulturkritikern ist offensichtlich ein Merkmal gemeinsam:

> "Ihr Charakteristikum war, daß sie das Lebenssystem der Industriegesellschaft an den Werten der vorindustriellen Kultur maßen und aufrechneten, was von diesen dem technischen Fortschritt zum Opfer gefallen sei." (Freyer (1960) S.551)

Zur gemeinsamen Schnittmenge aller technikkritischen Richtungen gehören die undifferenzierten Thesen von der Entmenschlichung und Technisierung, die Darstellung der Technik als Bedrohung, die den Menschen unterjocht und sein Handeln determiniert (vgl. Hörning (1988) S.61). Große Theoretiker, die ansonsten wenig gemeinsam haben, zeigen solche Versatzstücke der Technikbewertung: Die Spannbreite reicht von Oswald Spengler (1923) (1931), über Martin Heidegger (1954), Carl Jaspers, Herbert Marcuse bis zur teils antikapitalistisch, teils anti-industriell, teils irrational ausgerichteten Technikkritik der Gegenwart (z.B. Bahr (1983), Ullrich (1977)). Das problematische Verhältnis zur Technik gilt dabei ausdrücklich nur für die moderne Technik des Industriezeitalters. Auch wenn man die technisch-industrielle Revolution als einschneidende Zäsur akzeptiert, sollte man deren Bedeutung für das grundsätzliche Verhältnis des Menschen zur Technik nicht irrational überhöhen. Schließlich sind das Schaffen von Artefakten und technisches Handeln seit mindestens 200 000 Jahren Bestandteil des menschlichen Daseins.

Die Überhöhung ist andererseits nachvollziehbar, denn sie fußt auf der gewaltigen qualitativen und quantitativen Steigerung der technischen Möglichkeiten im Maschinenzeitalter. Die Dimensionen gehen weit über alle natürlich oder organisch gesetzten Grenzen hinaus, sprengen den durch die Grenzen der menschlichen Fähigkeit, Kraft und Ausdauer gesetzten Rahmen. Sie bringen ferner eine völlige Unabhängigkeit von den Launen und Wachstumsschüben der Natur. Die 'Feuermaschine' des 18. Jahrhunderts (siehe 8.11) setzt hier das Fanal für die Abweichung vom vorgegebenen "normalen Naturablauf" (Freyer (1960) S.543).

In die gegenwärtige Technikkritik gehen vermutlich weitere Elemente aus verschiedenen Herkunftsbereichen und unterschiedlichen Motivationen ein: ein Unbehagen an der massenhaften Technikdiffusion, ein Unbehagen an der 'verkapselten', nicht mehr verstehbaren Technik (siehe 4.1), ein Unbehagen an der Diskrepanz von Können und Wissen bei sich selbst und anderen (siehe 3.12).[45]

[45] Vgl. zur polemischen Zuspitzung des Konflikts zwischen Technikbefürwortern und Technikkritikern: Steinbuch (1987).

5. Varietätenlinguistische Aspekte

5.1 Alltagssprache und Fachsprachen

In den bisherigen Ausführungen wurde immer von der prinzipiellen Unterscheidung von Alltagssprache und Fachsprache ausgegangen. Dieser Gegensatz sollte nochmals unter varietätenlinguistischen Aspekten vertieft werden.[46] Alltagssprache soll in Übereinstimmung mit dem Gliederungsvorschlag Hugo Stegers (1988a) für die Erscheinungsformen der deutschen Sprache nicht als ausdrucksseitige, stilistische Kennzeichnung angesehen werden (wie etwa das vermeintliche Synonym Umgangssprache oft verstanden wird), sondern als die Sprache des Kommunikationsbereiches 'Alltag', der sich durch eine spezifische Semantik auszeichnet. Damit soll ein Kommunikationsbereich und eine Kommunikationsform definiert werden, die entwicklungsgeschichtlich als primäre und anthropologisch als konstante Form der menschlichen Sprache gelten müssen. Darin ist enthalten das Sprechen über das alltägliche Leben, über die lebensnotwendigen Handlungen des Menschen, über die einfachen Orientierungen in der Welt und über das auf vortheoretischer Erfahrung basierende Weltwissen.

Demgegenüber sind die Fachsprachen Erscheinungsformen, die eine eigene Fachsemantik aufweisen, d.h. auf theoriegeleiteten oder fachwissensbezogenen Denkmodellen aufbauen und nicht auf naiven Theorien über die Welt. Es gibt gute Gründe, für die Trennung der Fachsprachen von der Alltagssprache ganz entschieden das Primat der Wissensbasis und damit der Semantik anzunehmen.

Ein Beispiel aus dem Textilgewerbe: Der Spezialist für Webetechnik hat Fachwissen über die verschiedenen Formen von 'Leerstellen im Gewebe', die durch Produktionsfehler entstehen können. Sie werden mit vier verschiedenen Wörtern bezeichnet (vgl. Hahn (1983) S.86): *Loch, Lücke, Lakune, Lunker.* Jeder Typ von 'Leerstelle' weist bestimmte Merkmale auf, die nur durch das für ihn verwendete Fachwort adäquat ausgedrückt sind. Es sind somit vier Wörter, die für monosemierte Fachbegriffe stehen: Wer von einem *Loch* spricht, meint ein LOCH. Wer von einer *Lücke* spricht, meint eine LÜCKE. Im Vergleich dazu ergibt sich für den Alltagsbegriff 'Leerstellen im Gewebe', daß er mit relativ beliebig austauschbaren Wörtern benannt werden kann: *Fehler, Loch, Lücke, Macke, Schaden, schadhafte Stelle* etc.

Ferner wird man auf der Grundlage des Alltagswissens keine genaue Merkmalsliste für die einzelnen 'Leerstellen-Typen' haben. Die Wörter sind also austauschbar und alltagssprachlich synonym. Hinter den Alltagswörtern *Loch* und *Lücke* stehen somit andere Begriffe als hinter den ausdrucksidentischen Fachwörtern, die überhaupt nur aufgrund technikgeschichtlicher oder sprachgeschichtlicher Zufälligkeiten im Ausdruck identisch sind.

[46] Vgl. zur Diskussion der Sprachvarietäten des Deutschen: Hartung/Schönfeld (1081), Löffler (1985) S.87ff., Steger (1988a) (1991).

In der Diskussion, ob textsortenspezifische, semantische oder pragmatische Kriterien primär für die Definition der Fachsprachen anzusetzen sind (vgl. Hahn (1983) S.62), wäre also u.E. das Primat der Semantik anzunehmen. Fachsprachen und Alltagssprachen stehen in zwei verschiedenen Kommunikationsbereichen mit eigenen Systematiken in Semantik und Begriffssystem (vgl. Steger (1988a)). Eine pragmatische Fachsprachenauffassung, die dagegen das fachbezogene Handlungssystem zum entscheidenden Definitionskriterium macht, bekommt Abgrenzungsschwierigkeiten zu den 'zweckrationalen' Handlungen des Alltags:[47]

> "Fachlich sind solche, besonders instrumentelle, Handlungen, die in zweckrationaler, d.h. nichtsozialer Absicht ausgeführt werden [...] Fachsprachen sind demnach sprachliche Handlungen dieses Typs sowie sprachliche Äußerungen, die konstitutiv oder z.B. kommentierend mit solchen Handlungen in Verbindung stehen." (Hahn (1983) S.65)

Spezifisch 'fachsprachlich' könnten dann lediglich die Ausdrucksformen sein, die durch 'stilistische' Besonderheiten einen Abstand zum 'normalen' Sprachstil der Alltagssprache herstellen und fachliche Handlungen dann besonders 'fachsprachlich' begleiten. Damit ist die Definition dann endgültig in einer Endlosschleife angelangt. Es erscheint daher sinnvoll, die Dichotomie von Alltags- und Fachsemantik als erstrangige Unterscheidung der Varietäten anzusetzen, und erst nachrangig weitere stilistische, also text-, situations- und medienspezifische Subgliederungen vorzunehmen.[48]

5.2 Beziehungen zwischen Technikfachsprache und der Wissenschaftssprache der Physik

Wissenschafts- und Theoriesprachen müssen zur kognitiven und sprachlichen Bewältigung theoretischer Probleme andere Qualitäten haben als Technikfachsprachen. Schließlich sind sie Theoriesprachen zur Deutung der Welt. Auch die Wissenschaftssprache der Physik ist selbstverständlich hierzu zu zählen. Doch sind für den speziellen Fall des Verhältnisses von Physik und Technik einige Überlegungen notwendig, die auf die historisch bedingten Gemeinsamkeiten von Physik- und Techniksprache hinweisen.

Beide stehen unter dem Zwang, etwas ausdrücken zu müssen, was vorher nicht im Vorstellungsbereich des Menschen liegt und zunächst kein sprachliches Äquivalent aufweist (vgl. Gerlach (1962) S.7). Die Technik löst dies durch naive Modelle aus der Alltagserfahrung. Die Physik muß dies zunächst auch, erhebt aber dann die Modelle und Begriffe in Theoriekonstrukte. Auch der Sprache des Physikers geht zunächst voraus, daß auf einer vorphysikalischen Vorstufe beschreibend formuliert wird. Diese Vorstufe ist gegründet

[47] Vgl. hierzu auch die Gegenüberstellung verschiedener Definitionen der Fachsprache in Möhn/Pelka (1984) S.27f.

[48] Vgl. hierzu die Abbildungen, die die unterschiedlichen Sehweisen am augenfälligsten darstellen: Hoffmann (1985) S.50f., Hartmann (1980) S.34, Steger (1988a).

auf vorwissenschaftliches, alltägliches Wissen und auf körperliche, physische und sinnliche Erfahrung.[49]

Beispielsweise gehen räumliche, zeitliche, qualitative und quantitative Erfahrungen, die Vorstellungen von Körper, Naturerscheinungen etc. der Physik auf der Stufe einer naiven Alltags-Physik voraus. Dies läßt sich am 'Primat der Längenmessung' zeigen: Auf dieser vortheoretischen, körperlichen Form der Quantifizierung ruhen alle weiteren Meßverfahren der Physik, z.B. der Thermometer mit analoger Anzeige (vgl. Carnap (1926) S.24). Gleichzeitig ist damit eine sprachliche Konservierung von älterer Physik und ihren Theorien gegeben. Der Physiker Friedrich Hund hat darauf hingewiesen, daß zur Verständnissicherung von Physikwissen immer die ältere und gesicherte Mechanik als "Vordergrund" diene. Das beherrschende Denkschema MECHANIK ist auch in der Techniksprache dominant (siehe 3.11).

Ferner ist das Formulieren von einfachen Zusammenhängen auch in der Physiksprache noch vormodern. Eine Beschreibung wie z.B. *Die Wärme schmilzt das Eis* ist als Abfolge von Agens und Wirkung formuliert und könnte somit strenggenommen als ein Relikt des "mythischen Denkens des primitiven Menschen" (Carnap (1926) S.12) über solche Naturerscheinungen angesehen werden. Auch ein Physiker kann formulieren: *Das Thermometer mißt die Wärme.* Die korrektere Formulierung müßte jedoch eigentlich lauten: *Mit dem Thermometer ist der Temperaturunterschied meßbar.* Die erste Formulierung bleibt als Relikt aus der Zeit, in der man den unterschiedlichen begrifflichen Status von Wärme und Temperatur theoretisch noch nicht erkannt hatte (vgl. Gerlach (1962) S.21). Der Physiker Atkins veranschaulicht in seinem Lehrbuch die besondere Problematik der Physikfachsprache durch die Gegenüberstellung verschiedener Formulierungsvarianten:

(1) "Licht ist eine Welle ähnlich den Wellen auf der Oberfläche des Meeres."

(2) "Licht ist eine Welle in einem elektromagnetischen Feld."

(3) "Licht besteht aus Teilchen (oder Quanten oder Photonen), deren Verhalten durch eine Welle in einem elektromagnetischen Feld bestimmt wird." (Atkins (1986) S.4)

Selbst die wissenschaftlich exakte Variante (3) kann weder auf die alte 'Wellen'-Metaphorik noch auf eine neue 'Verhaltens'-Metaphorik verzichten. Am Beispielsatz vom "**Streben** eines Metalls, Ionen in eine Lösung zu **senden**" zeigt Pausch die Nichtvermeidbarkeit solcher 'Verhaltens'-Metaphorik in der Fachsprache der Physik (vgl. Pausch (1971) S.423, vgl. auch Dijksterhuis (1956) S.160). Somit gilt auch für die Physiksprache ebenso wie für die Techniksprache: ohne agentivierende, anthropomorphisierende oder andere 'vormoderne' Versprachlichungen ist Sprechen über die Naturzusammenhänge auch für den Physiker nicht möglich:

[49]Vgl. zu dieser Problematik und auch allgemein zur Sprache der Physik: Carnap (1926) S.1ff., Gerlach (1962) S.21ff., Mittelstaedt (1972) S.88, Steger (1991).

"Sie ist, unbeschadet aller kulturellen und historischen Prozesse, in ihrem Kern originär anthropomorph, nämlich auf die Sichtweise und Situierung des Menschen angelegt." (Kutschmann (1986) S.323)

Viele zentrale Begriffe der Physik sind in diesem spezifischen Sinne 'falsch' widergegeben, weil der neue Theoriebegriff noch mit dem alten Wort bezeichnet wird, das eigentlich der Theorie nicht mehr angemessen erscheint. Seit dem 19. Jahrhundert ist in den Wissenschaften bekannt, daß die erfahrbaren Größen Wärme, Bewegung und Kraft nur verschiedene Zustandsvarianten von Energie sind, somit alle zu Varianten des Energiebegriffs geworden sind. Doch auch die Physik operiert weiterhin mit dieser strenggenommen überholten Dreiteilung. Es ist wohl zwingend, daß in der makroskopischen Physik die Energien des täglichen Lebens weiterhin so archaisch bezeichnet werden können und wohl auch müssen (vgl. Gerlach (1972) S.59, Kamlah (1979) S.192).

Die Techniksprache hat somit mit der Physiksprache die folgenden Gemeinsamkeiten:
(1) Zwang zur Analogie in den Bezeichnungen für 'Neues'
(2) Rückführung auf die menschliche KÖRPER-Erfahrung
(3) Rückführung auf den 'Vordergrund der Mechanik'
(4) Sprachliche Konservierung von überholten Theorien
(5) Obligatorische Agentivierungen, Personifizierungen etc.

Ferner nimmt die Technikfachsprache mit ihrer Semantik eine Mittelstellung ein: Zum einen hat sie in den geringen Anteilen, in denen sie 'angewandte Wissenschaft' darstellt, Entlehnungen aus der Theoriesprache der Physik (was beispielsweise in der Elektrotechnik und anderen Techniken dringend notwendig ist), aber ihr allergrößter Anteil ist den Grundlagen einer naiven Alltagsmechanik verhaftet.

5.3 Normierungen in den Techniksprachen

Die Normierung technischer Fachausdrücke, d.h. die für die Fachwelt verbindliche Festsetzung durch eine Institution, ist eine relativ junge Angelegenheit. Bis zu Beginn des 20. Jahrhunderts hat die Technik keine Terminologie. Für die vorliegende Abhandlung ist allerdings die Problematik nicht von zentraler Bedeutung, denn das historische Interesse liegt im 18. und 19. Jahrhundert und somit geradezu programmatisch vor jeder institutionell abgesicherten Normierung der Techniksprache.[50]

Mit der Formulierung, daß die Normierung den "gewachsenen" Sprachbeständen "hinterherlaufe" (vgl. Ischreyt (1965) S.169ff.), wird ausgedrückt,

[50]Geschichte und Prinzipien der Terminologisierung und Normierung sind in der Literatur ausführlich dokumentiert. Vgl. Beier (1961), Felber u.a. (1979), Schewe/Spiegel (1980) und Felber/Budin (1989). Vgl. ferner die DIN-Normen DIN-2330 (1979), DIN-2331 (1980) und das DIN-Begriffslexikon (1961). Vgl. für die Bereiche Maschinen- und Fahrzeugbau die DIN-Norm DIN-70010 (1978) und Thesaurus Maschinenbau (1979).

daß in der Technniksprache schon lange eine auf Konventionen beruhende Verkehrsnorm entstanden sein kann, ehe sie nachträglich durch eine institutionelle Normierung bestätigt und gefestigt wird (vgl. Steger (1980)). Mit der semantischen Akzentsetzung der Arbeit ist aber gerade die nichtnormierte Verkehrsnorm im Focus des Interesses, nämlich die Entstehung und die Wandlung der techniksprachlichen Ausdrücke im Laufe der Technikgeschichte, ohne daß dabei planerisch in die Sprachentwicklung eingegriffen würde. Die bekannten und oft zitierten Divergenzen zwischen der Technikfachsprache des Praktikers und einer planvoll terminologisierten Technikfachsprache entstehen erst im 20. Jahrhundert:

> *Lampe — Leuchte, Nagel — Drahtstift, Automobil/Wagen — Kraftfahrzeug, Motor — Kraftmaschine, Hupe — Signalhorn, Benzinmotor — Verbrennungskraftmaschine*

Die beiden Varianten, auf der einen Seite eine historisch herausgebildete Norm und auf der anderen Seite die nachträglich festgesetzte Normierung, sind in Fachtexten mittleren Niveaus, in Lehrbüchern oder in Vermittlungstexten sehr gut herauszulesen. Dort werden sie — teils aus didaktischen, teils aus textökonomischen Gründen — nebeneinander gebraucht. Dazu ein Beispiel: In einem Standardhandbuch für die Technikerausbildung erscheinen in Inhaltsverzeichnis und Überschriften die normierten Termini als korrekt klassifizierende Begriffe (*Arbeitsmaschine, Kraftmaschine, Brennkraftmaschine*), im fortlaufenden Text werden dann aber ununterbrochen ungenaue Kurzformen aus der 'Praxis' verwandt (*Motor, Maschine*).[51]

In der Fachsprachendiskussion wird gelegentlich unreflektiert unterstellt, daß die 'lebendige Metapher' stets die gewachsene Norm sei und daß der metaphernfreie 'strenge' Ausdruck die gesetzte Terminologie verkörpere. In einem ähnlichen ungeklärten Widerspruch zwischen Bewertung des Ausdrucks und Berücksichtigung des Inhalts stehen auch die sogenannten vertikalen Sprachschichten in den Fachsprachen.

5.4 Die vertikale Gliederung der Fachsprachen

Die 'vertikale Gliederung' der Fachsprachen gehört zu den Standardannahmen der Fachsprachenlinguistik.[52] Erste Ansätze hierzu sind bereits in einer Abhandlung aus dem Jahre 1932 (!) zu finden, in der die Reihung des technischen Wortschatzes in die drei Bereiche Forschung, Herstellung und Vertrieb vorgeschlagen wird (vgl. Sprache und Technik (1932)). Darauf aufbauend wurden auf dem Hintergrund der inhaltbezogenen Sprachwissenschaft dann verschiedene Sprachschichten benannt:

---

[51] Vgl. Böge (1985) S.1028ff. Vgl. auch weitere Lehr– und Vermittlungstexte: Leyhausen (1980), Lueger (1960-72) und Technik im Leben (1986).

[52] Vgl. hierzu die Referierungen in Fluck (1980) S.17ff, Ischreyt (1965) S.38ff und Mackensen (1959) S.293ff.

	Mackensen (1959)	Ischreyt (1965)
(1)	Fachsprache	Wissenschaftliche Fachsprache
(2)	Werkstattsprache	Werkstattsprache
(3)	Verbrauchersprache	Verkäufersprache

Dabei wurde ein relativ einfaches Bild von ausdrucksseitig festlegbaren Sprachschichten angenommen. Selbstverständlich gingen zu jener Zeit noch wenige außerlinguistische Reflexionen über unterschiedliche Teilhabe an Fachwissen (Experte vs. Laie), über unterschiedliche Kommunikationstypen (Fachdiskussion vs. Verkaufsgespräch) oder über unterschiedliche Textnormen (Lehrbuch vs. Werbeschrift) in die sprachwissenschaftliche Diskussion ein. Mit den genannten Differenzierungkriterien wäre heute zu betonen, daß beispielsweise ein Verkaufs- und Beratungsgespräch zwischen Automobilverkäufer und Kunde nicht einer einzigen 'Sprachschicht' zuzuweisen ist. Es kann bei der Diskussion um Katalysatortechnik, Abgasnormen und Steuerbefreiungen Elemente von institutionenbezogener und theoriegestützter Technikfachsprache haben. Es kann bei der Diskussion über verschiedene Motortypen und unterschiedliche Polsterausstattungen aber auch Elemente einer naiven Techniksprache, trivialer Alltagsklassifizierungen und der Werbesprache enthalten.

Gewisse Schwierigkeiten in der angenommenen vertikalen Schichtung entstehen ferner dadurch, daß in den verschiedenen Diskussionen stets zwei Entwicklungsprozesse angenommen werden, die sich eigentlich gegenseitig ausschließen. Einerseits finde der sprachliche Transfer im Normalfall 'von oben nach unten' statt (vgl. Möhn (1979b) S.15), d.h. in der Verkäufersprache werde 'vereinfachend' und 'werbend' umgesetzt, was in den Theoriesprachen entwickelt wurde. Andererseits wird bei der Betonung der historischen Entwicklung die Werkstattsprache als die erste und älteste Sprachschicht angenommen, von der aus die 'Lebendigkeit' der Techniksprachen herrühre (vgl. Ischreyt (1968) S.76f.), d.h. die entscheidende Beeinflussung geht 'von unten nach oben'.

Es wurde offensichtlich als Problem erkannt, daß hier diachrone, semantische und stilistische Kriterien in unpräziser Vermengung zusammenkommen. Einige Modelle in der Fachsprachenliteratur versuchen hier genauer zu präzisieren und vor allem genauer die Textbereiche zu trennen. Beispielsweise unterscheiden Beling/Wersig die vier Bereiche Wissenschaft, Anwendung, Vertrieb und Verbrauch. Hinzu kommen weitere interne Differenzierungen bezüglich bestimmter Texte, die den sprachlichen Transfer zwischen den vier Bereichen regeln. Dadurch entsteht eine auf Textarten aufbauende siebenstufige Skala (vgl. Beling/Wersig (1979) S.147). Der Vorschlag, den Löning ((1981) S.82ff.) anbietet, kann allenfalls als unausgereifte Ad-hoc-Differenzierung charakterisiert werden: Um einer möglichst genauen Abstufung willen werden semantische, texttypenspezifische und mediumsbezogene Kriterien in eine völlig unangemessene Kreuzklassifizierung eingebaut. Dadurch wird eine genaue Abstufung vorgetäuscht, die das grundsätzliche Problem, welchem Abgrenzungskriterium der erste Rang einzuräumen ist, eher weiter verschüttet, statt ihm näher zu kommen.

Trotz aller Differenzierungen zeigen die genannten Arbeiten letztendlich immer wieder die Vorstellung von einer stilistischen, ausdrucksseitigen Abstufung. Trotz aller beliebig zu steigernden Verfeinerungen werden die grundsätzlichen semantischen und pragmatischen Unterschiede nicht herausgestellt, sondern im Prinzip wird die einfache lexikologische Schichtung 'Fachwortschatz' und 'allgemeinsprachlicher Wortschatz' (vgl. z.B. Hornung (1978), Küster (1982)) lediglich feingerasteter wiederzugeben versucht.

Ein zu vordergründig lexikologisches Kriterium war in der Diskussion über die vertikale Stufung der Fachsprache stets die Betonung, daß die unteren Sprachschichten eine besonders hohe 'Lebendigkeit' aufweisen. Mit dieser teils ausdrucksseitig teils semantisch zu bestimmenden Verlebendigungs-Metaphorik (siehe 3.2) war ein Maßstab gegeben, der die oben angesprochenen Widersprüchlichkeiten jedoch in sich barg. Darauf soll im folgenden kurz eingegangen werden.

Besonders in vielen Forschungsarbeiten zu vorindustriellen technischen Fachsprachen kommt der Beschreibung der Verlebendigungs-Metaphorik eine große Bedeutung zu. Dabei sind teilweise sprachpflegerisch verklärende Töne in der Bewertung dieser Phänomene zu beobachten. Die Metaphern geben den älteren Technikfachsprachen "ein überaus hohes Maß an Anschaulichkeit, Konkretheit, Lebendigkeit, an sprachlichem Reichtum" (Spiegel (1981) S.146). Die vorindustriellen Werkstattsprachen seien im Gegensatz zu den gegenwärtigen noch "bodenständig und bilderfroh" (Mackensen (1959) S.294). Oder in die Natur-Metaphorik der Muttersprachen-Verehrung gekleidet:

> "In Benennungen mit metaphorischen Elementen reichen die Wurzeln tiefer in das Erdreich der Muttersprache." (Ischreyt (1965) S.199)

Die positive Bewertung solcher Sprachelemente deutet sicherlich auf romantisierende Technik-Nostalgie hin. Bisweilen ist auch die Diktion der inhaltbezogenen Sprachwissenschaft der 50er und 60er Jahre zu erkennen (vgl. auch Schirmer (1952)). Eine solche im Prinzip eher sprachgeschichtlich ausgerichtete Bewertung wird dann gelegentlich durch eine eher naiv-soziolinguistische Bewertung gestützt. Die Lebendigkeit der Fachsprachen käme 'von unten', der Entstehungshintergrund dieser Lebens-Metaphorik sei die Werkstattsprache:

> "Die technische Metaphorik ist der Beitrag des einfachen, unkompliziert und unwissenschaftlich denkenden Mannes zu den Wortneubildungen." (Bückendorf (1963) S.316; vgl. auch Fluck (1980) S.89, Ischreyt (1965) S.197ff.)

So entsteht das romantisierende Ideal einer vorindustriellen Fachsprache: aus vormodernen Zeiten überkommen und aus einfachen und überschaubaren Lebens- und Denkzusammenhängen entstanden. Deshalb ist folgerichtig die Auffassung zu erwarten, daß dieses Ideal im Zeitalter der Industrialisierung zerstört wurde oder bedroht sei. In der Automatisierung der modernen Technik werde eine "Entmenschlichung der Fachsprache" eintreten, ein "Verlust an Lebendigkeit" sei die Folge (Ischreyt (1965) S.77).

Gerade die letzte Behauptung wird sehr fraglich, wenn man sich die Metaphorik modernster Technikspracben vergegenwärtigt. Mit den Akzentsetzungen 'typisch vorindustriell', 'veranschaulichend', 'verlebendigend' und 'niederes Sprachniveau' werden zwar in der relativ oberflächlichen Stilbetrachtung wichtige Aspekte angedeutet, aber im Prinzip eine falsche Fährte in der Bewertung der Vermenschlichungs-Metaphorik beschritten. Der hohe Anteil an Mensch- und Organmetaphern gilt auch für alle modernen Technikfachsprachen (vgl. Pelka (1971) S.194ff).

Allenfalls die Akzentsetzung von der metaphernspendenden niederen Fachsprache ist plausibel. Sie wäre in Beziehung zu setzen mit meiner Behauptung, Technikfachsprachen seien 'von unten aus der Alltagssprache emporgestiegen'. Allerdings wird m.E. in die Entstehungsgeschichte dieser Werkstattmetaphern zuviel rationale Planung und Überlegung hineininterpretiert (vgl. beispielsweise Spiegel (1972) S.158). Im historischen Teil dieser Arbeit werde ich zu zeigen versuchen, welche chaotischen Zufallsentwicklungen solche ad-hoc-Bildungen der Benutzergruppen zu offiziellen Fachwörtern werden lassen. Eine planvolle Motivik kann hier für den Einzelfall kaum unterstellt werden.

Das grundsätzliche Dilemma dieser zu ausdrucksseitig orientierten Verklärung und Bewertung der Verlebendigungs-Metaphorik besteht darin, daß die zuvor aufgestellten drei Schichten Theoriesprache, Werkstattsprache und Vermittlungssprache wieder vermengt werden, statt sie getrennt zu beschreiben und vor allem nach ihren unterschiedlichen Angemessenheitsnormen auch entsprechend differenziert zu bewerten. Eine Metapher wie *Materialermüdung*, die für einen eindeutig definierten Fachbegriff der Materialtechnik und Materialbearbeitung steht, sollte man nicht mit einer saloppen gruppensprachlichen Metapher der Benutzer, dem *Eisernen Polizisten* (=Rufsäule), vergleichen und nach gleichen Maßstäben bewerten, wie dies Lutz Mackensen tut ((1959) S.294). Auch eine Vermittlersprache, z.B. technische Berichterstattung in Zeitungen (vgl. Mittelberg (1968)), ist unter dem Problem 'Vermenschlichung der Technik' anders zu bewerten (vgl. auch Mackensen (1971) S.49-79).

Das Grunddilemma ist in der Behauptung Ischreyts erkennbar, daß in den oberen Sprachschichten die "exakte Benennung", in den unteren Sprachschichten dagegen die "lebendige Metapher" dominiere (vgl. Ischreyt (1965) S.197ff). Hier wird übersehen, daß eine genau festgelegte Fachterminologie sehr wohl auch durch Metaphern ausgedrückt werden kann. Auch eine Metapher kann für einen exakten Begriff stehen. Oder anders gewendet: Nicht jede Benennung ist nur deshalb 'exakt', weil sie ohne metaphorische Elemente auskommt.

Eine pointierte Folgerung: Die vertikale Gliederung der Fachsprachen ist nur auf der Basis solcher unsystematischer Vermischung von Stil und Semantik und der daraus resultierenden Widersprüche aufrechtzuerhalten.

5.5 Fachsprache und Gruppensprache

Ein weiteres Problem der vertikalen Gliederung der Fachsprachen besteht darin, daß in den Bereichen der Werkstattsprachen eine Verzahnung mit den für soziale Kleingruppen typischen Gruppensprachen hinzukommt. Pelka zitiert als anschaulichen Beleg ein betriebsinternes Anschreiben, in dem neben Elementen einer Elektrotechnikfachsprache auch saloppe gruppensprachliche Formen vorkommen:

> "die Schaltung kann demnächst den Geist aufgeben", man muß deshalb "die Schaltung umstricken" (Pelka (1979) S.73)

Noch drastischer ist das Beispiel einer Labor–Gruppensprache im Krankenhaus (vgl. Mahler (1978)). Die so furchtbar klingende Formulierung einer Röntgenassistentin *Draußen sitzen drei gefüllte Gallen* ist eine gruppensprachlich verkürzte Version mit dem Informationsgehalt: 'Draußen sitzen drei Patienten mit verabreichtem Kontrastmittel für eine Röntgenaufnahme der Galle.'

Die aus der Fachsprachenschichtung entlehnte Interpretation, solcher Laborslang sei eine berufsspezifische Gruppensprache, die "tief in der Umgangssprache verwurzelt" sei (vgl. Mahler (1978) S.4), kann nicht befriedigen. Mit soziolinguistischen und sozialpsychologischen Kriterien kommt man hier weiter. Schließlich hat solches Sprechen neben den üblichen Funktionen der Gruppensprachen (Abgrenzung, Kohärenzstiftung) die entscheidende Aufgabe, in der besonderen Umgebung Krankenhaus eine emotionale und sprachliche Immunisierung gegenüber den dort herrschenden Schrecken der Berufswelt (Leiden, Leid, Ekel, Schmerz, Infektionsgefahr, Krankheit, Tod) aufzubauen. So gesehen ist sie keine 'äußere' sprachliche Bewältigung der Gegenstände und Verfahren am Arbeitsplatz, sondern eine 'innere', auf psychische Stabilität der Beteiligten hinzielende Bewältigung.[53] Sie ist also in erster Linie Gruppensprache und nicht Fachsprache.

Es scheint so, daß auch Gruppensprachen in technischen Umgebungen auf solche 'inneren' Bewältigungen hinzeigen können. Die Buchdruckersprache (vgl. Dröge (1978)) kennt viele Ausdrücke, die aus gruppensprachlichen Bildungsprozessen herstammen: *Hurenkind, Hochzeit, Jungfrau.* Man könnte hier versuchen, mit psychoanalytischen Kategorien weiterzuspekulieren. Ich will mich auf die Feststellung beschränken, daß hier eine typische 'Männer–Gruppen–Fachsprache' vorliegt.

[53] Solches ist auch in anderen Situationen des Alltags zu beobachten, daß sprachliche Ironisierung oder gar makabre Witze die psychischen Spannungen in einer bedrohlichen Situation abbauen können.

Teil II: Historische Studien

6. Konzeption und Methode einer Geschichte der Techniksprache in der Neuzeit

6.1 Der Erkenntniswert einer diachronen Untersuchung für die Semantik der Techniksprache

Einige der im ersten Teil der Arbeit behandelten Aspekte der Techniksprache mögen für eine linguistische Fragestellung mitunter als zu sprachfern, als überflüssig, selbstverständlich oder sogar trivial erscheinen. Ein solcher Eindruck entsteht dadurch, daß die sonst unhinterfragten Bestände des Alltagswissens und die Selbstverständlichkeiten der Alltagssprache behandelt werden müssen, um das Phänomen Techniksprache wissenspsychologisch und linguistisch genau zu analysieren.

Möglicherweise hat auch eine lediglich auf die Gegenwart bezogene Abhandlung deutliche Erkenntnisbarrieren, die nur durch die Herstellung einer historischen Distanz zu überwinden sind. Erst die Analyse der mentalen Modelle und metaphorischen Konzepte in überholten Wissensbeständen und vergangenen Sprachstufen erbringt weiteren Erkenntniszuwachs für die anthropologischen, wissenspsychologischen, technikhistorischen und varietätenlinguistischen Aspekte, die in Teil I besprochen wurden.

Die historischen Studien dienen somit nicht nur einem eigenständigen technik- und sprachhistorischen Erkenntnisinteresse, das ohne Zweifel auch gegeben ist, sondern ausdrücklich auch zum besseren Verständnis und zur genaueren Bewertung bestimmter Erscheinungen in der gegenwärtigen Techniksprache.[1] Teil II der vorliegenden Arbeit ist deshalb nicht bloß ein fakultativer historischer Appendix, vielmehr ist er als **empirische und diachrone Fundierung** der Betrachtungen zur Semantik der Techniksprache gedacht. Darüber hinaus soll er unter dem speziellen Interessensfocus Technik einen eigenständigen Beitrag zur Sprachgeschichte der Neuzeit und des Industriezeitalters leisten.

Die Bedeutung der mentalen Modelle der Techniksprache wird durch einen Blick auf die historischen Veränderungen dieser Modelle und ihrer sprachlichen Ausdrucksformen erst in vollem Umfange erkennbar. Die Wissensbestände in Theorie und Alltag und deren sprachliche Formen, die durch die Zeiten konstant geblieben sind, sind dabei gleichermaßen erhellend wie diejenigen, die Veränderungen unterlagen. Hinsichtlich des ausgewählten Zeitausschnittes und der ausgewählten Technikbereiche ist jedenfalls eine auf-

[1] Beispielsweise würde man m.E. die Kuriositäten der gegenwärtigen Computersprache ohne eine historische Betrachtung als vermeintliche Besonderheit und 'Einmaligkeit' völlig unangemessen bewerten und entsprechend überschätzen; vgl. hierzu Jakob (1991).

schlußreiche und stürmische Entwicklung der Wissensmodelle und der sprachlichen Mittel zu erwarten.

6.2 Die Paradigmen der Sprachgeschichtsschreibung und das 19. Jahrhundert

Eine neu zu konzipierende Sprachgeschichte des 18. bis 20. Jahrhunderts muß sich in ihren Methoden und Erkenntnisinteressen als eine eigenständige Sprachgeschichte der Neuzeit von der älteren Sprachgeschichte abheben. Sie sollte weniger eine Geschichte der Sprachausdrücke und eine Chronologie des 'Sprachwandels' sein. Sie sollte sich mehr um die historische Beschreibung und Interpretation der Einflüsse 'von außen' auf die Sprache kümmern.[2]

In der aktuellen Theoriediskussion werden im wesentlichen zwei methodische Akzentuierungen mit entsprechenden historischen Projektionen vorgeschlagen:

(1) Sprachgeschichte mit einer **textgeschichtlichen** Akzentuierung und einer sich daraus selbstverständlich ergebenden Projektion auf eine Mediengeschichte und eine Sozialgeschichte der Kommunikation.

(2) Sprachgeschichte mit einer **begriffsgeschichtlichen** und **semantischen** Akzentuierung und einer daraus folgenden Projektion auf eine Wissens-, Wissenschafts- und Bildungsgeschichte.

Eine solchermaßen erweiterte Auffassung von Sprachgeschichte ist dringend erforderlich, um in einem Paradigmenwechsel vom geschichtlich **rekonstruierenden** Focus der älteren Geschichte zum geschichtlich **interpretierenden** Focus der neueren Geschichte zu gelangen. Gerade für das in den 80er Jahren für die Sprachgeschichte 'entdeckte' 19. Jahrhundert ist dies unumgänglich.[3]

Mit den Leitintentionen und Erkenntnisinteressen der älteren Sprachgeschichte (philologische Rekonstruktionen, Theorien über Laut- und Formenwandel, Dominanz literarischer Denkmäler u.a.) mußte das 19. Jahrhundert als nicht erforschbar und nicht erforschenswürdig gelten. Dabei ist im 19. Jahrhundert erstmals in der Geschichte eine Quellendichte und Quellenvielfalt gegeben, die der des 20. Jahrhunderts nicht nachsteht. Neue Quellentypen zeigen eine deutliche institutionengeschichtliche und mediengeschichtliche Zäsur gegenüber dem 18. Jahrhundert. Die neuen Quellentypen, die dem Historiker so immense Forschungsmöglichkeiten bieten, wurden von den Sprachhistorikern als vermeintlich trivial und nicht beachtenswert eingestuft, da sie von der Grundannahme ausgingen, daß mit dem Ende der deutschen Klassik die Entwicklung der Hochsprache ihren Abschluß gefunden habe.

---

[2]Vgl. zur grundsätzlichen Diskussion einer neugestalteten Sprachgeschichtsschreibung der Neuzeit: Cherubim (1983), Polenz (1983), Polenz (1989), Polenz (1991), Schenker (1977), Schildt (1989), Steger (1984), Wimmer (1983).

[3]Vgl. zur Sprachgeschichte des 19. Jahrhunderts: Cherubim (1983), Cherubim/Mattheier (1983), Dieckmann (1989), Grosse (1986), Grosse (1987), Mattheier (1983), Rindermann (1986), Schildt (1981), Studien (1980).

Diese Restriktion ist im Rahmen des vorgegebenen Paradigmas zwar konsequent und verständlich, jedoch zugleich paradox:

> Man muß bedenken, "daß sich im 19. Jahrhundert ein wahrhaft dramatischer sozio–kultureller Wandel vollzieht, der alle Lebensbereiche und alle Bevölkerungsgruppen einschließt. Der Gesamtkomplex der Daseinsgestaltung wie auch die Qualität des Lebens werden vom Sog der Veränderungen erfaßt. Um so unverständlicher ist es, daß dieser Prozeß lange Zeit als Forschungsgegenstand vernachlässigt wurde: Das 19. Jahrhundert ist immer noch eine recht dunkle Periode." (Braun (1973) S.11)

Hier spricht zwar ein Volkskundler über eine vernachlässigte Periode in der Forschungsgeschichte seines Faches, aber seine Aussagen sind wörtlich auf die Sprachgeschichte übertragbar.

Die neuentdeckte Epoche und neue Methoden gehören direkt zusammen: Im Mittelpunkt der Beschäftigung mit der Sprachgeschichte des 19. Jahrhunderts müssen, wenn man zu lohnenden Ergebnissen kommen will, in einem konsequenten Paradigmenwechsel die text–, kommunikations–, wissens– und begriffsgeschichtliche Aspekte stehen.

6.3 Zur Konzeption einer Synthese aus Technik–, Begriffs– und Textgeschichte

In der vorliegenden Arbeit wird mit der Verknüpfung von neuzeitlicher Technik- und Sprachgeschichte schon in der Grundkonzeption eine besonders spannungsreiche Verbindung eingegangen. Dabei ist jedoch die Vorstellung zu korrigieren, die Technikgeschichte sei immer noch eine bloß technikinterne 'Instrumentengeschichte', in der unter einer vorherrschend ingenieurwissenschaftlichen Ausrichtung die technischen Details der Artefakte und deren 'Vervollkommnung' nachgezeichnet werden. Vielmehr wird innerhalb der Technikgeschichte in einer erstaunlichen Parallelität zur Methodendiskussion der Sprachgeschichte ebenfalls von einer dringend notwendigen 'sozialen Pragmatisierung' in der Auffassung des Faches ausgegangen. Dieses neue Verständnis umfaßt neben der Geschichte des Artefakts auch die Geschichte des technischen Wissens, des Umgangs mit Technik, ihre Einbeziehung in das Alltagshandeln und die sich wandelnden Einstellungen zur Technik.[4] All diese Teilaspekte können jedoch ohne weiteres mit einer zusätzlichen sprachgeschichtlichen Akzentuierung versehen werden. Insofern ist die hier konzipierte sprach- und technikgeschichte Verbindung möglicherweise naheliegender, als es zunächst den Anschein hatte.

Lebensalltag, praktisches Handeln und alltägliches Wissen sind in der Geschichte der Menschheit (und im Industriezeitalter mehr denn je) immer auch

[4] Vgl. zur Theoriediskussion in der Technikgeschichte: Troitzsch/Weber (1977), Troitzsch/Wohlauf (1980), Troitzsch (1987).

auf den Umgang mit Artefakten bezogen. Dies waren die Vorgaben des ersten Teils der Arbeit, wo Technik und ihre sprachliche Bewältigung auf anthropologische und wissenspsychologische Kategorien bezogen dargestellt wurde.

Die dabei dargestellten Kategorien der Kognitionswissenschaften, wie z.B. die mentalen Modelle, sind auch im historischen Teil verwendbar. Dabei stellt sich die methodische Frage, wie diese Vorgaben zur Untersuchung der Texte angewendet werden können. Eine nacherzählende Erläuterung der Texte mit sporadischen Hinweisen auf die Modelle des Technikwissens kann nicht befriedigen. Deshalb soll durch eine **begriffsgeschichtliche Akzentuierung** zwischen den kognitiven Größen und den zur Verfügung stehenden Ausdrucksmitteln vermittelt werden.[5]

Die prinzipielle Unterscheidung zwischen **Begriffen** als vorsprachlichen Konzepten und den dafür zur Verfügung stehenden **Ausdrücken** macht einen solchen Brückenschlag möglich.[6] Eine solchermaßen kognitionswissenschaftliche fundierte Begriffsgeschichte ist mehr als eine Addierung von 'Wortgeschichte' und 'Bedeutungswandel'. In der Behandlung herausragender Begriffe soll versucht werden, die entscheidenden Wissensentwicklungen und Fortschritte des Denkens, die entscheidenden Veränderungen in den Modellvorstellungen, die veränderten Einstellungen und Bewältigungsstrategien gegenüber der Technik sprachlich zu bündeln.[7]

Auch in der Technik und ihrer Geschichte, wo die Verknüpfung von sprachlichem Ausdruck und dem konkreten Referenzobjekt eine vermeintlich eindeutige Angelegenheit ist, ist die Divergenz von Begriff und Wort zu beachten. Es gibt keine einfache abbildende Funktion des Wortes für den Gegenstand, wie in der Technikgeschichte gelegentlich zu einfach angenommen wird. Zwischen beiden steht der Begriff, dem Modellvorstellungen, Klassifizierungen und andere gedankliche Konzepte zugrundeliegen, die über das konkrete Artefakt hinausgehen.

Die auftretenden Phasenverschiebungen in der Begriffs– und Wortgeschichte belegen dies: Die technikgeschichtliche 'Konservativität der Artefakte und Begriffe' (siehe 4.2) und die sprachgeschichtliche 'Konservativität der Wörter' führen zu Widersprüchen, weil die Wissensentwicklung und damit die Begriffe schon fortgeschrittener sein können, als die Wörter erahnen lassen. Das Verwirrspiel 'altes Wort für neuen Begriff' oder 'alter Begriff mit neuem Wort' ist bei der Arbeit an Quellen in jedem einzelnen Fall genau zu interpretieren und aufzulösen. Wenn im 18. und 19. Jahrhundert in den Quellen von *Kraft*

---

[5]Vgl. zur Begriffsgeschichte in der Geschichtswissenschaft: Busse (1987), Geschichtliche Grundbegriffe Bd.1 (1972) [Einleitung], Koselleck (1978). Vgl. zur Diskussion in der Germanistik: Steger (1986), Steger (1988b).

[6]In Anlehnung an die Schreibweise in Kap. 3 werden die Begriffe in GROSSBUCHSTABEN und die Ausdrücke in *Kursiv* notiert. Damit wird im Text eine Inflation von einfachen und doppelten Anführungszeichen vermieden.

[7]Vorbild hierfür können Begriffsgeschichten anderer Wissenschaften, in denen anschaulich die Entwicklung des Wissensstandes, dessen zentrale Leitbegriffe und der dafür notwendigen Fachwörter dargestellt sind. Vgl. z.B. für die Physik: Gerlach (1966), Hund (1978).

die Rede ist, ist damit nicht mehr unbedingt der alte anthropomorphe Begriff von KRAFTAUSÜBUNG, sondern häufig schon der modernere Begriff MECHANISCHE ENERGIE gemeint. Wenn im 18. Jahrhundert von *Fahrzeug* gesprochen wird, ist damit noch nicht der heutige allgemeine Begriff von LAND- UND WASSERFAHRZEUG, sondern noch der alte eingeengte Begriff WASSERFAHRZEUG gemeint.

Um solche allgemeinen und für die Entwicklung zentralen Begriffe aus dem Bereich der kompatiblen und alltagsrelevanten Technik soll es in den historischen Studien gehen:
ANTREIBER, ARBEIT, AUTOMAT, BEWEGUNG, ENERGIE, FAHRZEUG, KRAFT, KÜNSTLICHKEIT, LAST, LEISTUNG, MASCHINE, MOTOR, MÜHLE, PERPETUUM MOBILE, PUMPE, STEUERUNG, UHR, WAGEN.

Dabei ist zu berücksichtigen, daß es keine 'gemeinsprachlich' zu verallgemeinernde Entwicklung von Begriffen gibt, sondern begriffs- und wortgeschichtliche Entwicklungen sinnvollerweise bezogen auf bestimmte kommunikative Bereiche (Alltag, Technik, Wissenschaft, Institutionen, Literatur, Religion) zu betrachten sind (vgl. Steger (1984) (1988a)). Der Begriff MASCHINE im 18. Jahrhundert zeigt dies sehr anschaulich: In den Theorietexten des französischen Materialisten Lamettrie (siehe 7.4) wird ein anderer Begriff zugrundegelegt als in den Technik-Fachtexten von Jacob Leupold (siehe 8.4), beide unterscheiden sich wiederum von dem populären Modebegriff des späten 18. Jahrhunderts.

Bei der Analyse von Techniksprache und Technikwissen, und demzufolge auch bei der Behandlung von Begriffen der Technik, ist stets zu bedenken, daß aufgrund der Sonderstellung der Technik in der Menschheitsgeschichte (siehe 2.1) die Fachbegriffe und Fachwörter der Technik im Spannungsfeld der Dichotomie von Theoriebegriff und Alltagsbegriff stehen.[8] Einerseits haben die Technik-Begriffe — wie andere Fachbegriffe auch — die Aufgabe, in einem begrenzten Fachwissen eine eindeutige Identifizierung zu leisten und somit die kognitive und kommunikative Funktion zu erfüllen, die ihnen im semantischen System des Fachwissens zugewiesen wurde. Entsprechend muß die Beziehung zwischen Begriff und Fachwort als eine eineindeutige Fixierung bestehen, um die fachsprachliche Verständigung zu ermöglichen: Der kognitiv festgelegte wissenschaftliche Begriff ENERGIE in der Physik darf dann eben nur als *Energie* und nicht mehr als *Kraft* bezeichnet werden.

Demgegenüber kommt dem Alltagsbegriff nur die Aufgabe zu, eine ungefähre Identifizierung und Differenzierung zu leisten, die in ihrer beschränkten Genauigkeit im allgemeinen zur Erfüllung der kommunikativen Aufgaben in Alltagssitutationen genügt. Sprachlich zeigt sich dies in einer nicht eineindeutig festgelegten Zuordnung der Ausdrucksseite. Da beispielsweise der alltägliche Begriff von ENERGIE eine relativ ungenaue Größe ist, der ein-

[8]Vgl. zur Diskussion der verschienden Begriffsniveaus: Schulze (1978), Steger (1988b) (1991).

mal eher den physikalischen Aspekt der ARBEITSVERRICHTUNG, einmal eher den anthropomorphen Aspekt der LEISTUNGSBEREITSCHAFT betont, genügt auch ausdrucksseitig eine alltagssprachliche Ungenauigkeit, die sich in lexikalischen Varianten, Synonymen und Paraphrasen niederschlägt:
Nomina: *Arbeitsvermögen, Energie, Fähigkeit, Kraft, Leistung, Stärke.*
Attribute: *arbeitsfähig, energiereich, kräftig, leistungsfähig, stark.*
Verben: *antreiben, können, schaffen, vollbringen, leisten.*

Bei der Behandlung der Technikbegriffe ist dann speziell zu prüfen, in welch spezifischer Weise sie zwischen Alltagsverständnis und Theoriewissen stehen. Ausgehend von einem Verständnis, das Technik als eine anthropologische Konstante in den menschlichen Alltagshandlungen sieht, muß deren sprachliche Bewältigung ausdrücklich auch auf der Grundlage von alltäglichen Wissens- und Sprachbeständen angenommen werden. Die alltäglichen Begriffe von ARBEIT, KRAFT und ENERGIE sind deshalb so schillernd und sprachlich variabel, weil deren Anwendung auf die Arbeitsverrichtungen und Energieleistungen der Lebewesen und der Maschinen oder auf die natürlichen oder künstlich hergestellten Energieformen an eine Vielzahl alltäglicher, 'naiver' und 'falscher' Vorstellungen von Bewegung, Materialbeschaffenheit, Kraftausübung und Kraftaufwand, Wärme, Elektrizität etc. geknüpft ist.

Andererseits sind viele Begriffe in den Technikquellen von der Theoriebildung ihrer Zeit geprägt. Der Wissensstand der Naturwissenschaften geht dort in möglicherweise trivialisierter Form ebenso ein wie generelle Deutungsmuster des gerade herrschenden Weltbildes. Also wird auch das Sprechen über die Arbeitsverrichtung von Menschen und Maschinen unter den Einflüssen der gerade in der jeweiligen Zeit dominierenden Vorstellungen und Weltanschauungen von KRAFT, ENERGIE, MATERIE etc. stehen.

Erst nach der getrennten Untersuchung von Begriffsentwicklungen in den drei Kommunikationsbereichen Theorie, Technik und Alltag, die zwar künstlich wirken mag, aber theoretisch und methodisch sinnvoll ist, kann dann eine vergleichende Zusammenführung erfolgen. Die dabei heraustretenden begriffsgeschichtlichen Interdependenzen oder möglicherweise sogar Parallelen zwischen gleichzeitig verlaufenden Prozessen geben ein anschauliches Bild von dem Zusammenwirken von Leitbegriffen der Wissenschaften, von politischen Begriffen und von Modebegriffen, die in vielen verschiedenen Bereichen als einfache 'zeitgeist'-spezifische Erklärungen dienen.

Es bietet sich an, für die genaue Nachzeichnung der Wissens-, Technik-, und Sprachentwicklungen in den Quellen Konzepte der Innovationsforschung zu übernehmen. Dort geht man im allgemeinen von sechs Stufen aus, die eine Neuerung von der ersten Erkenntnis bis zur endgültigen Verbreitung durchlaufen muß:[9]

[9]Vgl. zu den einschneidenden technischen Innovationen der Neuzeit und zu den sechs Stufen einer Innovation: Mensch (1975) S.135ff., S.238ff.

(1) **Erkenntnis**, (2) **Erfindung**, (3) **Nachweis der Durchführbarkeit**, (4) **Entwicklung**, (5) **Entscheidung** und (6) **Innovation**

An die endgültige Innovation schließt sich der allgemeine Verbreitungs- und Bekanntwerdungsprozeß an, den die Innovationstheoretiker die Phase der Diffusion nennen. Die technische Neuerung, die zuerst begrifflich erkannt, dann erfunden und benannt und schließlich als realisierbare und realisierte Innovation verwirklicht wird, durchläuft in diesen Phasen auch begriffliche und sprachliche Veränderungen.

Ein Beispiel: Das grundlegende Konzept der FEUERMASCHINE ist seit Leonardo da Vinci 'erkannt' (=1), aber erst um 1700 mit dem technischen Prototyp von Denis Papin 'erfunden' (=2), dann mit der atmosphärischen Dampfmaschine von John Newcomen und Thomas Savery erstmals in Ansätzen 'durchführbar' (=3), dann nach weiteren 100 Jahren erst in der Form der von James Watt verbesserten direktwirkenden Dampfmaschine als grundlegende technische Innovation möglich (=4,5,6). Die entscheidenden Zeiten der Diffusion, d.h. die weite Verbreitung in allen Bereichen und das allmähliche Vordringen in das Allgemeinwissen, sind für die erste Hälfte des 19. Jahrhunderts anzusetzen.

Für die FEUER-/DAMPFMASCHINE lassen sich diese Etappen wort- und begriffsgeschichtlich nachzeichnen (siehe 8.9). In der traditionellen Wortgeschichte wäre für das vorliegende Beispiel das Erkenntnisinteresse im allgemeinen befriedigt gewesen, wenn man nach genauer Quellenarbeit hätte schreiben können:

> "*Feuermaschine* ist erstmals als *Feuer-Machina* bei Leupold 1725 belegt. Das Wort wird seit Ende des 18. Jahrhunderts allmählich durch *Dampfmaschine* (erstmals belegt 1788) verdrängt." (konstruierter Wörterbucheintrag)

In der vorliegenden Arbeit geht es darum, solche Sprachprozesse deutlicher als Begriffsgeschichte aufzufassen und zwar auf der Folie der technikgeschichtlichen Entwicklung und der davon abhängigen Phasen der Innovation und Diffusion. Ein einfaches 'erstmals belegt' oder die Erklärung als 'Wortverdrängung' soll nicht genügen. Auch das bloße Verfolgen und Protokollieren, wie im Laufe der Technikgeschichte der Wortschatz weitertradiert, verändert und "umfunktioniert" wird (vgl. Seibicke (1985b) S.1990), kann nicht ausreichen.

Die Phasen der Diffusion, also die an die Innovation anschließende Verbreitung der Neuerung und die daraus resultierende Veränderung des Alltagswissens, sollen in Theorietexten, Techniktexten und wissensvermittelnden Texten verfolgt werden: Ist die Diffusion 'von oben nach unten' zu verfolgen? Von welchen Texten gehen die entscheidenden Anstöße aus? Welche Vermittlungstexte tragen entscheidend zur allgemeinen Verbreitung bei? Welche Texttypen bleiben archaisierend zurück?

Da die Beschreibung solcher Diffusionsprozesse offensichtlich auf eine textsortenbezogene Untersuchungsweise hinausläuft, könnte der hier kurz skizzierte Ansatz der Innovationsforschung als Möglichkeit genutzt werden, die bisher noch nicht konkret ausgearbeitete Arbeitsweise einer textgeschichtlichen bzw. textsortengeschichtlichen Akzentuierung der Sprachgeschichte vorzuzeichnen. Bisherige Versuche einer textgeschichtlichen Orientierung der neueren Sprachgeschichte beschränken sich häufig auf die Beschreibung, wo und wann welche Textsorten entstehen oder dominieren. Ohne konkrete Bezüge zu einer Geschichte der sprachlichen Ausdrucksformen gerät diese Akzentsetzung allerdings gelegentlich zu einer 'nachträglichen Linguistifizierung' der Ergebnisse anderer Geschichtswissenschaften. Das eigentlich Interessante und historisch Relevante ist schon im 'Original', also in der historischen Disziplin, die vereinnahmt wird, herausgearbeitet worden. Das hinterherhinkende linguistische Erkenntnisinteresse wirkt dadurch gelegentlich als triviale 'Imitation'. Im 'Original' bieten die demographischen Daten zum 19. Jahrhundert noch eine wissenswerte Information:

> "Um 1900 leben in Deutschland 56 Millionen Menschen, um 1800 waren es noch 26 Millionen. Ferner steigt die durchschnittliche Lebenserwartung im 19. Jahrhundert auf eine Höhe, wie sie noch nie in der Menschheitsgeschichte erreicht wurde." (fiktives Zitat)

In der 'Imitation' durch die Linguistik entsteht eine sprachgeschichtliche Trivialität:

> "Am Ende des 19. Jahrhunderts spielt die Sprache eine wesentlich bedeutendere Rolle als noch um 1800. Wesentlich mehr Menschen sprechen gleichzeitig in Deutschland, sie tun dies wesentlich länger und produzieren im Laufe ihres Lebens wesentlich mehr Texte." (fiktives Zitat)

Aus dem Bemühen heraus, solche 'Imitationen' zu meiden, und stattdessen eine **Textgeschichte** mit einer **Begriffsgeschichte** und auch mit einer ausdrucksseitig orientierten **Sprachgeschichte** zu verknüpfen, sind die drei folgenden Präzisierungen zu verstehen:

(1) Wie ist die Herausbildung einer neuen technischen Disziplin anhand ihrer neu entstehenden Texte (Fachzeitschriften, Nachschlagewerke, Lehrbücher) nachzuvollziehen und zu beschreiben? Welches sind die für Fachwissen und Fachsprache tragenden Texte der einzelnen Fächer? Die Geschichte der Fachsprachen ist fast selbstverständlich auch eine Geschichte der Fachtexte, weil im Gegensatz zur allgemeinen Sprachgeschichte das Suchen von Texten, die in eine fachbezogene Handlung und damit in eine fachbezogene Kommunikation eingebettet sind, bereits ein konstituierender Teil der Untersuchung sein muß. Die Frage der Quellenauswahl ist entschieden mehr als nur eine technische Klärung der Materialbeschaffung (vgl. Hahn (1983) S.13/48). Mit den folgenden Fragen sind Probleme der Textauswahl und gleichzeitig Leitfragen

einer möglichen Fachsprachengeschichte verbunden: Wer hat die Fachsprache überliefert? In welchen Textformen liegt die Überlieferung vor? An welches Publikum richtet sich der überlieferte Text?

So wichtig diese Fragen auch sind, so sind sie ganz im Sinne der obigen Polemik doch noch keine spezifisch sprachgeschichtlichen Fragestellungen, werden sie doch auch als Probleme der Technikgeschichte diskutiert (vgl. z.B. Troitzsch/Wohlauf (1980) S.22). Sie müssen demnach weiterentwickelt und linguistisch konkretisiert werden.

(2) Technische Entwicklungen beruhen in den behandelten Zeiträumen des 18. und 19. Jahrhunderts selbstverständlich auch auf internationalem Wissenstransfer. Der Transfer von West nach Ost, d.h. von den fortgeschritteneren Ländern England und Frankreich nach Deutschland, geschieht durch neue Textformen: Reiseberichte, Korrespondentenberichte, Übersetzungen von Literatur und auch eine Imitation neuer Texttypen. Die in den 90er Jahren des 18. Jahrhunderts erscheinenden Journale (z.B. Journal für Fabrik (1791ff.)) und die ersten Jahrgänge der polytechnischen Zeitschriften in den 20er Jahren des 19. Jahrhunderts (z.B. Dinglers Journal (1820ff.)) sind deutlich durch englische und französische Vorlagen geprägt (vgl. Kroker (1971) S.42ff).

Daran läßt sich m.E. am deutlichsten zeigen, daß die sprachlichen Übertragungen, die bisher zu eingeengt als Lehnwortproblematik gesehen wurden, dringend auf eine textgeschichtliche Grundlage zu stellen sind: Welche neuen, bisher unbekannten Texttypen entstehen? Welche Texte sind für den Transfer und vor allem für die breite Diffusion verantwortlich? Welche Rolle spielen die Übersetzungen der fremdsprachigen Fachliteratur?

Auch der neu entstehende Typ von Reisebeschreibungen übernimmt Vermittlungsfunktionen: Der Ingenieur oder Beamte des späten 18. Jahrhunderts reist schließlich nicht mehr mit einer bloß persönlich motivierten Bildungsintention, sondern sein Unterfangen hat nun vielmehr den Charakter einer Forschungsreise von offiziellem Interesse (vgl. Kroker (1971) S.52ff., Weber (1981) S.200).

(3) Auswirkungen auf die Sprache sind auch dem Übergang von der überwiegend mündlichen zu überwiegend schriftlicher Wissensvermittlung zuzuschreiben. In der Technikgeschichte dominieren bis ca. 1830 die mündlichen Formen der Wissensaneignung, Informationsvermittlung, Weiterbildung und Ausbildung (vgl. Kroker (1971) S.14, Weber (1975)). Neue Erkenntnisse und Erfahrungen werden in direktem Kontakt von Ausbilder und Auszubildendem, von Vater und Sohn, von Berichterstatter und Publikum weitergegeben. Ohne eine ausgebildete Lehrbuchkultur, die in Ansätzen erst um 1800 entsteht, und ohne eine weit verbreitete Fachzeitschrift, die erst im Laufe des 19. Jahrhunderts entsteht,[10] sind die Techniker auf den unmittelbaren

[10]Im 19. Jahrhundert entstehen einerseits die eher der technischen Praxis zugewandten polytechnischen Journale (z.B. Dinglers Journal (1820ff.)) und andererseits die anspruchs-

persönlichen Austausch angewiesen. Das heißt aber, daß mit der Verbreitung moderner Lehr- und Vermittlungstexte die Techniksprache andere Qualitäten bekommt: Sie wird stabiler im Fachwortschatz und überregional einheitlicher und weitverbreiteter.

Zuvor muß sie wohl 'alltagssprachennäher' gewesen sein. Denn im persönlichen Bericht sind mentale Modelle von anderer Qualität gefragt als im schriftlichen Bericht. Die schriftliche Version setzt im Wissen des Zeitgenossen ein gefestigtes Modell mit einigermaßen festen Begriffen voraus, um mit Plan, Schema und kurzer Beschreibung den Leser informieren zu können. Die ersten Berichte über die *Feuermaschine* im 18. Jahrhundert zeichnen diesen Übergang sprachlich nach (siehe 8.9), nämlich den Übergang von der 'handgreiflichen', 'anschaulichen' und 'direkten' Beschreibung zur schriftsprachlich stabilisierten 'planvollen' und 'routinierten' Skizze, die nun ein stabilisiertes mentales Modell vom Begriff FEUERMASCHINE voraussetzen kann und die mit festen Fachsprachenbeständen 'rationeller' darstellbar wird.

Neue Textformen in der zweiten Hälfte des 19. Jahrhunderts, z.B. die privaten oder offiziellen Berichte über die Weltausstellungen (vgl. Kroker (1971) S.134ff.), zeigen dann endgültig die Stabilität der Schriftlichkeit: moderne Gliederung, systematische Darstellung, relativ feste konventionelle Normen für Begrifflichkeit und Fachwortschatz.

Es ist nicht leicht, die komplexe Verwobenheit von Technik- und Alltagsgeschichte, von Wissens- und Begriffsgeschichte, von Sprach- und Wortgeschichte in einer kurzen Bilanz zusammenzufassen, aus der das methodische Konzept dieser Arbeit abzulesen ist. Deshalb wird versucht, die angesprochenen Aspekte in einem begriffsgeschichtlichen Vergleich zwischen dem 18. und 20. Jahrhundert zusammenzubündeln. In einem Nachschlagewerk des 18. Jahrhunderts ist im Lexikoneintrag für *Straße* zu lesen:[11]

> "**Strasse**, Ein gemeiner lediger raum, darüber man von einem ort zum andern kommen kan, so wohl in städten, als auf dem felde" (Allg.Lexikon/Jablonskie (1721) S.756)

Unter dem Gesichtspunkt einer Sprachgeschichte, die speziell auf den Bedeutungswandel einzelner Wörter blickt, kämen lediglich *gemein* und *ledig* in den Mittelpunkt des Interesses. Sie haben einen so deutlichen Bedeutungswandel erfahren, daß die Bedeutungsangabe "gemeiner lediger raum" nur noch diffus verständlich ist.[12] Alle anderen sinntragenden Wörter des Artikels haben eine unveränderte Bedeutung: *Raum, darüber, Ort, kommen, Stadt, Feld.*

---

volleren Ingenieurs-Zeitungen (z.B. VDI-Zeitschrift (1857ff.)).

[11]Eine Formulierung mit nahezu wörtlicher Übereinstimmung findet sich noch ca. 20 Jahre später in Univ.lexikon/Zedler Bd.40 (1744) Sp.714.

[12]Vgl. dazu die heutigen Bedeutungen von *gemein* und *ledig* im Duden-Wörterbuch (Duden (1976-1981) S.987, S.1650). Dort sind im übrigen auch die veralteten Bedeutungen verzeichnet.

Dennoch ist offensichtlich, daß hier von einem völlig anderen Begriff STRASSE als dem gegenwärtig fürs 20. Jahrhundert maßgeblichen ausgegangen werden muß. Ein Vergleich mit den Bedeutungsangaben in einem Wörterbuch der Gegenwart kann dies erhellen:

> Eine Straße ist ein "für den Verkehr in der Stadt angelegter Verkehrsweg (in der Regel Fahrbahn u. Bürgersteig [...] für den Verkehr zwischen Ortschaften, Städten usw. angelegter Verkehrsweg" (Duden (1976-81) S.2516)

Die Begriffe des 18. und 20. Jahrhunderts haben völlig verschiedene Voraussetzungen in der jeweiligen historischen und technischen Entwicklungsstufe und in den unterschiedlichen Ausprägungen des Alltagswissens über Straßenverkehr:

	18. Jahrhundert	**20. Jahrhundert**
Genus proximum:	"raum"	"Verkehrsweg"
Attribute:	"gemein", "ledig"	"angelegt"
1. Ort:	"in städten"	"in der Stadt"
2. Ort:	"auf dem felde"	"zwischen Ortschaften, Städten"
Zweck:	"von einem ort zum andern kommen"	"für den Verkehr"

Der allgemeine Begriff STRASSE des 18. Jahrhunderts ist innerhalb des Vorstellungshorizontes von den damaligen technischen Möglichkeiten des Reisens, den Gepflogenheiten des Ortswechsels und der allgemeinen Mobilität zu umschreiben. Der gegenwärtige Begriff STRASSE ist dagegen fest in dem modernen Konzept MASSENVERKEHR verankert, der ja bekanntlich auf der technischen Grundlage der Kraftfahrzeuge eine neue massenhafte und mit weitreichenden Auswirkungen versehene Qualität erreicht hat.

Das Wort *Straße*, das scheinbar ohne jede Bedeutungsveränderung bis in die Gegenwartssprache tradiert wurde, steht in Wahrheit für zwei historisch verschiedene Begriffe von STRASSE. Die genaue Beschreibung dieser Entwicklung ist nur fruchtbar, wenn sie auf dem Hintergrund der Technikgeschichte (Entwicklung der Straßenfahrzeuge), der Sozialgeschichte (Urbanisierung und Massenverkehr), der Alltagsgeschichte (Veränderungen im Mobilitätsverhalten), der Rechtsgeschichte (Auffassungen von 'öffentlichen' Räumen) und der Wissensgeschichte (Veränderungen in den Auffassungen und Modellen von Zeit, Raum und Bewegung) interpretiert wird.

6.4 Quellenauswahl, Gliederung und Darstellung

Welche Sektoren der Technik sind für eine Techniksprachengeschichte der Neuzeit überhaupt auswertbar? Von vorneherein auszuscheiden waren Gegenstände und Sachverhalte, die nur 'technik- und industrieintern' in einigen wenigen Produktionsbereichen bekannt werden. Für unsere Fragestellung eignen sich nur die sogenannten kompatiblen Produkte, die in den verschiedenen gewerblichen und industriellen Zweigen als technische Teilelemente eingesetzt werden können (vgl. Weber (1978b) S.163), dadurch größere Verbreitung und Beachtung finden und die darüber hinaus auch 'nach außen' in die Alltagswelt eindringen.

Die historischen Studien der folgenden Kapitel werden sich dem technikhistorischen Umfeld von vier Komplexen widmen, die die genannten Anforderungen erfüllen:

(1) Arbeitsmaschinen der vorindustriellen Zeit, die teils Prototypen der Arbeits- und Kraftmaschinen sind, teils exemplarisch die anthropologische Konstante in der Technik der 'Nahrungsbeschaffung' verkörpern: Pumpen und Mühlen.

(2) Maschinen mit besonderer Faszination für den zeitgenössischen Laien: Automat, Uhr, Perpetuum mobile, 'Dampfwagen', 'Wagen ohne Pferde'.

(3) Die neuen Kraftmaschinen des Industriezeitalters: Dampfmaschine und Verbrennungsmotor.

(4) Die neuen Landfahrzeuge des Industriezeitalters: Eisenbahn und Automobil.

Es liegt auf der Hand, daß eine breite Quellengrundlage notwendig ist und gleichzeitig möglichst vielfältige Textarten aus den Wissenschaften, den neuen Medien, dem Bildungswesen und schließlich der Technik selbst hinzugezogen werden müssen. Nur so können die Begriffs- und Wortinnovationen und deren textspezifische Diffusionen beschrieben werden. Die Diskussion um die neuen Fragestellungen an eine Sprachgeschichte der Neuzeit ist zwar in vollem Gange. Doch ihre Konkretisierung in einer breit angelegten Forschungsmonographie, die — wie der Historiker zu sagen pflegt — 'aus den Quellen schöpft', ist noch eine relativ seltene Angelegenheit. Daher bestehen für die vorliegende Arbeit keine direkten Vorbilder hinsichtlich der Quellenauswahl.[13]

Das Grundproblem besteht darin, aus den reichlich vorhandenen Quellen des 18. und 19. Jahrhunderts möglichst viele auszuwerten, dabei aber gleichzeitig eine sinnvolle Auswahl zu treffen, die den Leitfragen gerecht wird. Drei Auswahlverfahren waren hierfür hilfreich:

---

[13] Hinsichtlich der Streuung und Reichweite der zugrundeliegenden Quellentypen ist die wortgeschichtliche Arbeit von Christine Unger (1980) über die Sprachgeschichte der Elektrizität und Elektrotechnik vorbildlich.

(1) Durch Vorstudien in der technik- und wissenschaftsgeschichtlichen Literatur läßt sich ermitteln, welches Lehrbuch wichtig, vorbildlich, schulenbildend und qualitätsvoll war und welcher Text in der Wissensgeschichte des Fachs keine Rolle spielte, obwohl er durch seinen beeindruckenden Titel (z.B. "Die Grundlagen des Maschinenwesens") möglicherweise den Sprachwissenschaftler hätte beeindrucken und irreführen können.

(2) Aus arbeitsökonomischen Gründen wurde zunächst durch genaue Auswertung der Nachschlagewerke (Enzyklopädien, Konversationslexika, Fachlexika, Wörterbücher) ein ungefährer Überblick über die Sprachentwicklungen angestrebt. Diese Quellentypen bieten den Vorteil, daß mit dem Texttyp 'Artikel in einem Nachschlagewerk' ein durch die Zeiten relativ stabiler und vergleichbarer Texttyp verfolgt werden kann. In einem zweiten Schritt, wenn weitere Quellen hinzugekommen sind, läßt sich dann in einer Art Rückkopplung bewerten, ob die Entwicklung in den Nachschlagewerken korrekt abgebildet war. Dann wird erst das Grundproblem dieser Texte deutlich: Bilden sie Fach- oder Alltagswissen ab? Besonders für die Texte bis zum 18. Jahrhundert ist diese Frage schwierig zu beantworten (siehe 8.1).

(3) Herausragende Standard- oder Lehrwerke, die in vielen Auflagen über einen längeren Zeitraum erschienen sind, bilden eine weitere ideale Quellengrundlage. Ihnen kommt wegen der Auflagenhöhe und wegen ihrer Verbreitung in Lehrinstitutionen eine besonders herausragende Rolle für die Diffusion von Sprachneuerungen, für deren Stabilisierung und für eine mögliche Normenbildung zu.[14] Da durch die verschiedenen Auflagen hindurch auf der Makro-Ebene des Textes eine Stabilität der Themenauswahl und des gesetzten Textrahmens gegeben ist, lassen sich — in einer idealen Laborsituation — für die Wandlungen der Mikro-Ebene (Textgliederung, Begriffe, Wörter) sehr genaue Ergebnisse erzielen.

Bei dem Versuch, die ausgesuchten Quellen hinsichtlich ihrer Fachlichkeit zu klassifizieren und zu reihen, besteht die grundsätzliche Gefahr, zu sehr die gegenwärtigen Kriterien und Kategorien in die Geschichte der Fächer und Textgruppen zu projizieren (vgl. Hahn (1983) S.17). Ferner besteht die Gefahr, bei der Vermengung von sprachlichen und nichtsprachlichen Kriterien einen methodischen Zirkelschluß zu vollziehen. Deshalb gehe ich nur von einer groben Vierfachstufung aus:

(1) **Theorie–Fachtexte:** Texte der naturwissenschaftlichen und philosophischen Theoriebildung.

(2) **Techniker–Fachtexte:** Technischer Text auf 'Ingenieursniveau', Wissensbestände überwiegend auf dem Niveau von strukturalem Regelwissen (siehe 3.12), mit Bildungs- oder Belehrungsintention, für die fachinterne Kommunikation der 'Spezialisten' vorgesehen.

[14] Für das 19. Jahrhundert wurden detailliert ausgewertet: Bernoulli (1829)ff. und Ingenieurs Taschenbuch (1857)ff.

(3) **Anwender–Fachtexte:** Technischer Text auf 'Praktiker- und Anwender–Niveau', Wissensbestände überwiegend auf dem Niveau von funktionalem Regelwissen (siehe 3.12), mit Anleitungs- oder Anwendungsintention, für die Fachkommunikation des 'Praktikers', für den kognitiven und sprachlichen Zugang des 'Anwenders'.

(4) **Vermittlungstexte:** Eindeutige und klare Festlegung des gesamten Textes und der leitenden Intention auf eine Vermittlungsfunktion für den interessierten Laien.

Die Gesamtintention eines Textes und seine entsprechende Zuordnung wird durch folgende Fragen rekonstruiert: Sagen Titel oder Untertitel (z.B. Bernoulli (1829) "Ein praktisches Handbuch für ...") oder andere Etikettierungen etwas über das Niveau des Textes aus? Können aus der Veröffentlichungsform und Textgestaltung (Gliederung etc.) Schlüsse gezogen werden? Gibt es im Vorwort Hinweise auf den angesprochenen Leserkreis (z.B. Deutsche Enzyklopädie (1778) Bd.1 Vorrede: "Zweck [...] war populäre Wissenschaft vorzutragen") oder auf die mögliche Verwendung als Lehrbuch? Gibt es durch die Sekundärliteratur Hinweise auf das Niveau der Quelle bzw. auf die Biographie des Verfassers und sein Bildungsniveau?

Die zeitliche Gliederung der nachfolgenden historischen Studien in '17. Jahrhundert' (Kap. 7), in '18. Jahrhundert' (Kap. 8) und in die zwei Hälften des 19. Jahrhunderts (Kap. 9-10) beruht auf einem Kompromiß aus Technikgeschichte und Textgeschichte, der zu vier Zeiteinschnitten führt:

um 1700 Technik: Erste Zäsur in der langen Entwicklungsphase der Dampfmaschine, die sogenannte atmosphärische Dampfmaschine.
Texte: Das Ende der barocken Techniktexte, Leupold (1724-27) als erstes 'modernes' Technikbuch.

um 1800 Technik: Abschluß der Innovationsphase für die direktwirkende Dampfmaschine von James Watt.
Texte: Beginn der Konversationslexika und der regelmäßig erscheinenden Fachzeitschriften.

um 1850 Technik: Abschluß der Innovationsphase für die Dampfeisenbahn, neue Wärmekraftmaschinen.
Texte: Beginn der hohen Technikliteratur auf 'Ingenieurs–Niveau' im heutigen Sinne.

um 1900 Technik: Abschluß der Innovationsphase für die Verbrennungskraftmaschinen und das Automobil, moderne Klassifizierung der Maschinen ausgebildet.
Texte: Erstmals Hobby- und Ratgeberliteratur, Texte der 'Automobil-Subkultur'.

Der Chronologie wurde bei der Kapitelgliederung gegenüber der sektoralen und systematischen Darstellung der Vorrang eingeräumt. Die Zusammenhänge und Querverbindungen der verschiedenen Theorien eines Zeitabschnittes, die gleichzeitig verlaufenden Technik- und Wissensentwicklungen, die parallelen Veränderungen der Begriffe und der sprachlichen Mittel sollten in der Darstellung besonders heraustreten können. Auch die weitere Untergliederung der Epochen-Kapitel ist nach thematischen und historischenm, nicht nach sprachwissenschaftlichen Vorgaben gegliedert. Dadurch müssen in der Darstellung einige Wiederholungen und Redundanzen in Kauf genommen werden, da nun jedes Epochenkapitel die verschiedenen thematischen Stränge jeweils wieder neu aufnehmen muß.

7. Das 17. Jahrhundert: Zeitalter der ergötzlichen und nützlichen Technik

7.1 Technikhistorische und textgeschichtliche Skizze

Der erste Zeitabschnitt der historischen Studien erstreckt sich von der späten Renaissance–Technik, die hier durch das Standardwerk zur Bergbautechnik des 16. Jahrhunderts vertreten ist (Agricola (1556) (1557)), bis etwa um 1700, also bis zu jenem Zeitpunkt, an dem mit den neu erfundenen Vorformen der Dampfmaschine (Denis Papin 1690, Thomas Savery 1698 und Thomas Newcomen 1711) ein neues Zeitalter der Kraftmaschinen–Technik beginnt (vgl. Eckoldt (1986)). Agricolas Werk ist, obwohl eigentlich nicht zum engeren Untersuchungszeitraum gehörend, als Standardwerk der Bergbautechnik Ausgangspunkt der textgeschichtlichen Studien.[15]

In der Technik des 16. und 17. Jahrhunderts gibt es nur sehr wenige Bereiche, die eine fortgeschrittene Maschinentechnik aufweisen können: Wasserfördertechnik, Mühlentechnik und Uhrentechnik (vgl. Breger (1982) S.134). Die höchstentwickelte Stufe in der produktiv einsetzbaren Maschinentechnik ist im Mühlenbau und in der Wasserfördertechnik erreicht. Die Mühle und die Wasserfördermaschine sind **die** entwickelten Maschinen schlechthin, was Historiker veranlaßt hat, vom Technikzeitalter der Mühle und der Pumpe zu sprechen (vgl. Mittelstraß (1970) S.358).

Besonders im Bereich des Bergbaus hat die Entwicklung der Wasserförderungstechnik zu einer Avantgarde der Maschinentechnik geführt, denn in der vorindustriellen Bergbautechnik sind nicht die technischen Problem des Abteufens, des Abbaus, des Förderns die großen Probleme. Die Wasserhaltung im Bergbau unter Tage ist **das** Technikproblem, das gelöst werden muß, um in noch größere Tiefen vorstoßen zu können. Gleichzeitig ist zu bedenken, daß die Technik der Wasserförderung zu den ältesten, wichtigsten und höchstentwickelten Techniken gehört (vgl. Schönemann (1987)). Seit der Entstehung der ersten Hochkulturen ist die Technik der Wasserwirtschaft eine grundlegende Säule der Menschheitsgeschichte. In der Entwicklung vom einfachen Schöpfgefäß zur modernen Wasserpumpe ist die Entwicklung von der einfachen Organverstärkung zur Entkörperlichung dieser Arbeit nachzuzeichnen (siehe 2.2).

Auch die Mühlentechnik gehört zu den ältesten Maschinentechniken der Menschheit. Als zerkleinernde Arbeitsmaschine nimmt sie in der Agrartechnik einen herausragenden Platz ein (vgl. Eckoldt (1986) S.19). Gleichzeitig ist sie der Prototyp derjenigen Maschinen, die durch einen äußeren 'natürlichen' Antrieb (Mensch, Tier, Wasser, Wind) in Bewegung versetzt werden und dadurch maschinell und technisch verwertbare Rotationsbewegungen erzeugen. Beide Maschinengruppen, Wasserfördertechnik und Mühlentechnik,

[15]Es erschien 1556 in lateinischer Sprache, ein Jahr später in Deutsch. Von 1556 bis 1657 erschienen insgesamt acht Ausgaben in Latein, Deutsch und Italienisch. Vgl. hierzu Prescher (1985) S.119ff., Schönemann (1987) S.48ff.

prägen als die entwickelten Prototypen den Maschinenbegriff des 17. Jahrhunderts. Sie sind die höchst entwickelten Vorformen der modernen Arbeits- und Kraftmaschinen und deshalb hier relativ ausführlich zu behandeln.

Eine Sonderstellung innerhalb der Maschinentechnik nimmt die Uhrentechnik ein. Die Uhr ist seit dem Spätmittelalter ein Artefakt von besonderer Bedeutung. Neben ihrer zweckgerichteten Verwendung wurde sie zum umfassenden metaphysischen Modell der Weltdeutung. In ihr wurden die Gesetzmäßigkeiten der natürlichen und unnatürlichen Bewegungen und des Lebens gesehen, deren physikalische und chemische Prinzipien noch nicht bekannt waren. Die Deutung des noch nicht Erkannten geschah mittels des mentalen Modells IST WIE EINE UHR. Die unaufhörlichen Bewegungen des Weltalls, die regelmäßige Wiederkehr des Jahres- und Tagesablaufs, der menschliche Körper, die zentrale 'Lebenskraft' konnten mit den Vorstellungen von einer Uhr gedeutet werden.

Im 17. Jahrhundert hat die Technik eine ganz besondere Stellung. Es überlagern sich zwei Technikauffassungen, die die spezifische Doppelgesichtigkeit der Barock–Technik ausmachen (vgl. Klemm (1983a) S.71ff., S.96ff.): Es ist zum einen die **'nützliche Technik'**, die die hochentwickelten Formen der Pumpentechnik, Wasserförderung und Mühlentechnik umfaßt. Dagegen umfaßt die **'ergötzliche Technik'** Formen der Wasserförderung, die nicht produktiven, sondern 'ergötzlichen' Zwecken dient, also die Wasserspiele der Schloßgärten u.a. Dazu gehört auch die für die Barockzeit spezifische Faszination, die von Uhren, Automaten oder gar androiden Spielzeugautomaten ausging.

Es ist typisch für die barocke Technik, daß die Vorliebe fürs Phantastische und Rätselhafte der maschinellen Artefakte aber auch teilweise auf sinnvolle und nützliche Maschinen projiziert wird. Im Verlauf der Textanalysen wird sich zeigen, wie schwierig es für den historischen Betrachter ist, hier die 'ergötzlichen' Anteile einer prinzipiell 'nützlichen' Technik zu isolieren bzw. angemessen zu bewerten. Allerdings liegt hier kein spezifisch technisches Problem vor. Die Grenzen zwischen Phantasie und Empirie sind auch in anderen Bereichen fließender, als es uns heute erträglich und angemessen scheint. Beispielsweise ist die sogenannte Naturgeschichte in der frühen Neuzeit weder 'Geschichte' noch eine Beschreibung 'nach der Natur'. Sie ist vielmehr bis ins 18. Jahrhundert eine spannungsreiche Vermengung von Empirie und Phantasie (vgl. Lepenies (1976) S.30).

Deshalb sollte auch nicht generell von einem technikgeschichtlichen Rückschritt in der Barockzeit gesprochen werden. Er wäre allenfalls so zu akzentuieren, daß die technische Progression im 17. Jahrhundert sich zur barocken Lustbarkeitstechnik verlagert und die Ansätze und Fortschritte der produktiv verwertbaren Renaissance–Technik vernachlässigt. Mittelstraß deutet den Automatenkult des 17. Jahrhunderts als eine Art Selbstbeschränkung, denn technisch wäre schließlich auch sinnvollere Technik möglich gewesen:

> "Anstelle einer 'technischen Revolution', an die ersichtlich noch niemand denkt, begnügt man sich weitgehend mit der Konstruktion an-

> spruchsvollen Spielzeugs [...] Erst die industrielle Revolution des 19. Jahrhunderts führt endgültig aus diesem Disney-Land der Technik [...]" (Mittelstraß (1970) S.336)

Insofern ist die phantasievolle Beschreibung von Maschinen und eine 'Vortäuschung' ihrer Funktionsfähigkeit und ihres sinnvollen Einsatzes in den untersuchten Texten des 17. Jahrhunderts entsprechend vorsichtig zu bewerten.

Mit dem 'Theatrum machinarum' von Zeising, das zwischen 1607 und 1708 (also über einen Zeitraum von 100 (!) Jahren) in vier Auflagen erschienen ist,[16] wird ein für das 17. Jahrhundert typischer Texttyp begründet. Techniktexte im 17. Jahrhundert sind noch nicht auf einzelne Bereiche der Technik spezialisiert, vielmehr wird in einer Gesamtschau ein Überblick über die bestehende Maschinentechnik gegeben, die notwendigerweise gelegentlich oberflächlich oder laienhaft wirkt und die je nach Verfasser und Technikbereich zwischen nützlicher und ergötzlicher Technik schwankt. Die Texte sind keine im modernen Sinne systematischen und rationellen Abhandlungen über technische Prinzipien, sondern sie reihen Maschinenbeschreibung an Maschinenbeschreibung.

Insgesamt hinterlassen die Texte des 17. Jahrhunderts inhaltlich und auch im Textaufbau auf eine bestimmte Art und Weise einen kuriosen und verspielten Eindruck. Sie erscheinen dem modernen Leser wahrscheinlich rückschrittlicher als etwa Agricolas Text aus dem 16. Jahrhundert. Erst im 18. Jahrhundert mit Leupolds achtbändigem Werk (1724-27) werden diese Besonderheiten teilweise überwunden und die Darstellung gewinnt in Ansätzen die Merkmale, die von einem im heutigen Sinne professionellen Techniktext erwartet werden (siehe 8.1).

Im folgenden sind die in jeder Hinsicht typisch 'barockhaft' zu nennenden Techniktexte des 17. Jahrhunderts unter den genannten Gesichtspunkten zu vergleichen, wobei sich zwei Gruppen ergeben: Böckler (1661) und Zeising (1612-14) sind als Texte mit höherem Technikniveau einzustufen, dagegen überwiegt die verspielte Technik in den Texten Caus (1615), Böckler (1664) und Ramelli (1588, 1620). Eine genauere Klassifizierung (wie in 6.4 vorgeschlagen) muß für diese Epoche entfallen. Denn entsprechend der Janusköpfigkeit der barocken Maschinentechnik ist ein Techniktext zugleich **Fachtext** und **Vermittlungstext** und 'ergötzlicher' **Unterhaltungstext**. Die in den Techniktexten dargestellten und beschriebenen Maschinen (von der Getreidemühle bis zum perpetuum mobile) zeigen die Spannweite. Fünf Maschinentypen sind erkennbar:

(M1) **Realistische Arbeitsmaschinen:**
Es wird über Maschinen berichtet, die wirklich sinnvolle Arbeit verrichten (z.B. Mahlmühlen), die einen dem Technikstand angemessenen natürlichen Antrieb haben (Mensch, Tier, Wasser, Wind) und die insgesamt als Maschinenkomplex mit den technischen Mitteln der Zeit realisierbar waren oder

[16] 1.Aufl. 1607, 2.Aufl. 1612-14, 4.Aufl. 1708. Mir stand leider nur die zweite Auflage aus den Jahren 1612-14 zur Verfügung.

wären (z.B. Wasserrad treibt Sägegatter).

(M2) **Energievermehrende Maschinen:**
Es kommen aber auch häufig Maschinen vor, deren 'Energiehaushalt' unglaubwürdig ist. In ihnen sind sinnvolle Arbeitsmaschinen mit Automatenutopien verknüpft. Ein Beispiel: Ein Mann dreht mit einer Hand an einer zierlichen Handkurbel, die ein kompliziertes Gebilde aus Räderwerken und Übertragungsmechanismen in Bewegung setzt. Am Ende der maschinellen Bewegungsübertragung wird ein riesiger Felsbrocken gehoben.[17]

Die Entwürfe sind allesamt theoretisch nicht valide, weil die im Prinzip richtig erkannte Regel der Mechanik, Kraftaufwand durch Verlängerung des Weges einzusparen, pervertiert wird. Der Kraftaufwand für die unnötig bewegten Massen und für die enormen Reibungsverluste in den Holzgetrieben wird so groß, daß keine Ersparnis mehr eintritt. Ferner sind die Entwürfe praktisch nicht durchführbar, weil die 'energievermehrenden Getriebeteile' mit den zeitgenössichen Materialien (z.B. hinsichtlich Druck- und Zugfestigkeit, Minimierung der Reibung) nicht umgesetzt werden können. Weil noch keine Theorie von der Konstanz der Energie besteht, läßt sich die technische Fiktion eines solchen Räderwerkes aufrechterhalten: Es ist kein perpetuum mobile, täuscht also keine Energieschöpfung aus sich selbst vor, aber es gibt vor, durch eine 'barocke' Getriebetechnik eine wundersame 'Energievermehrung' möglich zu machen.

(M3) **Vortäuschende Maschinen:**
Eine weitere Maschinenvariante, die geeignet ist, barocke Technikillusionen zu erzeugen, liegt in den 'vorgetäuschten Selbstbewegern' vor. Oberirdisch ist eine Maschine zu sehen, die sich von selbst zu bewegen scheint. Die Skizze zeigt dann aber auch noch den 'unterirdischen' Teil, wo die antreibenden Teile der Anlage versteckt werden: z.B. ein unterirdischer Pferdegöpel, Knechte auf einem Tretrad etc. Solche Versionen sind sicher nie verwirklicht worden, da es doch eines unnötigen Aufwandes bedarf, einen unterirdischen Raum für einen Pferdegöpel anzulegen und die Pferde hinabzulassen etc. Insofern stehen sie trotz der möglicherweise sinnvollen Arbeitsverrichtung auf der Seite der 'ergötzlichen' Technik: Sie zeugen zwar von einer 'realistisch-resignierenden' Haltung gegenüber der Utopie des perpetuum mobile. Die Techniker scheinen doch an dessen Realisierung zu zweifeln, daher verwirklichen sie es als 'Vortäuschung' desselben. Solche 'vorgetäuschten Selbstbeweger' finden sich besonders häufig in den Texten von Ramelli (vgl. auch Fürst (1927) Bd.4 S.95).

(M4) **Selbstbewegende Maschinen:**
Selbstverständlich sind aber in den Texten auch Entwürfe vertreten, die ein perpetuum mobile zeigen, also eine Maschinenanlage in einem geschlossenen System, die ohne Energiezufuhr von außen unaufhörlich Arbeit verrichtet (z.B. Wasserrad und Wasserpumpe in einem einzigen Wasserkreislauf sich gegenseitig antreibend). In späteren Jahrhunderten ist das Streben nach einem

[17] Vgl. zu diesem Maschinentyp (besonders bei Böckler und Ramelli) auch: Schönemann (1987) S.69ff.

perpetuum mobile ein spezieller Tummelplatz für technische Scharlatane (vgl. Klemm (1983b)). In der barocken Technik sind die phantasievollen Vorstellungen von der sich immerfort ohne äußeren Antrieb bewegenden Maschine durchaus noch in die nützliche Technik eingebunden.

Der Traum vom perpetuum mobile scheint — ähnlich wie der vom Fliegen — zu den Konstanten in der Technikgeschichte der Menschheit zu gehören. Jedenfalls sind Entwürfe einer solchen Maschine seit dem Mittelalter bekannt. Auch das Technik-Genie der Renaissance, Leonardo da Vinci, ist in die Ahnenreihe der Konstrukteure von Selbstbewegungsmaschinen einzuordnen. Auch die Theoretiker des 17. Jahrhunderts (z.B. Christian Wolff und Gottfried Leibniz) halten eine solche Maschine nicht für prinzipiell ausgeschlossen. Insofern ist es auch einem Techniktext nicht anzukreiden, wenn er dem Leser ohne jegliche kritische Distanzierung einen in sich geschlossenen Wasserkreislauf mit Wasserrad und Wasserhebung anbietet (vgl. z.B. Zeising (1612-14) Teil 2 S.75-78 Tafel 18).

(M5) **Spielzeug–Maschinen:**
Schließlich kommen als fünfte Gruppe Maschinen oder Automaten hinzu, die — nunmehr gleichgültig ob mit realistischem oder unrealistischem Antrieb — ausschließlich der 'Belustigung' oder dem menschlichen Spieltrieb gelten. Diese Automaten haben eine Tradition, die bis in die antike Technik zurückreicht, erleben aber jetzt eine barocke Wiederbelebung. Beispielsweise berichtet Zeising über die bekannten Automaten von der Antike bis in die Gegenwart und kennzeichnet sie treffend als Automaten mit verstecktem Antrieb:

> "Denn etliche haben in sich selbst eingeschlossen / dasselbe / so sie bewegt" (Zeising (1612-14) Teil 1 S.9)

Die Spielzeugautomaten werden dabei keinesfalls als perpetuum mobile aufgefaßt. Der technische Realismus ist doch so weit ausgebildet, daß man sie lediglich als mit einem 'verborgenen Antrieb' und daher als 'scheinbar selbst bewegend' einstuft.

Die Wiederbelebung der Automaten hat eine Grundlage in den Fortschritten der technischen Entwicklung. 1657 erfindet Christiaan Huygens die Pendeluhr. Durch die enorm verbesserte Uhrentechnik (höhere Ganggenauigkeit, längere Gangdauer) entstehen neue technische Möglichkeiten, die dann endgültig im 18. Jahrhundert zu einem barocken Automatenkult führen (vgl. Heckmann (1982)). Die Uhr wird zur technischen Grundlage des neuen Konzeptes MASCHINE als AUTOMAT.

Die Wunschvorstellungen und Phantasien mußten sich — nach Auffassung der Techniker 'noch vorläufig' — auf die Herstellung von Uhrwerken, Automaten, Spieluhren, Androiden etc. beschränken. Doch herrschte gleichzeitig die Erwartung, mit den technischen Mitteln der Maschinentechnik eines Tages Gottes Schöpfung nachschaffen zu können (vgl. Heckmann (1982) S.192). Das Zeitalter wurde durch diese Mischung besonders geprägt: einerseits ein 'Realismus für das in der Gegenwart Realisierbare' und andererseits die ungebrochene Utopie von der 'technischen Zukunft'.

Zu den Texten mit höherem Niveau gehören Zeising (1612-14) und Böckler (1661). Interessanterweise steht zu Beginn des Jahrhunderts mit dem mehrteiligen 'Theatrum Machinarum' von Heinrich Zeising ein Werk, das noch (oder schon wieder) einen genauen Trennungsstrich zwischen nützlichen und ergötzlichen Maschinen zieht: Die sinnvollen Arbeitsmaschinen sind in Teil 1 unter der allgemeinen Maschinentechnik zu finden, ferner werden in Teil 3 die Mühlen und in Teil 4 die Förder- und Hebewerke beschrieben. Die der Belustigung dienenden Wasserkünste und Wasserspiele sind nur in den Teilen 2 und 5 zu finden. Das Werk von Zeising gehört sicher zu den Texten, die am wenigsten von der Barock-Technik und ihren wundersamen Technikvorstellungen durchdrungen sind.

Eine ähnliche Gesamteinschätzung gilt für Böcklers 'Theatrum machinarum novum. Schauplatz der Mechanischen Künsten von Mühl- und Wasserwercke' (1661). Es handelt ausnahmslos von dem, was der Titel vorgibt, nämlich von sinnvoll als Kraft- oder Arbeitsmaschine einsetzbaren Mühlen und von verschiedenen Wasserhebemaschinen. Allerdings trifft man auch in einem solchen Text Maschinen des Typs M2 an: ein Pferd bewegt mit einem Vorderbein (also noch nicht einmal durch das Körpergewicht unterstützt) einen Antrieb, der über ein riesiges und komplexes Räderwerk große Arbeitsleistungen bewirkt (vgl. Böckler (1661) Abb.107).

Mit den Texten von Ramelli, Caus und einem weiteren Werk von Böckler sind die Texte vertreten, die vom Inhalt und von der Textgestaltung her in jeder Hinsicht alle skizzierten barocken Merkmale in extremer Weise aufweisen.

In Agostino Ramellis Werk 'Le diverse et artificiose machine' (1588) und dessen Übersetzung 'Schatzkammer mechanischer Künste' (1620) werden besonders häufig 'energievermehrende' und 'vortäuschende' Maschinen (M2, M3) dargestellt. Dabei dominieren keinesfalls die sinnlosen Belustigungsmaschinen, sondern Maschinen mit sinnvoller Arbeitsverrichtung. Aber die maschinelle Ausstattung ist im höchsten Maße unnötig artifiziell und 'unökonomisch': ein Mann bewegt eine Kurbel, diese setzt ein kompliziertes Räderwerk in Bewegung, an dessen Ende ein einziger Eimer gehoben wird, den man besser direkt mit einem einfachen Flaschenzug bewegt hätte (vgl. Ramelli (1588) Bl.129, Fig.84). Auch die Maschinen mit den 'versteckten' Antreibern sind häufig vertreten: Tiere oder Haspelknechte, die sich 'unterirdisch' abplagen, treiben eine Maschine an, die an der Oberfläche ein automatengleiches kunstvolles Räderwerk vorspiegelt.

Das Buch von Salomon de Caus (1615)[18] ist die vollkommenste Verwirklichung des barocken Techniktextes. Sein barocker Titel drückt die Zweigesichtigkeit der Technik perfekt aus:

[18]Mir war nur ein Reprint der deutschen Übersetzung von 1615 (Caus (1615/1977)) zugänglich. Das französische Original ist ebenfalls 1615 erschienen.

> **"Von Gewaltsamen bewegungen / Beschreibung etlicher so wol nützlichen allß lustigen Machinen / beneben Unterschiedlichen abriessen etlicher Höllen od Grotten und Lust Brunne"**

Auf einige Kapitel, in denen Definitionen und Beschreibungen der wichtigsten theoretischen Grundlagen der Mechanik gegeben werden, folgt ein Teil mit den Beschreibungen sinnvoll tätiger Maschinerien, z.B. eines durch ein Wasserrad getriebenen Sägegatters (vgl. Caus (1615) Problema 18). Daneben erscheinen die bereits aus Darstellungen der Antike bekannten 'belebten' Vögel (z.B. Caus (1615) Problema 22), also typische Vertreter der Maschinengruppe M5. Aber auch die bekannten 'Energiewunder' (M2), bei denen Kraft und Energie mit der Kompliziertheit des Getriebes proportional steigen, sind zahlreich vertreten: z.B. der einzelne Mann und der zu hebende Felsbrocken (vgl. z.B. Caus (1615) Theorema 16).

Im Gegensatz zu Georg Andreas Böcklers Buch von 1661 enthält sein 1664 erschienenes Werk "Neue ergötzliche sinn- und kunstreiche auch nützliche Bau- und Wasserkunst" keine einzige 'nützliche' Maschine, obgleich der Titel die ganze Breite der barocken Maschinentechnik ankündigt. Der Text enthält nur 'ergötzliche' Wasserkünste, Brunnen und Fontänen. Wahrscheinlich deutet sich in den parallel erscheinenden Werken von Böckler ein erste Ausgliederung der ergötzlichen Technik bzw. eine Spezifizierung auf bestimmte Lesergruppen an: Ein Techniktext des 17. Jahrhunderts stellt beim Thema 'Wassermaschine' alles dar, was in der Zeit bekannt ist und was in irgendeiner Form mit 'Wassertechnik' zu tun hat. Ein Techniktext späterer Zeiten spezialisiert sich dann schon auf den Ausschnitt der Wassertechnik, der den Leser interessiert. Böcklers zwei Texte deuten dies für die Zukunft an.

Eine sprachhistorische Bilanz für die Techniktexte des 17. Jahrhunderts: **Textgeschichtlich** bedeutsam ist die narrative, barock-weitschweifige und damit unökonomische Darstellung der Maschinen. Jede Maschine wird in Abbildung und Text ausführlich in jedem Detail dargestellt und beschrieben. Dadurch ergeben sich technische Wiederholungen und sprachliche Redundanzen (vgl. hierzu Troitzsch (1975b) S.269). Überhaupt haben die Texte noch eher den Charakter einer Sammlung von Bildbeschreibungen und kaum einen systematischen Textaufbau. Sämtliche vorgestellten Maschinen werden ohne jegliche Typisierung als singuläre Originale mit fast 'individuellen' Zügen beschrieben.

Darin zeigt sich exemplarisch ein Zusammenhang von **Text-und Technikgeschichte.** Eine moderne Textform kann noch gar nicht vorhanden sein, weil es noch keine ausgebildete Maschinenteilklassifikation und -theorie gibt, die ja diese systematische Darstellung erst ermöglicht. Eine ökonomische fachsprachliche Darstellung (z.B. *Dies ist eine Maschine der Klasse A nach dem Bauprinzip B, die nach der Verfahrensweise C arbeitet*) setzt eine eingeführte Klassifikation voraus, damit auch feste Begriffe von Maschinentypen und somit einen Fachwortschatz mit festen Normen. Aber gerade dies wird in den barocken Texten nicht geleistet und auch nicht angestrebt. Sie stehen eher unter dem Prinzip 'Variation statt Typisierung.' Die Vielfalt der verspielten und prachtvollen Varianten ist wichtiger als die Typisierung der Maschinen und ihrer Teile.

Ein für die **Fachsprachengeschichte** bedeutsamer Gesichtspunkt ist das fehlende Fachsprachenbewußtsein der Textschreiber. In den Texten sind keine Begriffsdiskussionen oder sonstige Ansätze von fachsprachlicher Reflexion nachzuweisen. Es gibt kein Bewußtsein für Begriffsdifferenzierungen, für Probleme der Terminologie und auch nicht für grundlegende Definitionen, die den Texten implizit zugrundeliegen. Solche sprachlichen Reflexionen setzen erstmals im 18. Jahrhundert mit dem Werk von Jacob Leupold ein.

Eine wissensgeschichtliche Bilanz: Fragt man nach der Wissensgeschichte und damit nach den Theorien, die den Techniktexten zugrundeliegen, stellt man im deutlichen Gegensatz zum 18. Jahrhundert noch eine gewisse Theorieferne der Texte fest. Zu den konstant verfolgbaren Theorien gehört die Lehre von den vier Elementen der Welt, wie sie seit der Antike (Empedokles) die Naturlehre beherrscht: Feuer, Wasser, Luft und Erde. Diese Theorie prägt alle Auffassungen von unbelebter Materie und belebten Wesen und deren Qualitäten und Verhalten. Auch der Körper des Menschen ist nach den Vorstellungen der Physiologen aus unterschiedlichen Mischungsverhältnissen der Elemente gebildet (vgl. Rothschuh (1969) S.17).

Die Grundprinzipien der klassischen Mechanik sind erst zu Beginn des 18. Jahrhunderts endgültig ausgebildet und abgeschlossen. Ein Blick auf die Lebensdaten der Klassiker der Physik zeigt, daß die Auswirkungen dieser Theoretiker in den Techniktexten des 17. Jahrhunderts noch nicht rezipiert sein können: Christiaan Huygens (1629-1695), Gottfried Wilhelm Leibniz (1646-1716) und Isaac Newton (1643-1727).

Grundlegende Gesetze der Mechanik sind nicht bekannt und interessieren nicht: Die Techniktexte sind theorielose Praxistexte, die aus der Technikerpraxis oder aus der utopischen Leitintention des Barock–Technikers heraus geschrieben sind. Statt einer wissenschaftlich fundierten Mechanik dominieren hier vorwissenschaftliche Begriffe (z.B. Bewegung, Gewalt, Antrieb, Last, antreibende Elemente). Die Bewegungen und Kraftausübungen der Maschinen und ihrer Teile werden mittels des KÖRPER-Modells und der ihm entsprechenden Anthropomorphisierungen dargestellt. Die Beschreibungen erfolgen aus der Technikererfahrung im Umgang mit den Maschinen und aus der Alltagserfahrung von Kräften und Massen.

Der Entwicklungsstand der Maschinentechnik von Agricola bis Böckler begünstigt dies bzw. macht tiefergehende Modelle überflüssig. Alle Teile der Maschine, auch die Kraft– und Bewegungsübertragungen sind an jedem Punkt offenliegend und 'durchschaubar'. Mit dem Modell KÖRPER und anderen einfachen Modellen sind die unverkapselten Vorgänge der Mechanik mit naiver Alltagsphysik leicht nachzuvollziehen (siehe 3.12ff).

7.2 Die Deutung der Welt 'sub specie machinae'

Es ist im folgenden darauf einzugehen, welche Bedeutung die technomorphe und maschinenbezogene Deutung der Welt und des Lebens im 17. Jahrhundert hat. Obgleich wir damit den eigentlichen Untersuchungsgegenstand Techniksprache verlassen und uns Besonderheiten der Theoriesprache zuwenden, ist der Bereich doch eng mit unserer Fragestellung verbunden. Den Maschinenbegriff der Technik (siehe 7.4) kann man nicht angemessen darstellen, wenn nicht auf die Maschinenbilder der Theoriesprache eingegangen wird, in der die Welt 'sub specie machinae' gedeutet wird.

Mit Nachdruck ist zu betonen, daß schon im 17. Jahrhundert die Maschinenmetapher in die zentralen Deutungen der wichtigsten Wissenschaften Eingang gefunden hat. Dies wird wegen der berühmt-berüchtigten Standard-Zitierschrift 'L'homme machine' des 18. Jahrhunderts oft übersehen (siehe 8.2). Schon in Phasen vor den wichtigen atheistisch-materialistischen Aufklärern Frankreichs sind im 17./18. Jahrhundert viele Bereiche durch die Maschinen-Metapher geprägt.[19] Die ältesten Belege finden sich in der Astronomie. Die Deutung des Weltalls und der fortwährenden Bewegung der Gestirne wird durch die Vorstellung von einer gigantischen Maschine gestützt, die der Schöpfer des Weltalls einstmals in Bewegung setzte. Mit den Schriften von Johannes Kepler (1571-1630) erfährt dies eine theoretische Ausarbeitung:[20]

> "Scopus meus hic est, ut coelestam machinam dicam non esse instar divini animalis, sed instar horologii." (Johannes Kepler, zit. nach Breger (1982) S.131)

Die entscheidenden Paradigmenwechsel hin zu einer Mechanisierung und 'Maschinisierung' des Weltbildes liegen bei Kepler im Übergang von "anima" zu "vis" und beim Austauschen von "instar divini animalis" durch "instar horologii" (vgl. Dijksterhuis (1956) S.345). Insofern wird mit der Keplerschen Auffassung eine Mechanisierung im doppelten Sinne betrieben, zum einen durch "die Unterordnung der Himmelsbewegungen unter die Wissenschaft der Mechanik", zum anderen durch "die Auffassung der Welt als einer durch eine überirdische Intelligenz bewußt konstruierten Maschine" (Dijksterhuis (1956) S.347).

Auch in staatstheoretischen Schriften jener Zeit wird das Gebilde des absolutistischen Staates in einer politischen Maschinen-Metaphorik beschrieben (vgl. Breger (1982), Stollberg-Rilinger (1986)). Besonders in den theoretischen Schriften von Thomas Hobbes (1651) wird das staatliche und politische Leben 'sub specie machinae' gedeutet (vgl. Teichmann (1983) S.214). Dabei ist das Maschinenbild eigentlich nur eine der vielen Varianten der in

[19] Vgl. hierzu die Darstellungen in Baruzzi (1973), Breger (1982) S.129ff., Schmidt-Biggemann (1980) und Teichmann (1983) S.194ff.

[20] Vgl. hierzu Breger (1982), Dijksterhuis (1956), Schmidt-Biggemann (1980) und Teichmann (1983).

der Geschichte der Philosophie in verschiedenen Schulen und Richtungen immer wiederkehrenden Sehweise, die eine Entsprechung von Mikrokosmos und Makrokosmos herstellt und deren gemeinsame Prinzipien und verbindende Analogien in einem gemeinsamen Bild betont.

Als Harvey zu Beginn des 17. Jahrhunderts den Blutkreislauf der höheren Lebewesen entdeckt, postuliert er,

> "daß dem astronomischen Kreislauf der Erde um die Sonne ein mikrokosmischer Kreislauf im Innern des menschlichen Körpers entsprechen müsse, nämlich der des Blutes um das Herz herum." (Kutschmann (1986) S.81)

Als neue Analogie und als tertium comparationis in dem Gegensatz Mikro- und Makrokosmos kommt jetzt die Maschine hinzu, die alles in einem einzigen technomorphen Modell zusammenklammert:

> Kreislauf des Weltalls, Kreislauf der Jahreszeiten, Kreislauf der Natur, Kreislauf des Lebens, Kreislauf des Körpers, Kreislauf der Pumpe, Kreislauf der Mühle, Kreislauf der Uhr.

Zusammenfassung: Der theoretische Maschinenbegriff, der in den Theorieschriften des Jahrhunderts geprägt wird, beinhaltet zwei Merkmale, den 'zentralen Antrieb' und die 'ununterbrochen fortwährende Bewegung'. Insofern gibt es gute Gründe, den Maschinenbegriff der Theorieschriften mit dem Uhrenbegriff gleichzusetzen. Wenn Staat, Weltall und menschlicher Körper mit maschinellen Qualitäten metaphorisiert werden, ist immer deutlich das Konzept UHR gemeint. Die Uhr ist das leitende Modell und die technische und empirische Grundlage allen mechanischen Denkens seit dem Spätmittelalter (vgl. Rapp (1981) S.27).

Die Merkmale, die für den heutigen Maschinenbegriff im Vordergrund stehen, sind noch gar nicht ausgebildet: Insofern könnte man behaupten, wenn im 17. Jahrhundert von *Maschine* die Rede ist, ist das Konzept MASCHINENGLEICH WIE EINE UHR gemeint. Das gesamte politische und wissenschaftliche Denken des 17. Jahrhunderts, dessen umfassendes Deutungsschema "sub specie machinae" hieß (vgl. Baruzzi (1973) S.57f), müßte vom heutigen Verständnis ausgehend dann vielleicht konsequenter mit der Etikettierung "sub specie horologii" versehen werden.

7.3 Technomorphie in den physiologischen Schriften von René Descartes

Mit den beiden physiologischen Schriften von René Descartes (1596-1650) "Über den Menschen" (1632) und "Beschreibung des menschlichen Körpers" (1648) liegen zwei Musterbeispiele dafür vor, wie technomorphes Denken in nichttechnischen Texten des 17. Jahrhunderts dominierte (vgl. Descartes (1664/1969), Rothschuh (1969)). Die Texte liegen zwar nicht im Zentrum unseres Themas, sie verwenden technische Modelle in nichttechnischer Theoriesprache, während hier eigentlich die nichttechnischen Modelle in der Techniksprache aufgespürt werden sollen. Aber gerade in dieser Umkehrung zeigen sich sprachliche Phänomene, die für die Bewertung der Techniksprache interessant sind.

Grundlage der neuen Technomorphismen in der Physiologie ist die neue Konzeption von der Zentralkraft des organischen Lebens. Jean Fernel (1497/1506-1558), der bis ins 18. Jahrhundert hinein die maßgebliche Lehrbuch-Autorität für die menschliche Physiologie war, nimmt noch eine zentrale Kraft des Herzens an, die sogenannte "vis pulsifica", die das Herz dazu befähigt, "aus sich selbst zu schlagen" (vgl. Rothschuh (1969) S.22). Bei Descartes wird eine solche Zentralkraft, die sogenannte "Primum movens", dann schon zu einer eher physikalischen Größe, von der aus die einzelnen Prozesse der menschlichen Maschine erklärbar sind:

> "Und damit man zu Anfang eine allgemeine Vorstellung von der ganzen Maschine [=der menschliche Körper, K.J.] bekomme, die ich zu beschreiben habe, möchte ich hier vorausschicken, daß es die Hitze ist, die sie im Herzen besitzt, die die große Triebkraft und das Prinzip aller in ihr stattfindenden Bewegungen ist. Die Venen sind die Röhren, die das Blut von allen Teilen des Körpers zu diesem Herzen hinführen, wo es zur Nahrung für die dortige Wärme dient. Auch der Magen und die Därme sind eine solche größere Röhre." (Descartes (1664/1969) S.141)

Mit der Energieform WÄRME und den technischen Modellen RÖHREN, FLÜSSIGKEITSTRANSPORT, WÄRMEAUSTAUSCH wird mechanisiert und technisiert erklärt, was an physiologischen und biochemischen Prozessen (Sauerstoffaustausch, Steuerung der Körpertemperatur, Blutdruck etc.) noch nicht durchschaut wird. Somit entsteht eine Mechanisierung der Biochemie. Eine ähnlich erklärende und veranschaulichende Funktion haben dann auch Vergleiche, die bekannte biochemische Prozesse des Alltags als Grundlage haben. Im folgenden Zitat wird mit dem Modell der GÄRUNG die Entstehung neuen Lebens beschrieben:

> "Denn wie man sieht, daß alter Teig neuen Teig anschwellen lassen kann und daß der Schaum, den das Bier abgibt, genügt, um als Gärungsmittel für anderes Bier zu dienen: so ist es leicht zu glauben, daß die Samen der beiden Geschlechter, indem sie sich miteinander verbinden, einander als Gärungsmittel dienen" (Descartes (1664/1969) S.165, vgl. auch Rothschuh (1969) S.23)

Mit dem Modell FLÜSSIGKEIT und WÄRME ist bereits in Ansätzen eine Eliminierung der Seele verbunden:

> Man müsse für den Körper keine "vegetative oder sensitive Seele oder ein anderes Bewegungs- und Lebensprinzip anzunehmen als ihr Blut

> und ihre Spiritus, die durch die Hitze des Feuers bewegt werden, das dauernd in ihrem Herzen brennt und das keine andere Natur besitzt als alle Feuer, die sich in unbeseelten Körpern befinden." (Descartes (1664/1969) S.136)

Wenn innerhalb des physiologischen Denkens noch von einer Seele auszugehen ist, dann keinesfalls mehr in der Rolle der zentralen Lebenskraft, sondern in der Rolle der lenkenden Zentralinstanz im Gehirn:

> "Und wenn schließlich eine vernunftbegabte Seele in dieser Maschine sein wird, wird sie ihren Hauptsitz im Gehirn haben und dort wie der Quellmeister sein, der den Verteiler, an dem alle Röhren dieser Maschine zusammenkommen, bedienen muß." (Descartes (1664/1969) S.57)

Die technomorphen Bilder werden in direkten Vergleichen des Menschen mit bestimmten Maschinenformen der Zeit noch sehr viel konkreter und technischer ausgeführt, als dies vielleicht bisher durch die beiden Modelle RÖHRENSYSTEM und UMWÄLZUNG VON FLÜSSIGKEIT deutlich wurde. Bezeichnenderweise sind die Maschinen des 17. Jahrhunderts, die den höchsten Entwicklungsstand aufweisen (siehe 7.1), am häufigsten eingesetzt: Wasserfördermaschine, Mühle, Uhr und Automat.

Das allgemeine Modell UMWÄLZUNG wird oft technisch konkretisiert in einer direkten Analogie zur Wasserfördermaschine, zur Wasserpumpe oder ähnlichen Maschinen:

> "Und tatsächlich kann man die Nerven der Maschine, die ich beschreibe, sehr gut mit den Röhren der Maschinen bei diesen Fontänen vergleichen, ihre Muskeln und Sehnen mit den verschiedenen Vorrichtungen und Triebwerken, die dazu dienen, sie in Bewegung zu setzen, ihre Spiritus animales mit dem Wasser, das sie bewegt, wobei das Herz ihre Quelle ist und die Kammern des Gehirns ihre Verteilung bewirken." (Descartes (1664/1969) S.56f.)

Hier ist die Maschine das Erklärungsmodell für den Menschen. Im 18. Jahrhundert wird die Neuigkeit der Feuermaschine durch das Erklärungsmodell Mensch erläutert. Die Formulierungen von Descartes sind mit entsprechender Umdrehung fast wörtlich bei Belidor (1740-71) wiederzufinden.

Die Wasserpumpe oder andere Maschinen mit Wasserkreislauf drängten sich als Bild besonders auf, weil nun mit der Entdeckung Harveys die Blutzirkulation als geschlossener Kreislauf und das Herz als Umwälzpumpe erkannt war. Somit wurde die "Kreislaufhydromechanik" zum "Antriebssystem für die fiktive göttliche Mensch-Maschine." (Rothschuh (1969) S.192, vgl. auch S.20ff).

Auch die fortwährenden Rotationsbewegungen von Uhren, Automaten und Mühlen gaben ein Vorbild ab, um die Lebensprinzipien des gesamten Körpers oder einzelner Körperfunktionen darzustellen.

(1) **Uhr und Automat:**

> "daß die Funktionen in dieser Maschine alle von Natur aus allein aus der Disposition ihrer Organe hervorgehen, nicht mehr und nicht weniger, als die Bewegungen einer Uhr oder eines anderen Automaten von der Anordnung ihrer Gewichte und ihrer Räder abhängen." (Descartes (1664/1969) S.136)

(2) **Uhr und Mühle:**

> "Weiterhin gleichen die Atmung und andere solche Tätigkeiten [...] den Bewegungen einer Uhr oder einer Mühle, die durch den regelmäßigen Wasserfluß unterhalten werden." (Descartes (1664/1969) S.57)

(3) **Blasebalg:** Der Blasebalg ist nicht Modell für die Atmung, was eigentlich zu erwarten gewesen wäre, sondern wiederum für den Blutkreislauf.

> "Nun kann man sich vorstellen, daß das Herz und die Arterien, die die Spiritus animales in die Kammern des Gehirns unserer Maschine stoßen, wie die Blasebälge dieser Orgeln sind, welche die Luft in die Windladen stoßen." (Descartes (1664/1969) S.96)

Neben Mensch–Maschine–Gleichsetzungen der Makroebene werden also auch für Details des Körperbaus oder einzelner Körperfunktionen technomorphe Modelle bemüht. Sie dienen bezeichnenderweise besonders häufig in den Bereichen der Neurophysiologie als gedankliche Unterstützung, also in den Bereichen, die für das 18. Jahrhundert besonders undurchschaubar waren und die es auch noch in der Gegenwart zum Teil sind. Das Phänomen, daß der Mensch über die Sensoren der Haut Hitze wahrnehmen und diese als Schmerz empfinden kann, wird mit dem naiven Modell eines GLOCKENZUGES gezeigt:

> "dann haben die kleinen, bekanntlich schnell bewegten Teilchen dieses Feuers aus sich heraus die Kraft, die betroffene Stelle der Haut des Fußes in Bewegung zu versetzen. Indem sie dadurch an der kleinen (Mark–) Faser c c ziehen [...] öffnen sie im gleichen Augenblick den Eingang der Pore d e, an der diese kleine Faser endet, ebenso wie man in dem Augenblick, in dem man an dem Ende eines Seilzuges zieht, die Glocke zum Klingen bringt, die an dem anderen Ende hängt [...] Man kann auch nicht mehr an diesen kleinen Türen oder Klappen zweifeln, die ich in den Nerven an allen Muskeleingängen vorausgesetzt habe" (Descartes (1664/1969) S.69, S.133f., Kleinbuchstaben beziehen sich auf eine Skizze)

Das fehlende Wissen um die Vorgänge in den Nervenzellen führt zu mechanischen Deutungen mit den aus der Alltagsphysik bekannten Größen:

Teilchen in Bewegung, Kraftausübung, in Bewegung setzen, Zugkraft, Eingang öffnen, Seilzug, Zug, Glocke, Klingeln u.a.

Eine wissenschaftsgeschichtlich bedeutsame Leistung von Descartes besteht also auch in der umfassenden Mechanisierung der Physiologie. Ausgehend von der Zentralkraft WÄRME deutet er die physiologischen Vorgänge in Analogie zu den in der Zeit bekannten Techniken:

> "Descartes erfand ein 'technomorphes Modell' des Organismus, indem er die Befunde der Astronomen, der Feuerwerker, der Uhrmacher, der Konstrukteure optischer Geräte und mechanisch arbeitender Automaten zum Aufbau einer neuen Biotechnik verwertete." (Rothschuh (1969) S.192, vgl. auch S.23)

Seine Naturerklärung erhielt dadurch die Qualität einer kausal hergeleiteten Erklärung statt der bis dahin vorherrschenden teleologischen Interpretation:

> "Er befreite die Physiologie von den traditionellen Kobolden der facultates und gab ihr damit ihre Autonomie. Er drang erstmals darauf, genau zu prüfen, was von der Seele abhängt und was nicht." (Rothschuh (1969) S.194)

Seine 'Säkularisierung' der Seele bleibt, im Vergleich zu den materialistischen Entwicklungen des 18. Jahrhunderts, noch auf halbem Wege stehen. Zwar ist der menschliche Körper bei Descartes die vollkommene Maschine, aber noch besteht ein unüberbrückbarer Gegensatz zwischen der Maschine und dem vernunftbegabten Wesen (vgl. Stollberg-Rilinger (1986) S.29f). Dies ist deshalb zu betonen, weil die hier gesammelten technomorphen Bilder denen des 18. Jahrhunderts nicht nachstehen, was zu Mißverständnissen führen könnte.

In dem hier auf den Kopf gestellten Modell, statt dem techniksprachlichen 'ARTEFAKT ist wie ein KÖRPER' hier nun das theoriesprachliche 'KÖRPER ist wie ein ARTEFAKT', zeigt sich der für Wissenschaftssprachen typische 'Vordergrund der Mechanik' in der modellhaften Darstellung und sprachlichen Bewältigung von unfaßbaren Prozessen. Gleichzeitig wird deutlich, wie zeitabhängig die Auswahl der Modelle sein kann. Im späten 19. Jahrhundert werden die Abläufe in den menschlichen Nervenbahnen folgendermaßen beschrieben:

> "so gelangt durch die Empfindungsnerven die Depesche zur Hauptstation mit der Bemerkung: 'Rückantwort bezahlt' und der Telegraphist auf der Gehirnstation ist [...] gewissenhaft, daß er nur solche Tasten seines Zeigerapparates berührt und in Bewegung setzt, deren Bewegungsnerven die Rückantwort gerade nur zu denjenigen Muskeln geben, welche [...]" (Kapp (1877) S.145f.)

Das Modell MASCHINENTECHNIK wurde durch das Modell ELEKTRISCHE TELEGRAPHIETECHNIK abgelöst. Heute könnte man die ELEKTRONISCHE DATENVERARBEITUNG hinzunehmen. Die Modelle passen sich der technikgeschichtlichen Entwicklung an. Aber sie bleiben insofern konstant, als die Grundprinzipien der technomorphen Deutung des Menschen immer gleich bleiben.

7.4 Der ambivalente Maschinenbegriff

In der deutschen Ausgabe des Bergbaubuchs von Georg Agricola (1557) gibt es weder die Ausdrücke *Maschine* oder *machina* noch irgendeinen anderen übergeordneten Ausdruck, der die Fülle der beschriebenen technischen Vorrichtungen im Sinne des heutigen Maschinenbegriffs zusammenfassen würde. Aber am Ende der hier zu besprechenden Epoche, bzw. textgeschichtlich genauer mit dem Erscheinen des grundlegenden Werkes von Jacob Leupold (1724-27), ist der wortgeschichtliche Entlehnungs- und Einformungsprozeß abgeschlossen, aber auch der technische Maschinen-Begriff im heutigen modernen Sinn ausgebildet. Die Innovations- und Diffusionsprozesse in den dazwischen liegenden 150 Jahren sollen in diesem Abschnitt behandelt werden.

In der Technik und Mechanik waren Hebel, Seil und Rolle, schiefe Ebene, Rad und Schraube als die sogenannten fünf einfachen Maschinen (*machinae simplices*) bekannt, die die Grundlage für alle zusammengesetzten Maschinen abgaben. Im Laufe des hier zu behandelnden Diffusionsprozesses wird *machina* allmählich zum Standardausdruck in den verschiedenenen Techniktexten, steht aber im Laufe der Entwicklung dann immer mehr für einen neuen Begriff MASCHINE, nämlich für das besonders herausragende und besonders 'künstlich' zusammengesetzte Artefakt. Um diese Begriffsbestimmung präzise darstellen zu können, sind deshalb zunächst einige Ausführungen zum Begriff der KÜNSTLICHKEIT notwendig.

Der erste Beleg für die Qualifizierung eines Werkzeuges mit dem Attribut Künstlichkeit findet sich bei Agricola:

> "Gezeuge so berg unnd wasser hebe / seindt viel / und mancherley formen / und etlich auß inen sehr künstlich" (Agricola (1557) S.CXXII)

Das künstliche, also das komplizierte und zusammengesetzte "Gezeug" wird gegenüber den einfachen werkzeugähnlichen Vorrichtungen hervorgehoben.

Bei Ramelli (1588) wird die Künstlichkeit der vorgeführten Artefakte bereits im italienischen ("Dell Artificiose Machine") und französischen Titel ("Des Artificieuses Machines") verkündet. Mit diesem Attribut wird gleichzeitig die Ambivalenz barocker Technik betont: im Sinne von zusammengesetzt-kompliziert und im Sinne von eigentlich unnötiger Aufwendigkeit und 'Barockhaftigkeit' der vorgestellten Maschinen.

Bei Zeising finden wir bereits relativ selbstverständliche Attribuierungen, um einzelne besonders herausragende Maschinen hervorzuheben:

> "künstliches Wasserrad" "künstliches Wasserwerck" "einer grossen künstlichen Pressen" (Zeising (1612-14) Teil 2 S.21, Teil 4 S.35)

Bei Böckler ist ein weiteres Bedeutungsmerkmal belegt, das die Ambivalenz der Barocktechnik deutlicher betont. Er kommentiert die Abbildung einer Maschine, die offensichtlich ein perpetuum mobile zeigen soll, folgendermaßen:

> "ist derowegen dieses Mühl–Werck / mehrentheils eine künstliche als nützliche speculation" (Böckler (1661) S.53)

Der Gegensatz zu *nützlich* weist *künstlich* hier deutlich mit einer Markierung 'unnötig' oder 'ergötzlich' aus.

Der Begriff der KÜNSTLICHEN MASCHINE läßt sich in vier Merkmalsgruppen zusammenfassen:

(1) Eine KÜNSTLICHE Maschine ist 'nicht einfach', sondern ein aus mehreren einfachen Maschinen zusammengesetztes kompliziertes und komplexes Gebilde.

(2) Eine KÜNSTLICHE Maschine ist nichtalltäglich, sensationell neu, herausragend und besonders bewundernswert. Dieser zweite bewertende Aspekt ergibt sich fast zwangsläufig aus dem ersten, da immer selbstverständlich eine Chronologie in den Gegensatz einfach/kompliziert hineininterpretiert wird: Das einfache ist älter und alltäglicher, das kompliziertc ist neuer und sensationeller.

(3) Eine KÜNSTLICHE Maschine kann auch 'unseriös' und 'unnötig', also Teil der 'ergötzlichen' Technik sein.

(4) Eine KÜNSTLICHE Maschine richtet sich im besonderen Maße gegen die vorgegebenen Gesetze der Natur, bzw. überwindet die vorgegebenen natürlichen Schranken. Dieser Aspekt ist in den Techniktexten nicht direkt thematisiert, ergibt sich aber durch andere Quellen.

Die Künstlichkeit der Maschinen im Sinne von Punkt (4) ergibt sich aus dem zeitgenössischen Verständnis von Mechanik:[21]

> "Unter Mechanik verstand man vor Galilei keine Lehre von den Körpern und ihren Bewegungen im heute geläufigen Sinne, also einen Teilbereich der Physik, sondern eine Kunst (ars), die lehrt, wie sich die 'Natur' mit Hilfe technischer Tricks überlisten läßt." (Mittelstraß (1970) S.116)

Diese Auffassung ist in der Maschinentechnik des 17. Jahrhunderts noch prägend:

---

[21] Vgl. hierzu auch Breger (1982) S.130, Mittelstraß (1970), Stammel (1982) S.50ff.

> "Denn die Kunst vermag die Natur zu bezwingen / in denen dingen / in welchen der Mensch von der Natur bezwungen wird." (Zeising (1612-14) Teil 1 S.17)

Insofern ist es nicht verwunderlich, daß gerade die Maschinen mit besonders beeindruckender Kraftausübung oder Lastenbewegung 'gegen die Natur' zuerst in den neuen Maschinenbegriff eingehen. Das Angehen gegen die Natur wird auch sehr früh als Angehen gegen die Begrenzungen der menschlichen Kraft gedeutet. In Techniktexten finden sich immer wieder vereinzelte Belege, die das später von der philosophischen Anthropologie ausgearbeitete Konzept der Organüberbietung (siehe 2.2) in einzelnen Bruchstücken antizipieren. Dabei wird meistens durch eine Maßangabe die Überbietung veranschaulicht:

> "dieweil es weitt alle menschliche krafft übertriffet / so schöpffet diser zeug auß dem schacht mehr dan hundert werckschuh tieff" (Agricola (1557) S.CXLVI)

Von dieser Merkmalssammlung für KÜNSTLICHKEIT ist auszugehen, um die Herauslösung des neuen Begriffs MASCHINE als besonders KÜNSTLICHES WERKZEUG zu verstehen.

Lat. *machina* war schon immer in lateinischen Quellen als allgemeine Bezeichnung für das Werkzeug üblich. In der frühen Neuzeit wird sowohl die lateinische Form als auch die französische Entsprechung *machine* (zunächst graphematisch noch unverändert) in deutschsprachige Texte entlehnt. Dabei entsteht aber hinter dem altbekannten Lehnwort allmählich ein neuer Maschinenbegriff, der von den alten Begriffen WERKZEUG oder GERÄT abweicht. Für die rasche Diffusion sind im 17. Jahrhundert vor allem Techniktexte verantwortlich, die direkt auf französisch- oder italienischsprachige Vorbilder zurückgehen: Caus (1615) und Ramelli (1620).

Agricola kennt noch kein Konzept MASCHINE. Alle Geräte und Werkzeuge, die in der Bergbautechnik zur Verfügung stehen, heißen *Gezeug*. Mit diesem Ausdruck ist nicht der Begriff MASCHINE und auch nicht WERKZEUG verbunden, sondern der noch weitergehende Begriff GERÄT, TECHNISCHES HILFSMITTEL (vgl. z.B. Agricola (1557) S.CXXII, S.CXXXIX).

Allein schon durch den Titel 'Theatrum machinarum' wird die wort- und begriffsgeschichtliche Zäsur im Werk von Zeising (1612-14) angekündigt. Der neue Maschinenbegriff, als Wort noch in lateinischer Schreibung *machina/machinae* gehalten, löst aus der Masse der *Gezeuge* und *Rüstzeuge* nun die besonders beeindruckenden und 'künstlichen' heraus:

> "Das **Machina** sey ein rüstzeug / von Materi (als Holtz/Eisen oder dergleichen) zusammen geordnet / welches grosse krafft und vermögen hat schwere und gross Lasten zu bewegen." (Zeising (1612-14) Teil 1 S.3)

In Teil 1 des Werks sind unter der Überschrift "vilerley künstliche Machinae" vorwiegend hebende und transportierende Maschinen erläutert. Die vorrangige Verbindung des neuen Maschinenbegriffs mit der besonders beeindruckenden Maschine, die Kraft ausübt und Lasten hebt, bleibt lange noch prägend. Diese Akzentsetzung der hebenden und bewegenden Maschine (also z.B. Haspel, Zugwinde, Flaschenzug) setzt ferner die Tradition des Begriffs von den fünf elementaren Maschinen der Mechanik fort, die ebenfalls heben und bewegen.

Obwohl Zeisings Text kein fremdsprachiges Vorbild hat, steht *machina* schon sehr einheitlich für den neuen Maschinenbegriff. Bezeichnenderweise sind in Caus und Ramelli, also den beiden Texten, die französische und italienische Vorlagen haben und die besonders typische Texte der Barock-Technik sind, die Benennungen und Oberbegriffe sehr einheitlich.

In Caus (1615) heißen alle beschriebenen Vorrichtungen, seien es realistische Arbeitsmaschinen, Phantasiegebilde oder belustigende Geräte, einheitlich *machinae*. Bei Ramelli (1620) findet sich eine konsequent durchgehaltene Subklassenbildung, die den Maschinenbegriff zu Beginn des 17. Jahrhunderts weiter erhellen kann.

Die Großgruppe, die Ramelli einheitlich *machinae* nennt, umfaßt die vier folgenden Teilgruppen:

(1) Alle Maschinen, die Wasser heben, fördern oder in Umlauf bringen (Kap. 1-51),

(2) Alle Werkzeugmaschinen, die Kraft ausüben und dabei sinnvolle Arbeit verrichten (Kap. 67-71),

(3) Alle Kriegs- und Belagerungsmaschinen (Kap. 72-92, Kap. 112-118),

(4) Alle Maschinen, die Lasten heben (Kap. 93-107).

Gemeinsames Merkmal der vier Gruppen sind eine besonders 'künstliche' Kraftausübung und eine besonders beeindruckende Fähigkeit, große Massen zu bewegen. Obwohl dies für die Mühlen auch gelten könnte, werden sie bei Ramelli nicht mit dem genus proximum *machina* eingeführt. Vielmehr werden alle Mahlmühlen (Kap. 52-66), unabhängig von der vorgestellten Antriebsart der Großgruppe der *Mühlen* zugeordnet. Vermutlich ist die Sonderstellung der Mühlentechnik so zu erklären, daß die Mühle als alte, selbstverständliche und quasi 'natürliche' Arbeitsmaschine gesehen wird, die nicht mit dem neuen Begriff der KÜNSTLICHEN MASCHINE in Verbindung gebracht wird.[22]

Der insgesamt höher einzustufende Techniktext von Böckler (1661) weist in wortgeschichtlicher Hinsicht gegenüber den frühen Texten im Jahrhundert einen scheinbaren Rückschritt auf. Zwar trägt auch dieses Werk den neuen Standardtitel 'Theatrum machinarum novum', aber im Text selbst ist nur

[22]Reflexe dieser Trennung finden sich noch heute im alltäglichen Sprachgebrauch. Maschinen, mit denen wir das Konzept VORINDUSTRIELL–NATÜRLICH verbinden, denen wir damit eine gewisse Postkarten-Idylle zuschreiben (z.B. der Schwarzwaldmühle, der Windmühle), werden alltagssprachlich nicht als *Maschinen* bezeichnet.

ein einziges Mal das Wort *machina* belegt (vgl. Böckler (1661) S.59). Der Maschinenbegriff ist dennoch existent. Er ist lediglich noch nicht dem neuen Lehnwort eindeutig zugewiesen. Die Vorrichtungen, die als MASCHINEN, nicht als WERKZEUGE aufgefaßt werden, werden mit anderen Wörtern zu Subklassen zusammengefaßt:

(1) *Mühle*: meistens für die antreibende Kraftmaschine oder für die zerkleinernde Arbeitsmaschine.

(2) *Werk, Kunst*: meistens für die wasserbewegende oder hebende Transportmaschine.

Der neue Maschinenbegriff der Techniktexte am Ende des 17. Jahrhunderts, der dann erst durch die Textzäsur bei Leupold (1724-27) endgültig deutlich wird, heißt MASCHINE IST KÜNSTLICHES WERKZEUG:

(1) Eine MASCHINE ist KÜNSTLICH und mehr als ein WERKZEUG, weil zusammengesetzt und kompliziert.

(2) Eine MASCHINE ist KÜNSTLICH, weil gegen die Natur vorteilhaft einsetzbar und dadurch arbeitserleichternd und kräftesparend.

(3) Eine MASCHINE ist KÜNSTLICH, weil sie durch (1) und (2) eine Selbständigkeit und scheinbares Eigenleben besitzt, die zur Bewunderung führen.

Eine abschließende Begriffsbestimmung ist erst vollständig, wenn der Vergleich mit dem theoretischen Begriff MASCHINE (siehe 7.2) vorgenommen wurde. Jener hatte hauptsächlich die zentrale Konzeption MASCHINE IST UHR aufzuweisen. Selbstverständlich hängen die beiden Begriffsentwicklungen über das gemeinsame Modewort zusammen, aber dennoch sind deutlich unterschiedliche Akzentuierungen in den verschiedenen Textwelten zu sehen.

Die neue Akzentuierung der KÜNSTLICHKEIT ist auch im Zusammenhang weiterer Entwicklungen des 17. Jahrhunderts zu sehen. Neben der bereits angesprochenen allgemeinen Mechanisierung des Weltbildes ist noch ein Phänomen zu betonen, das Kutschmann eine allgemeine Desanthropomorphisierung nennt (vgl. Kutschmann (1986) S.290ff.): Das 17. Jahrhundert ist im Instrumentenbau das Jahrhundert der 'Organverstärkungen' (Mikroskop, Hörrohr, Thermometer, Luftpumpe etc.). Damit wird erstmals die direkte körperliche Erfahrung der natürlichen Phänomene und Prozesse relativiert und mechanisiert. Eine direkte Parallele ist in der technischen Entwicklung vom 'direkt erfahrbaren' Werkzeug zur 'desanthropomorphisierenden' Maschine zu sehen.

La machine und *l'automate* gelten als Modewörter im Frankreich des 17. Jahrhunderts (vgl. Heckmann (1982) S.209). Es ist zu vermuten, daß dies zwei synonyme Wörter für den Theoriebegriff von MASCHINE sind. Beim Theoriebegriff MASCHINE/UHR kommt als weiteres Merkmal hinzu, daß die Maschine nicht nur als 'künstliches Werkzeug' gegen die Natur arbeitet, sondern die Maschine dadurch gleichzeitig die Natur kopiert und auf der technischen Grundlage von Zahnrad und Federkraft eine quasi-natürliche zentrale Bewegungskraft oder zumindest eine scheinbare Selbstbewegung aufweist. Daher ist es naheliegend, daß in diesem zweiten Begriff die ganze Ambivalenz oder das ganze Dilemma der Barocktechnik vereinigt ist: das Bild von der Uhr, vom Belustigungs-Automaten und die phantasievolle Utopie von einem Perpetuum mobile.

Künstlichkeit ist also auch eng verknüpft mit den Charakterisierungen: nutzlos, artifiziell, phantastisch, utopisch (vgl. Klemm (1983b)).

7.5 Die Mühle als Prototyp der antreibenden und der arbeitenden Maschine

Überprüft man die Bedeutungsvielfalt, die in der Gegenwartssprache mit dem Wort *Mühle* verbunden ist, ergeben sich in der Alltagssprache zwei Begriffe:

(1) Zum einen umfaßt das Wort die 'mahlende' Arbeitsmaschine, die von der industriellen Getreidemühle bis zur handgetriebenen Kaffeemühle reicht (vgl. Duden (1976-81) S.1825).

(2) Zum anderen umfaßt es die 'mühlenähnlich angetriebenen' Kraftmaschinen, die im Alltagsbewußtsein besonders durch die Prototypen *Windmühle* und *Wassermühle* vertreten sind.

Die Vorstellungen von *Mühle* sind in einen doppelten Alltagsbegriff MÜHLE eingebunden, der typischerweise unscharf beide Komponenten umfaßt und je nach Bedarf die erste oder zweite Bedeutungskomponente betont. Zwei technische Prinzipien, die Antriebsart der Kraftmaschine und die Arbeitsverrichtung der Arbeitsmaschine, werden unsystematisch vermengt. Die gegenwärtige Alltagssprache reflektiert hier einen Zustand der Techniksprache im 17. Jahrhundert. Eine genaue Analyse der Texte von Zeising (1612-14) und Böckler (1661) kann hier genauere Aufschlüsse erbringen.

Aus den folgenden Zitaten aus Zeisings 'Theatrum machinarum' (1612-14) ergibt sich, daß auch in Techniktexten jener Zeit ein sehr ungenauer oder zumindest unsystematischer Begriff MÜHLE herrscht:

> "Die **Machinae** welche vom Wasser umgetrieben werden / seind jetziger Zeit die aller gebreulichsten (sic) / zu vielerley Mühlwercken / alßda seind Getreidemühlen / so durch grosse Wasserräder umbgetrieben werden / Deßgleichen Schleiffmühlen / Poliermühlen [...]
> **Machinae molares** oder Mühlwercke ohne Wasser durch einen oder zwo Personen / oder auch durch Thier / als Pferde / Ochsen und dergleichen / mit grosser Gewalt Mehl zu mahlen / getreten oder gezogen [...] Die Andere Art wird seyn / von allerley Wassermühlen so durch fliessende Wasser umbgetrieben werden." (Zeising (1612-14) Teil 1 S.14, Teil 3 S.6)

Hier wird in der Bezeichnung, in der Kompositabildung und in der Aufzählung der technischen Details und Umgebungen keine klare Trennung vollzogen zwischen der Mühle als Arbeitsmaschine (zentrales Merkmal: Zerkleinerung von Material) und der Mühle als Kraftmaschine (zentrales Merkmal: verwertbare Rotationsbewegung durch natürliche Antreiber).

Auch im Techniktext von Böckler (1661) stehen hinter dem Wort *Mühle* noch beide technische Dimensionen. Jedoch zeigen sich durch vermehrte Kompositabildungen Entwicklungen, die zu zwei Subbegriffen von MÜHLE führen könnten. Im Text wird sehr häufig die Mühle dadurch spezifiziert, daß entweder die antreibende Kraft (=1) oder das zu bearbeitende Material (=2) oder die Arbeitsweise der Maschine (=3) genannt werden:

(1) Spezifizierung der Kraft, die die Rotationsbewegung erzeugt: *Gewichts–, Hand–, Ochsen–, Pferd–, Roß–, Tret–, Wasser–, Windmühle.*

(2) Spezifizierung des Materials, das bearbeitet werden soll: *Getreide–, Papier–, Pulvermühle.*

(3) Spezifizierung des Arbeitsverfahrens oder der Arbeitsweise: *Blas–, Bohr–, Mahl–, Mang–, Polier–, Säge–, Schleif–, Schrot–, Stampf–, Walkmühle.*

Der ungenaue Doppelbegriff MÜHLE der Alltagssprache geht also auf das 17. Jahrhundert zurück. Die Belege, die hier in den Quellen erhoben wurden, sind typisch für den vormodernen, vorindustriellen Maschinenbegriff jener Zeit: Das sprachliche Durcheinander ist ein Indiz für die Ungenauigkeit (bzw. eigentlich für die Unwichtigkeit) der heute selbstverständlichen Trennung von arbeitender Maschine und deren Antrieb. Der Maschinenbegrifff der Barockzeit umfaßt beides, da nur der arbeitende Teil der Maschine überhaupt maschinell und technisch ist, der antreibende Teil dagegen 'natürlich' und somit in gewisser Weise maschinentechnisch selbstverständlich. Erst mit der industriellen Maschinentechnik, die an die Stelle der Antreiber auch Maschinen setzt, gewinnt dies eine neue Qualität und erfordert eine genauere Trennung, die in der Alltagssprache allerdings nicht vollzogen wurde.

Die Mühlentechnik ist schon in vorindustrieller Zeit mit Großmaschinentechnik ausgestattet und setzt mit ihren natürlichen Antreibern Wind und Wasser mechanische Energie in Größenordnungen um wie kein anderer Zweig der Maschinentechnik jener Zeit. Sie gehört ohne Zweifel zu den entwickeltsten Bereichen der Technik. Deshalb spiegelt sich hier technikgeschichtlich und begriffsgeschichtlich in der Vorstellung MÜHLE eine Art Prototyp der späteren Maschinenverbünde aus Kraft- - und Arbeitsmaschine wider. Die sprachlichen Nachwirkungen des Prototyps in den späteren Epochen werden dies bestätigen.

7.6 Details der Maschinentechnik: Antrieb, Bewegung und Arbeitsverrichtung

Es wurde bereits angedeutet, daß die 'nützliche' Maschinentechnik sich im 17. Jahrhundert noch im wesentlichen auf die Fragen der sinnvollen Arbeitsverrichtung konzentrieren konnte. Der Begriff MASCHINE meinte stets den Maschinentyp, den der Techniker heute Arbeitsmaschine nennen würden. Die KÜNSTLICHKEIT solcher MASCHINEN, ihre Räderwerke, ihre Mechanismen zur Kraft- und Bewegungsweitergabe und ihre Arbeitsleistungen standen im Mittelpunkt und faszinierten.

Der der Maschine vorgeschaltete Antrieb ist kein technisches Thema. Die Antreiber (Wind, Wasser, Tier und Mensch) werden einfach vorausgesetzt und erscheinen dementsprechend als selbstverständliche Beigabe in Text und Bild der Technikwerke. Für die spätere Beschreibung der Kraftmaschinen ist es erhellend, wie deren natürliche Vorgänger in den Techniktexten sprachlich behandelt werden.

Die einfachste und direkteste Versprachlichung ist bei Agricola zu finden. Neben den Maschinenbezeichnungen (hier Haspel und Göpel) wird das Lebewesen genannt, das 'zieht' oder 'umtreibt':

> "werden mitt dem haspell / so die **mensche ziehen** / die donne aber / dieweil sie schwärer / mitt dem köbell / den die **pferdt umbtreiben** / herauß gezogen" (Agricola (1557) S.CXV, Hervorhebung K.J.)

Die belebten oder natürlichen Antreiber werden auf dieser Stufe der Technikentwicklung so selbstverständlich vorausgesetzt, daß sie (mit der einzigen Ausnahme "roßkunst") in der Benennung der einzelnen Maschinen keine Berücksichtigung finden. Entsprechend vorklassifikatorisch und auf Einzeltypen ausgerichtet sind die Bezeichnungen für die verschiedenen Maschinen:

> kerrad, pfulbaum, ronbaum, roßkunst, schwengrad, ronde scheibe (Agricola (1557) S.CXXIII/CXXVII)

Eine deutliche Weiterentwicklung ist im Technikwerk von Zeising zu sehen, das zu Beginn des ersten Teils mit einer Einteilung der Maschinen beginnt: Das oberste Kriterium der Klassenbildung ist "von der ursach und anfang ihrer bewegung". Demzufolge stehen die "automata", die "von ihnen selbst" bewegt werden, einer zweiten Gruppe von Maschinen gegenüber, die "außwendig von einem andern her bewegt" werden (vgl. Zeising (1612-14) Teil 1 S.9ff). Die außerhalb der Maschine stehenden Beweger wiederum zerfallen in zwei große Gruppen: "werden etliche von **inanimatis** / etliche aber von **Animatis** bewegt". Die unbelebten Beweger sind durch die vier Elemente vertreten, die belebten sind Mensch und Tier:

> "Die Machinae, welche von den **Animatis** oder lebhafften bewegt werden / seind entweder die / welche von vernünfftigen Thieren / oder von

> Menschen getrieben werden [...] Als da seind vielerley Roßmühlen / Wasserkünste / Brunnenräder / vieler sorten von Wagen / Kutschen / Karren und dergleichen." (Zeising (1612-14) Teil 1 S.15f.)

Unter den "inanimatis" erfährt das Feuer eine besondere Bewertung. Im folgenden Zitat sind Geschütze, Feuerwerkskörper u.ä. und keine Vorläufer der Dampfmaschinen gemeint:

> "Die **Machine** / welche vom feuer und dunst ihren trieb haben / die können jetziger zeit die aller krefftigst / und mechtigste Wirckung thun." (Zeising (1612-14) Teil 1 S.11)

Die Muskelkräfte von Mensch und Tier spielen in jener Zeit noch die herausragende Rolle für die Ingangsetzung der verschiedenen Maschinen. Die fortgeschrittene Großtechnik mit Wind und Wasser als Antrieb beschränkt sich, wie oben angedeutet, auf die große Mühlen- oder Wasserfördertechnik (vgl. Eckoldt (1986)). Die sprachlichen Mittel, mit denen beschrieben wird, wie Lebewesen sich bewegen, Kraft ausüben und damit die Maschinen antreiben, sind dementsprechend in Verben der körperlichen Handlungen dargestellt:

> "Das Rad darinn der Arbeiter **gehet**" — "ein höltzen rad / das von denen die es **tretten** / umgetriben wirtt" — "dieses Radt **getretten** oder umbgetrieben" (Agricola (1557) S.CXXXVIII, Zeising (1612-14) Teil 2 S.25/48/71, Hervorhebung K.J.)

Die sprachliche Gleichsetzung aller natürlichen Antriebe in einem einzigen Verb ist ebenfalls möglich:

> "Es truckt sie aber zu / eintweders ein mensch / oder ein pferdt / oder des wassers gewallt." (Agricola (1557) S.CLXXII)

Von den Körperbewegungen der belebten Antreiber ausgehend, scheint das mentale Modell KÖRPER sprachlich direkt auf die betriebenen Maschinen überzugehen. Die Maschinenteile und die aus den äußerlichen Antrieben hervorgehenden Bewegungen und Arbeitsverrichtungen sind ebenfalls mit körperbezogenen Verben und Organmetaphern beschrieben: Die Maschinen "rucken sich" und haben "Arme" (Zeising (1612-14) Teil 2 S.35).

Die Vollendung des Resonanzphänomens und die direkte Realisierung des Modells KÖRPER ist im Bergwerkswagen gelungen:

> "dieweil er aber / so man ihn bewegt / ein thon gibet / daß ettliche dunckt er habe ein thon / dem bellen der hunden nicht ungleich / habendr sie ihn ein hundt genandt." (Agricola (1557) S.CXVII)

Insgesamt ist für dieses Kapitel noch einmal zu betonen, daß sowohl in den Maschinenbenennungen und -klassifikationen als auch in den Beschreibungen der Antreiber und ihrer Bewegungen keine Spur einer theoretisch beeinflußten Mechanik oder Maschinentechnik nachzuweisen ist. Die Kraft- und

Bewegungsübertragungen sind mit den Beständen der naiven Alltagsphysik durchschaubar, entsprechend körperbezogen ist die Ausdrucksweise. Was hier sozusagen 'noch zu Recht' mit den Modellen KÖRPER und HANDLUNG beschrieben wird, bleibt als sprachliches Relikt bestehen, wenn der körperliche Einsatz in der Technik verschwunden ist. Es wird dann erst zum sprachlich und kognitiv konservierten Modell KÖRPER.

7.7 Die Hybris der vorindustriellen Pumpentechnik: 'La machine de Marly'

In den Jahren 1681-85 wurde in der Nähe des Dorfes Marly eine Wasserförderungsanlage errichtet, die das naheliegende Schloß von Versailles mit Wasser aus der einige Kilometer entfernten Seine versorgen sollte. Sie war die gewaltigste wassergetriebene Pumpenanlage, die in vorindustrieller Zeit jemals erbaut wurde, und in ihren Ausmaßen, ihrer Konstruktion und ihrem Arbeits- und Leistungsvermögen gewissermaßen die Hybris der vorindustriellen Pumpentechnik.[23]

Insgesamt 14 unterschlächtige Wasserräder, die einen Durchmesser von ca. 12 m hatten, wurden durch die Strömung der künstlich aufgestauten Seine angetrieben. Sie setzten 221 Pumpen in Bewegung, die das Wasser über eine Höhendifferenz von 162 Meter hoben. Dazu waren zwei Zwischenstationen mit Pumpen notwendig, die ihre Bewegung (durch Stangenmechanismen übertragen) ebenfalls von den Rädern in der Seine erhielten. Die Anlage förderte pro Tag die für die damalige Zeit ungeheure Wassermenge von ca. 3200m^3. Allerdings sind dies nur ca. 37 Liter in der Sekunde, also eine für moderne Pumpen bescheidene Menge. Wenn man ferner bedenkt, daß die riesige Maschinenanlage bei einem äußert geringen Wirkungsgrad von ca. 7% eine Leistungsabgabe von ca. 60 bis 75 kw hatte, werden die Grenzen dieser 'natürlich getriebenen' Maschinentechnik deutlich. Diese Leistungsgrenzen werden erst durch die neuen Kraftmaschinen aufgehoben.

Ausführlichere Beschreibungen der Anlage in deutschsprachigen Texten sind erst in der ersten Hälfte des 18. Jahrhunderts vorhanden. Sie zeugen allesamt von der technikgeschichtlichen Sonderstellung der Wasseranlage und der Faszination, die sie auf den zeitgenössischen Betrachter ausübte.[24] In Leupolds Maschinenbeschreibungen wird noch relativ sachlich ihr Leistungsvermögen hervorgehoben:

> "Es ist diese weltberuffne Machine eine der mächtigsten und kostbahresten Wasser-Künsten in Europa bishero gewesen, weil sie auf eine grosse Höhe eine sehr starcke Quantität Wasser hebet." (Leupold (1725a) S.38)

---

[23] Vgl. zur Technik, Geschichte und Faszination dieser Anlage: Eckoldt (1986) S.23ff., Fürst (1927) Bd.4 S.111, Klemm (1983a) S.113.

[24] Vgl. hierzu die ausführlichen Beschreibungen (mit Abbildungen) in: Leupold (1725a) S.38-45 und Tafeln 20-25, Belidor (1740-50) §1093ff., Univ.lexikon/Zedler Bd.53 (1747) Sp.642f.

In einer Enzyklopädie, also einem typischen Vermittlungstext, wird schon deutlicher der absolutistische Herrscherwille, der das Wasser über Berge schaffen lassen kann, gepriesen:

> "Unter andern grossen Thaten des letzt verstorbenen Königs von Franckreich Ludewigs des Vierzehenden, ist gewiß nicht die geringste, die verwundernswürdige Maschine, so Ihro Majestät nahe bey Marly an der Seine anlegen lassen, um das Wasser so wohl nach Marly, als sonderlich nach Versailles über Berg und Thal zu verschaffen." (Univ.lexikon/Zedler (1747) Bd.53 Sp.642)

In der deutschen Übersetzung eines Standardwerks der französischen Techniklíteratur des 18. Jahrhunderts verschmelzen Bewunderung von Maschine und Monarch dann endgültig:

> "Es scheinet nicht, als seye jemahlen noch eine Machine erbauet worden, von welcher in der Welt ein so grosses Gerücht erschollen, als die Machine zu Marly [...] Und in der That, es gehörete nur allein diesem Monarchen, einen solchen Fluß, wie die Seine ist, dahin zu zwingen, ihren natürlichen Lauf zu verlassen, um sich auf den Gipfel eines so hohen Berges zu begeben, als derjenige ist, wo sie vorjetzo hinauf läufft." (Belidor (1740-71) §1093)

Die als technisches Wunder bestaunte Maschine von Marly steht für eine hybride Übersteigerung der vorindustriellen Maschinentechnik und gleichzeitig für eine Übersteigerung aller Merkmale, die sie als besonders 'künstliche' Maschine ausweisen:

(1) Sie ist besonders 'künstlich', da sie eine höchst komplexe und 'zusammengesetzte' Anlage, bestehend aus Wasserrädern, Pumpen, Mechanismen zur Übertragung der Bewegung, darstellt.

(2) Sie ist besonders 'künstlich', da mit ihr direkt gegen die Kräfte und Gesetze der Natur angegangen wird. In den Formulierungen der Beschreibungen ist die Bewunderung für ihre 'widernatürliche' Vorgehensweise deutlich:

> Der Fluß wird "gezwungen", "muß hinaufsteigen", wird "über Berg und Tal" gebracht, muß den "natürlichen Lauf verlassen" und muß "sich auf den Berg begeben."

(3) Die 'Künstlichkeit' der Anlage wird durch ihren eigentlichen Zweck endgültig überhöht. Denn der technische Aufwand wird keinesfalls für eine 'nützliche' Anwendung betrieben, sondern ist ein Teil der 'ergötzlichen' Technik der Barockzeit. Die Anlage versorgt nicht die Küche oder die Bäder des Sonnenkönigs, sondern die 'künstlichen' Gewässer

und Wasserspiele im Schloßpark von Versailles. Darum wird in den Beschreibungen die 'Künstlichkeit' der Anlage eben auch als technische Verwirklichung des unumschränkten Herrscherwillens gedeutet, der die Macht hat, die natürlichen Gewässer zu befehligen und eigene künstliche Gewässer zu schaffen, die — eben weil sie 'künstlich' und 'maschinengleich' sind — außerdem perfekter und gleichmäßiger als die natürlichen funktionieren.

Die Maschine von Marly ist die Übersteigerung einer vorhandenen und hoch entwickelten Technik, die zwar im Prinzip 'nützlich' einsetzbar wäre, aber doch nur als 'ergötzliche' Technik in dem "barocken Disney-Land" (J. Mittelstraß, siehe 7.1) des absolutistischen Herrschers dient.

8. Das 18. Jahrhundert: Die Faszination der Feuermaschine und der neue Maschinenbegriff

8.1 Technikhistorische und textgeschichtliche Skizze

Das 18. Jahrhundert bringt die technikgeschichtliche Zäsur der jüngeren Menschheitsgeschichte, die auch zum entscheidenden Auslöser der industriellen Revolution in Europa wird: Im letzten Viertel des Jahrhunderts gelingt die Vollendung der Dampfmaschinentechnik durch James Watt (1736-1814). Die nur in beschränktem Maße einsetzbaren und unökonomisch arbeitenden technischen Vorstufen, die atmosphärischen Dampfmaschinen von Savery und Newcomen, werden durch die Basisinnovation Watts abgelöst. Seine Maschine arbeitet nicht nach dem atmosphärischen, sondern nach dem direktwirkenden Prinzip. Ferner vollzog er die entscheidende technische Änderung, die Arbeitsphase im Kolben und die Kondensationsphase im Kondensator zu trennen, womit der Wirkungsgrad der Maschine stieg und ihr Brennstoffverbrauch entscheidend abnahm.[25]

Im Bereich der produktiv eingesetzten Maschinentechnik ist weiterhin der Bergbau der avantgardistische Techniksektor. In den Bergwerken steht die höchst entwickelte Großmaschinentechnik (Wasserpumpen, Fördergeräte). Insofern ist es nicht verwunderlich, daß gerade dort die ersten *Feuermaschinen* des frühen 18. Jahrhunderts zur Wasserhaltung eingesetzt werden.

Auch die 'ergötzliche' Barock-Technik wird im 18. Jahrhundert noch fortgeführt. Durch die Verbesserung in der Uhren- und Feinmechanik werden weitere Steigerungen im Automatenbau erreicht. Die Automatenbegeisterung und die Faszination, die von der 'nutzlosen' Maschinentechnik ausgeht, erreicht im 18. Jahrhundert ihren Abschluß und Höhepunkt. Die Träume vom maschinellen Nachbau der Natur und des Menschen werden immer perfekter realisiert (vgl. Heckmann (1982), Klemm (1983b)). Die berühmtesten Automaten stammen aus den Werkstätten französischer Mechaniker: ein Flötenspieler, ein Trommler und eine Ente von Jacques de Vaucanson (1709-1782), ferner ein schreibender, ein zeichnender und ein musizierender Android aus der Werkstatt von Pierre Jacquet Droz (1721-1790). Sie sind Versuche, den Traum von der maschinellen Imitation des Menschen zu verwirklichen.

Im Bildungsideal der Aufklärung sind auch naturwissenschaftliches und technisches Wissen fest verankert (vgl. Klemm (1969) S.319). Die Dissoziation der 'zwei Kulturen' ist erst eine Folge des 19. Jahrhunderts. Insofern ist auch in der Technik das 18. Jahrhundert das Jahrhundert der Aufklärung. Dies ist spürbar in Entwicklungen, die allmählich einsetzen und gegen den spätbarocken Kult von Automaten und Selbstbewegern gerichtet sind. In Techniktexten sind erste Distanzierungsversuche zu beobachten, in denen ge-

[25] Vgl. zur Technikgeschichte im 18. Jahrhundert Troitzsch (1981); vgl. zur Bewertung der Dampfmaschine als einschneidende Basisinnovation besonders Paulinyi (1978).

gen die unseriöse Technik polemisiert wird.[26]

Trotz des allmählichen Zurückdrängens der nutzlosen und phantastischen Technik (androider Automat, perpetuum mobile etc.) bleibt als barockes Relikt, daß die Beschäftigung mit Phänomenen der Natur und der Technik sich noch im Rahmen von 'Salon–Belustigungen' abspielt. Wissenschafliche und technische Experimente sind immer noch alltagsnäher und verspielter als heute. Sie sind noch in naiv anmutender Weise ins tägliche Leben eingebettet und auch ein wenig Zeitvertreib im gesellschaftlichen Leben der oberen Klassen. Die Elektrisiermaschine des 18. Jahrhunderts ist nicht nur Grundlage für wissenschaftliche und technische Versuche, sie ist auch eine 'ergötzliche' Maschine in den Salons: Franklin, einer der Pioniere der Elektrizitätsforschung, lädt beispielsweise im Jahre 1748 seine Gäste zu einem "Elektrischen Diner" ein (vgl. Lepenies (1976) S.205f., Heckmann (1982)).

Zum einen wird die Dampfmaschinentechnik in den Analysen des Kapitels 8 im Vordergrund stehen. Mit ihr werden die Grundbegriffe der Technik und die sprachlichen Ausdrucksmittel in Alltags– und Fachsprache entscheidend umgestaltet. Sie hat Auswirkungen auf den neuzeitlichen Maschinenbegriff, auf die für das Industriezeitalter entstehende Maschinenklassifikation und Auswirkungen auch auf alltägliche Vorstellungen von der neuen Maschinentechnik und deren Beschreibung.

Zum anderen liegt ein zweiter Schwerpunkt des Kapitels in der Darstellung, wie in die Technikliteratur des 18. Jahrhunderts nunmehr physikalische Grundbegriffe der klassischen Mechanik eingehen: Dies hat Auswirkungen auf die Techniksprache (z.B. in der Beschreibung der *Kraft* einer Maschine). Ferner finden sich nun auch in Techniktexten Diskussionen und Reflexionen um die Leitbegriffe der Mechanik und der Maschinentechnik. Deshalb ist es sinnvoll, in einem eigenen Abschnitt (siehe 8.3) das physikalische Grundlagenwissen der Zeit kurz zu behandeln, um dessen begriffliche und sprachliche 'Anwendung' in den Techniktexten besser nachvollziehen zu können.

Im 18. Jahrhundert werden die Grundlagen für die Fachsprachen der Moderne und damit einhergehend die Formen für den neuzeitlichen Fachtext ausgebildet (vgl. Hahn (1983), Seibicke (1985a)). Eine entscheidende Zäsur im Bereich der Technikfachtexte ist mit dem Erscheinen des großen Standardwerks zur Maschinentechnik des frühen 18. Jahrhunderts gegeben. Es handelt sich um das in den Jahren 1724-27 erschienene achtbändige 'Theatrum machinarum' von Jacob Leupold.[27] Dieses Werk beendet die 'barocke Talsohle', die in der Geschichte der Techniktexte nach Agricola (1557) und Zeising (1612-14) festzustellen war. Es setzt für den Fachtext des 18. Jahrhunderts einen neuen Standard. Dabei ist Leupolds Maschinenbuch 'inhalt-

[26]Beispielsweise zu Beginn des Jahrhunderts bei Jacob Leupold (1724-27), vgl. hierzu Klemm (1969) S.321.

[27]Jacob Leupold (1674-1727) veröffentlichte das achtbändige Werk innerhalb von nur vier Jahren; siehe Leupold (1724-27). Nach dem Tode des Verfassers erschien als neunter Band noch ein Supplementum von Joachiam Ernst Scheffler, siehe Leupold (1739) Vgl. zur Biographie Leupolds und zur Geschichte seines Hauptwerkes Troitzsch (1975b).

lich' und technikgeschichtlich gleichermaßen eine Zäsur wie 'formal' und textgeschichtlich. Es versteht sich, daß am Beginn der modernen technischen Fachliteratur selbstverständlich ein Text mit Übergangsphänomenen steht, in dem neben den dominierenden vorwärtsweisenden auch konservative Elemente der Barock–Technik zu finden sind. Zu den wichtigsten progressiven Kriterien gehören:

(1) Der Text weist eine systematische Gliederung auf, die einzelnen Bände sind thematisch geschlossen.
(2) Es findet erstmals eine Auseinandersetzung mit der Technikliteratur statt. Leupold referiert, zitiert und kritisiert gelegentlich Vorgänger und Vorbilder (Zeising (1612- 14), Caus (1615), Ramelli (1620), Böckler (1661), Sturm (1718)).
(3) Seiner Biographie entsprechend, die ihn als 'Praktiker' und als 'Gelehrten' ausweist, ist das Werk eine perfekte Mischung aus Theorie– und Praxiswissen. Besonders die Einflüsse der nunmehr ausgebildeten klassischen Mechanik sind erstmalig in einem Technikwerk deutlich vorhanden.
(4) Auch technikgeschichtlich erweist sich der Verfasser als innovationsfreudig. Das Werk enthält als erster deutschsprachiger Fachtext einen ausführlichen Bericht über die Feuermaschinen von Savery und Newcomen.
(5) Schließlich ist er in seinen Ausführungen häufig um Begriffsklärungen und um eine Reflexion über die verschiedenen Fachbenennungen bemüht. Damit einhergehend ist zu beobachten, daß die Beschreibung schon mehr 'auf den Begriff' (in doppeltem Wortsinne) gebracht wurde. Die barocke Weitschweifigkeit der Maschinenbeschreibungen ist nicht mehr so ausgeprägt wie in den Texten des 17. Jahrhunderts.

Gerade auf den letzten Punkt bezogen sind auch konservative Textelemente vorhanden, die das Werk im Vergleich zu Fachtexten des 19. Jahrhunderts noch als Übergangstext ausweisen (vgl. hierzu Mesch (1981) S.38f). Zu den wichtigsten rückwärtsweisenden Elementen gehören:

(1) Eine immer noch relativ unsystematisch vermischte Darstellung von prinzipiellen Abläufen ('Theorie') und eher trivialen Gerätebeschreibungen ('Praxis').
(2) Trotz des nicht zu übersehenden Theorieeinflusses herrscht noch das leitende Prinzip, eher die **Beschreibung** von 'Äußerlichkeiten' und konstruktiven Details und weniger die **Erklärung** der mechanischen und maschinentechnischen Gesetzmäßigkeiten zu betonen.
(3) Es ist deutlich, daß in der historischen Situation des Textes wenig Vorwissen vorauszusetzen war. Daher ist erklärlich, daß trotz moderner Ansätze gelegentlich wieder eine bunte Mischung aus theoretischen, technischen und alltäglichen Wissensbeständen auftaucht, die dann wieder den Eindruck des barocken Textstils hervorrufen: Wiederholung und Variation statt Begriffsbildung und Typisierung.

Eine weitere textgeschichtliche Zäsur bilden zwei Nachschlagewerke, die in der ersten Hälfte des 18. Jahrhunderts erscheinen und eine neue Qualität allgemeiner und fachspezifischer Nachschlagewerke erbringen. Ein erstes Fachlexikon moderner Art ist in dem 1721 erschienenen Werk "Allgemeines Lexikon der Künste und Wissenschaften" (zitiert als: Allg.Lexikon/Jablonskie (1721)) zu sehen. Eine Allgemein–Enzyklopädie im modernen Sinne wird erstmals mit dem "Großen vollständigen Universal-Lexikon aller Wissenschaften und Künste", das 1732-50 in 64 Bänden bei Johann Heinrich Zedler in Leizpig verlegt wird, verwirklicht (zitiert als: Univ.lexikon/Zedler (1732-50)). In der Wissensgeschichte wird oft übersehen, daß dieses voluminöse Nachschlagewerk noch vor der berühmten französischen Enzyklopädie der Aufklärung erscheint (1751-1780).

Zedlers Lexikon ist kein Text der Aufklärung, sondern er faßt in idealer Weise das voraufklärerische, vorindustrielle Wissen der frühen Neuzeit zusammen. Es fungiert also dem Sprachhistoriker als zweifache Quelle: sowohl als 'normale' sprachgeschichtliche Quelle für den Sprachzustand des 18. Jahrhunderts als auch als Wissensspeicher, der das gesamte Wissen der frühen Neuzeit **vor** den nachfolgenden geistes-, wissenschafts- und technikgeschichtlichen Umwälzungen abschließend dokumentiert. Durch einen Vergleich mit den Nachschlagewerken, die um 1800 vorliegen, zeigen sich im übrigen besonders eindrucksvoll die Wissens-, Begriffs- und Sprachveränderungen in der zweiten Hälfte des 18. Jahrhunderts.

Die Quellenlage ist um 1800 von entscheidend anderer Qualität, weil nun dem Sprachhistoriker unterschiedliche Typen von Nachschlagewerke zur Verfügung stehen (vgl. Wiegand (1988)): das moderne Fachlexikon (z.B. Jacobsson (1781-84)), eine Enzyklopädie mit wissenschaftlichem Anspruch und gleichzeitig allgemeinbildendem Anliegen (Deutsche Enzyklopädie (1778-1802)), aber auch das erste moderne Wörterbuch der deutschen Sprache (Adelung (1793-1801)).

Jacobsson (1781-84) ist das wichtigste technologische Nachschlagewerk dieser Epoche. In der Vorrede wird die Konzeption des Werks u.a. dadurch begründet, daß die bis 1781 erschienenen Bände der Deutschen Enzyklopädie nur wenige Artikel zur Technik und zur Technologie enthielten (vgl. Jacobsson (1781) Bd.1 S.16). Auch in der Deutschen Enzyklopädie (1778-1802) werden Ziel und angestrebtes Niveau in der Vorrede deutlich angesprochen:

> "Der Zweck der meisten Verfasser war **populäre Wissenschaft** vorzutragen, Deutlichkeit war daher mehr ihr Ziel als Ausführlichkeit und Erudition." (Deutsche Enzykl. (1778) Bd.1 Vorrede)

Diese Enzyklopädie stellt eine Vorwegnahme der später im 19. Jahrhundert so erfolgreichen Konversations-Lexika und Bildungs- und Vermittlungs-Enzyklopädien dar. Dabei ist sie — deutlich von aufklärerischem Impetus getragen — im Niveau höher als die frühen Auflagen des Brockhaus'.[28]

Am Ende des 18. Jahrhunderts liegt eine weitere entscheidende Zäsur in der Fachtextgeschichte vor. Etwa im Zeitraum zwischen 1780 und 1820 entstehen in den verschiedensten wissenschaftlichen und anderen Fächern periodisch erscheinende Fachorgane. Dieser textgeschichtliche Einschnitt ist als direkter Reflex der Wissensgeschichte zu sehen. Die beschleunigte Vermehrung des Wissens und das "Tempo der Entdeckungen" erfordern neue

[28]Leider sind nur 22 Bände mit den Buchstaben A bis K erschienen, was die Auswertungsmöglichkeiten schmälert.

Publikationsformen (vgl. Lepenies (1976) S.103f). Den Zeitschriften kommt besonders für den internationalen Austausch eine herausragende Rolle in der schnellen und breitgestreuten Fortbildung und Wissensvermittlung zu (vgl. Kroker (1971) S.42ff). Tatsächlich erscheint in einer solchen neuen Zeitschrift, nämlich 1782 im "Göttingischen Magazin der Wissenschaften und Litteratur", die erste ausführliche deutschsprachige Beschreibung der neuen Wattschen Dampfmaschine (vgl. Kirchhof (1782)). Dagegen ist die Nachricht über die revolutionäre technische Innovation in selbständig erscheinenden Fachtexten der Maschinentechnik oder in Nachschlagewerken erst in den 90er Jahren des 18. Jahrhunderts nachzuweisen (siehe 8.9.2).
Übersicht über die ausgewerteten Quellen des 18. Jahrhunderts:

(1) **Theorie–Fachtext:** Anleitung (1777)

(2) **Techniker–Fachtext:** Sturm (1718), Leupold (1724-27), Belidor (1740-71), Delius (1773/1806), Kirchhof (1782), Langsdorf (1785-96), Prony (1790), Prony (1795), Lempe (1795), Neues Journal (1795-97), Langsdorf (1797-99)

(3) **Anwender–Fachtext:** Curieuse Nachricht (1704), Marperger (1704), Pözinger (1736-66), Beckmann (1782-1805), Schmidt (1784), Baader (1794)

(4) **Vermittlungstext:** Allg. Lexikon/Jablonskie (1721), Univ.lexikon/ Zedler (1732-50), Allg. Lexikon/Jablonskie (1767), Deutsche Enzykl. (1778-1802), Jacobsson (1781-95), Adelung (1793-1801)

Die Aufstellung zeigt die Ausdifferenzierung der Quellen, besonders für das letzte Drittel des Jahrhunderts. Wie in den einleitenden Bemerkungen zum historischen Teil bereits ausgeführt wurde (siehe 6.3), wird in diesem und den folgenden Zeitabschnitten eine diachrone Analyse schon sehr viel breiter angelegt und in der Aussage mikroskopischer sein können. Besonders beim Aufspüren von textsorten- und kommunikationsbereichsspezifischen Entwicklungen und Abweichungen wird eine neue Qualität erreichbar und dadurch erst eine zufriedenstellende Synthese von Wissensgeschichte und Sprachgeschichte im eigentlichen Sinne möglich.

(1) **Theorie–Fachtexte:** Die Technik ist der Naturwissenschaft in diesem Jahrhundert bereits näher als noch im 17. Jahrhundert. Physikalisches Grundwissen hat in den Techniktexten Einzug gehalten. Aber Wissenschaft und Technik finden noch in rigoros getrennten Kommunikationsbereichen und Textgrupppen statt. Beispielsweise beschäftigt sich die Welt der wissenschaftlichen Akademien, also z.B. die berühmten Institutionen in Berlin und Göttingen, nicht mit den technologischen Problemen des Jahrhunderts (vgl. Kroker (1971) S.24). Erst am Ende des 18. Jahrhunderts tritt mit Johann Beckmann eine Persönlichkeit auf, die als Begründer und Theoretiker der 'Technologie' zwischen den Bereichen der Wissenschaft und der Technik vermittelt (vgl. Seibicke (1985b)).

Ein Wissensaustausch und ein daran angebundener Sprachtransfer zwischen wissenschaftlichem und technischem Text findet nicht statt. Daher kann ich mich hier im Bereich der Theorie–Fachtexte auf einen Text beschränken, in dem lehrbuchhaft der herrschende Wissensstand zur Mechanik dargestellt ist (siehe Anleitung (1777)). In den einzelnen Gegenüberstellungen der folgenden empirischen Abschnitte läßt sich so zeigen, daß physikalische Grundbegriffe der Lehrbuch–Physik und der Techniktexte nun einander angenähert sind. Der Text ist ein Lehrbuch, in dem die physikalische Mechanik und deren theoretische Grundlage (z.B. der Kraftbegriff) zusammengefaßt sind. Insofern handelt es sich gegenüber den Technikertexten um ein wissenschaftliches Werk, wenngleich es als Schullehrbuch konzipiert ist (vgl. Anleitung (1777) Vorrede).

(2) **Techniker–Fachtexte:** In viele Techniktexte sind Bestandteile der klassischen Mechanik eingearbeitet. Nachdem im 17. Jahrhundert mit den Gelehrten Huygens (1629-1695), Leibniz (1646-1716) und Newton (1643-1727) das neue physikalische Weltbild der Moderne erstellt war, konnten die Einflüsse auf die Technik im 18. Jahrhundert ihren Lauf nehmen. In Techniktexten wird über diesen Wissenstransfer ausdrücklich referiert und reflektiert (vgl. z.B. Belidor (1740-50) Vorrede). Das Werk von Belidor gilt im übrigen für diese programmatische Vereinigung als avantgardistisches Vorbild. Dem Verfasser wurde beispielsweise von keinem Geringeren als dem Aufklärer Christian Wolff bescheinigt, in seinen Abhandlungen vorbildlich die Theorie der Mechanik auf die Maschinen zu applizieren (vgl. Klemm (1983a) S.137). In der vergleichenden Analyse der deutschen Übersetzung des Werkes mit anderen Texten läßt sich dies bestätigen. Beispielsweise sind die theoretischen Einleitungskapitel des Werks (vgl. Belidor (1740-50) §1-633) weit über dem Theorie–Niveau von Leupolds Werk (1724-27), das nur ca. 20 Jahre früher erschienen ist.

Am Ende des Jahrhunderts steht als Schlußpunkt in der Entwicklung der Techniker–Fachtexte das moderne, thematisch eingegrenzte und spezialisierte Fachbuch (z.B. Langsdorf (1794), Langsdorf (1797-99), Lempe (1795) und Prony (1795)). Gegenüber der umfassenden 'Theatrum machinarum'–Konzeption früherer Zeiten, die von Zeising (1612-14) bis Leupold (1724-27) reichte, sind nach der oben beschriebenen Zäsur durch Leupolds Werk im Laufe des Jahrhunderts weitere Fortschritte hinzugekommen: Zum einen findet eine Spezialisierung auf einzelne Ausschnitte der Technik gegenüber dem auf Universalwissen zielenden 'Theatrum'–Konzept statt, zum anderen ist das Fachbuch dieses Niveaus endgültig seiner narrativen und naiv–beschreibenden Teile entledigt.

Man könnte behaupten, daß mit diesem textgeschichtlichen Einschnitt um 1790/1800 erstmals wirklich 'Texte in Fachsprache' vorliegen, die im heutigen Sinne in eine Fachkommunikation eingebettet sind. In den Technikwerken zuvor sollte man aufgrund ihrer inhaltlichen, formalen und sprachlichen Gestaltung eher 'Texte über Fachsprache' sehen (vgl. Hahn (1983) S.54ff., Seibicke (1985a) S.45).

(3) **Anwender–Fachtexte:** Die Unterscheidung der beiden Gruppen Techniker–Fachtext und Anwender–Fachtext kann nur eine grobe Einordnung erbringen. Aber für das 18. Jahrhundert wird diese Zweiteilung schon sehr deutlich. Texte, die auf einem niedrigeren Niveau über Technik berichten, ohne ausdrücklich als Vermittlungsschrift gekennzeichnet zu sein, sind hier eingeordnet, z.B. das Buch von Joseph Baader (1794), das zwar den Titel "**Theorie** (!) der Saug- und Hebepumpen" trägt, aber hinsichtlich des dargestellten Technikniveaus eher einen 'Ratgeber' für den zukünftigen Anwender darstellt.

(4) **Vermittlungstexte:** Durch die für den Beginn und das Ende des Jahrhunderts festgehaltene Textzäsur bei den Nachschlagewerken ist jetzt erstmals eine größere Verdichtung durch die Vielzahl der miteinander vergleichbaren Lexikoneinträge möglich. Die Parallelen und die Unterschiede der verschiedenen Textwelten und Texttypen, der stattfindende Transfer und die Andeutung eines Kommunikationskreislaufes sind erstmals darstellbar.

Ein methodisches Grundproblem ist zunächst, ob gerade in den Vermittlungsschriften genauer zwischen Theorie, Fachwissen und Alltagswissen unterschieden werden kann. Konkret gefragt: Welches Wissensniveau hat eine Enzyklopädie, die "populäre Wissenschaft" vermitteln will? Durch genaue quellenkritische und philologische Analyse ist m.E. eine Differenzierung möglich. Beispielsweise wird in der Deutschen Enzyklopädie in der Artikelgruppe "Kräfte" deutlich eine Alltagsvermittlung mit Veranschaulichung der Kräfte und ihrer Wirkungen an Menschen und Tieren ausgeführt (vgl. Deutsche Enzykl. (1802) Bd.22). Dagegen sind im benachbarten Artikel "Kraft" in Form von philosophischen und physikalischen Diskussionen Bestände des Theoriewissens und in Form von maschinentechnischen Abhandlungen auch Teile des Technik–Fachwissens verarbeitet.

Hilfreich ist hierfür auch das erste moderne Wörterbuch am Ende des Jahrhunderts. Adelung (1793-1801) gibt in seinen Worterklärungen häufig Angaben zu verschiedenen Bedeutungsspezifizierungen, die als Hinweise auf alltagssprachliche und fachsprachliche Bedeutungen zu interpretieren sind:

> "im engsten Sinne", "im engeren Sinne", "in einem anderen Sinne", "im gemeinen Leben" etc.

8.2 Höhepunkt und Ende des Mensch–Maschinen–Modells

Die für den Menschen und seinen Körper verwendete Maschinen–Analogie, die schon in den Schriften des 17. Jahrhunderts bei Descartes und anderen Theoretikern zu finden war (siehe 7.2 und 7.3), erreicht im 18. Jahrhundert ihren höchsten Bekanntheits- und Verbreitungsgrad und ihren Höhepunkt durch die berüchtigte und geschmähte Schrift "L'homme machine" (1748) des französischen Materialisten Julien Offray de Lamettrie (1709-1751).[29]

[29] Vgl. zu Lamettries Biographie und Werk: Baruzzi (1968), Baruzzi (1973) S.79ff., ferner den Essay und die Einführung von Bernd Laska in Lamettrie (1748/1985).

Dabei ist dieses berüchtigte Pamphlet hinsichtlich seiner Einzigartigkeit und seiner Originalität, die ihm als der polemischen und atheistischen Kampfschrift des 18. Jahrhunderts zugeordnet wird, erheblich zu relativieren. In gänzlich unverdächtigen Quellen des 18. Jahrhunderts werden vor ihm schon direkte Gleichsetzungen von Mensch und Maschine behauptet. Was bei Descartes noch als vorsichtig formulierte Technomorphie wirkt, ist in den Werken von Leupold (1724-27) und Belidor (1740-50) und selbst in der großen Enyzklopädie des Jahrhunderts (Univ.lexikon/Zedler (1732-50)) schon längst als direkte Analogie dargestellt. Lamettrie liefert lediglich noch die ideologische Zuspitzung mit materialistisch–atheistischer Prägung.

> Seine Formel von der Menschenmaschine ist "der konsequente Abschluß und die Radikalisierung einer längst geläufigen Auffassung." (Baruzzi (1968) S.46)

Während zuvor das Maschinenmodell sogar noch als Beweis für den genialen Schöpfer der menschlichen Maschinen angesehen wurde, leistet jetzt dasselbe Modell die Eliminierung des Schöpfers. Die menschliche Maschine ist ihrerseits wiederum nur ein winziges Rädchen in der großen Maschinerie der Welt, in der die Materie und ihre Bewegungen nach identischen maschinengemäßen Gesetzen geordnet sind (vgl. hierzu Stollberg–Rilinger (1986) S.30).

Jacob Leupold ist ein Techniker, in dessen Werk man Anflüge von atheistischen Gedanken ganz umsonst suchen würde. Vielmehr bezieht er an vielen Stellen seiner Texte die göttliche Macht und den unumstößlichen Willen des Schöpfers in seine Auffassung von Technik ein. Dies kann ihn jedoch nicht daran hindern, das Zusammenspiel von Körper und Seele als ein Zusammenwirken von bewegter Maschine und einer bewegenden Kraft zu deuten:

> "Die Krafft des Lebens oder der Menschen und Thiere entstehet, wenn der Cörper, der aus Musculn, mit seinem Blut und Puls–Adern, Nerven, Fasen und Beinen, als eine **Machine** zusammengesetzt ist, durch die Seele, als wie eine **Machine** durch die äusserliche Krafft regieret wird, daß sie durch die Hände, Füsse, Beine und andere Theile des Leibes einem andern Cörper oder **Machine** wieder bewegen kan, und zwar auch nachdem die **Machine** deß Cörpers beschaffen, oder mit Vortheil gebrauchet wird." (Leupold (1724a) S.114)

Mit den beiden Attributen 'zusammengesetzt' und 'bewegt durch eine äußerliche Kraft' weist der menschliche Körper zwei entscheidende Maschinenmerkmale auf.

Die Gleichsetzung wird im Universallexikon des frühen 18. Jahrhunderts mit weiterer Präzisierung ausgeführt:

> "**Menschliche Maschine**, Machina humana, oder der menschliche Cörper, ist der andere wesentliche Theil des Menschen, und ist eine sehr künstliche, dabey aber auch der Veränderung und Fäulniß leicht

> unterworffene Maschine, und ist von einem Medico auf zweyerley Art zu betrachten, als erstlich nach seiner Mixtur oder Mischung, zum andern nach seiner Structur oder Bau. Die Mischung des Leibes ist dem Medico darum zu wissen nöthig, weil er dadurch die Daur und Härte, oder die Hinfälligkeit und Schwäche desselben bestens einsehen kan." (Univ.lexikon/Zedler (1739) Bd.20 Sp.809)

Der neu hinzu gekommene Aspekt, nämlich der elementare Unterschied zwischen der 'faulenden' und 'hinfälligen' Körpermaschine, die also die zentralen Merkmale des organischen Lebens aufweist, und der artifiziellen Maschine, die nicht 'stirbt', sondern nur anorganischen Materialveränderungen unterliegt, wird nicht erkannt oder ist nicht betonenswert. Weitere Textstellen weisen darauf hin, daß die Analogie auch weniger auf eine Gleichheit in Materie und Substanz, vielmehr hauptsächlich auf eine Gleichheit in der Struktur und Konstruktion abzielt. Die 'Künstlichkeit' des Aufbaus ist das gemeinsame Merkmal. Durch die Betonung des 'Schöpfers' und des 'Künstlers', der die vortreffliche Maschine geschaffen hat, wird dies noch verstärkt:

> "Was den Bau des menschlichen Leibes betrifft, so ist zu mercken, daß er die allerschönste, vortreflichste, und künstlichste Maschine, die da von dem allerweisesten Schöpffer aus unterschiedenen Theilen, welche unter sich bestens zusammen stimmen, also ist verfertiget worden [...] Denn dieses ist das eigentliche Wesen einer Maschine, daß alle derselben Theile, sowol bewegende, als die von andern beweget werden, also genau müssen mit einander vereiniget seyn, daß die Bewegungen oder Würckungen, nach des Künstlers Verlangen, gantz gewiß und ohne einige Unordnung erfolgen müssen." (Univ.lexikon/Zedler (1739) Bd.20 Sp.810, Sp.811)

Darauf aufbauend wird die einmalige Sonderstellung der menschlichen Körpermaschine betont. Sie ist der Seele eindeutig nachgeordnet und gleichzeitig deren Werkzeug. In diesem Punkte besteht eigentlich der einzig wirklich schwerwiegende Unterschied zur Schrift von Lamettrie:

> "Nichtweniger ist diese Maschine die allervortreflichste, weilen sie keinen leeren todten Cörper, sondern mit dem Leben und höchster Empfindung ausgezieret, und zugleich eine Wohnung und Werckstatt der vernünfftigen, unsterblichen und aus keiner Materie bestehenden Seele ist, welche sich derselben, bey vielen ihrer Verrichtungen, als eines Werckzeuges, aufs beste zu bedienen weiß." (Univ.lexikon/ Zedler (1739) Bd.20 Sp.811)

Nach den Ausführungen über Descartes, über Leupolds Techniktext aus dem Jahre 1724 und über den Lexikonartikel von 1739 ist die Schrift von Lamettrie (1748) ihrer Einmaligkeit beraubt. Ihre einzige 'Neuigkeit' besteht lediglich in der endgültigen, uneingeschränkten und radikalen Gleichsetzung von Körper und Maschine, verbunden mit einer polemischen Zuspitzung, und in der Eliminierung des Schöpfers bei gleichzeitiger Unterordnung der Seele unter die Körperfunktionen (vgl. Baruzzi (1968) S.39):

> "Der Körper des Menschen ist eine Maschine, die ihre Triebfedern selbst spannt, ein lebendiger Inbegriff der ewigen Bewegung. Die zugeführte Nahrung sorgt dafür, daß sie in Gang bleibt. Ohne Nahrung verliert die Seele zunehmend an Kraft [...] Versorgt man den Körper jedoch mit vorzüglicher Nahrung und stärkenden Säften, so wird die Seele ebenso vorzüglich sein und stark [...] Dies geschieht mit der gleichen Gewißheit, wie das Blut durch heißes Wasser erregt und durch kaltes Wasser beruhigt wird." (Lamettrie (1748/1985) S.26)

Man versteht die Empörung der Zeitgenossen über die Schrift, wenn man sich die folgenden Formulierungen zum Wesen des Menschen und seiner Seele vergegenwärtigt:

> "'Seele' ist also nur ein leeres Wort, von dem man keinerlei inhaltliche Vorstellung hat. Ein seriöser Denker sollte es nur gebrauchen, um den Teil in uns zu bezeichnen, der denkt [...] daß der Mensch nichts anderes ist als ein Tier bzw. eine Maschinerie von Triebfedern, die sich gegenseitig spannen [...] Folglich ist aber die Seele nichts anderes als ein Bewegungsprinzip [...] die man aber mit Sicherheit als die hauptsächliche Triebfeder der gesamten Maschine betrachten kann. [...] Man sieht: es gibt im ganzen Universum nur eine Substanz, und der Mensch ist ihre vollkommenste Form. Er ist dem Affen und den intelligentesten Tieren gegenüber das, was die Planetenuhr von **Huygens** gegenüber der Stundenuhr von **Leroy** ist." (Lamettrie (1748/1985) S.68, S.77, S.83)

Das Maschinenbild, das dem Schreiber offensichtlich vorschwebt, beruht auf einer Maschine, die aufgezogen und gespannt wird, deren zentrale Triebfeder für alle Bewegungen verantwortlich ist und die aus vielen voneinander abhängigen Einzelteilen besteht. Man sollte daraus die Konsequenz ziehen, daß man hinter dem Wort *machine* besser einen Begriff UHRENAUTOMAT vermutet. An einigen Stellen wird die Maschinengleichsetzung auch entsprechend konkretisiert:

> Der Körper gleicht einer Uhr, und die frischen Nährstoffe gleichen dem, der sie aufzieht [...] Der menschliche Körper ist eine Uhr." (Lamettrie (1748/1985) S.78, S.84)

Wie schon im Zusammenhang der Descartesschen Schriften angedeutet, ist der Maschinenbegriff der Theorieschriften dominant vom Uhrenautomaten in jener Zeit geprägt, dagegen noch gar nicht von der übermenschlich-leistungsfähigen Produktionsmaschine. Die provozierende Gleichsetzung Lamettries bestünde dann begriffsgeschichtlich 'gesäubert' nur noch in einem harmlosen Vergleich:

> Der Mensch ist hinsichtlich der Struktur seines Körpers und dessen Funktionsweisen mit einer Uhr vergleichbar.

Die Aussage gewinnt erst dann eine völlig andere Qualität, wenn man hinter dem Wort den Begriff der industriellen Kraft- und Arbeitsmaschine sieht, wie dies die Kritiker Lamettries im 19. und 20. Jahrhundert — aus einer dann inzwischen veränderten Begriffsbildung heraus — fälschlicherweise getan haben.

Auch am Ende des 18. Jahrhunderts ist die Maschine als Modell für das perfekt funktionierende und in steter regelmäßiger Wiederkehr ablaufende Gebilde, sei es natürlich, lebendig oder technisch, noch präsent:

> "Wie nun übrigens die Maschienen vermittelst ihrer Strucktur nach gewissen unveränderlichen Gesetzen der Bewegung wirken, und in der Natur die Körper ein gleiches thun, so hat man die aus unterschiedenen Gliedern oder Theilen zusammengesetzten Körper, ja endlich das ganze Weltgebäude selbst, Maschienen genennt." (Jacobsson (1783) Bd.3 S.28)

Auch die Institutionen des absolutistischen Staates, das gesamte Staatsgebilde, aber auch der einzelne Untertan wurden im Modell MASCHINE gedeutet. Was oben für die Gleichsetzungen Lamettries bereits ausgeführt wurde, wäre für **alle** Anwendungsgebiete der MASCHINE zu reflektieren: Man würde aus begriffsgeschichtlicher Sicht den damals dominierenden Gleichsetzungen zur Deutung der Welt eher gerecht, wenn man auch sie als Teil des Modells UHR etikettieren würde.

Das Wort *Maschine* muß im 18. Jahrhundert eine gewisse 'modische' Faszination ausgestrahlt haben. Die inflationäre Verwendung in allen Bereichen des Lebens, auch im Technikbereich (siehe 8.4), zeigt dies. Im Bereich der Theorie wird das Modell MASCHINE allerdings etwa um 1800 abgewertet, der Ausdruck wird pejorativ eingesetzt:

> "So nennet man einen Menschen eine Maschine, welcher bloß nach fremden Antrieb ohne eigene Prüfung, Wahl und Einsicht wirkt und handelt." (Adelung (1798) Bd.3 Sp.91)

Das Ende des positiv besetzten Maschinenvergleichs ist in der Sekundärliteratur gut bekannt (vgl. z.B. Stollberg-Rilinger (1986) S.13). Im folgenden ist zu zeigen, daß diese Begriffsveränderung auch eine technikgeschichtliche Grundlage hat. Denn das Umkippen vom positiven zum negativ besetzten Maschinenbegriff hat auch mit dem neuen technischen Maschinenbegriff zu tun, der jetzt hauptsächlich die 'nützliche' Maschine der handwerklichen oder industriellen Produktion meint. Die UHR als Prototyp der idealen Maschine ist technikgeschichtlich überholt. Jetzt bestimmen die neuen Kraftmaschinen und die leistungsfähigen Arbeitsmaschinen das Leitbild von der MASCHINE.

Geblieben sind von der Gleichsetzung Maschine–Organismus zahllose sprachliche Relikte in Technik- und Alltagssprache, die das prinzipiell ohnehin vorhandene mentale Modell KÖRPER noch zusätzlich verstärken. Überblickt man die Entwicklung vom 18. bis ins 20. Jahrhundert, dann ist im Bereich der Techniksprache lediglich eine Abnahme solcher sprachlicher Mittel zu verzeichnen, die eine 'direkte', heute unangemessen wirkende Gleichsetzung vollziehen: Beispielsweise bezeichnet Leupold falsch konstruierte Maschinen als "Mißgebuhrten von Maschinen" (Leupold (1724a) Vorrede).

8.3 Physikalische Grundbegriffe in Techniktexten

Kutschmann bezeichnet den qualitativen Sprung, den die Naturwissenschaft und besonders die Mechanik im 17. und 18. Jahrhundert vollziehen, als "Desanthropomorphisierung der Natur" (vgl. Kutschmann (1986) S.181ff). Die Herausbildung der naturwissenschaftlichen Grundprinzipien bei Galilei und Newton sei auch im besonderen eine "begriffliche Anstrengung" gewesen, die die bis dahin herrschende vermeintliche "natürliche Interpretation", die aber lediglich eine anthropozentrische Sehweise war, abzulösen. Damit werden Zeit, Ort, Bewegung, Kraft, Masse etc. aus dieser an die "Natur" und an den menschlichen Körper gebundenen Umgebung in eine neuzeitliche "Leibfreiheit der Naturerkenntnis" überführt:

> "Desanthropomorphisierung der Natur (die Natur besitzt kein menschliches Wesen) und Leibfreiheit der Naturerkenntnis (Naturerkenntnis hat von der leiblichen Gegebenheit des Erkenntnissubjektes zu abstrahieren) — beide Maximen beruhen auf der Unterstellung einer an sich seienden und von sich selbst her bestimmten autonomen Natur." (Kutschmann (1986) S.193)

Wissenschaftliche Auffassung und unmittelbare alltägliche Erfahrung lagen im 17. Jahrhundert noch näher beieinander. Die physikalischen Grundbegriffe waren noch stärker im Modell KÖRPER verankert und stimmten sprachlich auch entsprechend überein (z.B. Bestrebung, Gewalt, Kraft, Schwere, Stoß, Vermögen). Erst im 18. Jahrhundert entstehen, obwohl die ausdrucksseitige Übereinstimmung immer noch eine begriffliche Gemeinsamkeit vorspiegelt, getrennte Konzepte der Wissenschaft und der vortheoretischen Erfahrung (vgl. hierzu Dijksterhuis (1956) S.520).

Diese Divergenz wird in den Darlegungen zu den physikalischen Grundbegriffen in Techniktexten im Mittelpunkt stehen. Denn obwohl die einfachen, naiven und praxiserfahrenen Beschreibungen von Kraft und Bewegung jetzt im 18. Jahrhundert deutlicher durch theoretische Konzepte der Mechanik geprägt sind und im obigen Sinne Ansätze zur prinzipiellen Desanthropomorphisierung zeigen, bleibt die Techniksprache in noch viel größerem Maße als die Wissenschaftssprache weiterhin in den Grenzen der Modelle KÖRPER und MENSCH gebunden.

Bei der vergleichenden Analyse der Theorie–, Technik– und Vermittlungstexte konnte in den folgenden Abschnitten keine Vollständigkeit angestrebt werden:

(1) Es wurden diejenigen Bereiche und Begriffe ausgewählt, die für die Grundlegung der sich entfaltenden Kraftmaschinentechnik wichtig sind (*Last, Kraft, Arbeit*).

(2) Ein weiterer Schwerpunkt liegt bei den zentralen Begriffen der Wärme– und Gastheorien. Sie können erhellen, mit welch archaischen Vorstellungen der Techniker der neuen Wundermaschine, die mit *Luft, Dampf, Dunst, Feuer* und *Wärme* arbeitete, entgegentrat.

Das Ergebnis kann vorweggenommen werden: Eine "Desanthropomorphisierung" (Kutschmann) und eine "Mechanisierung" (Dijksterhuis) finden im Weltbild der Maschinentechnik und den sprachlichen Formen der Techniktexte nur sehr begrenzt statt. Sie bleiben weiterhin anthropozentrisch und körperbezogen.

8.3.1 Kraft, Arbeit und mechanische Energie

Mit den Begriffen von mechanischer Kraft und mechanischer Energie liegen zwei Konzepte in den Techniktexten des 18. Jahrhunderts vor, in denen sich musterhaft die Zweiseitigkeit physikalischer Begriffe zeigt: Sie sind von den theoretischen Begriffen im Werke von Leibniz ebenso geprägt wie von der physikalischen Alltagserfahrung.[30] Entsprechend fallen sie ausdrucksseitig in stark anthropomorph geprägten Wörtern zusammen: *Gewalt, Kraft, Last* etc.

In Techniktexten ist eine Differenzierung in eine 'bewegende' bzw. 'lebendige' und in eine 'widerstehende' bzw. 'tote' Kraft vorgenommen. Solche Dichotomien gehen auf das Werk von Gottfried Leibniz zurück (vgl. Szabó (1979) S.62ff., Stammel (1982)), der in seiner Schrift 'Specimen dynamicum' (1695) eine Unterscheidung zweier Kräfte einführt:

> "Hinc **Vis** quoque duplex: alia elementaris, quam et **mortuam** appello, quia in ea nondum existit motus, sed tantum solicitatio ad motum, qualis est globi in tubo, aut lapidis in funda, etiam dum adhuc vinculo tenetur; alia vero vis ordinaria est, cum motu actuali conjuncta, quam voco **vivam**." (Leibniz (1695), zit. nach Mittelstraß (1970) S.485)

Die lebendigen Kräfte verursachen also Bewegung, die toten Kräfte sind nicht mit einem Bewegungseffekt verbunden. Der Kraftbegriff leidet vor und nach Leibniz unter dem Dilemma, das Phänomen Kraft nur aus dessen 'sichtbaren'

[30] Vgl. zu diesem Kapitel die wissenschaftsgeschichtliche Literatur: Dijksterhuis (1956), Hund (1978), Mittelstraß (1970), Kutschmann (1983), Kutschmann (1986), Stammel (1982), Szabó (1979), Teichmann (1983).

Effekt, eben beispielsweise der Bewegung, bestimmen zu können. Dies gilt bis zur neuen Energietheorie in der Mitte des 19. Jahrhunderts. Insofern kommt der Leibnizschen Metaphorik eher der Rang einer handhabbaren Beschreibung als der einer Begriffsbestimmung des Phänomens mechanische Energie zu.

> Leibniz übersieht, "daß in einer solchen Ausdrucksweise strenggenommen eine Metapher unbegründet in den Rang einer begründeten Behauptung gehoben wird" (Mittelstraß (1970) S.487)

Auch über Leibniz hinaus gilt die *Kraft* als das "Malheur der physikalischen Begriffsbildung" (vgl. Kamlah (1979) S.191), was aus der Wissenschaftsgeschichte zu erklären ist.

> Denn der Begriff ist "in den physikalischen Theorien über die uns umgebende Natur durch eine anthropomorphe Deutung empirisch konstatierbarer Naturvorgänge entstanden." (Stammel (1982) S.1)

Für das Alltagsverständnis und die Techniktexte kann dies verständlicherweise ohnehin vorausgesetzt werden. Aber die Breite der anthropomorphen Assoziationen ist eben auch für die Theorietexte des 17. bis 19. Jahrhunderts nicht auszuschließen (vgl. Dijksterhuis (1956) S.408).

Dabei ist allerdings nur die bewegende oder verformende Kraft, die von 'sichtbaren' Agenten ausgeführt führt, durch die Alltagserfahrung gestützt: die Kraft des Menschen und der Tiere, die Kraft des Windes und des Wassers, die Kraft des Hammers und des Wurfgeschosses etc. (vgl. Hund (1978) Bd.1 S.116). Allerdings versagt schon bei der Erkenntnis der 'Schwere' als 'beschleunigende Kraft' die Alltagsbeobachtung (vgl. Hund (1978) Bd.1 S.121, Stammel (1982) S.54f.): Den Umlauf der Erde um die Sonne und die Flugbahn des geworfenen Steines als Auswirkungen ein und desselben Prinzips Gravitation zu erkennen, setzt einen theoretischen Begriff von KRAFT voraus.

In den Mechanik-Lehrbüchern des 18. Jahrhunderts ist die Leibnizsche Auffassung und Bezeichnung präsent:

> "Die Kraft heißt eine lebendige Kraft, wenn die Bewegung folget; folget aber die Bewegung nicht, so heißt sie eine todte Kraft [...] Die Erfahrung lehret es, daß sich die Körper nie zu bewegen anfangen, bis sie von einer äuserlichen Ursache dazu bestimmt werden." (Anleitung (1777) §5, §19)

Wobei die zweite Aussage im Text durch erfahrungsbezogene Erläuterungen gestützt wird: Am Beispiel der Hämmer in den Stampfmühlen wird ausgeführt, wie diese "durch diesen Fall eine lebendige Kraft bekommen" (Anleitung (1777) §118). Womit theoretisch und praktisch ausgeführt wurde, was in moderner Terminologie die Umwandlung von potentieller in kinetische Energie genannt würde.

Direkte Fortsetzungen der 'vis viva' und 'vis mortua' finden sich auch in Vermittlungsschriften (vgl. Univ.lexikon/ Zedler (1737) Bd.15 Sp.1683).

Eine für die Techniksprache wichtige Benennungsübertragung findet im folgenden statt:

> "Weil sowohl Menschen, Vieh, Luft, Feuer, Wasser, Gewicht, als Federn eine Bewegung hervorbringen können; so sind alle diese bewegenden Kräfte." (Anleitung (1777) §6)

Die natürlichen und belebten Agenten, die *Kraft* ausüben und Bewegung hervorbringen und somit als Antreiber von Maschinen in Frage kommen, werden nun selbst zu *bewegenden Kräften* (siehe 8.8). Dadurch wird das in der Theorie eigentlich gemiedene Konzept der KÖRPERLICHKEIT wieder verstärkt. Dennoch liegen ganz unterschiedliche Prinzipen der Anthropomorphisierung vor: zum einen der grundlegende, wahrscheinlich nur anthropomorph erfaßbare Kraftbegriff der Wissenschaften und zum anderen dessen direkte Personifizierung oder Agentivierung auf die Träger der Kraft. In den zu behandelnden Techniker–Fachtexten und den Vermittlungstexten tritt dieser doppelte Kraft-Begriff relativ deutlich heraus, weil er teilweise explizit als solcher reflektiert wird.

Die Fachtexte zeigen direkt einbezogene Versatzstücke aus den Theorietexten zur Mechanik.

> Die "Schwere" ist eine "neigung oder fähigkeit, krafft welcher ein schwerer cörper in gerader linie nieder fährt, und nach dem mittel=punct seines umkreises eilet." (Allg. Lexikon/Jablonskie (1721) S.703)

Man erkennt darin unschwer eine vermittelnde Erklärung von Newtons Auffassung von der Gravitation.

In den Begriffsbestimmungen für *Kraft* finden sich Anklänge an die Leibnizsche Theorie ebenso wie maschinentechnische Definitionen oder eine 'körperbezogene' Definition auf der Grundlage der Alltagserfahrung. Einige Beispiele aus anspruchsvolleren Techniker–Fachtexten:

> "**Die Krafft** ist dasjenige wodurch die Last beweget wird [...] Die Krafft, wenn sie würcklich was beweget und der Last überlegen ist, wird eine lebendige Krafft, wenn sie aber die Last nur erhält eine todte Krafft genennet [...] Ich halte aber vor besser alles dasjenige, was eine Bewegung verursachet, eine **Krafft**, und alles was die Krafft vermehret, eine Machine zu nennen." (Leupold (1724a) S.4, S.114)
> "Wann eine **Potenz** an eine **Machine applicirt** wird, um eine gewisse Würckung zu thun, so wird sie **Potentia motrix**, oder eine würckende Krafft genennet." (Belidor (1740-50) §9)

Auch im Vermittlungstext ist das Zusammenwirken von Last und Kraft eher theoretisch begründet:

> "**Last**, ist in der Mechanic alles dasjenige, was vermittelst der Krafft, welche an eine Machine adpliciret wird, soll beweget werden und derselben Bewegung wiederstehet." (Univ.lexikon/Zedler (1737) Bd.16 Sp.881)

Dabei treten zur Veranschaulichung immer wieder praktische Erfahrungen über die Ergebnisse der Kraftanwendung hinzu, weil sonst das 'Unfaßbare' des allgemeinen Kraftbegriffs überhand nähme. Aber etwa durch das Exempel der Mühlsteine, die "durch ihre Bewegungs–Krafft eben die Zermalung des Getraydes bewerckstelligen" (Belidor (1740-50) §635) wird das Verständnis gesichert.

Leupold schreibt über eines der Hauptprobleme des damaligen Maschinenbaus, nämlich über die hohen Kraftverluste durch Reibung, das mangels geeigneter Materialien und Schmiermittel immer wieder im Mittelpunkt der Bemühungen stand. Das Phänomen der Reibung wird ohne jede mechanische oder materialwissenschaftliche Grundlage behandelt, allein aus der Erfahrung des Praktikers oder gar aus alltäglicher Erfahrung (Rad im Schlamm, Kufe auf Eis, Holzrad auf Pflaster etc.) heraus beschrieben:

> "Durch dem **Widerstand**, lateinisch Frictio genannt, wird verstanden, wenn bey der Bewegung die Machinen sich mit einigen Theilen gegeneinander reiben, und ihre Flächen, Wellen oder Zapffen auf einander schleiffen, rutschen und zwängen müssen, aber wegen ihrer Ungleichheit, da die erhobenen Theilgen in die Vertieffung der andern fallen, sich gegeneinander stemmen, und also mit Erhebung der aufliegenden Last zugleich müssen herausgehoben werden" (Leupold (1724a) S.98)

In der plastischen Beschreibung drückt sich eine Analogie von den nicht erkannten Phänomenen der Materialqualitäten zu körperlichen Handlungen aus. Die Verben, mit denen das unanschauliche Phänomen beschrieben wird, drücken Prozesse und Handlungen von mechanischen Körpern aus. Es gelten also hier das Modell MECHANIK und das Modell HANDLUNG:

> sich gegeneinander reiben, aufeinander schleiffen, rutschen, sich zwängen, in die Vertiefung hineinfallen, sich gegeneinander stemmen, herausheben (Leupold (1724a) S.98)

In den Nachschlagewerken am Ende des Jahrhunderts ist dann in sehr guter Übereinstimmung eine Dreiteilung der Bedeutungsangaben zu *Kraft* vorgenommen:
(1) KRAFT als Form der mechanischen Energie (= Theoriebegriff):

> "**Kraft** (physic.) Alles was den Zustand eines Körpers verändert oder zu verändern strebt, heißt eine **Kraft** [...] so heißt Kraft, so viel als **Ursache der Bewegung**." (Deutsche Enzykl. (1802) Bd.22 S.560)
> "In engerer und eigentlicherer Bedeutung, der Grund der Bewegung,

was eine Bewegung hervor bringen oder hindern kann, und selbige wirklich hervor zu bringen oder zu hindern bemühet ist." (Adelung (1796) Bd.2 Sp.1738)

(2) Kraft zur Bewegung der Maschinen (= Fachbegriff in der Technik):

"**Bewegende Kräfte an den Maschinen**, sind diejenigen Kräfte, deren man sich in der practischen Mechanik bedient, um die Maschinen dadurch in Bewegung zu setzen." (Deutsche Enzykl. (1802) Bd.22 S.564)
"In engerer Bedeutung ist in der Mechanik die Kraft die bewegende Kraft; zum Unterschiede von der Last." (Adelung (1796) Bd.2 Sp.1739)

(3) Kraft als anthropomorphe Größe und als Bezeichnung für die Agenten der Kraft:

Menschenkräfte: "Die Kraft des Menschen ist die brauchbarste, weil sie die wenigste Zuführung erfordert. Der Mensch kann eine Sache durch Heben, Tragen, Ziehen, Drücken, Stoßen, Treten, Drehen u.s.w. bewegen. Am wirksamsten wird seine Kraft, wenn er nicht blos einen Theil des Körpers, sondern mehrere dazu anwenden kann, damit auch die Schwere des Körpers mitwirken kann. Man hat also hierauf, bey Anlegung der Maschinen, mit zu achten [...] Man rechnet die Kraft eines Menschen, bey Bewegung einer Mühle, auf 60 Pfund." (Deutsche Enzykl. (1802) Bd.22 S.482f.)
Tierkräfte: "Am gewöhnlichsten bedient man sich der Pferde zur Bewegung der Lasten und Maschinen. Man rechnet, daß sie gewöhnlich auf ebenem Weg 175 Pf. bewegen können, nicht 175 Pf. Last, sondern eine weit größere Last, die etwas 175 Pf. Reibung an den Achsen und Rädern verursacht. Bergauf kann es lange nicht so viel fortbewegen, weil es alsdann einen Theil der Last mitzuziehen hat. Die Stärke des Pferdes übertrift die Stärke des Menschen siebenfach." (Deutsche Enzykl. (1802) Bd.22 S.484)

Dies wurde deshalb so ausführlich dokumentiert, um zu zeigen, daß die Nachschlagewerke des späten 18. Jahrhunderts (hier Adelungs Wörterbuch und die Deutsche Enzyklopädie) ein genaues und differenziertes Abbild bei Bedeutungsunterschieden und diffizilen Begriffsunterscheidungen bieten. Die Bestätigung der Differenzierungen für *Kraft*, die schon durch andere Quellen bekannt waren, kann demnach als Validitäts-Beweis auch für andere Beispiele betrachtet werden.

Die Theorie von den mechanisch verfügbaren Energieformen ist soweit abgeschlossen:

"Der Energiesatz der reibungsfreien Mechanik war Ende des 18. Jahrhunderts klar." (Hund (1978) Bd.1 S.100)

Es fehlte lediglich noch die Ausweitung auf andere Energieformen (Wärme, Elektrizität), die im Laufe des 19. Jahrhunderts dazukam. Der Ausdruck *Energie* war für den Begriff der MECHANISCHEN ENERGIE noch nicht eingeführt, diese wurde ebenfalls als *Kraft* bezeichnet.

Der Begriff der ENERGIE oder der ARBEITSFÄHIGKEIT wird in den Techniktexten durch andere Größen umschrieben:

> "Durch den blosen Hebel kan eine oder mehr Personen viel Gewalt thun und grosse Lasten fortbringen." (Leupold (1725b) S.75) — "Weil ein Druck-Werck eines der gewaltsamsten Künste ist" (Leupold (1724c) S.111)

Gewalt und *gewaltsam* drücken hier die Teilbedeutungen 'stark, arbeitsfähig, leistungsstark' aus. Die goldene Regel der Mechanik von der Nichteinsparkeit der Arbeit im Produkt Kraft mal Weg war zwar bekannt, aber ARBEIT und KRAFT heißen noch beide *Kraft*:

> "Um wie viel die Krafft durch die Machine vermehrt wird, um so viel brauchet die Krafft auch mehr Zeit. Ist eine allgemeine Regel." (Leupold (1724a) S.5)

Alle Größen, die dem Begriffsfeld Leistungsfähigkeit, Arbeitsfähigkeit, Energieniveau zuzuordnen sind, sind ohne eine entsprechende moderne Terminologie als SUBSTANZ ausgedrückt und damit dem mentalen Modell MECHANIK zuzuordnen, das Konkretisierungen und Materialisierungen dieser Art vereinigt. ARBEIT und KRAFT werden wie eine SUBSTANZ vermindert oder vermehrt u.a.:

> "weil durch etliche wenige Räder und Getriebe [...] das Vermögen nicht nur gewaltig vermehret wird" (Leupold (1724a) S.40) — "weil die Trägheit, die Reibung [...] einen Theil von der Gewalt der Kraft erschöpfen" (Prony (1795) S.264)

Wenn bisher von einem anthropomorphen Kraftbegriff die Rede war, dafür aber nicht genügend anschauliche Belege aus den Techniktexten geboten wurden, so kann dies jetzt nachgeholt werden. Analysiert man die sprachlichen Mittel, mit denen in den Texten Leistungsangaben zu den Maschinen formuliert werden, hat man eine Fülle solcher Anthropomorphismen, die eindrücklich das mentale Modell MENSCH belegen. Der Techniker mißt Kraft, Arbeit und Leistung im 18. Jahrhundert noch qualitativ, noch nicht quantitativ (vgl. Breger (1982) S.150, Mauel (1980)). Eine genaue Quantifizierung ist technisch erst mit den Dynamometern von Watt und Prony am Jahrhundertende möglich.

Die Maßangaben orientieren sich an Analogien zu den Lebewesen, die auch Maschinen in Bewegung setzen. Dabei muß in Erinnerung gerufen werden, daß die technikgeschichtliche 'Gleichzeitigkeit von Mensch und Maschine' (siehe 4.3) bis ins 19. Jahrhundert sehr viel ausgeprägter war als in der Gegenwart. Die sprachliche Gleichsetzung hatte somit eine 'realistische' Grundlage. Daher sollte die Anthropomorphisierung in einer historisierenden Sehweise des 20. Jahrhunderts nicht überbetont werden. Sie ist für das 18. und 19. Jahrhundert eine 'normalere' und 'realistischere' Gleichsetzung in Technik- und Alltagssprache.

Auf den Leser des 20. Jahrhunderts jedoch müssen die minutiösen Vergleiche von Pferd, Ochse und Mensch — weil technikgeschichtlich überholt — sehr befremdlich wirken:

> "Da nun, wie gesagt, diese Art Bewegung den vierfüßigen Thieren weit schwerer fällt, als den Menschen [...] folglich hat das Pferd oder der Ochse, in diesem Fall nicht ganz dreymal so viel Kräfte als der Mensch, da es im horizontalen Zuge doch 7mal so viel vermag [...] Der Mensch ist, vermöge seines Körperbaues, geschickter zum Tragen, als das Pferd, der Ochse und andere lasttragende Thiere, die Kameele ausgenommen, welche 10 bis 12 Centner tragen können [...] sein eigener Schwerpunct verrückt auch leichter, als der der lasttragenden Thiere." (Deutsche Enzykl. (1802) Bd.22 S.485)

Die Technikliteratur ist sich dabei durchaus der Ungenauigkeit von solchen qualitativen Maßangaben bewußt, denen keine universell vergleichbare Meßgröße zugrundeliegt (z.B. kcal, kw, PS). Es sind schlecht vergleichbare oder übertragbare Alltagsgrößen wie Lastangabe, Zeitaufwand, Entfernung etc. Daher ist die menschliche Leistungsfähigkeit nur ungefähr zu umschreiben:

> "Was die Menschen betrifft, so sind solche [...] nicht mehr durch 3 Stunden ohne Aussetzung zu thun im Stande, als 27 Pfund im Gleichgewichte zu erhalten, und in einer Stunde einen Raum von 12000 Schuhen zurück zu legen; es sey dann, daß er sich ermüden wollte, oder von grosser Leibesstärke wäre." (Anleitung (1777) §37)

Interessanterweise wird dann in einem späteren Paragraphen noch nachgeschoben, daß man hierbei außerdem eine deutsch-französische Fehlerabweichung einkalkulieren müsse:

> "Weil dieß Vermögen der Menschen und Pferde im Frankreich bestimmet worden; so ist es möglich, ja es lehret uns die Erfahrung, daß sowohl Menschen als Pferde hierlandes etwas mehr zu thun im Stande sind." (Anleitung (1777) §39)

Die relativ ungenauen Maßangaben für die Kraft der einsetzbaren Lebewesen gehen dann genauso ungenau als Maßangaben auf die Maschinen über, die im Analogiemodell KÖRPER/MENSCH beschrieben und gemessen werden. Lange bevor James Watt auf die Idee kam, diese Vergleiche durch die Angabe der 'horse power' genauer zu quantifizieren, sind schon sprachliche Umschreibungen dieser späteren Meßgröße belegt:

> "und daß mit solcher Krafft und Schnelligkeit selbige so viel arbeitet, daß hundert Pferde solches nicht prästiren können" (Leupold (1725a) S.97) — "Vor der Einrichtung dieser Maschine brauchte man 137 Pferde, und sie leisteten doch das nicht, was jetzt die Maschine bewirkt." (Neues Journal (1795) Bd.1 S.84)

Häufig werden die Maßangaben auch auf die manuellen Tätigkeiten des Menschen, die durch die Maschine ja ersetzt wurden, abgebildet. Für den zeitgenössischen Leser entsteht dadurch ein besonders plastisches Bild, weil er eine Vorstellung hat, welche Mühsal die manuelle Wasserförderung darstellt. Er bringt eben noch eine unmittelbar-physische 'Kompetenz der Körpererfahrung' mit. Deshalb muß ihm die folgende Maßangabe für eine wasserfördernde Maschine einleuchtend sein:

> "Giesset auch jeder Satz bis vierzehen Ellen in einer Minute, bey dem dreyellichten Hube neuntzig Kannen, folglich aus vier und zwantzig Sätzen in einer Minute 2160 Kannen welche mit 62 zu Elmern, und fünff Eimer auf ein Faß gerechnet, sechs Faß, vier Eimer, 52 Kannen in gedachter einigen Minute betragen, oder 418 Faß in einer Stunde, und 10032 Faß Wasser in 24 Stunden." (Univ.lexikon/Zedler (1747) Bd.53 Sp.640)

Als historisch distanzierter Leser stellt man jedoch fest, daß das manuelle und menschliche Maß offensichtlich in das Zeitwissen eingebunden war. Die vielfältigen Angaben aus Eimern, Kannen und Fässern sind nur noch ungefähr abzuschätzen und nicht mehr genau quantifizierbar. Das alltägliche Wissen um Gefäßgrößen fehlt, damit ist der Beschreibung die Wissensgrundlage entzogen. Die ehemals anschaulichen Maßangaben sind aufgrund ihrer unökonomischen Komplexität mehr verwirrend als erhellend.

Eine Zusammenfassung in zwei Punkten:

(1) Die Nachschlagewerke am Ende des Jahrhunderts haben gezeigt: Die Dreiteilung des Kraftbegriffs und die allgemeine Verfestigung der physikalischen Grundbegriffe ist um 1800 abgeschlossen. Der damit erreichte Sprachzustand gilt im Prinzip noch heute in der klassischen Physik und in der Maschinentechnik wie auch im Alltag. Lediglich auf allerhöchster Theorieebene hat die Physik mit der Erweiterung ihrer Energietheorie über die Mechanik hinaus einen neuen Begriff ENERGIE, der mit dem alten Begriff KRAFT/MECHANISCHE ENERGIE nicht mehr viel zu tun hat. Die technik- und alltagssprachliche Bedeutungsvielfalt für *Kraft* ist dagegen unverändert.

(2) Der alltägliche Begriff von KRAFT/ENERGIE enthält auch eine diffuse Komponente von 'Können', 'Mächtigkeit' o.ä., in der die Faszination gegenüber dem leistungsfähigen und starken Lebewesen oder Artefakt ausgedrückt wird. Ein Beispiel: Es fällt schwer, im Alltag zu formulieren, eine Uhr habe die *Kraft* oder das *Können*, die Zeit anzuzeigen (vgl. Stammel

(1982) S.1). Für größere und in ihren Leistungen beeindruckendere Artefakte sind die beiden Wörter aber verwendbar (Kraftmaschine, Fahrzeug). Alltagssprachliche Formulierungen, wie z.B. *stark, kräftig, leistungsfähig*, wären dann begriffsgeschichtlich als Nachfolger von *gewaltig, mächtig* oder *grausam* zu interpretieren:

> "und den Kolben mit solcher Gewalt hernieder treibet, daß es vermittelst des Waag–Balkens [...] eine grausame Last Wasser auf einmahl hebet, welches viele Pferde zu thun nicht vermögend seyn." (Leupold (1725a) S.96)

8.3.2 Gas und Luft

Die antike Lehre des Empedokles von den vier grundlegenden Elementen Erde, Wasser, Luft und Feuer (vgl. Dijksterhuis (1956) S.8) bleibt auch im 18. Jahrhundert noch maßgeblich für die Vorstellungen vom Aufbau der Materie:

> "Es werden insgemein vier Elemente statuiret, als: **Erde, Wasser, Lufft** und **Feuer**, und diese haben die Eigenschaften, daß immer eines schwehrer ist als das andere, und daß allemahl das schwehrere das leichtere über sich treibet." (Leupold (1725b) S.94)

Die Vierteilung der Materie ist so nachhaltig wirksam, daß auch in Bereichen, wo es gar nicht um die Einteilung der Welt geht, die Aufzählung in Elementen als gliederndes und sprachliches Ordnungsprinzip weiterlebt. Beispielsweise nennt Leupold die 'Zutaten' zu einer Feuermaschine in Form einer solchen Elementeaufzählung:

> "Die Requisita zu einer solchen Feuer–Machine das Wasser durchs Feuer zu heben, sind: 1. Feuer. 2. Wasser. 3. Lufft und 4. Metall zu denen Gefäßen." (Leupold (1725a) S.87)

Langsdorf versucht noch am Ende des Jahrhunderts krampfhaft durch eine kühne Gleichsetzung 'Erde ≈ Tiere' die Klassifikation der bewegenden Elemente einer Maschine in die alte Einteilung der vier Elemente zu überführen:

> "Man kann die Maschine auf Salzwerken durch Feuer, Luft, Wasser, und wenn ich statt des Erdeelementes Thiere rechne, auch durch diese, also durch die vier Elemente in Bewegung setzen." (Langsdorf T.3 (1796) S.142)

Das Wissen über die Elemente Luft und Feuer ist maßgeblich dafür, welches Verständnis der Zeitgenosse den neuen Feuer– bzw. Dampfmaschinen entgegenbringt. Dabei wird einiges von der Faszination dieser Maschinen deutlicher, wenn man sieht, welche naiven Modelle die Vorstellungen von Luft und Feuer prägten. Bis zum Ende des 18. Jahrhunderts existiert nur eine vormoderne Theorie der Gase. Es dominieren ungenaue, aus praktischer Erfahrung gewonnene Vorstellungen über die Zusammensetzung der Luft, über ihre Qualitäten und über die Arbeitsfähigkeit des Luftdruckes. Es gibt keine schlüssige Theorie über das Phänomen der Verdampfung und Verdunstung und über die Unterschiede zwischen permanenten und temporären Gasen.

Da die Luft im speziellen und Gase im allgemeinen sich der alltäglichen Anschaulichkeit und Vorstellungskraft entziehen, liegt es nahe, daß in Alltag und Technik ein mentales Modell benötigt wird, in dem die Prozesse und Vorgänge beschreibbar sind. Es ist das auch heute noch selbstverständliche und unhinterfragte Bild von der FLÜSSIGKEIT, das ein mentales Modell der Gruppe IV (MECHANIK) darstellt. In den Techniktexten des 18. Jahrhunderts wird dieses Modell explizit ausgesprochen: Luft verhalte sich wie "flüssige Materie" (vgl. Belidor (1740-50) §835).

Für die Beschreibungssprache gibt es die unumgängliche Voraussetzung, daß alle Verben, mit denen Vorgänge und Prozesse beschrieben werden, einen greifbaren Körper, im allgemeinen eine sichtbare Flüssigkeit, als Modell voraussetzen:

> sich ausbreiten, kann ausgetrieben werden, verdünnen, verdicken, zusammenziehen, austreiben, erfüllen (vgl. z.B. Leupold (1725a) S.87-90)

In der "Anleitung zu der Bergbaukunst" von Christoph Traugott Delius (1773/1806)[31] finden sich im Abschnitt "Von der Beförderung des Wetterzuges" weitere Ausführungen zur Theorie der Luft:

> "Sie wirkt also in Betracht der ersten zwey Eigenschaften wie das Wasser und andere flüssige Körper [...] Hieraus folgt nun, dass in den Grubengebäuden die Luft weit schwerer und dichter seyn muss, als über Tage; und je tiefer die Grubengebäude sind, desto schwerer und dichter muss auch nothwendig daselbst die Luft seyn [...] so muss sie auch daselbst nothwendig mit vielen fremdartigen Theilen angefüllt und dick seyn [...] In solchen bösen Wettern pflegt niemahls ein Licht zu brennen, welches dem Bergmanne die Anzeige gibt, wo er sich vor bösen Wettern zu hüthen hat. Die Ursache hiervon ist, dass die Flamme des Lichtes in der sehr verdickten Luft sich nicht ausdehnen kann, sondern an den häufigen Dünsten einen allzu starken Widerstand findet, und daher verlöschen muss." (Delius (1773/1806) Bd.2 S.2-4)

Die in den Zitaten verwandten Attribute der Luft (angefüllt, dicht, dick, schwer, verdickt u.ä.) wirken für das heutige Sprachverständnis naiver als die obigen Verben. Beide sind aber sprachliche Ausdrücke im Rahmen eines

[31] Mir stand lediglich die 2. Auflage von 1806 zur Verfügung. Sie ist aber laut Vorwort (S.III-IV) gegenüber der 1.Aufl. von 1773 nur mit geringfügigen Änderungen versehen worden und wurde deshalb ins 18. Jahrhundert eingeordnet. Der zurückgebliebene Wissens- und Sprachstand, besonders für die Dampfmaschine (siehe 8.9.2), bestätigt diese Einordnung.

einzigen mentalen Modells. Die Verben sind offensichtlich ein selbstverständlicher Bestandteil des Sprechens über Gase, während die Attribute für eine unzeitgemäße Theorie zu stehen scheinen. Der naive Eindruck wird vermutlich dadurch bestärkt, daß Phänomene der Gase und der Verbrennung hier besonders drastisch mit dem Modell MECHANIK beschrieben werden, z.B. der Sauerstoffmangel der Flamme als ein mechanischer Konflikt.

Das mentale Modell FLÜSSIGKEIT/MECHANIK tritt noch deutlicher hervor, wenn in den Texten über die Arbeit der Luft geschrieben wird. Ohne eine Anleihe bei Flüssigkeitsvorstellungen ist dieses Phänomen noch weniger nachvollziehbar. Erst im 17. Jahrhundert wurde in dem berühmten Magdeburger Versuch (1657) durch Otto v. Guericke (1602-1686) die Arbeitsfähigkeit des Luftdruckes erkannt und die alte Vorstellung vom 'horror vacui' abgelöst. Daher wird in der Technikliteratur des 18. Jahrhunderts das lange herrschende Axiom "Die Natur hat Abscheu vor allem leeren Raum" in deutlich distanzierter Weise als überholter Wissenstand zitiert (vgl. Belidor (1740-50) §786). Die Auffassung vom 'horror vacui' ist im übrigen ein Beispiel dafür, wie in der Wissensgeschichte ein einmal falsch gesetztes mentales Modell sich erkenntnishemmend auswirken und nur sehr allmählich durch ein neues Modell überwunden werden kann (vgl. Hund (1978) Bd.1 S.178). Mit dem neuen Modell FLÜSSIGKEIT ist die Luft als ausdehnbarer und damit auch arbeitsfähiger Körper klar erkannt, was im Physik–Lehrbuch folgendermaßen hergeleitet wird (vgl. Anleitung (1777) §40ff):

(1) Grundvoraussetzung ist die Ausdehnungsfähigkeit:

> "Daß die Luft, und andere flüßige Körper von der Hitze ausgedehnet werden, lehret die Erfahrung." (§47)

(2) Der Nachweis wird durch eine Quantifizierung in einem Versuch erbracht:

> "Der Druck der Luft ist so groß, daß sie bei trocknester Witterung, wo sie das größte Vermögen hat, ungefähr eine 28 Zoll hohe Quecksilbersäule, oder 32 Schuh hohe Wassersäule im Gleichgewichte erhält." (§40)

(3) Schließlich ergeben sich Luftdruck und Wärme als geeignet, Bewegungen hervorzubringen, also mechanische Arbeit zu verrichten:

> "Also können durch die Hitze fast alle Bewegungen hervorgebracht werden, die man durch die Luft erhält, obschon nicht im gleichen Grade." (§48)

Für den Maschinentechniker existiert eine ähnliche Abfolge in der Herleitung der Arbeitsfähigkeit aus Erwärmung, Ausdehnung und Unterdruck. Sie zeigt, wie die Erkenntnis von dem arbeitsfähigen Luftdruck und der Innovation der atmosphärischen Dampfmaschine eng zusammenhängen:

> "Da nun gewiesen worden, wie, vermittelst des Feuers, die Lufft verdünnet [...] durch die Kälte aber und äusserliche Luft das **Vacuum** wieder erfüllet wird, daß es auch etwas ausrichten kann; so ist nun auch nöthig, zu zeigen, wie solche [...] Krafft zu **appliciren**, daß man es auch zu Bewegung der Machinen brauchen kan." (Leupold (1725a) S.90)

In den Ausführungen zur neuen Feuermaschine in Leupolds Werk ist außerdem zu spüren, daß die Arbeitsfähigkeit des Luftdruckes noch eine junge Erkenntnis der Maschinentechnik ist. Seine Beschreibungen der neuen Wundermaschinen enthalten immer wieder Betonungen von der 'unglaublichen' Fähigkeit der Luft und der Wärme:

> "Wenn Wasser und Lufft in einem Gefäß verschlossen ist, daß keines weichen kan, und das Feuer giebet die dritte Person [!] ab, so wird die Expansion und Gewalt so groß, daß es auch starcke eiserne Gefäß zerschmeissen kan [...] Die Lufft ist ein Cörper [...] gelanget sie dennoch zu solcher Schwehre, daß sie vermögend ist, Sachen auszurichten, die Unerfahrnen gantz ungläublich vorkommen" (Leupold (1725a) S.88/89)

8.3.3 Dampf

Mit der Vorstellung von der Arbeitsfähigkeit der Luft ist im 18. Jahrhundert eine Grundlage für das ungefähre und primitive Grundverständnis für die Feuermaschine gelegt. Das Wissen über das Verhalten der Gase im allgemeinen und des Wasserdampfes im besonderen steht allerdings noch auf unsicheren Füßen, wie im folgenden an der Synonymik von *Gas, Luft, Dampf, Dunst, Nebel* und *Rauch* zu zeigen ist.

Beispielsweise beschreibt Leupold eine Feuermaschine, in der "das Vacuum nur durch Dunst gemachet wird" (Leupold (1725a) S.90). Gemeint ist jedoch eine Maschine, in der Wasserdampf kondensiert wird. Die beliebige Austauschbarkeit von *Dunst, Dampf, Rauch* u.a. beruht auf einer noch fehlenden Gastheorie. Da der Wasserdampf nicht als temporäres Gas erkannt wird, ist die präzise Darstellung der neuen Dampfmaschinentechnik noch eingeschränkt.

Zunächst ist wichtig, daß das Wort *Gas*, das heute für den Oberbegriff KÖRPER IM GASFÖRMIGEN AGGREGATZUSTAND steht, im 18. Jahrhundert noch für biologische Gase reserviert ist:

> "**Gas**, ist ein Helmontinnischer Terminus, bedeutet insgemein den unbezwinglichen und noch nicht geronnenen Spiritum oder subtilen Dampff, dergleichen bey frischen und in der Fermentation stehenden Most oder Bier observiret wird." (Univ.lexikon/Zedler (1735) Bd.10 Sp.368)

Auch im Wörterbuch von Adelung dominieren noch die "Gährungen und Auflösungen aus den Körpern" (vgl. Adelung (1796) Bd.2 Sp.425).

Technik- und Vermittlungstexte des Jahrhunderts bieten ebenfalls eine relativ undurchschaubare und undifferenzierte Synonymik:[32]

> "**Dampf**, ist der General-Name von einem jeden fluido, so durch das Aufsteigen derer Dünste oder des Rauchs in der Lufft erzeuget, und unsichtbar wird, so daß wir öffters dafür die hinter ihm befindlichen Sachen nicht erkennen können. Es begreifft also das Wort Dampf alle Arten derer Ausdünstungen und Secretionen unter sich, welche nach besondern Conditionen hernachmahls bald eine Dunst, bald ein Rauch, bald ein Nebel, und so ferner genennet werden" (Univ.lexikon/Zedler (1734) Bd.7 Sp.96)

Die entscheidende Wissenslücke besteht darin, daß die Zusammenhänge zwischen permanenten und temporären Gasen noch nicht erkannt sind. Die alltagspraktischen Kriterien der 'Sichtbarkeit' (z.B. Nebel), der 'Kondensierung aus Gas' (z.B. Dampf) dominieren damals in Technik und Alltag. Wissenschaft und Technik haben sich inzwischen davon entfernt, aber noch heute findet in der Alltagssprache keine genaue Trennung statt: *Dampf, Dunst, Nebel* und *Rauch* werden im Einzelfall danach unterschieden, ob sie mit Verbrennung, Wärmeentwicklung, Wettererscheinung, Wasserbeteiligung etc. verbunden sind. Aber eine klare klassifizierende begriffliche Trennung findet nicht statt.

Die unfertigen Theorien über den Wasserdampf in der zweiten Jahrhunderthälfte können erklären, warum die Maschinen, in denen der Dampf zur Erzeugung von mechanischer Energie eingesetzt wird, auf großes technisches Unverständnis stoßen. In den Vermittlungstexten finden sich jedenfalls am Ende des Jahrhunderts noch unglaubliche Archaismen in Form von 'Gärung' und 'Schwefel':

> Dampf nennt "man das feine elastische flüssige Wesen, in welches sich die meiste Körper, vornehmlich aber die flüchtige, durch die Gewalt des Feuers oder irgend einer Gährung verwandeln lassen." (Deutsche Enzykl. (1782) Bd.6 S.713) — Dampf ist "ein jeder dicker Rauch, Nebel oder Dunst, besonders wenn er aus schwefelartigen Theilen besteht." (Adelung (1793) Bd.1 Sp.1379)

In den Fachtexten ist in den 90er Jahren dann allerdings eine deutliche Zunahme an Wissen erkennbar. Es findet eine sprachliche Reflexion darüber statt, daß man etwas fälschlicherweise mit *Dampf* bezeichnet, obwohl eigentlich ein anderer Begriff vorliegt:

---

[32]Vgl. auch Allg.Lexikon/Jablonskie (1721) S.159. Außerdem wird die unbekümmerte Gleichsetzung von *Dampf, Qualm, Rauch* auch durch andere Quellen bestätigt, vgl. hierzu Spiegel (1972) S.51, S.127.

> "wird zum **Nebel**, der kein Dampf mehr ist, ob wir ihn gleich im gemeinen Leben so nennen [...] Die Theilchen der Basis des Dampfes bilden bey seiner allmähligen Zersetzung durch Abkühlung oder Zusammendrückung einen **Nebel**, den man in gewissen Fällen auch **Rauch** nennt. Dies ist, wie ich schon gesagt habe, kein Dampf mehr" (Neues Journal (1795) Bd.1 S.162/164)

Aber zeitgleich mit der Wattschen Innovation steht der Wasserdampf auch bei allen hohen Techniktexten noch immer strikt innerhalb des mentalen Modells FLÜSSIGKEIT, was nicht ausschließt, daß das Phänomen der Verdampfung und der Kondensation jetzt schon sehr modern als Folge eines Energieaustausches beschrieben werden kann. Auch ist der Wasserdampf als temporäres Gas erkannt, wenngleich die klassifizierende Bezeichnung noch fehlt:

> "Aller Dampf der aus Wasser entstehet, das in einem verschlossenen Gefässe einige Grade über den Punkt erhitzt wird, mit dem es in freyer Luft kocht, wird ein dünnes elastisches Fluidum, das ohngefähr halb so schwer ist, als atmosphärische Luft; einen weit grössern Raum einnimmt, als die Masse Wasser woraus es entstanden; und wieder zu Wasser gemacht werden kann, wenn es mit einer Materie vermischt wird, die einen geringern Grad der Hitze hat, als es selber besitzt." (Kirchhof (1782) S.223)

Entsprechend der Arbeitsfähigkeit des Luftdrucks, der im vorherigen Abschnitt für die atmosphärischen Dampfmaschinen dargestellt wurde, wird nun in den Techniktexten Ausdehnungsfähigkeit und Arbeitsfähigkeit des Dampfes in den direkt wirkenden Dampfmaschinen betont:

> "Von dem elastisch-flüssigen Stoff, der sich aus der Auflösung des Wassers in Dämpfe ergibt [...] ein Gas oder höchst elastischer flüssiger luftförmiger Stoff [...] welches durch seine Befreiung das Aufwallen des erhitzten Wassers verursacht, die mächtigste Bewegkraft sey, welche bei Maschinen in Anwendung kommmen kann." (Prony (1795) S.593)

8.3.4 Feuer und Wärme

Neben dem Dampf wird auch der Wärme, dem Feuer und den anderen sogenannten Imponderabilien des 18. Jahrhunderts eine Substanzqualität zugesprochen: "Der Wasserdampf ist aus **Wasser** und **Wärmestoff** zusammengesetzt" (Neues Journal (1795) Bd.1 S.162). Die sogenannte Phlogiston-Theorie vom Wärme- und Feuerstoff ist ein mentales Modell, das die Wärme als Stoff deutet.[33] Erst mit der Energietheorie des 19. Jahrhunderts, die

[33] Vgl. hierzu Allg.Lexikon/Jablonskie (1721) S.847f. Dort ist in einem längeren Artikel zur 'Wärme' der Theoriestand für das frühe 18. Jahrhundert niedergelegt.

Wärme und Bewegung in einem Energiebegriff zusammenführte, wurde dieses Modell überwunden.

Alle Zitate aus dem 18. Jahrhunderts weisen nach, daß die Vorstellung von Wärme und Feuer mehr oder weniger ausgeprägt mit dem Modell MECHANIK bewältigt wird. Die wesentlichen Merkmale der herrschenden Feuertheorie zu Beginn des Jahrhunderts sind:

(1) Feuer ist noch ein 'unbekanntes Wesen'. Es ist alltäglich selbstverständlich, entzieht sich aber andererseits einer theoretischen Festlegung:

> "**Feuer**, Lat. Ignis. Was dieses eigentlich sey, ist eine Frage, so dene Weltweisen so viele Secula durch sehr viel zu schaffen gemacht, und auch noch ietzo ermüdet. Ein jeder kann sich zwar leichte einen Begriff machen von einer Begebenheit, da man saget, es sey Feuer zugegen; und wenn man Feuer nennet, so wissen wir alle, was einer damit haben will; alleine dieser Begriff ist mit so vielen Dingen und Umständen verwickelt, daß es überaus schwer fällt, diejenigen Signa oder Zeichen heraus zu wickeln, von welchen wir versichert sind, daß sie alle Zeit die Gegenwart des Feuers andeuten." (Univ.lexikon/Zedler (1734) Bd.9 Sp.716)

(2) Feuer ist ein Element und benötigt die Luft:

> "Ob schon das Feuer ein sehr kräfftiges und gewaltiges Element ist / das vermittelst der Lufft grosse Dinge thun kan, [...] Das Feuer ist ohne Lufft ein todtes Wesen." (Leupold (1724a) S.147)

(3) Feuer besteht aus Feuerteilchen, deren Wirken durch das Modell MECHANIK gesichert und verstanden wird:

> "wird nun die Kugel C über ein Feuer gesetzet, so werden die feurigen Theile sich hinein dringen, als viele tausend kleine spitzige Keile Wasser und Lufft so in der Kugel ist, auseinander treiben" (Leupold (1725a) S.89) — "oder dass vielleicht auch nur durch die sich einmengenden Feuertheile ihre elastische Kraft schlapp gemacht wird" (Delius (1773/1806) Bd.2 S.8f.)

Am Ende des Jahrhunderts herrscht in den Techniktexten noch immer die Stofftheorie für Wärme und Feuer vor. In der wissenschaftlichen Diskussion sind etwa um 1780 beide Theorien, Wärme ist Stoff oder Wärme ist Bewegung, gleichgewichtig vertreten (vgl. Hund (1978) Bd.1 S.209). Dabei erweist sich die Deutsche Enzyklopädie als besonders differenzierungsfähig. Im Artikel 'Feuer' wird auf dem Hintergrund der wissenschaftlichen Auseinandersetzung und auf der Alltagserfahrung der Reibungswärme die Dichotomie Materie vs. Bewegung diskutiert:

> **"Einige Naturforscher verbinden nicht einmal damit den Begriff einer besondern Materie, und wollen es blos für eine Eigenschaft der Körper gelten lassen: sie suchen dieses damit zu beweisen, weil blose Bewegung in sehr vielen Körpern Wärme und Feuer hervorbringen kann; welches z.B. im Eisen und andern Metallen geschiehet, die bey heftigem Reiben, beym Feilen, Hämmern, Bohren u. dgl. warm und bisweilen so heiß werden, daß man sie nicht mehr mit der Hand zu halten im Stande ist [...] Die mehresten Naturforscher kommen jetzt darin überein, das Feuer sey ein durch die ganze Natur vertheilter ausserordentlich feiner, unsichtbarer und flüßiger Körper, der unter gewissen Umständen Licht und Wärme hervorbringe und sich dadurch zu erkennen gebe." (Deutsche Enzykl. (1784) Bd.9 S.830f.)**

Dabei treten auch sehr moderne Auffassungen von der einen Energie auf, daß es "nur einerley Feuermaterie" gäbe, die wir lediglich in "verschiedenem mehr oder weniger reinem Zustande" wahrnehmen (vgl. Deutsche Enzykl. (1784) Bd.9 S.831f).

Ungeachtet dieser Weiterentwicklung des Wissens geht der Techniker immer noch von dem Feuerstoff aus, bzw. er spricht zumindest in den Ausdrucksmitteln des ehemals herrschenden Modells noch immer von "Feuertheilchen" oder vom "freyen Wärmestoffe" (Langsdorf T.2 (1788) S.363, Jacobsson (1795) Bd.8 S.66). In der Perspektive des technischen Anwenders ist die Diskussion über das Wesen des Feuers überflüssig. Für ihn gilt als Definitionskriterium die Anwendung und die nützliche Auswirkung:

> **"Feuer, ist in den verschiedenen Werkstätten ein wichtiges Beförderungsmittel, wodurch Waaren zur Vollkommenheit gebracht werden." (Jacobsson (1781) Bd.1 S.708)**

8.4 Der Maschinenbegriff zwischen Werkzeug und Produktionsmaschine

Im Gegensatz zum Theoriebegriff UHRENMASCHINE bei Lamettrie (siehe 8.2) dominiert im Maschinenbegriff der Techniktexte nicht mehr unbedingt die Wunder- und Automatenmaschine, sondern die Maschine im heutigen neuzeitlichen Sinne. Dies ist zunächst an der nahezu selbstverständlichen Eingliederung des Ausdrucks *Maschine* (oder oft noch in französischer Schreibung *machine*) in die Techniker-Fachtexte zu sehen.

Hierin ist wiederum das große Standardwerk der Technik im ersten Drittel des Jahrhunderts maßgeblich, das achtbändige Theatrum machinarum von Jacob Leupold (1724-27). In den Techniktexten des 17. Jahrhundert wurde *machina* oft nur im Titel des Werkes oder in gliedernden Überschriften, aber nicht im fortlaufenden Text verwandt. In Leupolds Werk ist *machine* ein geläufiges Wort und zwar als Hypernym für die einfachen Maschinen der Mechanik und für alle zusammengesetzten Maschinen. Der neue Maschinenbegriff hat nun vor allem die 'Nützlichkeit' der Artefakte als zentrales Merkmal.

Zum einen sind damit wie bisher die sogenannten 'einfachen Maschinen' der Mechaniktheorie gemeint (siehe 8.3.1):

> "**Eine Machine oder Rüstzeug** ist ein künstliches Werck, dadurch man zu einer vortheilhafften Bewegung gelangen, und entweder mit Erspahrung der Zeit oder Krafft etwas bewegen kan, so sonst nicht möglich wäre." (Leupold (1724a) S.2)

Zum anderen sind alle darauf aufbauenden Artefakte dem technischen Maschinenbegriff zuzuordenen:

> "Zusammengesetzte Machinen sind, die aus zweyen oder mehr gleichartigen oder unterschiedenen einfachen bestehen: Hieher sind zu zehlen alle Arten der Mühlen, Wasser-Künste, und dergleichen." (Leupold (1724a) S.3)

Auf den ersten Blick scheint es keine bedeutende Weiterentwicklung gegenüber dem 17. Jahrhundert zu geben. Eine solche besteht jedoch darin, daß der vorgegebene Klassenbegriff auch wirklich im Text 'angewandt' wird. Im selbstverständlichen Gebrauch als genus proximum in Definitionen zeigt sich die neue Qualität des Begriffs:

> "Das Schauffel-Werck **ist eine Machine** das Wasser zu heben [...] Die Püschel- und bey den Alten so genannte Taschen-Kunst, **ist eine Machine** da vermittelst einer eisernen Kette oder Seil [...] das Wasser aus der Tieffe herausgehoben wird." (Leupold (1724c) S.48/81, Hervorhebung K.J.)

In den Texten der ersten Hälfte des Jahrhunderts erfolgt die Begriffsbestimmung stets anhand dreier Merkmalsgruppen, wie sie z.B. im Nachschlagewerk von 1721 formuliert sind (vgl. Allg.Lexikon/Jablonskie (1721) S.415f.):

(1) Die Begriffsbestimmung und Legitimierung der Wortverwendung geschieht durch die Rückführung auf die fünf einfachen Maschinen der Mechanik.

> "Insgemein wird ein jedes künstliches werckzeug oder geschirr, womit etwas sonderliches ausgerichtet wird, eine machine genennet."

(2) Entsprechend der goldenen Regel der Mechanik erbringen darauf aufbauende Maschinen einen Vorteil im Zeit- oder Kraftaufwand:

> "In einem eigenen und besonderen verstand bedeutet es ein werckzeug, durch welches eine vortheilhaffte bewegung mit schieben, ziehen, tragen, heben oder werffen, zuwege gebracht wird."

(3) Nach dem Grad des Aufbaus werden die einfachen und die zusammengesetzten Maschinen unterschieden:

"Solche machinen sind entweder einfach und **schlecht**, oder aus vielen stücken **zusammengesetzt.**"

In allen Texten erfolgt im Laufe des Jahrhunderts keine wesentliche Veränderung der drei Merkmalsgruppen. In allen einschlägigen Werken wird der Maschinenbegriff in ähnlicher Weise bestimmt.[34] Aufschlußreich ist die Definition der Mechanik im zitierten Lexikon, die eine ähnliche Doppelbödigkeit wie die Definition der Maschine zeigt:

"**Mechanick**, Bewegungs=kunst, Mechanica, Mécanique. Eine wissenschaft, die ingemein und eigentlich die bewegung an sich selbst betrachtet, und die gesetze derselben untersuchet: insbesondere aber lehret, wie durch hülffe gewisser werckzeuge, mit vortheil der krafft oder der zeit etwas zu bewegen, also daß eine grössere oder geschwindere bewegung dadurch hervorgebracht werde, als die vorgegebene krafft allein und vor sich hätte leisten können" (Allg.Lexikon/Jablonskie (1721) S.437)

In ähnlichem Sinne existieren noch heute zwei Begriffe der Mechanik: die physikalische Disziplin, die sich mit den Gesetzen von Bewegung und Kraft beschäftigt, und die technische Disziplin der auf die Maschinen angewandten Maschinentechnik:

"Sie ist zweyerley: die theoretische und praktische. Die theoretische ist eine Wissenschaft, welche bloß die Grundsätze ohne wirklicher Anwendung derselben abhandelt. Die praktische aber ist eine Wissenschaft, nützliche Maschinen zu erfinden, zu verfertigen, und bei vorkommenden Umständen gut anzuwenden. Beide sind im gemeinen Leben unumgänglich nothwendig." (Anleitung (1777) §2)

Der Maschinenbegriff der Technik hat zwar noch eine größere Bedeutungsbreite als heute. Er reicht vom einfachen Werkzeug bis hin zur komplizierten Maschinerie. Doch ist die Benennung der einfacheren Werkzeuge als *Maschine* eher eine theoretische Klassifizierung, die in den Texten gar nicht durchgehalten wird. Durch eine umfangreiche Arbeit zum frühen Maschinenbau-Wortschatz wird allerdings bestätigt, daß alle maschinenähnlichen Gebilde, von der relativ schlichten Vorrichtung (z.B. "Bürstenmaschine" für ein mit Bürsten besetztes rotierendes Rad) bis zur komplexen Maschinenanlage (z.B. eine "Bergwerksmaschine"), mit dem Determinativkompositum *X–Maschine* bezeichnet werden können (vgl. Taenzler (1955) S.11, S.20). Das Wörterbuch von Adelung bietet am Ende des Jahrhunderts eine außerordentlich differenzierte Bilanz zum Maschinenbegriff (Adelung (1798) Bd.3 Sp.91):

---

[34] Vgl. zu den Theorie–Fachtexten: Anleitung (1777) §1, §4 und §57. Vgl. zu den Technik–Fachtexten: Allg.Lexikon/Jablonskie (1767) S.822/856; Jacobsson (1783) Bd.3 S.28/40; Prony (1795) S.111. Vgl. zu den Vermittlungstexten: Univ. Lexikon/Zedler (1739) Bd.19 Sp.1907.

(1) Die heute nicht mehr übliche Gleichsetzung mit dem allgemeinen Begriff von Artefakten:

> "Eigentlich, ein jedes künstlich zusammen gesetztes Ding ohne Leben oder eigne Bewegung [z.B. ein Gebäude]"

(2) Unter den nichttheoretischen Maschinenbegriff fallen auch Geräte, die — obwohl 'zusammengesetzt' — noch relativ einfache werkzeugähnliche Apparate darstellen:

> "In engerer Bedeutung, ein solches zusammen gesetztes Ding, eine Absicht durch dasselbe zu erreichen; ein Werkzeug [z.B. Tabaks- oder Teemaschine]"

(3) Als weitere Variante wird die überholte Theorie–Bedeutung genannt:

> "In einer andern Einschränkung ist die Maschine ein künstlich zusammengesetztes und mit einer, obgleich nicht eigenen und willkührlichen Bewegung versehenes Ding [z.B. Weltgebäude, Uhr]"

(4) Schließlich kommt als vierte Variante der eigentlich neue Technikbegriff, die sinnvoll einsetzbare 'große' Maschine:

> "In der engsten Bedeutung ist es ein zusammen gesetztes Werkzeug, eine Bewegung hervor zu bringen oder zu erleichtern; zum Unterschiede von einem bloßen Werkzeuge oder Instrumente, welches auch einfach seyn kann. Große Maschinen, schwere Lasten zu heben oder zu bewegen, werden Rüstzeuge genannt. In allen diesen Fällen ist Maschine der allgemeine Ausdruck, welcher bloß entweder die Zusammensetzung oder die künstliche in der Zusammensetzung gegründete Bewegung ausdruckt, in den meisten einzelnen Fällen aber durch eigene Nahmen verdrängt wird."

Mit der Spezifizierung in der Variante (4) ist die Grundlage für den modernen Maschinenbegriff der Technik, nämlich für die PRODUKTIONSMASCHINE gelegt.

Der gegenwärtige Maschinenbegriff des Alltags betont ebenfalls die Vorstellung von der Maschine des Industriebetriebs, nimmt aber in entsprechender Unschärfe die Variante (2) hinzu. Alle Produktionsmaschinen des Alltags, die in der Kompliziertheit des Aufbaus geringfügig über das einfache Instrument oder Werkzeug hinausgehen, damit also 'künstlich' und 'zusammengesetzt' sind, werden ebenfalls als MASCHINE aufgefaßt (z.B. *Schreibmaschine, Kaffeemaschine*).

Allerdings ist die heutige relativ klare Trennung zwischen dem technischen Gerät, das man allenfalls dem Begriff WERKZEUG zuordnen kann, und dem Artefakt, das für eine MASCHINE stehen kann, im 18. Jahrhundert noch nicht so eindeutig oder zumindest in den Quellen nicht eindeutig faßbar. In den allgemeinen Klassenbezeichnungen der technischen Artefakte herrscht in Teilen eine unsystematische Synonymik:

Apparat, Gerät, Gerüst, Geschirr, Instrument, Maschine, Vorrichtung, Werkzeug.

Noch am deutlichsten zu separieren und als Klassenbezeichnung zu bestimmen ist das *Geschirr*. Es fungiert als Kollektivbezeichnung für eine zusammengehörige Werkzeuggruppe:

> Das Arbeitswerkzeug des Straßenbauers heißt beispielsweise "Arbeits-Geschirr", "hauendes Geschirr" (z.B. Hacke) und "Wurfgeschirr" (z.B. Schaufel) (vgl. Lüder (1779) S.254)

Aber bereits das scheinbar eindeutige Wort *Werkzeug* steht nicht unbedingt konsequent für den gegenwärtigen Begriff WERKZEUG. Im folgenden Zitat werden beispielsweise nur die Arbeitserleichterung (die für die Maschine auch gilt) und die Verfertigung betont, aber nicht das entscheidende Merkmal des Werkzeugs, nämlich die 'Führung durch die menschliche Hand':

> "**Werkzeug** [...] Ein körperliches Ding, womit etwas verfertiget oder auch nur eine körperliche Arbeit erleichtert wird [...]" (Adelung (1801) Bd.4 Sp.1506)

Gelegentlich kann dann *Werkzeug* samt *Instrument* auch den Oberbegriff meinen, der WERKZEUG und MASCHINE einschließt:

> "**Werkzeug, Instrument**, eine jede Sache, womit etwas verfertiget, und die zur Hervorbringung einer Waare gebraucht wird. Sie sind **einfach** und **künstlich** und unter diese gehören allerley Maschienen." (Jacobsson (1784) Bd.4 S.640)

Somit kann *Werkzeug* in den Texten teils als Antonym von MASCHINE, teils aber auch als Hypernym von MASCHINE stehen. Eine ähnliche unübersichtliche Situation ergibt sich für *Gerüst*. Einerseits ist es wohl mit *Vorrichtung* gleichzusetzen als allgemeine Bezeichnung für TECHNISCHES GEBILDE, so beispielsweise bei Jacobsson, der ein Rad als ein "rundes Gerüst" definiert (vgl. Jacobsson (1783) Bd.3 S.338). Dann kann es aber auch als genus proximum für die Definition komplizierter Maschinen auftauchen, so beispielsweise in einer Lexikon-Definition, nach der eine Mühle "ein gerüst von verschiedenen rädern" sei (vgl. Allg. Lexikon/ Jablonskie (1721) S.475). Als *Rüstzeuge* werden diejenigen Vorrichtungen bezeichnet, die man heute als TRANSPORTMASCHINE (z.B. Kran, Förderband) klassifizieren würde, beispielsweise in Adelungs Wörterbuch:

> "Große Maschinen, schwere Lasten zu heben oder zu bewegen, werden Rüstzeuge genannt." (Adelung (1798) Bd.3 Sp.91)

Doch in anderen Quellen dient *Rüstzeug* auch als genus proximum für die *Wasserkunst*:

> "**Kunst**, oder wasser=kunst wird gesaget von einem rüst=zeug, oder mühlwerck, wodurch [...]" (Allg. Lexikon/ Jablonskie (1721) S.373)

Am sinnfälligsten und deutlichsten ist aus dieser Benennungsvielfalt allenfalls noch der Gegensatz zwischen MASCHINE und INSTRUMENT herauszuarbeiten:

> "Eine Machine soll von einem Instrument darinnen unterschieden seyn, daß mit der Machine eine vortheilhaffte mechanische Bewegung zu machen ist, so aber durch ein Instrument nicht geschehen kan, dahero nicht nur Hebzeuge, Mühlen, Wasser-Künste, und dergleichen grosse Wercke, sondern auch des Schmidts Zange, des Schneiders Scheere [...] unter die Machinen zu zehlen sind [...] Hingegen ein Instrument kan seyn bey der Geometrie ein Circkel, Linial, Transporteur, Winckel-Maaß." (Leupold (1724a) S.3)

Es wird deutlich, daß mit der Zuordnung "des Schmidts Zange" zum Konzept MASCHINE eine theoretische Klassifizierung (als Reflex der fünf einfachen Maschinen) angesprochen wird. Sie ist MASCHINE, weil auf dem Prinzip des Hebels gegründet. Die Klassifizierung wird im Laufe des Textes aber keinesfalls beachtet. Später nennt der Verfasser die "Stein-Zange" ein "Instrument", obwohl sie eigentlich ebenfalls eine einfache HEBEL-MASCHINE ist (vgl. Leupold (1725b) S.110). Überwiegend werden *Werkzeug* und *Instrument* ganz im heutigen Sinne als NICHT-MASCHINELLE VORRICHTUNG gebraucht, z.B. ist eine "Lufft-Pumpe" ein "Instrument" (vgl. Univ.lexikon/ Zedler (1738) Bd.18 Sp.1046, (1748) Bd.55 Sp.241).

Es ist zu vermuten, daß dieser Gegensatz zwischen der theoriesprachlichen Begriffsbestimmung (gerade in den Artikeln der Nachschlagewerke) und der 'normalen' Fachsprache des Technikers eben die widersprüchlichen Benennungsvarianten in den Texten hervorruft.

Die ohnehin nur in Ansätzen erkennbaren Subklassifizierungen werden außerdem durch eine Sprachmode weiter erschwert: Im 18. Jahrhundert neigt man offensichtlich dazu, entgegen der in den Nachschlagewerken vorgegebenen Definition, auch kleinste und absolut unmaschinelle Artefakte mit *Maschine* zu bezeichnen. Ein einfaches "Brenn=Glaß" wird zur "Brenn=Machine" (Univ.lexikon/Zedler (1733) Bd.4 Sp.1263). Eine Trichtervorrichtung wird als "Gehör-Maschine" bezeichnet (Pözinger (1736-66) S.177). Auch im technischen Standard-Nachschlagewerk von Jacobsson sind solche Belege vorhanden:

> Eine Spezialbrille für Kinder nennt der Verfasser "Maschine wider das Schielen". Die Luftschiffe des 18. Jahrhunderts haben noch keinen maschinellen Antrieb, sondern bestehen lediglich aus Gasballon und Gondel. Dennoch nennt Jacobsson auch sie "Maschinen". Ein einfacher Feuerkessel, der im Bergbau in der Aufbereitung eingesetzt wird, heißt "Feuermaschine" (vgl. Jacobsson (1781) Bd.1 S.711, (1793) Bd.6 S.485ff., S.527)

Eine ähnlich überraschende Benennung im Zeitalter der wirklichen Dampf- und Feuermaschinen ist in der Deutschen Enzyklopädie zu finden:

> "**Dampfmaschine,** (med.) ist eine Maschine, vermittelst welcher man einen balsamischen Dampf von allerley harzigen Substanzen unmittelbar in die Lunge ziehet." (Deutsche Enzykl. (1782) Bd.6 S.715)

Die eigentliche DAMPFMASCHINE heißt noch *Feuermaschine* und wird demzufolge erst in einem späteren Band des Werks besprochen (vgl. Deutsche Enzykl. (1784) Bd.9 S.872).

Am krassesten wirkt die Modebezeichnung in skurrilen Erfinderschriften, wo technische Merkwürdigkeiten, mehr oder weniger nützliche Erfindungen zur Erleichterung des täglichen Lebens und andere technische Phantasien versammelt sind. Beispielsweise bietet ein Sammler und Tüftler unter dem Titel "Beschreibung gemeinnütziger Maschinen" (Schmidt (1784)) die Beschreibungen der folgenden 'Nützlichkeiten' an: einen energiesparenden Holzofen, eine Handluftpumpe, Ballons aus Rindsblasen, eine vermeintlich elektrische Lampe, ein Schießgewehr, einen besonders multifunktionalen Lehnstuhl und schließlich eine Wäsche- und Färberrolle.

Quellen dieser Art sind technik- und fachsprachengeschichtlich zwar unerheblich und deshalb im Prinzip zu vernachlässigen. Doch geben sie einen Eindruck von der Vielfalt des alltäglichen Maschinenbegriffs. Es scheint, daß in solchen Texten mit dem Modewort *Maschine* ein nicht ernstzunehmendes technisches Zauberwort Verwendung findet, das eine besondere Technikfaszination ausdrückt.

Als stabile Größen des 18. Jahrhunderts kann man immerhin den Begriff von den fünf einfachen Maschinen und das Weiterleben der technischen Attribute *künstlich* und *Künstlichkeit* festhalten. Weiterhin gelten in der Spezifizierung mit 'künstlich' die Merkmale des 17. Jahrhunderts:

> (1) Künstlich = 'besonders bedeutend, besonders herausragend, besonders beeindruckend': "Rad und Getriebe ist eines der künstlichen Rüst-Zeuge" (Leupold (1724a) S.40) — "Selbige wird unter denen vier beruffenen Brücken in Teutschland vor die künstlichste geachtet" (Leupold (1726b) S.83)
> (2) Künstlich = 'zusammengesetzt, besonders kompliziert': "insonderheit aber in unserem künstlich zubereiteten Gehirne" (Univ.lexikon/ Zedler (1739) Bd.20 Sp.814)

Das Nachwirken der fünf einfachen Maschinen, die heute nur noch im Physiklehrbuch im Kapitel Mechanik behandelt werden, aber in der Maschinentechnik verschwunden sind, führt im 18. Jahrhundert zu den fließenden Übergängen zwischen Maschine und Werkzeug:

> "**Maschine,** (einfache oder schlechte) der einfache Rüst-Zeug, **machina simplex,** heißet eine solche Maschine, wodurch man insbesondere, ohne Zuthun einer andern, vermittelst einer geringen Krafft und

mit Vortheil der Zeit etwas bewegen kan" (Univ.Lexikon/Zedler (1739) Bd.19 Sp.1907, vgl. auch Allg.Lexikon/Jablonskie (1721) S.415, Anleitung (1777) §58, Jacobsson (1783) Bd.3 S.28)

8.5 Die rationalisierten Automaten

Zu Beginn des vorhergehenden Abschnittes wurde angedeutet, daß im 18. Jahrhundert die Technik und damit mit ihr der technische Maschinenbegriff ihre barocke Zweideutigkeit verlieren. Die 'nützlichen' und 'lustigen' Maschinen sind nun aus den anwendungsorientierten Techniktexten ausgeschlossen. Die Mischungen des 17. Jahrhunderts aus Spielautomaten, Selbstbewegern und sinnvollen Arbeitsmaschinen sind aufgehoben. Nur in wenigen Fachtexten sind zu Jahrhundertbeginn noch unkritische Berichte über die Erfindungen von vermeintlichen 'Selbstbewegern' in Gegenwart und Vergangenheit zu finden (vgl. Heckmann (1982) S.206f.):

> "Wie dann ein anderer berühmter Künstler Nahmens Hautsch einen Triumph–Wagen verfertiget / welcher ohne daß er / von Pferden wäre gezogen worden / bloß durch eine verborgene Machine von sich selbst vor und hinterwärts recht und lincks / wohin nemlich solchen ein darauffsitzender Knab regieren wollen / fortgegangen / auch so gar Berg an" (Marperger (1704) S.210)

Das 18. Jahrhundert setzt eine wichtige Zäsur und einen Abschluß in der Entwicklung des Maschinenbegriffs. Am Ende des Jahrhunderts entsteht im Zusammenhang mit der Herausbildung der Dampfmaschine und der allgemeinen Entwicklung der in der Industrie einsetzbaren Arbeitsmaschinen der neue Begriff von der PRODUKTIONSMASCHINE. Zuvor ist im Laufe des Jahrhunderts in den Techniktexten eine deutliche Technisierung des Maschinenbegriffs und seine Befreiung von barockisierenden, mystifizierenden Automatenelementen zu beobachten.

Nur im scheinbaren Widerspruch dazu steht die technikgeschichtliche Tatsache, daß erst im 18. Jahrhundert die barocke Automatentechnik ihren Höchststand erreicht. Durch neue Entwicklungen der Uhren– und Feinmechanik werden filigrane und verspielte Uhrwerke, Spielzeugautomaten und Androiden von bisher unerreichter technischer Qualität möglich (vgl. Heckmann (1982)). Doch stehen diese technischen Produkte 'außerhalb der Technik'. Die nützliche Technik und ergötzliche Technik haben nichts mehr miteinander zu tun.

Für die ergötzlichen Selbstbeweger wird nunmehr die Bezeichnung *Automat* verwandt. Mit dem dahinterstehenden neuen Begriff AUTOMATEN werden die 'barocken' Merkmale aus dem Begriff MASCHINE des 17. Jahrhunderts (siehe 7.4) herausgelöst. Die Merkmale der Uhrenähnlichkeit, der innewohnenden zentralen Antriebskraft und des (zumindest scheinbaren) Selbstbewegers sind in dem neu entstandenen Automatenbegriff gebündelt.

Im Universallexikon des frühen Jahrhunderts findet sich zunächst noch eine relativ unkritische und bewundernde Bestimmung:

> "**Automata** [...] sind Mechanische Instrumente, nach der Lehre der Geometrie so künstlich und subtil verfertiget, daß sie ohne Beyhülffe einer auswärtigen Gewalt sich selbst bewegen und herumtreiben" (Univ. lexikon/ Zedler (1732) Bd.2 Sp.2269)

Doch kurz danach erfolgt eine erste vorsichtige Distanzierung von der Utopie:

> "und solchergestalt das Ansehen gewinnen, als wenn sie sich selbst bewegten." (Univ.Lexikon/Zedler (1732) Bd.2 Sp.2270)

In den Technikwerken des späten Jahrhunderts wird dann in deutlicher Distanzierung auf die Täuschung der Selbstbewegung hingewiesen:

> "**Automaton**, eine solche Maschine, die wenigstens dem Ansehen nach, sich selbst beweget, indem die bewegende Kraft ein Theil derselben und öfters in ihr verborgen ist, wie z.B. eine Uhr." (Allg.Lexikon/ Jablons -kie (1767) S.136)
> "**Automate**. Mechanische Kunstwerke, welche ihre bewegende Kraft in sich selbst verborgen halten, und sich also von selbst, ohne merkliche äußere Kraft, zu bewegen scheinen." (Jacobsson (1793) Bd.5 S.134)

Am Ende des 18. Jahrhunderts ist der Traum vom perpetuum mobile theoretisch und praktisch ausgeträumt, zumindest in dem Bereich der damals überschaubaren mechanischen Energieformen, was nicht ausschließen mußte, daß man bei den Energieformen, die noch nicht endgültig erschlossen waren (z.B. Elektrizität), wieder nach der Verwirklichung des alten Menschheitstraumes strebte.[35]

Auch Vermittlungstexte zeigen bereits die neue realistische Haltung, wenn in ähnlicher Weise wie bei den Techniktexten mit dem ausdrücklichen Hinweis auf den täuschenden äußeren 'Anschein' Ernüchterung verbreitet wird (vgl. z.B. Adelung (1793) Bd.1 Sp.674). Diese Grundhaltung, die alte Vorstellung vom AUTOMATEN noch annähernd beizubehalten und sie dabei gleichzeitig zu 'rationalisieren', lebt in späteren Modellen von Maschinen sprachlich noch fort. In der Beschreibung der ersten Dampfmaschinen wirkt die Vorstellung des 'scheinbar selbstbewegenden Automaten' nach (siehe 8.9.3).

Selbstverständlich kann mit dem rationalisierten Begriff AUTOMAT nun kein beliebiger technischer Antrieb mehr verbunden werden. Beispielsweise scheiden die geschlossenen Wasserkreisläufe aus den Texten des 17. Jahrhunderts als Antriebsgrundlage aus. Der 'scheinbare' Antrieb ist jetzt nur noch mit einer mechanischen Uhr möglich:

[35] Auch für das 19. Jahrhundert gilt diese Feststellung noch: Im Jahre 1878 (!) wird versehentlich ein Reichspatent für einen "Schwingenden Magnetmotor" erteilt, der auf der jungen, noch nicht genügend abgeklärten Elektrotechnik aufbaut und in der Chronologie der Selbstbeweger den vorläufig letzten Entwurf eines perpetuum mobile darstellt, der bei offiziellen Stellen (hier immerhin das Reichspatentamt) Anerkennung fand (vgl. Klemm (1983b) S.129).

> "**Automaton** heisset eine Maschine, bey welcher die bewegende Kraft einen Theil derselbigen ausmacht. Hierher gehören alle die Maschinen, welche durch Gewichte oder Federn beweget werden." (Univ.Lexikon/ Zedler (1732) Bd.2 Sp.2270)

Das perpetuum mobile im engeren Sinne und auch alle anderen wundersamen 'energievermehrenden' und 'vortäuschenden' Maschinen sind aus dem Maschinenbegriff des 18. Jahrhunderts eliminiert. Selbst der rationalisierte Automatenbegriff umfaßt den Menschheitstraum nicht mehr. In den Spielautomaten, die ihm zugrundeliegen, wird er lediglich technisch perfekter und spielerischer simuliert.

Mit den deutlichen Worten, die Jacob Leupold an die technischen Dilettanten richtet, wird erstmals aus der Sicht des praktisch erfahrenen Technikers deutlichst Stellung bezogen (vgl. Klemm (1983b), Troitzsch (1975b) S.270ff.):

> "Das Perpetuum Mobile [...] ist dem Nahmen nach heut zu Tage so bekandt, daß auch die geringsten Handwercker, ja Schuster und Schneider, nicht nur davon zu reden wissen, sondern auch sich einbilden, daß sie dergleichen machen wolten, wenn sie nur Unkosten und Zeit hätten [...] Aber, alles dieses närrische Zeug und Windmacherey entstehet blos daher: weil solche Leuthe kein Fundament haben, und Krafft, Last und Zeit nicht zu berechnen wissen." (Leupold (1724a) Vorrede u. S.31)

Gegen die Verwirklichbarkeit der Utopie werden theologische Argumentationen angeführt. Die sogenannte 'goldene Regel der Mechanik' wird durch die Autorität des Schöpfers der Natur und ihrer Gesetze abgesichert:

> "So hat GOTT diese drei Haupt-Stücke der Mechanic, als: die **Krafft, Last** und **Zeit**, so genau miteinander verbunden, daß biß diese Stunde noch kein einziger Künstler dem einen etwas nehmen und dem andern geben können. Und eben dieses ists was bißhero so viel hundert ja tausend Perpetuomobilisten so gewaltig genarret und vexiret hat." (Leupold (1724a) S.5)

Gelegentlich kehren dann aber beim Verfasser doch Zweifel ein. Ob hier der Techniker oder der gläubige Christ zweifelt, ist nicht zu entscheiden und auch unerheblich. Immerhin spekuliert Leupold im vierten Band seines Werks über die möglichen Untersuchungswege, über die man dem Unmöglichen zumindest näherkommen könne:

> "durch Vermeidung oder Abschaffung der Friction und rechter Application der Krafft; denn dieses sind die eintzigen Mittel und Wege." (Leupold (1725a) Vorrede)

Auch im fünften Band, in dem er barocke "Heb-Zeuge" seiner Vorgänger des 17. Jahrhunderts abbildet und beschreibt, ist eine gewisse Zweischneidigkeit zu sehen:

> "Eine Machine des Ramelli mit 4 Schrauben ohne Ende womit hier gewiesen wird das solche Inventiones ohne Verstand inventiret und gar nicht practicabel sind." (Leupold (1725b) Tafel 7)

Zwar fehlt es keinesfalls an der Schärfe in der Distanzierung, doch immerhin sind die Maschinen zu Beginn des 18. Jahrhunderts noch wert, beschrieben zu werden und Grundlage von Verbesserungsvorschlägen.

8.6 Klassifikation der nützlichen Maschinen: Mühle und Wasserkunst

Im Abschnitt 7.5 wurde ausgeführt, daß die Mahlmühle des 17. Jahrhunderts als Prototyp der antreibenden und arbeitenden Maschinentechnik gelten kann und daß *Mühle* deshalb für einen unscharfen Doppelbegriff stand. Dies gilt auch noch für das 18. Jahrhundert, wenngleich nunmehr der Gegensatz zwischen ANTREIBENDER MÜHLE und ARBEITENDER MÜHLE begrifflich und ausdrucksseitig deutlicher heraustritt. Die Dichotomie würde in der modernen Terminologie der Maschinenklassifikation so aussehen (siehe 8.10):

(1) Die ANTREIBENDE MÜHLE ist eine 'Kraftmaschine', bzw. genauer spezifiziert ist sie abhängig von der antreibenden Naturkraft eine 'Wasserkraftmaschine' oder eine 'Windkraftmaschine'.

(2) Die ARBEITENDE MÜHLE ist eine 'Arbeitsmaschine', bzw. genauer spezifiziert gehört sie zu der Unterklasse der 'Werkzeugmaschinen'.

Die beiden unterschiedlichen Funktionen sind im Theorie–Fachtext am deutlichsten getrennt dargelegt:

> (1) "Die Mühlen und andere Wasserwerke lehren uns täglich, was für Bewegungen in den Maschinen durch das Wasser können hervorgebracht werden."
> (2) "Mühlen sind Maschinen, womit man mehren theils allerley Materien stampfet, zerschneidet oder verschiedene Früchte auf Mehl oder andere kleine Theilchen zerreibet. (Anleitung (1777) §49, §116)."

In der zweiten Gruppe werden ferner drei Subklassen gebildet, die die Mühlen nach der Art und Weise der zerkleinernden Arbeitsverrichtung unterscheiden: Stampfmühle, Schneidemühle und Mahlmühle (vgl. Anleitung (1777) §116-138).

Eine solch klare Klassifizierung ist in den Techniktexten nicht zu erwarten. In verschiedenen Nachschlagewerken wird auf die übliche Doppelbenennung hingewiesen:

> "[1:] eine von verschiedenen Rädern und Getrieben zusammengesetzte Maschine, welche durch eine äußerliche Gewalt in Gang gebracht, [2:] und wodurch eine sonst starke und beschwerliche Arbeit mit besonderm Vortheil leicht und geschwinde verrichtet wird." (Jacobsson (1783) Bd.3 S.94)
> "[2:] Ein gerüst von verschiedenen rädern zusammen gesetzt, wodurch eine starcke arbeit mit vortheil kan verrichtet werden [...] [1:] Man nennet auch mühlen allerhand andere gerüste, die durch umtreiben etwas ausrichten." (Allg.Lexikon/Jablonskie (1721) S.475)

Die Vermischung der dominanten Merkmale "umtreiben" oder "ausrichten" entspricht dem heute noch existenten Alltagsverständnis von Mühle: "umgetrieben" von Wasser oder Wind und dadurch eine materialzerkleinernde, meistens mahlende Tätigkeit "ausrichtend".

Die Technikliteratur des 18. Jahrhunderts bewältigt den Doppelbegriff mit unterschiedlicher Genauigkeit. Durch einen Bezeichnungsgegensatz *Maschine* vs. *Mühle* ergibt sich immerhin ein gut nachprüfbarer ausdrucksseitiger Niederschlag. In der "Vollständigen Mühlen-Baukunst" von Leonhardt Christoph Sturm (1718)[36] werden der Antrieb, die Antriebsvorrichtung und das Räderwerk als *Maschine* bezeichnet. Dagegen scheint das angetriebene Mahlwerk als *Mühle* im eigentlichen Sinne zu stehen:

> "Daß diese Machine die Mühle treiben könne [...] Weil die itzo beschriebene Machine an einer Welle zu einer Walck-Mühle appliciret ist [...] die Anrichtung der Machine, womit eine Mühle getrieben wird." (Sturm (1718) S.6, S.14)

Damit ist die *Mühle* als mahlende Arbeitsmaschine im engen und eigentlichen Sinne zu verstehen. Ähnliche Reduzierungen auf die Arbeitsmaschinen finden sich in weiteren Quellen (vgl. Beckmann (1784) Bd.2 S.18, Adelung (1798) Bd.3 Sp.301).

Wie schon im 17. Jahrhundert wird die Doppeldeutigkeit von Wort und Begriff durch Bildung von Komposita verhindert, wobei das Reflexionsniveau der Klassifizierungen deutlich gestiegen ist. Selbst ein Vermittlungstext wie Zedlers Lexikon unterscheidet korrekt die Mühlentypen in zwei Gruppen: "ihrem Gebrauch nach" und "nach der Krafft aber, wodurch die Bewegung und Umtrieb geschiehet". Die Kräfte der zweiten Gruppe werden genannt, die in die Kompositabildung eingehen: Hand-, Roß-, Pferde-, Ochsen- -, Gewicht-, Tret-, Wagen-, Wind- und Wassermühle (vgl. Univ.lexikon/ Zedler (1739) Bd.22 Sp.119, vgl. auch Jacobsson (1783) Bd.3 S.94).

[36]Das Buch war ein Jahrhundert lang ein Standardwerk der Mühlentechnik. Im Jahre 1819 (!) erschien die 6. Auflage.

Der Fachtext für den Mühlenspezialisten (Sturm (1718)) bietet eine Ausdrucksvielfalt, die an die zahlreichen Komposita im Text von Böckler (1661) anschließt (siehe 7.5):

(1) Spezifizierung der Kraft, die die Rotationsbewegung erzeugt: *Handmühle, Wassermühle.*

(2) Spezifizierung des Materials, das bearbeitet werden soll: *Draht-, Kessel-, Korn-, Öl-, Papier-, Pulver- und Sensenmühle.*

(3) Spezifizierung des Arbeitsverfahrens oder der Arbeitsweise: *Bohr-, Dresch-, Graupel-, Hächsel-, Hagel-, Polier-, Säge-, Schleif- und Schneidemühle.*

Doch sollte nicht die Vorstellung erzeugt werden, daß durch solche Spezifizierungsmöglichkeiten eine genaue Terminologie entstehe. Die Komposita werden eher ad hoc gebildet und verwandt, wenn der sachliche und sprachliche Kontext eine Spezifizierung erforderlich scheinen lassen. Und nicht jedes Kompositum muß eine Subklassenbildung zum Mühlenbegriff meinen. Man vergleiche beispielsweise das folgende Zitat, wo die vermeintlich eindeutige Spezifizierung des Antriebs wieder durch die alltägliche Vorstellung von der mahlenden Mühle überlagert wird:

> "**Wassermühlen** [...] alle diejenigen Mühlen, die vom Wasser getrieben werden; im engern Verstande aber sind es diejenigen Mahlmühlen, worinn alle Arten von Getraide gemahlen werden." (Jacobsson (1784) Bd.4 S.604)

Die **Wasserfördermaschinen** des Bergbaus sind hier deshalb zu behandeln, weil sie als erste Maschinengruppe im 18. Jahrhundert durch die frühen Feuermaschinen, noch vor der Verbreitung der Wattschen Dampfmaschine, unterstützt bzw. ersetzt wurden.

Die große Gruppe der wasserhebenden und wasserfördernden Maschinenvarianten, die heute als Gruppe der 'Transportmaschinen' unter die Klasse der 'Arbeitsmaschinen' zu rechnen wären, werden im 18. Jahrhundert als *Kunst* bzw. als *Wasserkunst* bezeichnet. Ebenso wie die Mühlen sind die Künste selbstverständlich dem neuen Maschinenbegriff der NÜTZLICHEN MASCHINE untergeordnet. Entsprechend kann das Wort *Maschine* in den Techniktexten und in den Nachschlagewerken selbstverständlich als übergreifendes Synonym oder als genus proximum eingesetzt werden:

> "Schau-Platz der Wasser-Künste, nemlich, wie das Wasser durch Künste oder Machinen, vermittelst einer äusserlichen Kraft, oder auch durch das Wasser selbst in die Höhe zu bringen, oder zu erheben." (Leupold (1724c) Vorrede)

Die Großgruppenbildung wird auch durch die Separierung in einem eigenen Band des Leupoldschen Werkes angezeigt.

Auch im Nachschlagewerk ist die Zuordnung zu einem Begriff NÜTZLICHE MASCHINE mit der Spezialfunktion WASSERTRANSPORT durchgehend und selbstverständlich:

> "**Kunst** oder **Kunst–Gezeug** / ist eine Machine, damit die Wasser aus der Grube zu ziehen oder zu heben [...] **Wasserkunst** ist eine Maschine oder künstlich Rüstzeug, wodurch das Wasser geleitet werden kan, wohin man es auch haben will [...] **Wassermaschine** [ist eine] Maschine, das Wasser aus der Tieffe zu ziehen" (Univ.lexikon/ Zedler (1737) Bd.15 Sp.2141, (1747) Bd.53 Sp.624/638)

Im Gegensatz zum Kompositum *Wassermühle* ist die *Wasserkunst* eine eindeutige Bildung zur Spezifizierung der Arbeitsmaschine: die Maschine, die Wasser fördert. Die Vermengung von Antriebs- und Arbeitskonzept ist hier nicht gegeben. Angesichts der sonst herrschenden Unsystematik der Benennungen im Bereich der Maschinentechnik ist zu betonen, daß die Konzepte WASSERFÖRDERMASCHINE und ANTREIBENDE/ARBEITENDE MÜHLE in den Ausdrücken deutlich getrennt sind.

In der Substantivbildung *Kunst* für einen bestimmten Maschinentyp kann man vermutlich einen Reflex des alten Technikbegriffes vermuten, wonach die KUNST eine mechanische Disziplin und somit auch eine technische Vorrichtung **gegen** die Natur und deren Gesetze sei. Offensichtlich ist die 'künstliche' Hebung und Förderung von Wasser **gegen** sein 'natürliches' Verhalten, bergab zu fallen und zu strömen, als besonders technisch–künstliche Leistung empfunden worden. Im Wörterbuch von Adelung wird diese Herleitung so angedeutet, daß mit diesem Aspekt "besonders eine künstliche Maschine, das Wasser aus der Tiefe zu heben" gemeint sei (Adelung (1796) Bd.2 Sp.1833). Der Mythos von der Wasserhebeanlage von Marly würde diese Akzentuierung ebenfalls bestätigen (siehe 7.7).

Die Technikgeschichtsschreibung sieht in dem Gegensatz von *Mühle* und *Kunst* auch einen frühen Reflex einer späteren maschinentechnischen Dichotomie: zwischen der Maschine mit Drehbewegung (Rotationsmaschine) und der Maschine mit auf- und niedergehender Bewegung (Kolbenmaschine) (vgl. z.B. Konrad Matschoß, zit. in Troitzsch/Wohlauf (1980) S.90). Doch die Belege für das 18. Jahrhundert zeigen, daß das einzige obligatorische Merkmal für die Verwendung des Wortes *Kunst* die Wasserförderung ist, die **auch** durch die Rotation einer Walze mit Umlaufverfahren erfolgen kann:

> "Die Kasten–Kunst ist eine **Machine**, da vermittelst gewisser Kasten, Eymer oder Bullen, so hintereinander an einer Kette oder Seile ohne Ende gehangen sind, und über eine Waltze oder Rad umgetrieben werden, das Wasser aus der Tieffe gehoben, und oben ausgegossen wird." (Leupold (1724c) S.48)

Eine Fülle an Spezialkomposita aus dem Bereich der Wasserhaltung im Bergbau zeigen ebenfalls die sprachliche Einengung auf die Technik der Wasserhaltung und -förderung:[37]

> **Kunstgestänge, Kunstgraben, Kunstknecht, Kunstmeister, Kunstrad, Kunstring, Kunstschacht, Kunststange, Kunststeiger, Kunstwinde.**

Auch am Ende des Jahrhunderts, also in Zeitgleichheit mit der neu entstehenden Technik, die Wasserhaltung durch Dampfmaschinen zu vervollkommnen, gilt noch stabil der Wortschatz und der Begriff von WASSERFÖRDERNDEN KUNST:

> "**Kunstgezeug, Kunst** [...] (Bergwerk) eine Maschine, wodurch das Wasser aus den Gruben gehoben wird." — "**Wasserkunst**, eine mechanische Einrichtung, wodurch man das Wasser hintreiben kann, wohin man will [...] daß man unter dem Worte Wasserkunst die Maschiene versteht, die das Wasser zu einer gewissen Höhe aus der Tiefe bringt." (Jacobsson (1782) Bd.2 S.505, (1784) Bd.4 S.603)

Die wasserfördernden Maschinen werden mit einer relativ strengen Terminologie weiter unterschieden, und zwar nach der Art der technischen Gestaltung der Wasserförderung. In den entsprechenden Bänden von Leupolds Werk werden in einer stark differenzierten Kompositabildung die Art der Förderungsbewegung, der Gefäßform oder der Bewegungsart genauer ausgedrückt (vgl. Leupold (1724c) (1725a)):
Komposita mit **–kunst**: *Büchsen–, Eimer–, Kasten–, Püschel–, Scheiben–, Schrauben–, Taschenkunst.*
Komposita mit **–werk**: *Druck–, Pump–, Saugwerk.*

Das begrifflich Relevante an dieser zweigeteilten Bildungsart ist, daß alle Bildungen mit *-kunst* für eine Rotationsmaschine mit Umlaufprinzip stehen. Ein Beispiel:

> "Die Püschel- und bey den Alten so genannte Taschen-Kunst, ist eine Machine da vermittelst einer eisernen Kette oder Seil und etlichen daran gebundenen Püscheln oder ledernen mit Haaren ausgefüllten Kugeln, so durch eine oder etliche Röhren gehen, das Wasser aus der Tieffe herausgehoben wird." (Leupold (1724c) S.81)

Dagegen stehen alle Wörter, die mit -werk gebildet sind, für eine Maschine, die mit Kolbentechnik arbeitet. Ein Beispiel:

> "Von Pump- Säug- und Druck-Wercken. Unter diesem Titel werden insgemein verstanden diejenigen Wasser-Künste, da das Wasser in Röhren durch Auf- und Niederdrücken [...] gehoben wird" (Leupold (1724c) S.85)

[37] Zusammengestellt aus den Nachschlagewerken: Univ.lexikon/ Zedler (1737) Bd.15 Sp.2143ff., Allg. Lexikon/Jablonskie (1767) S.753, Adelung (1796) Bd.2 Sp.1834ff.

Wenn von diesen gegensätzlichen Bezeichnungen ausnahmsweise abgewichen wird, wird von Leupold ausdrücklich die 'eigentliche' Bezeichnung angesprochen:

> "Kapsel-**Künste**, sind **eigentlich** Druck-**Wercke**, die das Wasser durch Drücken und Pressen über sich bringen, aber weder Kolben noch Stiefel haben, wie die ordinairen Druck-Wercke" (Leupold (1724c) S.123, Hervorhebung K.J.)

Die Unterscheidung in Kolben- und Rotationsmaschinen ist auch am Ende des Jahrhunderts noch gültig (vgl. Jacobsson (1781) Bd.1 S.478, Delius (1773/1806) Bd.2 S.55).

Wie oben angedeutet, wurden von der Technikgeschichtsschreibung die Prinzipien Kolben- und Rotationstechnik fälschlich als Differenzierungskriterium von *Mühle* und *Kunst* angenommen. Dies kann nun präzisiert werden: Die Differenzierung spielt **innerhalb** der WASSERFÖRDERNDEN KUNST eine Rolle.

Somit gelangt man für die beiden Maschinenkomplexe, die in diesem Abschnitt zur *Mühle* und *Kunst* behandelt wurden und beide zu den Haupttypen der NÜTZLICHEN MASCHINEN gehören, zu folgender abschließender Begriffshierarchie und dazugehöriger Terminologie:

	BEGRIFF	Ausdruck
(1)	PROTOTYP KRAFT- UND ARBEITSMASCHINE	*Mühle*
(1.1)	ANTREIBENDE MÜHLE	*Mühle, Wasser–, Wind–, Roß–, Pferde–, Hand–, Tretmühle*
(1.2)	ARBEITENDE MÜHLE	*Mühle*
(1.2.1)	MATERIAL	*Getreide–, Pulver–, Papier–, Knochen–, Kaffeemühle* u.a.
(1.2.2)	VERFAHREN	*Bohr–, Dresch–, Säge–, Schleif–, Schneidemühle* u.a.
(2)	WASSERHEBENDE MASCHINE	*Kunst, Wasserkunst, Kunstzeug*
(2.1)	KOLBENTECHNIK	*Druckwerk, Pumpwerk, Saugwerk*
(2.2)	ROTATIONSTECHNIK	*Taschen–, Eimer–, Püschel–, Scheiben–, Kastenkunst* u.a.

Gesamtbewertung: Für den Bereich der WASSERHEBENDEN MASCHINE kann man eine relativ strikte Bildung der Unterbegriffe bei gleichzeitiger stabiler Wortverwendung, also eine stabile systematische Fachterminologie festhalten. Hingegen ist im Umfeld des Wortes *Mühle*, das für den ungenauen Begriff der ARBEITENDEN und ANTREIBENDEN MASCHINE steht, noch ein relativ beliebiger Benennungswirrwar. Man könnte vermuten, daß der erstgenannte Bereich technisch und sprachlich eher ausschließlich der Fachwelt des Bergbaus entspringt. Die Mühlentechnik, als alte alltagsnahe Technik der Nahrungs– und sonstiger Materialzubereitung, ist dagegen von der Unsystematik alltagssprachlicher Benennungen affiziert.

8.7 Wortschatzstudien zur Maschinentechnik: Räderwerk und Kolbenpumpe

Die detaillierte Beschäftigung mit den sprachlichen Ausdrucksmitteln für Räderwerke, Getriebetechnik und Kraftübertragung ist deshalb von Interesse, weil hier die Schnittstelle von einer alltäglichen Vorstellung von Bewegung, Räderbewegung, Kraftübertragung etc. und deren genaueren 'Mechanisierung' vorliegt. Man muß bedenken, daß im Bereich der Mühlen und Wasserkünste dieser Teil der Maschinerie aus offenliegenden Getrieberädern, Wellen, Stangen, Ketten, Seilen etc. besteht. Die Getriebetechnik ist unverkapselt und für jeden Laien mit Alltagsphysik nachvollziehbar. Er muß nichts über die konstruktiven Details wissen, aber er kann erkennen, daß Maschinenelemente hier Bewegung und Kraft 'weitergeben', wie er es selbst mit seinen Händen auch kann und tut, z.B. eine Scheibe in Drehung versetzen, an einem Seil ziehen etc.

Was heute begrifflich als *Getriebe, Kraftübertragung, Antriebswelle, Transmission* o.ä. spezifiziert wäre, heißt im 18. Jahrhundert insgesamt *Räderwerk* oder *Mechanismus*. Jacobsson bezeichnet als "Räderwerk der Papiermühlen" die gesamte Kraft- und Bewegungsübertragung zwischen Wasserrad und Mühlstein (vgl. Jacobsson (1783) Bd.3 S.343, vgl. auch Adelung (1798) Bd.3 Sp.914). An anderer Stelle nennt er den "Mechanismus" als Gesamtbegriff für die Übertragungsmaschinerie in Uhr und Mühle:

> "**Mechanismus**. Dieses Wort bedeutet den Bau oder die innere Einrichtung einer Maschine, vermittelst welcher die Kraft in derselben ihre Wirkung hervorbringt." (Jacobsson (1793) Bd.6 S.530)

Damit ist der heutige Begriff von GETRIEBE, also der Maschinenteil, in dem die Bewegung 'weitergegeben' und 'übersetzt' wird, gemeint. Der Ausdruck *Getriebe* steht im 18. Jahrhundert — noch pars pro toto — für das einzelne RAD IM GETRIEBE, das 'treibt' und vor allem 'getrieben' wird:

> "**Getriebe** [...] In der Mechanick ein rad, von zwey scheiben um derer rand stäbe bevestiget, die in ein kamm=rad greifen, davon entweder dasselbe umgetrieben wird, oder das getriebe umtreibet." (Allg.Lexikon/ Jablonskie (1721) S.246, vgl. auch Univ.lexikon/ Zedler (1735) Bd.10 Sp.1349)

In der Neuauflage von 1767 wird moderner formuliert, weil nicht das bauliche Detail, sondern die Funktion im Vordergrund steht:

> "**Getriebe, Trieb**, [...] ist ein Rad, welches ein anderes Rad, in dessen Zähne oder Kämme es eingreift, mit sich herum treibt, wenn es bewegt wird." (Allg.Lexikon/Jablonskie (1767) S.532, vgl. auch Adelung (1796) Bd.2 Sp.644)

Die Gesamtmaschinerie GETRIEBE ist in ein relativ naives Technikmodell eingebettet. Auch in den Techniktexten wird die zentrale Aufgabe der Drehzahlumwandlung und Drehzahlanpassung so nicht begrifflich formuliert, sondern eher in naiven Vorstellungen, die sogar noch Anklänge an die 'energievermehrenden' Getriebe der Barock-Maschinen (siehe 7.1) aufweisen:

> "**Rad** und **Getriebe**, ist eine der künstlichen zusammen gesetzten Maschinen, wodurch vermittelst einiger weniger Räder und Getriebe [...] nicht nur das Vermögen gewaltig vermehret wird, sondern auch die Bewegung fortwährend ist." (Univ.lexikon/ Zedler (1741) Bd.30 Sp.508) "**Getriebe, Trieb, Trilling, Drilling, Laterne,** [...] ein kleines Rad in einer Maschine von Rädern, so von den Zähnen oder Kämmen der eigentlichen Räder bewegt wird, diese Räder unter einander zur Bewegung verknüpft, und zugleich die Bewegung beschleuniget." (Jacobsson (1782) Bd.2 S.74)

Die Vorstellungen, daß durch Getriebetechnik das "Vermögen gewaltig vermehret" und "die Bewegung beschleunigt" werden könne, müssen entweder als Relikte der barocken Wunschvorstellungen von Räderwerken verstanden werden oder aber es handelt sich um vormoderne, noch naive Formulierungen für den modernen Begriff der DREHZAHLUMWANDLUNG.

Ein Beispiel: Ein Tretrad habe eine Umdrehungszahl von 10 U/min. Durch Getriebetechnik wird die Rotation auf 100 U/min 'übersetzt', damit eine Arbeitsmaschine überhaupt angetrieben werden kann. Wir wissen, daß bei einer solchen vermeintlichen 'Beschleunigung' keine Bewegungsenergie hinzukommt. Der Techniker des 18. Jahrhunderts wußte dies auch, er formulierte es lediglich noch naiv ohne moderne Terminologie. Es ist ja auch im alltäglichen Verständnis dieser Getriebetechnik 'richtig': Die am Ende sinnvoll verwendbare Rotationsbewegung ist für das zu treibende Sägegatter wirklich 'vermögender' und 'beschleunigter' als die Rotationsbewegung, die direkt am Tretrad zu erhalten wäre. Dies sind typische Bestände eines funktionalen Technikwissens (siehe 3.12 u. 3.13).

Auch der Zeitgenosse des 20. Jahrhunderts, der die Ketten-Gangschaltung am Fahrrad kennt, hat nur ein funktionales Technikwissen über die Getriebetechnik. Er weiß um 'große und kleine Gänge', die jeweils für Anfahren, Berganfahren, Bergabfahren einzusetzen sind. Auch hier sind Einblicke in das strukturale Technikwissen (Drehmoment, Drehzahl, Übersetzungsverhältnisse etc.) nicht notwendig zur korrekten Benutzung der Schaltungstechnik.

In den Texten sind weitere Modelle zu beobachten, die auch noch heute das Sprechen über Kraft- und Bewegungsübertragungen beherrschen, nämlich KÖRPER und HANDLUNG:

> "**Getriebe**, wenn ein kleines und ein grosses Rad mit ihren Zähnen ineinander greifen, so daß, wenn das eine rechts herum gehet, das andere sich links herum drehen muß." (Deutsche Enzykl. (1787) Bd.12 S.269) — "Weil die Schraube ohne Ende, eine sehr langsame Creatur ist, die allemahl erst einen einzigen Zahn mitnimmet, wenn sie herum kommet" (Leupold (1725a) S.73)

In solchen Technikbeschreibungen fallen mehrere sprachliche Phänomene auf:

(1) Alle verwendeten Verben, die Bewegungs- und Kraftübertragung beschreiben, sind in der Grundbedeutung auch für körperliche Handlungen

des Menschen verwendbar: *greifen, treiben, herumdrehen, herumgehen, bewegen* etc.

(2) Alle Verben der Bewegung und Kraftausübung, deren konstituierende primitive Aktionen PROPEL und PTRANS sind (siehe 3.10), sind hier vorhanden und machen die Abläufe im Getriebe unter dem Modell KÖRPER anschaulich: Ein KÖRPER 'Rad' übt PROPEL/PTRANS auf einen KÖRPER 'Getriebe' aus.

(3) Ferner sind die technischen Operationen so beschrieben, als vollführe die Maschine gelegentlich zielgerichtete und angepaßte Handlungen, d.h. die körperbezogenen Vorgänge sind auch unter dem Modell HANDLUNG dargestellt: Ein handelndes AGENS 'Rad' übt eine zielgerichtete HANDLUNG auf ein OBJEKT 'Getriebe' aus.

Die genaueste Darstellung der vorindustriellen Getriebetechnik in Holzbauweise findet sich im Werk von Jacob Leupold (vgl. hierzu Leupold (1724a) S.40f., aber auch Anleitung (1777) §94ff). In den Spezialbezeichnungen für einzelne Radtypen und andere Einzelteile des Räderwerks sind neben den bereits besprochenen Benennungen des Modells Handlung (*Getriebe, Trieb, Triebstecken, Trilling*) zwei weitere Metapherngruppen zu finden:
Organmetaphern, die das Modell KÖRPER bestätigen: *Hand, Däumling, Daumenwelle, Leitarm, Stirnrad, Zahnrad, Zähne.*
Formmetaphern: *Kammrad, Kumpf, Laterne, Sternrad.*

Die im folgenden zu beschreibende Kolbenpumpentechnik ist deshalb hier von Interesse, weil mit dem altbekannten mentalen Modell vom technischen Prinzip einer wasserfördernden Kolbenpumpentechnik die Verständnissicherung für die ersten Feuermaschinen betrieben wird. Kolbenpumpen werden seit der Antike in der Wasserförderung eingesetzt und gehören somit zu den in den Alltag eingebundenen Techniken, die das Überleben der Menschen sichern (vgl. Teichmann (1987) S.38ff).

Das Zusammenspiel von Kolben und Zylinder ist auch in Vermittlungstexten als bekanntes Maschinenprinzip in allgemein verständlicher Form beschrieben. Die Vorstellung von dem im Zylinder auf- und niedergehenden und Kraft und Druck ausübenden Kolben ist gesichert und geläufig. Die elementaren Kraftauswirkungen sind in einem mentalen Modell geläufig.[38]

> "ist in der Hydraulic bey denen Röhr-Künsten, als z.B. denen Saug- und Druck-Wercken, dasjenige Werckzeug, womit das Wasser innerhalb denen Röhren aus der Tieffe in die Höhe gezogen, oder in andere Röhren in die Höhe gepresset wird" (Univ.lexikon/ Zedler (1737) Bd.15 Sp.1485) — "sowohl bey Saug- als Druckwerken sind es cylindrisch gestaltete Klötze, die in solcher auf- und nieder gehebt werden, um theils

[38] Vgl. hierzu die Skizze zum Modell KOLBEN IM ZYLINDER in Abschnitt 3.4.

> damit das Wasser durch die Pumpen anzusaugen, theils in die Höhe zu drücken" (Deutsche Enzykl. (1802) Bd.22 S.232)

Die Beschreibung in Jacobssons Technologie–Lexikon ist mit technischen Details ausgestattet, die heute nicht mehr gängig sind, wodurch — unterstützt durch eine komplexe bis verworrene syntaktische Struktur — für den Leser des 20. Jahrhunderts kein sinnvolles Modell mehr von der eigentlichen Aufgabe des Kolbens entstehen kann:

> "ein runder mit Leder umneheter hölzerner Klotz mit Löchern und drüber angemachten Klappen, welcher bey dem Kunstgezeuge in den Bergwerken, in der Kolbenröhre, durch die Zugstange, damit das in der Röhre befindliche Wasser durch die Löcher dringet, und auf dem Kolben zu stehen kommt, niedergedrucket, alsdenn aber wieder in die Höhe gezogen wird, und das darauf stehende Wasser, welches die Klappen zudrücket, damit es nicht wieder zurückfalle, hebet, daß es oben am Ende der obersten Aufsatzröhre herauslaufe." (Jacobsson (1782) Bd.2 S.440)

8.8 Die Maschine und ihr natürlicher Antreiber

Die in Abschnitt 8.6 vorgestellten Mühlen und Wasserkünste verrichteten in gleichem Sinne wie ihre gegenwärtigen technischen Nachfolger sinnvolle Arbeiten. Im Unterschied zu den rezenten Maschinen ist allerdings der 'Antreiber' im 18. Jahrhundert noch nicht in den Begriff der MASCHINE aufgenommen. Die Mühlen, Pumpen u.ä. sind die eigentlichen MASCHINEN, die jedoch erst dadurch in Bewegung gesetzt werden können, daß ein 'belebter' oder zumindest ein 'natürlicher' Antreiber (Mensch, Tier, Wasser, Wind) hinzukommt.

Die gegenwärtige alltägliche Auffassung von MASCHINE schließt den 'Antreiber' und das 'Angetriebene' in einem Begriff zusammen. Der Fachmann differenziert dagegen zwei große Maschinenklassen (vgl. Lueger (1960) Bd.1 S.304ff.): Die Maschine, die antreibt und lediglich die mechanische Energie in Form von Rotationsbewegung liefert, wird *Kraftmaschine* oder *Motor* genannt. Die angetriebene und die eigentliche sinnvolle 'Arbeit' verrichtende Maschine heißt *Arbeitsmaschine*.

Im hier zu behandelnden 18. Jahrhundert bestand diese Dichotomie im Maschinenbegriff nicht, da der Antrieb noch nicht–maschineller, 'natürlicher' Herkunft war. Gerade wegen dieser selbstverständlichen Zweiteilung besteht darum in den einzelnen Benennungen relative Beliebigkeit (siehe 8.6). Es kann die Art des Antriebs, aber auch die Art der Arbeitsverrichtung genannt werden, ohne daß Mißverständnisse entstehen können: Eine "Rosskunst" kann nur ein Ensemble aus wasserfördernder "Kunst" (ARBEITSMASCHINE) und antreibendem Pferdegöpel (KRAFTMASCHINE) sein (vgl. Delius (1773/1806) Bd.2 S.139). Ein "Wasserpferdegöpel" (Jacobsson (1784) Bd.4 S.607) kann nur ein wasserfördernder, durch Pferde angetriebener Göpel sein.

Daß der Antrieb bis zur Erfindung der Dampfmaschine nur ein natürlicher, seit dem 18. Jahrhundert aber auch ein maschineller sein kann, hat weitreichende Auswirkungen auf die Zweiteilung des Maschinenbegriffs (siehe 8.10) und auf die sprachlichen Ausdrucksmittel für die Bewegungen der Maschinen und ihrer Teile. Diese sollen in diesem Abschnitt im Mittelpunkt stehen.

In Leupolds Theatrum machinarum findet man direkt nebeneinander zwei Typen von Tretscheiben abgebildet, die einen anschaulichen Kontrast zu den Möglichkeiten der 'lebendigen' Antreiber der Maschinen geben. Die eine wird durch zwei im Kreis laufende Ochsen angetrieben, die andere dagegen durch einen Mann (vgl. Leupold (1725a) Tafel 33). Die direkte Gegenüberstellung solcher Maschinenvarianten ist auch im Text zu finden. Ungeniert wird beispielsweise darüber diskutiert, wer beim Betrieb einer Wassermaschine eher in Frage käme:

> "Ob es besser zwey Männer zu halten, als einen Mann und ein Pferd, oder zwey Pferde?" (Leupold (1725a) S.141)

Immer wieder kommt der Verfasser bei solchen Problemen auf vergleichende Überlegungen zurück. Dabei können technische oder betriebswirtschaftliche Argumente angeführt werden:

> "Es ist der Wind eine Krafft die ohne die allergeringsten Kosten zu erlangen; Menschen, Thiere und Feuer wollen alle starcken Unterhalt haben, auch das Wasser erfordert wegen seines Einrisses und anderer Ungelegenheit vielen Aufwand" (Leupold (1725a) S.47f.)

Die selbstverständliche Gleichsetzung und Gleichverwendung von Mensch und Tier für den Antrieb von Maschinen ist heute irritierend, aber für den zeitgenössischen Leser eine Selbstverständlichkeit. Der Techniker hat über die technikgeschichtliche Abfolge eine klare und richtige Vorstellung, nämlich daß "an statt derer Menschen und Thiere, deren sich die Alten zu der Herumtreibung derer Mühl-Steine bedienet," man besser "die Krafft oder Gewalt des Wassers darzu anwenden" sollte (Belidor (1740-50) §634).

Sprachlicher Indikator solcher Gleichsetzungen ist die identische Anknüpfung des Antreibers durch die Wörter *durch, mit, vermittelst*:

> "Kasten-Kunst mit einem Rad mit Menschen zu treiben" — "Das Wasser eben aus dieser Tieffe / oder auf 40 Fuß / mit vorigen Saug-Werck, doch vermittelst eines Ziegenbockes, in einem Lauff-Rad, zu heben" — "durch Menschenhände" — "durch Maschinen" — "durch Pferde bewegt" — "durch Wasser bewegt" (Leupold (1724c) Tafel 22, Leupold (1725a) S.153, Delius (1773/1806) Bd.1 S.459/472)

Sie sind somit sprachlich als zusätzliche Angaben markiert, die nicht obligatorisch sind und außerhalb des eigentlichen Maschinenbegriffs stehen. Klassifikatorische Ansätze finden sich bei Leupold insofern, als die Maschinen den 'von außen wirkenden Kräften' gegenüberstehen:

> "Unter einer so genannten äusserlichen Krafft wird alles dasjenige verstanden, was vermögend ist einen andern Cörper, Machine oder Instrument zu bewegen." (Leupold (1724a) S.113)

Daran schließt sich eine Subklassifizierung der erstgenannten Gruppe an:

> "Diese äusserlichen Kräffte sind erstlich **die lebendigen Creaturen**, als: 1. **Die Menschen** und 2. **Die Thiere**. Zum andern die leblosen Geschöpffe, als: 1. **Der Wind**. 2. **Das Feuer**. 3. **Das Wasser**. 4. **Das Gewicht, oder alle Schwehre der Cörper**. Und endlich 5. **Die Federn**." (Leupold (1724a) S.114)

Klassifikatorische Vorarbeiten sind allerdings auch schon in Texten des 17. Jahrhunderts, etwa in Zeising (1612-15), belegt (siehe 7.6). Die Fachtexte vor Leupold neigen jedoch dazu, die zunächst vorgegebene Klassifizierung dann im weiteren Verlauf der Abhandlung wieder zu vergessen. Leupolds Text hat hier eine textgeschichtlich bedeutsame Neuerung insofern, als er seine theoretische Gliederung auch im Text 'durchhält'. Beispielsweise ist die Gliederung in den Kapitelgliederungen und den Überschriften exakt wiederzufinden:

> "Wie durch die Krafft der lebendigen Creaturen / als der Thiere und Menschen, das Wasser zu heben." (Leupold (1725a) S.141)

Mehrfach ist bei Leupold gar eine Dreiteilung angedeutet (vgl. Leupold (1724c) Vorrede u. S.143), die der modernen Auffassung von Maschinenklassen sehr nahe kommt:

(1) "Application der Krafft" [= KRAFTMASCHINE]

(2) "Zwischen-Geschirr" [= KRAFTÜBERTRAGUNG]

(3) "Maschine" [= ARBEITSMASCHINE]

Im Gegensatz *Kraft* vs. *Maschine*, der jetzt noch ein Gegensatz zwischen Natur und Technik ist, ist dennoch sprachlich schon die spätere Bildung der *Kraftmaschine* angelegt:

> "Was vor Krafft man brauchen kan, oder muß. Ob Wasser oder Wind, oder gar das Feuer hierzu am bequemsten, oder durch Thiere oder Menschen muß verrichtet werden. u.s.f." (Leupold (1725a) S.134)

Dabei ist hier die "Krafft" ganz im Sinne des physikalischen Begriffs von der MECHANISCHEN ENERGIE verwandt (siehe 8.3.1). Wenn in Technikfachtexten jener Zeit also von *Kräften* gesprochen wird, ist stets die Zweideutigkeit zu bedenken: einerseits noch die allgemeine Bezeichnung für den lebendig-körperlichen oder konkret-natürlichen 'Antreiber', andererseits auch

schon die entkörperlichte und abstrakte Begriffsbildung von der MECHANISCHEN ENERGIE.

Über die damals zur Verfügung stehenden lebendigen Maschinenantreiber herrschte die alltäglich gewußte Vorstellung, daß ein höheres 'maschinenfähiges' Lebewesen durch Extremitäten oder Eigengewicht Kraft ausüben, dadurch Bewegungen erzeugen und somit schließlich in Verbindung mit einer technischen Vorrichtung (z.B. Kurbel, Tretrad) maschinell verwertbare mechanische Energie zur Verfügung stellen kann:

> "Die Bewegungen der Machinen durch Menschen und Vieh geschehen auf vielerley Arth, als: 1. Durch Ziehen. 2. Durch Niederdrücken. 3. Durch Schieben. 4. Durch Stossen. 5. Durch Aufheben. 6. Durch Treten. 7. Durch Drehen und Umdrehen. 8. Durch Fortgehen oder Lauffen." (Leupold (1724a) S.116, vgl. auch Deutsche Enzykl. (1802) Bd.22 S.482)

Dies ist nicht als metasprachliche Klassifikation zu verstehen. Vielmehr werden exakt die genannten Verben in allen möglichen Techniktexten zur Beschreibung des Antreibvorganges verwendet. Dazu einige Textbeispiele:

(1) **Stoßen:**

> "unten eine Welle mit einem Schwungrade und Getriebe, da denn nur ein der Weberey unerfahrender Knabe nöthig ist, um die Treibstange bald von sich, bald zu sich zu stossen." (Beckmann (1782) Bd.1 S.123)

(2) **Treten, Heben:**

> "Eine Machine da das Wasser durchs Treten / und also nicht nur bloß durch Stärcke der Nerven, sondern auch durch die Schwehre des Leibes gehoben wird." (Leupold (1725a) S.21 und Tafel 12)

(3) **Gehen, Schreiten, Wandern:**

> "Ein Mensch, welcher in einem Trittrad angestellt wird, um solches durch sein Fortschreiten am Umfang desselben in Bewegung zu setzen [...] Wenn man ein Pferd in einem Kreise herumgehen läßt, wie dieses bei Mühlen und andern Maschinen, die von Pferden betrieben werden, der Fall ist, so muß man den Kreis, welches das Thier zu durchwandern hat, den göstmöglichen Durchmesser geben." (Prony (1795) S.570, S.590)

Von diesen Grundverben ausgehend, die in ihrer 'wörtlichen' Grundbedeutung die körperliche Tätigkeit des Menschen und des Tieres meinen, werden alle sprachlichen Mittel auch auf die Bewegungen und 'Tätigkeiten' der Werkzeuge und Maschinen übertragen. Das Modell KÖRPER findet sich sprachlich in allen Bereichen der Maschinentechnik. Ein hervorragender Beleg ist die zunächst immer noch für das Lebewesen reservierte Substantivierung und fachsprachliche Lexikalisierung: *(Um-)Gang, (Um-)Trieb, (Um-)Drehung.* Diese Substantivbildungen können dann problemlos auf die Maschine oder Maschinenteile transferiert werden:

> "und die Maschine geht ihren Gang fort" (Deutsche Enzykl. (1784) Bd.9 S.879) — "der Gang der Maschine selbst fest und stetig, und nichts weniger als schlotterig" (Neues Journal (1795) Bd.1 S.159) — "iedesmaligen Umgang des Läufers" (Prony (1795) S.150/616) — "eine der Maschine äuserst schädliche Anzahl von Umgängen in einer Minute" (Langsdorf (1788) T.2 S.373)

Der *Läufer*, zweifellos eine Universalmetapher für natürliche und technische Gegenstände, kann stellvertretend für viele andere Bezeichnungen die beliebige Übertragung von Verben mit Grundbedeutung der körperlichen Funktion auf alle möglichen technischen Funktionen zeigen.[39] Ein *Läufer* ist im 18. Jahrhundert die Bezeichnung für
(1) '**natürliche** Läufer': ein Rennpferd, eine neben dem Wagen laufende Dienstperson, ein Lockvogel beim Vogelfang, ein junges Schwein, eine Hopfenart.
(2) '**technische** Läufer': eine Figur beim Schach, der obere der beiden Mühlsteine, ein besonderer Stein in der Bautechnik, ein Instrument des Malers.

Die Vorstellungen von den körperbezogenen Handlungen (und mit ihnen die Verben) gehen vom lebendigen Antreiber auf die angetriebene Arbeitsmaschine über. Die Tätigkeit einer wasserfördernden Wasserkunst kann deshalb **nur** mit Verben beschrieben werden, die alle auch für die Arbeit der Hände oder Füße verwandt werden könnten:

> heben, herausheben, in die Höhe bringen, pressen, über sich bringen, drücken (Leupold (1724c))

Bilanz: Die Bewegungen und Tätigkeiten der Maschinen sind sprachlich radikal und unvermeidbar in die mentalen Modelle KÖRPER und HANDLUNG eingebettet. Das "Resonanzphänomen" (siehe 2.3), das in solchen sprachlichen und kognitiven Isomorphismen von Mensch und Maschine besteht, ist somit auch als technikgeschichtlich–sprachgeschichtlicher Reflex zu deuten, nämlich als sprachlicher Transfer von dem technikgeschichtlichen Vorgänger, der ein Lebewesen war, auf den technikgeschichtlichen Nachfolger,

[39] Zusammengefaßt aus: Allg.Lexikon/Jablonskie (1721) S.386, Univ.lexikon/ Zedler (1737) Bd.16 Sp.208f., Jacobsson (1782) Bd.2 S.566f., Adelung (1796) Bd.2 Sp.1935f. Als Bedeutungen der Gegenwartssprache werden in den Nachschlagewerken genannt: Schachfigur, Sportler, Rotor, Teil der Spinnmaschine, Steintyp, junges Schwein, Tau, Teppich; vgl. Duden (1976-81) S.1640f., Meyer (1974) Bd.14 S.684.

der eine Maschine ist. Der Mensch wiederholt in seiner Wissensentwicklung diesen Transfer, wenn er von seiner unmittelbaren körperlichen Erfahrung und anthropozentrischen Alltagmechanik auf die HANDLUNGEN der Maschinen schließt.

8.9 Die revolutionäre Zäsur in Technik und Industrie: der erste unnatürliche Antrieb

Die erstmalige Möglichkeit, eine Maschine 'künstlich' antreiben zu lassen, ist mit den ersten Feuermaschinen im frühen 18. Jahrhundert gegeben. Mit ihnen wird die Dichotomie von natürlich vorhandener Kraft vs. künstlich hergestellter Maschine durchbrochen. Der Antrieb wird nun **auch** maschinell.[40]

Die Dampfmaschine begründet das Maschinenzeitalter, in dem die Maschinen unabhängig von den organisch oder natürlich gesetzten Begrenzungen zu ungeahnten Leistungssteigerungen kommen. Deshalb ist die technische Innovation der Dampfmaschine im weltgeschichtlichen Maßstab fast mit der erstmaligen Beherrschung des Feuers durch den Urmenschen vergleichbar (vgl. Sachsse (1978)). Die ersten Berichte der Zeitgenossen über die neue 'Wundermaschine' betonen auch stets diese Aspekte, nämlich die Unabhängigkeit von natürlichen Grenzen, den kontinuierlichen Fortgang, das enorme Leistungsvermögen, den Betrieb mit geringem Aufwand:

> "Und auf solche Weise gehet die Machine Tag und Nacht, ohne Anlegung einiges Menschen Hand, nur daß beständig ein Mann die Feuerung unterhalten muß [...] und daß mit solcher Krafft und Schnelligkeit selbige so viel arbeitet, daß hundert Pferde solches nicht prästiren können [...] Die **Machine** gehet nunmehr 9 Monath continuirlich ohne Stillstand, und hat eine grosse Quantität Wasser heraus gehoben." (Leupold (1725a) S.97)

Schon der Zeitgenosse erkennt die neue Qualität der Leistungssteigerung gegenüber früheren Fortschritten. Auch aus seiner Sicht ist eine neue Qualität in der organverstärkenden, organüberbietenden und organersetzenden Technik erreicht (siehe 2.2): die Entgrenzung aller natürlichen und organischen Schranken. Der vorhergehende natürliche Maschinenantreiber war noch begrenzt: die Windmühle durch Flauten, die Wassermühle durch Trockenzeiten, Mensch und Tier durch Ermüdung und durch Dunkelheit.

> "Den Wind hingegen findet man meist allerwegen, wenn er nur ernstlich wehet; weil er aber unbeständig [...] so dienet er nicht wohl zu Wasserkünsten" (Leupold (1725a) S.48) — "da man bekanntlich die Windmühlen des Nachts niemals gehen läßt, und Göpelkünste die

[40] Vgl. zur Geschichte der Dampfmaschinentechnik und deren Rolle im Technisierungs- und Industrialisierungsprozeß: Eckoldt (1986), Klemm (1983a), Schönemann (1981) S.91ff., Varchmin/Radkau (1981) S.83ff.

> Nacht hindurch im Gang zu erhalten, nicht allein sehr kostbar, sondern auch meistens ohne viel Wirkung ist, da bald die Pferde bald ihre Treiber schlafen" (Langsdorf T.3 (1796) S.119)

Unter Berücksichtigung der Einschränkungen, denen die verschiedenen Maschinentypen unterliegen, und nach Abwägung von Vor- und Nachteilen kann für den Techniker das Urteil über die neue Kraftmaschine nur lauten:

> "Dampfmaschinen sind ohnstreitig die wirksamsten unter allen und sie gewähren beim Betrieb alles, was man nur verlangt." (Langsdorf (1796) T.3 S.143)

Die Möglichkeit, natürlich vorhandene kinetische Energie maschinell zu verwerten, wurde schon längst ausgenutzt. Mit der Dampfmaschine wird erstmals der Umwandlungsprozeß von chemischer Energie über Wärmeenergie zu mechanischer Energie 'künstlich' in Gang gesetzt und für den Maschinenantrieb nutzbar (vgl. Schivelbusch (1977) S.15).

Zwar ist im 18. Jahrhundert die Utopie vom selbstbewegenden Automaten weitgehend rationalisiert oder zumindest auf die Uhrenautomaten reduziert (siehe 8.5), doch finden sich in den ersten Beschreibungen der faszinierenden Maschinen, die 'aus Feuer Bewegung machen', sprachliche Assoziationen zum Konzept der SELBSTBEWEGUNG (siehe 8.9.3). Auch die Dampfmaschine hat im Zeitalter der barocken Technik ihre utopischen Vorgänger: Im Jahre 1629 bietet ein italienischer Text (G.Branca; Le machine) dem Leser einen sogenannten "Püsterich", nämlich einen android geformten Dampfkessel, der maschinelle Bewegungen erzeugen kann (vgl. hierzu Eckoldt (1986) S.80).

Aus der historischen Distanz sollte man allerdings die Wirksamkeit und Leistungsfähigkeit der neuen Maschinen nicht überschätzen. Die Anlage einer Dampfmaschine ist ca. fünf Meter hoch, bedeckt etwa $50m^2$ Grundfläche. Der Zylinder hat die unvorstellbaren Ausmaße von ca. 0.5 m Durchmesser und eine Hubhöhe von ca. 1.2 m. Dennoch leistet die Maschine bei ca. 50 U/min lediglich ca. 9 kw (vgl. hierzu Varchmin/Radkau (1981) S.105). Die technische Ausstattung ist archaisch. Der Zylinder hat eine hölzerne Verkleidung, als Isolierung zwischen Holz und Metall dienen Kuhhaare (vgl. Neues Journal (1795) Bd.1 S.149).

Es ist wichtig, sich dieses Bild präsent zu halten, um die Bewunderung der Zeitgenossen richtig einzuordnen. Sie bewundern Größenordnungen von Leistungsabgaben, die heute als lächerlich klein gelten müssen. Wie die Zitate gezeigt haben, stehen im Mittelpunkt der Faszination ohnehin eher die Merkmale 'kontinuierlich', 'naturunabhängig'.

Für das Verständnis ist auch wichtig, kurz die quantitative Verbreitung zu behandeln. Auch hier sollte man sich keine unmittelbare, 'flächendeckende' Diffusion im 18. Jahrhundert vorstellen. Für die Bewertung der sprachlichen Mittel ist es bedeutsam, daß in dem Zeitraum, in dem die unten behandelten Techniktexte erscheinen, in Deutschland noch sehr wenige Dampfmaschinen arbeiten. Die erste wird im Jahre 1785 in Hettstedt (Harz) errichtet (vgl. Otto/Weber (1977), VDI-Zeitschrift 30 (1886)). Wenn also in den folgenden Texten von der faszinierenden Maschine gesprochen wird, ist stets zu bedenken, daß sie für den Zeitgenossen mit den Merkmalen 'sehr seltene Maschine' und 'exotische Maschine aus England' versehen ist.

Zwar ist anscheinend eine problemlose sprachliche Einpassung der neuen Feuermaschinen möglich, wie die folgende Aufzählung der Maschinentypen zeigt:

> Die Maschinen "werden nach ihrem Gebrauch in **feuer= lufft= wasser= heb= treib=** und dergleichen machinen eingetheilt" (Allg.Lexikon/ Jablonskie (1721) S.415f.)

Doch die Aufzählung ohne weiteren Kommentar oder Erläuterung täuscht. Die ersten Erwähnungen und Berichte über die neuen Feuermaschinen weisen stets mindestens einen der folgenden Gesichtspunkte auf: enthusiastische Bejubelung, skeptisch-pessimistische Beurteilung, naive Vorstellungen von der Funktionsweise, Unverständnis.

Von den ersten Frühformen der Feuermaschinen bis zur technischen Vollendung durch James Watt lassen sich anhand der Quellen über nahezu ein Jahrhundert die technik- und wissensgeschichtlichen Veränderungen verfolgen. Es wird sich in den folgenden zwei Abschnitten zeigen, daß diese Entwicklung sich auch in sprachlichen Veränderungen niederschlägt: von der *Feuerpumpe* über die *Feuermaschine* zur *Dampfmaschine*.

8.9.1 Die Maschine, die durch Feuer Wasser hebt

Die ersten Dampfmaschinen zu Beginn des 18. Jahrhunderts sind noch keine 'direktwirkenden Dampfmaschinen'. Diese Arbeitsweise wird erst durch James Watt eingeführt. Es handelt sich vielmehr um sogenannte 'atmosphärische Dampfmaschinen', in denen nach Erzeugung eines Vakuums durch Kondensierung von Wasserdampf der äußere Luftdruck den Kolben herunterdrückt und somit die 'Atmosphäre' die eigentliche verwertbare Arbeitsleistung erbringt. Die Maschinen sind lediglich zur Wasserhebung einsetzbar, da sie zwar die Hubbewegung einer Kolbenpumpe ausführen, aber noch keine allgemein verwendbare Rotationsbewegung erzeugen können.

Die ersten Belege in der Zeit von 1700 bis 1750 stellen in der noch nicht lexikalisierten Bezeichnung auch jeweils die Aufgabe als Wasserpumpe in den Mittelpunkt:

(1) Der Titel einer Schrift von Denis Papin aus dem Jahre **1707** lautet: "Neue Manier das Wasser durch die Gewalt des Feuers in die Höhe zu treiben" (zit. nach Belidor (1740-50) §1276)

(2) Eine Quelle von **1715** führt den Anwendungszweck im Bergbau noch genauer aus: "Die Machine, nemblich das Wasser auss denen gruben, oder bergwercken, durch die Krafft des feuers heraus zu bringen" (zit. nach VDI-Zeitschrift 27 (1883) Sp.363)

(3) Der englische Titel der Maschinenbeschreibung von Thomas Newcomen aus dem Jahre 1717 lautet ähnlich: "The ENGINE for Raising Water by FIRE" (zit. nach Eckoldt (1986) S.41)
(4) Schließlich wird 1747 in der Enzyklopädie in dem Artikel "Wassermaschine" (!) eine atmosphärische Dampfmaschine vorgestellt als "Pumpe", die "nur allein mit Feuer angeblasen, und in Bewegung gebracht wird" (Univ.Lexikon/Zedler (1747) Bd.53 Sp.639)

Die Formulierungen wirken zum einen wegen des 'elementaren' Gegensatzes von Feuer und Wasser besonders reizvoll. Zum anderen ist in weiteren sprachlichen Mitteln die traditionelle Vorgängertechnik weitergeführt, so zum Beispiel in den Benennungen des 'äußerlichen Antriebs', der hier "durch die Kraft des Feuers" erfolgt (siehe 8.8). Auch setzen die Formulierungen ein mentales Modell der alten WASSERHEBUNGSMASCHINEN, besonders der KOLBENTECHNIK voraus (siehe 8.6 und 8.7). Auf der Grundlage dieser Wissensgrundlage wird beispielsweise im zitierten Enzyklopädie–Artikel die mit Feuer 'angeblasene' Wasserpumpe als eine neue technische Variante der sonst mit Wasser oder Wind 'angeblasenen' Arbeitsmaschine verständlich.

Die zugrundegelegten mentalen Modelle werden sprachlich im Techniker–Fachtext von Leupold deutlicher. Der Text enthält eine der ersten ausführlichen Beschreibungen in einem deutschsprachigen Fachtext. Auch in ihm dominiert noch die Vorstellung von der PUMPE MIT FEUER. Die Beschreibungen der atmosphärischen Dampfmaschinen von Thomas Savery und Denis Papin werden mit der Überschrift eingeleitet:

> "Von Maschinen / da durchs Feuer, vermittelst der Verdünnung der Lufft das Wasser gehoben wird." (Leupold (1724a) S.153)

Eine technisch korrektere Definition ist kaum möglich: Es wird der bis dahin einzige Anwendungszweck genannt und sehr genau das atmosphärische Prinzip der Maschine, die Arbeitsleistung durch Unterdruck hervorzurufen, betont. Ähnlich präzise Kurzdefinitionen finden sich auch in den Untertiteln zu den Abbildungen:

> "Machine durchs Feuer vermittelst der Lufft und Wasser das Wasser Succione und Pressione zu heben ist nach des Papini und Savarii ahrt verbessert." (Leupold (1724a) Tafel 54)

Die Verfahren der Dampfkondensation, der entstehende Unterdruck und die daraus resultierende Arbeit des Luftdruckes auf den Kolben sind erkannt und dargestellt:

> "daß kaltes Wasser in dem mit heissem Dampf gefüllten Cylinder spritzet, im Augenblick condensiret sich Dampff in Wasser, fället zu Boden, und machet ein Vacuum, welches so gleich die äussere Luft wieder ersetzen wil" (Leupold (1725a) S.96)

Dem Leser werden die Vorgänge innerhalb zweier Modelle nahegebracht. Durch das Modell MECHANIK läßt sich der Dampf anschaulich als körperliche Substanz beschreiben, der "fällt" und "macht" und dessen Kraftauswirkungen somit anschaulich werden. Durch das Modell HANDLUNG, in dem die Luft als zielgerichtet handelnde Instanz eingreift und das Vakuum "ersetzen wil", werden Anklänge an die alte Vorstellung vom 'horror vacui' (siehe 8.3.2) deutlich.

In einem weiteren ausführlichen deutschsprachigen Bericht, in der Übersetzung von Belidors Architectura Hydraulica (vgl. Belidor (1740-50) §1276-1334), ist die Entwicklung der Modellvorstellung sehr präzise in der Textfolge abzulesen. Die Maschine wird zunächst mit dem naiven Modell vom FEUER ALS BEWEGER vermittelt.

> "Von denen **Machinen** / um das Wasser aus sehr tiefen Brunnen herauf zu ziehen, vornehmlich von denenjenigen, die durch Würckung des Feuers beweget werden" (Belidor (1740-50) §1276)

Daran schließt sich dann eine Präzisierung an, in der die Elemente genauer benannt werden, die in der Maschine die Kraft ausüben:

> "Wir ersehen also hieraus, daß das Spiel dieser **Maschine** so wohl von der abwechselnden Würckung des warmen und kalten Wassers, als auch von der Krafft des Lufft–Kreißes oder **Atmosphäre** abhanget." (Belidor (1740-50) §1276)

Im direkten Vergleich der beiden Techniker–Fachtexte mit den Ausführungen in der Zedlerschen Enzyklopädie zeigt sich ein deutlicher Niveau–Unterschied in den zugrundeliegenden Modellen und deren sprachlicher Umsetzung. Wie bereits in Teilen zitiert, steht die Beschreibung in dem Artikel "Wassermaschine" der Enzyklopädie unter dem dominierenden Modell der durch Muskel–, Wind– oder Wasserkraft angetriebenen Wasserpumpen. Die neue Variante wird demnach sprachlich analog eingepaßt:

> "daß an statt die bisherigen Pumpen mit Wind und Lufft durch grosse Handarbeit in Bewegung gebracht werden müssen, die jetzige Pumpe nur allein mit Feuer angeblasen, und in Bewegung gebracht wird." (Univ.lexikon/ Zedler (1747) Bd.53 Sp.639)

Das Arbeitsverfahren der neuen atmosphärischen Dampfmaschinen ist zwar im Prinzip richtig erkannt, die Vorgänge der Kondensation und Unterdruckbildung jedoch in einem sehr ungenauen Modell MECHANIK behandelt:

> "Welche Maschine vermittelst des Feuers durch die Verdünnung und Verdickung des Wasserdunstes eine grosse Menge Wasser in die Höhe ziehet, worüber die Zuschauer sehr vergnügt gewesen" (Univ.lexikon/ Zedler (1747) Bd.53 Sp.638)

Wie die Diskussion der physikalischen Begriffe des 18. Jahrhunderts ergab, ist die Vorstellung von den gasförmigen Körper zwar zwingend auf das Modell FLÜSSIGKEIT angewiesen (siehe 8.3.3), doch ist mit der "Verdünnung" und "Verdickung" hier ein besonders simplifizierendes MECHANIK-Modell von Kondensation und Unterdruck gewählt.

Schließlich zeigen die Detailbeschreibungen zum Aufbau der Maschine, daß möglicherweise der Verfasser die inneren Vorgänge der Feuermaschinen noch nicht völlig durchschaut hat. Die andere und wahrscheinlichere Erklärung ist jedoch, daß dem zeitgenössischen Leser nur eine ungefähre Beschreibung zugemutet werden kann, die seine vorgegebenen einfachen Modelle von Kohleverbrennung, Dampferzeugung, Wasserzuführung etc. nicht überfordert. Jedenfalls muten die Erläuterungen über den Aufbau der Maschine an, als würde ein naives Modell 'Wasserrohr von Kohlen und Feuer umgeben' beschrieben:

> "Die Maschine bestehet nur in einem einfältigen Rohre, dessen eines Ende in das Wasser gehet; Diesem Rohre ist mit einem scharffen Winckel ein anderes von Kupffer gemachtes cylindrisches oder langes und gleiches gerades Rohr von einer gewissen innerlichen Grösse angehäfftet, welches man mit Kohlen umgiebet, und das Feuer in einem gewissen Grade erhält" (Univ.lexikon/ Zedler (1747) Bd.53 Sp.638)

Die Aufgabe des Textes, Wissen zu vermitteln, ist, sofern man sie an den bereits bekannten Differenzierungen der Fachtexte mißt, nicht sehr gut gelungen. Vielleicht ist sie jedoch gerade deshalb geglückt, weil sie dem zeitgenössischen Leser genau das richtige Maß an naiven Modellen und Analogien bot, das ihn nicht überforderte und das er zur Verständnissicherung für die neue Feuermaschine brauchte.

Bis zur Jahrhundertmitte ist in keinem der genannten Texte eine feste Lexikalisierung der *Feuermaschine* gegeben. Nur ganz vereinzelt ist die neue Wortbildung belegt. Beispielsweise nennt Leupold erst im vierten Band (1725a) seines Werkes über die Wasserkünste das neue Wort, nachdem er die Maschinen bereits im ersten Band (1724a) beschrieben hatte:

> "Von Feuer-Machina. Oder: Das Wasser durch die Krafft des Feuers zu heben oder empor zu bringen." (Leupold (1725a) S.87)

Belidor hat in den einschlägigen Kapiteln seines Werkes beide Varianten belegt, sowohl lexikalisiert als Kompositum ("Feuer-Machine") als auch immer noch die folgenden Syntagmen:

> "durch die Würckung des Feuers bewegen" — "mit Hülffe des Feuers bewegen" — "mit Hülffe des Feuers in die Höhe zu treiben" — "durch Feuers-Gewalt Waßer eleviret" (Belidor (1740-50) §1276ff.)

Erst im weiteren Verlauf des Jahrhunderts wird die Bezeichnung für die Maschine, die 'mit Hülffe des Feuers' arbeitet, als *Feuermaschine* fest lexikalisiert und schließlich durch *Dampfmaschine* ersetzt. Zunächst ist jedoch die Vorstellung vom antreibenden 'Element' *Feuer* übermächtig, die auch die anfangs zitierte problemlose Einordnung in die Reihe der antreibenden Elemente ermöglicht. Erst später wird als eigentlicher Antreiber der *Dampf* erkannt.[41]

8.9.2 Von der Feuermaschine zur Dampfmaschine

Um 1780 heißt in den Nachschlagewerken die atmosphärische Dampfmaschine einheitlich *Feuermaschine*.[42] Diese Benennung gilt also immer noch zu einer Zeit, als schon längst der Dampf als eigentlicher Antreiber die naive Vorstellung vom antreibenden Feuer ersetzt hat und als Teile der Maschine schon längst als *Dampfloch, Dampfröhre, Dampfkessel* etc. lexikalisiert sind. Erst in den zwei folgenden Jahrzehnten ist in den Fachtexten ein allmählicher sprachlicher Übergang von der *Feuermaschine* zur *Dampfmaschine* erkennbar.

Im selben Zeitraum wird in Deutschland die Dampfmaschinen–Innovation von James Watt bekannt und verbreitet. Die entscheidende technische Neuerung besteht darin, daß aus der atmosphärischen Dampfmaschine, in der der Luftdruck die entscheidende Kolbenbewegung verursacht, eine direktwirkende Dampfmaschine wird, in der die Expansion der Dämpfe die Kolben bewegt. Damit einher geht die entscheidende energiesparende Innovation, den Arbeitszylinder und den Kondensatorraum zu trennen. Für diese Änderungen wurde 1769 das erste Patent erteilt, die technische Entwicklung war im Prinzip 1776 abgeschlossen.

Der 1773 erschienene Fachtext über die Maschinentechnik im Bergbau (vgl. Delius (1773/1806) Bd.2 S.147-164) kann natürlich die Neuerung noch nicht kennen, zeigt aber unmittelbar vor deren Verbreitung die allmählichen Übergänge vom Modell FEUER zum Modell DAMPF. Obwohl noch einheitlich als *Feuermaschine* bezeichnet, ist die Maschine gegenüber dem Wissensstand von Leupold und Zedlers Enzyklopädie schon eindeutig als ein Modell DAMPFMASCHINE dargestellt. Die Vorgänge in der Maschine sind deutlich 'entschleierter' und vom Mythos des Feuers befreit. Die Vorgänge werden durchschaut und als Folgen von Krafteinwirkungen dargestellt, die von Dampf und Luftdruck ausgehen:

> (1) Ausgangspunkt der Wärmeentwicklung ist der Wasserbehälter (Modell vom KOCHTOPF), "worin durch untergemachtes Feuer beständig Wasser siedet" (Delius (1773/1806) Bd.2 S.148).

---

[41] Vgl. hierzu auch Hoffmann (1974). In dieser technikgeschichtlichen Abhandlung werden die ältesten Quellen (z.B. Berichte, Briefe) zur neuen Maschinentechnik untersucht. Auf der ganz anderen Quellengrundlage zeichnen sich völlig identische Phasen der Sprachentwicklung ab, wie sie hier anhand der Techniker–Fachtexte und der Vermittlungstexte gezeigt werden.

[42] Vgl. hierzu Jacobsson (1781) Bd.1 S.396/712, Deutsche Enzykl. (1784) Bd.9 S.872.

(2) Das Prinzip der atmosphärischen Dampfmaschine ist das Zusammenwirken von Unterdruck und äußerem Luftdruck: "der durch den Dampf in dem Cylinder in die Höhe gestossen, durch die äussere Luft aber wieder nieder gedruckt wird [...] muss folglich die Scheibe in diesen luftleeren Raum hinein drucken" (Delius (1773/1806) Bd.2 S.148/156)
(3) Das Prinzip der Kondensation wird wiederum mit dem Denkmodell MECHANIK bewältigt: "die Einspritzung des kalten Wassers, welches sogleich die Ausdehnungskraft des Dampfes vernichtet, und denselben zu Wasser verdichtet" (Delius (1773/1806) Bd.2 S.157)

Dies ist der Stand der Techniker–Fachtexte um 1780. Auch hier ist wiederum ein Vergleich mit der Wissensvermittlung der Enzyklopädie aufschlußreich, vertreten durch einen Artikel aus dem Jahre 1784 (vgl. Deutsche Enzykl. (1784) Bd.9 S.872ff). Für die historische Situation dieses Textes ist in besonderem Maße zu berücksichtigen, daß hier dem deutschen Leser über eine 'exotische Maschine aus England' Nachricht gegeben wird, die in Deutschland erstmals zwei Jahre später in Betrieb genommen wird. Die eigene Anschauung und Erfahrung fehlt also selbst dem einschlägig vorgebildeten Maschinentechniker. Die Bewertung der kognitiven und sprachlichen Leistungen der Beschreibungen muß dies nachdrücklich berücksichtigen.

Auch die Enzyklopädie von 1784 kennt noch nicht die direktwirkende Maschine von James Watt und ist noch der einheitlichen Benennung mit *Feuermaschine* verhaftet. Doch im Gegensatz zum Enzyklopädie–Artikel von 1747 (siehe 8.9.1) ist dem Verfasser im Jahre 1784 eine korrekte und gute Vermittlung des Konzepts DAMPFMASCHINE gelungen. Die folgende Beschreibung einer atmosphärischen Dampfmaschine von Denis Papin ist dem Niveau eines Nachschlagewerks angemessen detailliert. Der Leser kann sich — unterstützt von einer Zeichnung — ein ungefähres Modell DAMPFMASCHINE vorstellen:

> "Um nun das Spiel dieser Maschine gründlich zu verstehen, müssen wir wissen, daß sich an dem Orte E ein Sperrhahn befindet, welchen man von Zeit zu Zeit öffnet, damit der Wasserdampf aus dem Alembie bis in den obern Theil des Stiefels GH hindurch gehen könne. Daselbst druckt nun derselbe den Kolben und folglich dieser das unter ihm vorhandene Gewässer, welches, weil es nicht wieder in das Gefäß Y zurück dringen kann, massen es von einem Ventil, das in dem Ort R angebracht ist, zurückgehalten wird, in der Röhre IKO in die Höhe steiget, und sich in den Cylinder MN ergieset. So bald nun der Kolben am untern Theile des Stiefels angelangt ist, alsobald wird auch der Sperrhahn E wieder geschlossen, um dadurch den Durchgang des Wasserdampfes zu verhindern, und dagegen öfnet man einen andern Hahn P der am Obertheile des Stiefels angeordnet ist, zu welchem derjenige Dampf wieder hinausgehet, der seine Wirkung schon gethan hat." (Deutsche Enzykl. (1784) Bd.9 S.872)

Der Text setzt folgenden Wissensbestände voraus:

(1) ALLTAGSHYDRAULIK: Der Leser muß eine Vorstellung über das Verhalten von Flüssigkeiten in Gefäßen, Röhren etc. haben. Diese kann durch technischen Fachwissen über Brunnenanlagen, Wasserpumpen u.a. geprägt sein, aber auch durch alltäglichere Erfahrungen (z.B. Gießkanne, Gefäß mit Verschluß, Faß mit Absperrhahn).

(2) KOLBENMASCHINE: Da die alte wasserfördernde Pumpentechnik mit Kolbenpumpen als Modell bekannt ist (siehe 8.6 u. 8.7), werden alle Beschreibungen problemlos nachvollziehbar, die analogisch daran anschließen: die Einzelteile der Maschine (Kolben, Kolbenstange, Rohr, Zylinder, Stiefel, Sperrhahn etc.), die Bewegungen der Maschinenteile (drücken, ziehen, heben, senken etc.) und die gewünschten Effekte und Arbeitsverrichtungen (saugen, pressen, verdichten, Unter- und Überdruck). Erst recht, wenn die Leistung der neuen Maschinen durch Hubhöhe und Hubanzahl angegeben wird, ist das Modell KOLBENMASCHINE zwingend notwendig:[43]
"ist die Anzahl des Auf- und Niedersteigens des Kolbens 15 mal in der Minute [...] und zwar jedesmal 8 Fuß hoch."

Auch für den nachfolgenden Textausschnitt müssen die beiden Wissensbestände als obligatorische Grundlage angenommen werden. Hier kommt sogar noch deutlicher eine sprachliche Veranschaulichung hinzu, weil die beteiligten Substanzen Wasser und Dampf fortwährend als teleologisch handelnde Agenten behandelt werden. Das mentale Modell HANDLUNG ist in den Handlungsverben deutlich ausgedrückt:

> "Wenn diese Röhre offen ist, so **tritt** der Dampf in den Stiefel, **verjagt** daraus die Luft, und **treibt** den Kolben, des Widerstands der äußern Luft ohngeachtet, in die Höhe. So bald der Kolben ganz oben **angelangt** ist, **verschließt sich** die Communicationsröhre zwischen dem Helm und dem Stiefel, und es **springt** durch eine andere Oefnung ein Strahl kalten Wassers in den Stiefel, der den Dampf wieder zu Wasser verdicket. Dieses Wasser **läuft** durch Röhren wieder ab [...] und in dem Stiefel entstehet ein von Luft beynahe leerer Raum, so, daß der Kolben durch den Druck der Atmosphäre **niedergehen muß**." (Deutsche Enzykl. (1784) Bd.9 S.874, Hervorhebung K.J.)

Bilanz: Die Vermittlungsschrift gibt das Wissen, das um 1780 über die atmosphärischen Dampfmaschinen vorhanden ist, dem Texttyp entsprechend angemessen und für den zeitgenössischen Leser vermutlich anschaulich wieder. Typisch für den Charakter solcher Texte sind die deutlichen Modellbildungen, die die neue Maschine in einer Analogiebildung an technische

[43] Neues Journal (1795) Bd.1 S.83. Vgl. auch die ähnlichen Maßangaben in: Belidor (1740-50) §1321, Delius (1773/1806) Bd.2 S.157, Deutsche Enzykl. (1784) Bd.9 S.879.

Vorgänger anschließen und die die inneren Vorgänge der Maschine durch die Modelle ALLTAGSMECHANIK und HANDLUNG anschaulich machen. Um das Prinzip der atmosphärischen Maschinen im Ganzen zu erkennen, ist daher kein physikalisches Grundlagenwissen aus der Hydromechanik oder der Gastheorie notwendig:

> "Wir ersehen also hieraus, daß das Spiel dieser Maschine sowohl von der abwechselnden Wirkung des warmen und kalten Wassers, als auch von der Kraft des Luftkreises oder Atmosphäre abhänget." (Deutsche Enzykl. (1784) Bd.9 S.874)

Mit dem zwei Jahre zuvor erschienenen Artikel im Göttingischen Magazin der Wissenschaften (Kirchhof (1782)) wird erstmalig in einem Fachtext über die beiden Neuerungen berichtet, die James Watt an der Dampfmaschine vornahm.

(1) Die Trennung von Kondensator und Arbeitszylinder:

> "machet er ein so vollkommenes Vacuum, daß es beynahe dem im Barometer gleich kommt; und zwar dadurch, daß er den Dampf in einem besonderen Gefäße verdicket, daß er den Condensator nennet, und daß er nach Gefallen abkühlen kann, ohne den Zylinder zu erkälten; indem er es in kaltes Wasser stellet, und noch überdem inwendig kaltes Wasser hineinsprützet." (Kirchhof (1782) S.227f.)

(2) Die Arbeitsverrichtung wird durch Dampfexpansion, nicht durch den Luftdruck bewirkt:

> "Gesetzt nun; die Luft sey aus dem Condensator herausgeblasen, und beyde Zylinder wären mit Dampf angefüllet; alsdann wird der Schieber, der den Dampf unten in den innern Zylinder hineingehen lässet, geschlossen; der andere aber, der zum Condensator führet, geöfnet, und der Dampf strömt nun mit größter Heftigkeit in den luftleeren Raum des Condensators hinein. Daselbst aber berühret er die kalten Seiten der Röhre und der Pumpen, und begegnet einer Einsprüzung von kaltem Wasser, die mit dem Ausleerungsschieber zugleich geöfnet wird. Hiedurch wird ihm den Augenblick seine Hitze geraubt, und er in Wasser verwandelt. Der etwa noch übrige Dampf aber zieht, weil ein völliges Vacuum im Condensator bleibt, nach, und wird ebenfalls verdickt; so daß der innere Zylinder vollkommen ausgeleert wird. Nun hat der Dampf, der sich im äussern Zylinder befindet, keinen Widerstand mehr von dem untern Dampf des innern Zylinders gegen sich, sondern drücket mit seiner ganzen Elastizität oben auf den Stempel. Dadurch wird derselbe bis zum Boden des innern Zylinders heruntergepresset, und an das andere Ende des Baumes, das Wasser mittelst der Pumpen gehoben. Jetzt wird der Ausleerungs-Schieber geschlossen, und der Dampf-Schieber wieder geöffnet. Dieser lässet den Dampf

> abermahls unter den Stempel hineingehen, welcher demnach durch das Uebergewicht der Pumpenstange in die Höhe gezogen wird, und so ist die Maschine wiederum zum zweyten Stosse fertig." (Kirchhof (1782) S.231f.)

Der Text ist zwar ein anspruchsvoller Bericht über eine technische Neuerung, aber auch er muß beim Leser erst eine modellhafte Vorstellung von den Prinzipien dieser Maschine aufbauen. Er tut dies ganz ähnlich wie der besprochene Enzyklopädie-Artikel auf mehreren Grundlagen: technisches Vorwissen über Kolbenpumpen und Maschinenbewegungen, alltägliches Vorwissen über Hydraulik, Veranschaulichung von 'inneren' technischen Operationen als HANDLUNGEN. Solche Textstellen sind Beleg dafür, daß auch anspruchsvolle technische Beschreibungen sich in Situationen, in denen Neuerungen vermittelt werden sollen, relativ naiver mentaler Modelle bedienen müssen (vgl. z.B. auch Langsdorf T.2 (1788) S.358f).

In der Fachliteratur der 90er Jahre gibt es dann bereits ein sehr genaues technikgeschichtliches Bewußtsein über den Gegensatz von atmosphärischer und direktwirkender Dampfmaschine. Eine der ältesten Gegenüberstellungen der Arbeitsweisen findet sich im Technologischen Wörterbuch von Jacobsson (vgl. Jacobsson (1793) Bd.5 S.378/540f). Später werden die Maschinen von Savery (=1), Newcomen (=2) und Watt (=3) dann sehr genau nach den Unterschieden in den Konstruktions- und Arbeitsprinzipien differenziert:

> "Bey der ersten Classe ist der Druck der atmosphärischen Luft und die Elastizität der Dämpfe des kochenden Wassers; bey der zweyten bloß der Druck der Luft; und bey der dritten bloß die Elastizität der Dämpfe des kochenden Wassers die bewegende Kraft." (Neues Journal (1795) Bd.1 S.63)

Auf dem hier kurz skizzierten technik- und textgeschichtlichen Hintergrund der Jahre 1780-1800 ist der lexikologische Diffusionsprozeß in den verschiedenen Texttypen zu sehen, der in den beiden letzten Jahrzehnten des Jahrhunderts allmählich von der *Feuermaschine* zur *Dampfmaschine* führt. Der Übergang vollzieht sich in drei Phasen:

(1) **1780-1795:** In einer ersten Phase stehen die beiden Ausdrücke als 'echte' Synonyme nebeneinander. Es ist keine technikgeschichtliche Differenzierung zwischen atmosphärischer und direktwirkender Dampfmaschine festzustellen (vgl. Langsdorf (1788) T.2 S.353/362/369). In den Nachschlagewerken werden die Artikel mit Voranstellung der beiden gleichberechtigten Schlagwörtern eröffnet (vgl. Jacobsson (1793) Bd.5 S.378/540f). Auch in einer Fachzeitschrift der 90er Jahre gelten bis 1795 beide Benennungen. Sie sind weder historisch noch konstruktionsbedingt differenziert (vgl. Neues Journal (1795) Bd.1 S.62-95). Die Synonymik ist also im Techniker-Fachbuch, in der Fachzeitschrift und im Nachschlagewerk gleichermaßen verbreitet.

(2) **Um 1795:** Mit dieser Zäsur tauchen in den Texten Reflexionen darüber auf, daß die Bezeichnung *Dampfmaschine* 'eigentlich besser und genauer' und gegenüber der *Feuermaschine* vorzuziehen sei. Ein sehr früher Beleg für solch metasprachliches Bewußtsein ist bezeichnenderweise in einem Wörterbuch zu finden:

> "Die Dampf–Maschine [...] eine Maschine, welche vermittelst der Dämpfe kochenden Wassers in Bewegung gesetzt [...] die Feuer–Maschine, welcher Nahme doch nicht so bestimmt ist." (Adelung (1793) Bd.1 Sp.1383, (1796) Bd.2 Sp.133)

Weitere Fachtexte zeigen dann zunehmend ähnliche Abwägungen und sprachliche Reflexionen:

> "das Wesentliche der Wirkung der Dämpfe an der alten und neuen Feuermaschine, oder, **besser gesprochen**, Dampfmaschine" — "Feuermaschinen, oder **eigentlicher zu reden**, Dampfmaschinen" (Lempe (1795) S.71, Langsdorf (1796) T.3 S.143, Hervorhebung K.J.)

(3) **1795-1800:** Zu Beginn der dritten Phase geht ein maßgebliches Lehrbuch der Maschinenlehre dieses Jahrzehnts mit einer 'Gewichtung' der beiden Ausdrücke voran. Dort wird die überholte Bezeichnung *Feuermaschine* nur noch in Klammern mitgeführt (vgl. Lempe (1795) S.64). Das Neue Journal zeigt dann im Jahrgang 1797 im Unterschied zu dem von 1795 (s.o.) die einheitliche Verwendung von *Dampfmaschine* (vgl. Neues Journal (1797) Bd.4 S.143-151). Im französischen Original des Fachtextes von Prony galt 1790 noch einheitlich für alle historischen Entwicklungsstufen der Dampfmaschine die Benennung "machine à feu" (vgl. Prony (1790) S.563ff.) Der Übersetzer Karl Christian Langsdorf modernisiert dies in der deutschen Ausgabe von 1795 einheitlich zu "Dampfmaschine" (vgl. Prony (1795) S.607ff).

Mit den anspruchsvolleren Techniker–Fachtexten der letzten fünf Jahre des 18. Jahrhunderts (Lempe (1795), Prony (1795) und Langsdorf (1797-99)) ist der Schlußpunkt dieser dritten Phase gesetzt. Danach taucht die *Feuermaschine* nur noch in einigen wenigen Anwender–Fachtexten zu Beginn des 19. Jahrhunderts auf (siehe 9.6). Für den Fachmann ist das alte naive Modell vom FEUER ALS BEWEGER endgültig überholt. Das Wissen um die Wirkung der Kraft des Dampfes ist auch in allgemeinbildenden Texten verbreitet, sodaß die Bezeichnung *Feuermaschine* bewußt und gezielt gemieden wird. Die Reflexionen über die 'eigentliche' oder 'bessere' Benennung deuten dies jedenfalls an.

Mit dem beschriebenen lexikalischen Diffusionsprozeß liegt ein exemplarisches Beispiel dafür vor, wie eine sprachliche Veränderung, die durch eine technische Innovation initiiert wird, innerhalb eines kurzen Zeitraums in verschiedenen Texttypen untersucht werden kann. Der hier innerhalb von 20 Jahren ablaufende 'Wortverdrängungsprozeß' spiegelt die Herausbildung des modernen Begriffs der DAMPFMASCHINE und die Ablösung der archaischen Vorstellung von der FEUERMASCHINE wider (vgl. auch Fürst (1927) Bd.4 S.165). Mit der 'Entzauberung' der FEUERMASCHINE geht der ausdrucksseitige Wechsel zur *Dampfmaschine* ausnahmsweise genau parallel.

8.9.3 Die Vorstellungen von der Selbststeuerung und die Anfänge des Dampfmaschinen–Mythos

Im Umfeld der Dampfmaschinentechnik gibt es jedoch auch sprachliche Ausdrucksmittel, die nicht in dem zuvor dargestellten Maße den moderneren Begriffen und Vorstellungen angepaßt werden. Es ist ja in der Techniksprache kein seltenes Phänomen, daß die tragenden semantischen Merkmale **und** die sprachlichen Ausdrücke in späteren Technikbeschreibungen fortbestehen, obwohl die ehemals zugrundegelegten Artefakte und die darauf beruhenden Vorstellungen längst überholt und überwunden sind. Die Eingebundenheit der Techniksprache in Alltagsvorstellungen und alltagssprachliche Formen sorgt für solche begriffliche und sprachliche Konservativität (siehe 4.2 u. 6.3).

Als ein solches Phänomen fällt in dem hier zu behandelnden Zusammenhang der Dampfmaschinentechnik auf, daß das dem perpetuum mobile und dem Automaten zugeschriebene Konzept der BEWEGUNG AUS SICH SELBST noch in Relikten vorhanden ist. Obwohl die Vorstellung vom selbstbewegenden Automaten im 18. Jahrhundert längst 'rationalisiert' ist (siehe 8.5) und obwohl im letzten Viertel des 18. Jahrhunderts in allen Texten die FEUERMASCHINE zur DAMPFMASCHINE 'entzaubert' ist (siehe 8.9.2), bleiben dennoch sprachliche Anklänge an die alten Vorstellungen vom AUTOMATEN bestehen. Beispiele aus einem Techniker–Fachtext und aus einem Nachschlagewerk:

> Die Feuermaschine "**ernähret** und evacuiret **sich selbst** nach denen geordneten Zeiten, und ziehet **aus ihrer eigenen Arbeit** alles das, was zu ihrer eigenen Unterhaltung nötig ist." — "Eine Maschine, die **aus sich selbst** ihren Unterhalt ziehet, und **selbst** alle Bewegungen ohne eines Menschen Hülfe **hervorbringt**, die zu ihrem Spiel gehören." (Belidor (1740-50) §1323, Jacobsson (1793) Bd.5 S.539, Hervorhebung K.J.)

Im Technologischen Wörterbuch von Jacobsson sind die sprachlichen Parallelen am deutlichsten: Auch bei der Definition des "Automaten" (siehe 8.5) werden die Formulierungen "aus sich selbst" bzw. "in sich selbst" verwandt (vgl. Jacobsson (1793) Bd.5 S.134).

Dabei ist zu bedenken, daß die Vorstellung, die mechanische Energie komme aus der Dampfmaschine 'selbst', im Sinne des alten Automatenkonzepts ja in gewisser Weise richtig ist, wenn man die veränderten Bedingungen der Energieumwandlung außer acht läßt. Denn die Muskel–, Wind– und Wasserkraftmaschinen brachten mechanische (kinetische) Energie hervor, weil ihnen 'von außen' mechanische (kinetische oder potentielle) Energie zugeführt wurde. In der Dampfmaschine dagegen wird **keine** mechanische Energie zugeführt. Ihre Energie kommt 'von innen' aus der chemischen Energie des Brennstoffes.

Erst auf der Basis des neuen Energiebegriffs des 19. Jahrhunderts, der Wärmeenergie und mechanische Energie zusammenführt (siehe 9.2.1), kann die Dampfmaschine dann eine 'normale' Kraftmaschine wie ihre technikgeschichtlichen Vorgänger werden: Auch sie generiert keine Energie, sondern wandelt Energie um. Aber eben der begrifflich noch nicht klare Prozeß der ENERGIEUMWANDLUNG von der chemischen Energie des fossilen Brennstoffs über die bei der Verbrennung freigesetzte Wärmeenergie zur kinetischen Energie des Wasserdampfes muß am Ende des 18. Jahrhunderts selbst dem qualifizierten Techniker noch ein wenig wie ENERGIEERZEUGUNG erscheinen.

Neben die vermeintliche 'Bewegung aus sich selbst' tritt am Ende des Jahrhunderts die 'Selbststeuerung' der Maschine als ein weiterer technischer Gesichtspunkt, der für die Anklänge an Automatenvorstellungen verantwortlich ist:

> "So erhält sich also diese Maschine, kraft des unter ihrem Kessel brennenden Feuers, und vermöge des künstlichen und sinnreichen Mechanismus ihrer Steuerung selbst im Gange." (Neues Journal (1795) Bd.1 S.159)

Mit der Dampfmaschinentechnik ziehen erstmals in großem Umfang technische Vorrichtungen in den Maschinenbau ein, die man heute als Steuerungs- und Regelungstechnik zusammenfaßt (vgl. Böge (1985) S.1389ff.): Die Maschinen steuern mittels Ventilsteuerung die Dampfzufuhr, erledigen das Öffnen und Schließen der Ventile, seit James Watt können sie sogar mittels eines Fliehkraftreglers die Umdrehungszahl regeln. Von dieser 'Selbsttätigkeit' der Maschinensteuerung muß vermutlich für den zeitgenössischen Betrachter die größte Faszination ausgegangen sein. Die detaillierten Schilderungen der Bewegungen und Steuerungen, die 'ohne Zutun des Menschen' erfolgen, sind auch in Techniker-Fachtexten mit einem gewissen bewundernden Unterton versehen:

> "Diese Klappermühle [=Ventilsteuerung] **macht sich** wechselweise auf und zu [...] Endlich kommt die Steuerung, oder diejenigen Theile, zu bemerken, wodurch **ohne Beyhülfe menschlicher Hände** sowohl die Klappermühle, als der Injectionshahn wechselweise eröffnet und zugemacht wird [...] wodurch sie **sich von selbst** immer fort bewegt [...] daß nemlich die Maschine jetzt **sich selbst bearbeitet**: oder vielmehr, daß die Eröfnung und Schliessung des Dunstschiebers und des Einspritzungs-Hahns **durch sie selbst** geschiehet" (Delius (1773/1806) Bd.2 S.148-154, Kirchhof (1782) S.212, Hervorhebung K.J.)

Eine Steigerung ist gegeben, wenn man Vermittlungstexte analysiert, in denen das Prinzip der Regelungstechnik dem Leser nahegebracht wird. In der Deutschen Enzyklopädie werden bei der Beschreibung der selbsttätigen Steuerung in einem Ausmaße teleologisierende und anthropomorphisierende Formulierungen verwandt und somit eine sehr naive Variante des mentalen Modells HANDLUNG zugrundegelegt, wie sie sonst in dem Nachschlagwerk kaum zu finden sind:

> "Während dieser Einrichtung bleibt die Maschine noch beständig in Ruhe, bis auf den Augenblick, **da sie selbst ein Zeichen giebt, womit sie erinnert**, daß es Zeit sey, sie nunmehro spielen zu lassen: dieses **Signal** kommt zu Schulden, wenn der Wasserdampf, nachdem er genugsame Gewalt erlanget hat, dasjenige Ventil zu eröffnen, oder aufzustoßen, womit die eigentliche Dampfröhre verschlossen ist, aus dieser Röhre **mit einem Krachen** herausfähret." (Deutsche Enzykl. (1784) Bd.9 S.879, Hervorhebung K.J.)

Der durch das "Signal" gerufene, "mit einem Krachen" herausfahrende Dampf stützt die Interpretation, daß hier eine besonders beeindruckende Technik in einem relativ naiven Vermittlungsmodell dargestellt wird.[44] Der Übergang vom naiven Modell über ein nichtverstehendes und fasziniertes Staunen bis hin zu irrationalen Erklärungsversuchen kann dabei sehr kurz sein, womit die eigentlich schon rationalisierten Vorstellungen dann einer erneuten 'Mystifizierung' erliegen: Einer technikgeschichtlichen Anekdote zufolge soll James Watt bei den Vorführungen seine Maschinen stets so eingestellt haben, daß diese möglichst viel Lärm machten. Denn die naiven Besucher und potentiellen Käufer hielten den Lärm der Maschine offensichtlich für das wichtigste Indiz der Leistungsabgabe (vgl. Varchmin/Radkau (1981) S.105).

Auf solche irrationalen Überlagerungen, auf die Relikte der überholten Vorstellung vom 'Selbstbeweger' und auf die Faszination 'Selbststeuerung' ist vermutlich der Mythos gegründet, mit dem die Dampfmaschine in den verschiedenen Texten als technisches Wunder gepriesen wird. Allerdings entfaltet sich diese euphorische und mystifizierende Technikgeschichtsschreibung im vollem Ausmaße erst im 19. Jahrhundert, weil dann die industriellen und verkehrstechnischen Auswirkungen der universal einsetzbaren Kraftmaschine erkennbar sind. Bis ans Ende des 18. Jahrhundert ist der Einsatz noch zu sehr auf die Bergwerkspumpe begrenzt und daher die 'Bejubelung' noch relativ bescheiden. Weber weist als Technikhistoriker darauf hin, daß die zeitgenössischen Stimmen des 18. Jahrhunderts (als Beispiele nennt er Wolff, Belidor, Leupold, Prony) noch relativ gemäßigt in der Bewertung seien, die

[44] In der unangemessen wirkenden Deutung der noch nicht völlig durchschauten Steuerungs- und Regelungstechnik sind Ähnlichkeiten mit der in der Gegenwart überzogenen Deutung der elektronischen Regelung und Informationsverarbeitung nicht zu übersehen. Beispielsweise ist die voreilige Charakterisierung relativ einfacher informationsverarbeitender Techniken mit dem Schlagwort 'Künstliche Intelligenz' auf ähnlichem Niveau wie der Enzyklopädietext von 1784.

begeisterte Verherrlichung der 'revolutionären' Dampfmaschinen beginne erst etwa um 1820 (vgl. Weber (1978b) S.169). Dem ist nach unserer Quellenkenntnis völlig zuzustimmen. Dennoch ist unverkennbar, daß relativ bescheidene Anfänge des Dampfmaschinen-Mythos schon im 18. Jahrhundert zu beobachten sind.

In der ersten ausführlichen deutschsprachigen Beschreibung der Feuermaschinen von 1724 ist nur eine einzige 'euphorische' Textstelle zu finden, in der die neue Maschine als "herrliches Werck, wodurch grosse und wichtige Dinge auszurichten seyn", vorgestellt wird (Leupold (1724a) S.157). Erst die deutsche Übersetzung des französischen Klassikers der Maschinenbauliteratur weist zur Mitte des 18. Jahrhunderts erheblich deutlichere Lobpreisungen der Dampfmaschine auf:

> "daß man sich des Feuers bedienet, um gewaltig schwere Lasten in die Höhe zu heben, und zwar auf eine solche sinnenreiche Art, daß biß anhero noch nichts erfunden worden, das dem menschlichen Verstande mehr Ehre oder Lob zuwege gebracht haben sollte." (Belidor (1740-50) §1276)

Nach 1820, der von Weber festgestellten Zäsur, werden vor allem die enorme Leistungsfähigkeit und die nahezu uneingeschränkte Einsatzmöglichkeit der neuen Maschinentechnik betont werden. Dagegen sind die Belidors 'Bewunderungen' noch ganz im Maschinenkonzept des 18. Jahrhunderts verwurzelt, denn im obigen Zitat werden vorrangig die 'künstliche Unterwerfung des Feuers' und die 'geniale und künstliche Konstruktion' der Maschine hervorgehoben. Dieses Paradigma wird im folgenden Ausschnitt noch deutlicher, wo in direkter Umkehrung einer Beschreibung von Descartes (siehe 7.3) das Mensch–Maschinen–Modell nochmals aktiviert wird (siehe 8.2)[45]:

> "Man muß gestehen, daß dieses die wunderwürdigste unter allen Machinen seye, und keine sonst anzutreffen, deren **Mechanismus** mit dem **Mechanismo** derer **Animalien** so grosse Ähnlichkeit habe. Die Hitze ist das **Principium** ihrer Bewegung; Es geschiehet in ihren verschiedenen Röhren, eine eben dergleiche **Circulation**, wie des Geblüts in denen Adern, und hat ihre Klappen oder Ventils, die sich zu rechter Zeit öffnen und verschliessen." (Belidor (1740-50) §1323)

Es ist höchst signifikant, daß in Belidors Werk, das für die Mitte des 18. Jahrhunderts Technikwissen auf höchstem Fachniveau zusammenfaßt, lediglich bei den Abschnitten über die Innovation Feuermaschine solche **direkten** Mensch-Maschinen-Vergleiche zu beobachten sind. Daraus kann geschlossen werden, daß **nur noch** für die ungewohnte Technik, nämlich für den 'künstlichen Organismus' der Dampfmaschine, das theoretisch überholte Mensch–Maschinen–Modell bemüht werden muß.

[45]Dieser Mensch–Maschinen–Vergleich ist ca. 40 Jahre später **wörtlich** (lediglich mit geringfügigen morphologischen Veränderungen) im Artikel "Feuermaschine" der Deutschen Enzyklopädie ((1784) Bd.9 S.880) zu finden.

In Fachtexten am Ende des Jahrhunderts finden sich im allgemeinen relativ gemäßigte Hinweise auf die Faszination der Maschine. In ihnen sind jeweils vereinzelt die Motive der Bewunderung (Künstlichkeit, Selbststeuerung) genannt:

> "gehört sicherlich unter die sinnreichsten und wichtigsten Werke des menschlichen Verstandes [...] Der bewundernswürdige Mechanismus der Maschine, ihre künstliche Steuerung, ihre so beträchtliche Kraft, und ihre große Wirksamkeit, das Wasser zu sehr ansehnlichen Höhen zu erheben [...] verschaffte dieser neuen Erfindung ungetheilte Bewunderung." (Neues Journal (1795) Bd.1 S.62/76)

Dabei sind die Lobpreisungen des Wunderwerks auch mit skeptischen Einwürfen vermischt. Auch hierin unterscheidet sich das 18. Jahrhundert von der unkritischen Technikeuphorie des 19. Jahrhunderts:

> "und es ist nur zu bedauern, dass ihre Unterhaltung, besonders an solchen Orten, wo nicht Waldung im Ueberflusse ist, kostbar, und der Holzaufwand den Bergwerken nachtheilig ist." (Delius (1773/1806) Bd.2 S.147) — "Weg also mit dieser Art Maschinen! Sie gehören nur nach Engelland, wo unermeßliche Steinkohlengruben das Material zu ihrer Belebung darreichen." (Langsdorf (1796) T.3 S.144)

Es ist deutlich geworden, daß der spätere Dampfmaschinen-Mythos zwar im 18. Jahrhundert seine Anfänge hat, daß aber teils noch erhebliche Einschränkungen und ganz andere Motive der Bewunderung gelten als im 19. Jahrhundert. Aus der technikgeschichtlich-technikphilosophischen Rückschau von Ernst Kapp (1877) läßt sich die Chronologie der unterschiedlichen Motive recht deutlich herausarbeiten:

(1) Für die Beurteilung der 'Einmaligkeit' der Dampfmaschine ist die für das 18. Jahrhundert typische Verwirrung im Mensch-Maschinen-Modell wichtig:

> "Es war die Dampfmaschine in Bezug auf die Erzeugung, Unterhaltung und Wirkung der Kraft ein so entsprechendes Abbild des leiblichen Organismus, dass bei oberflächlicher Betrachtung die Unterscheidung von mechanischem Bewegungszwang und organischer Bewegungsfreiheit beirrt wurde, und dass die Vorstellungen von Maschine und Mensch sich geradezu verwirrten." (Kapp (1877) S.166)

(2) Die nichterkannte Gesetzmäßigkeit in der Umwandlung der Wärmeenergie in Bewegungsenergie ist die zweite Ursache der Verwirrung und führt offensichtlich noch im 19. Jahrhundert zu 'dämonischen' Täuschungen:

> "Was an der Dampfmaschine die hohe Bewunderung einflösst, das sind ja nicht jene technischen Einzelheiten [...], sondern es ist die Speisung der Maschine, die Umsetzung der Brennstoffe in Wärme und Bewegung, kurz der eigenthümlich dämonische Schein selbsteigener Arbeitsleistung." (Kapp (1877) S.137)

(3) Vorneweg werden aber die Gesichtspunkte angeführt, die die Erfindung der Dampfmaschine zur erst im 19. Jahrhundert erkennbaren weltgeschichtlichen Zäsur werden lassen:

> "Ein umfassender neuer Motor ist gewonnen und die wunderbare Erfindung tritt ihre Reise um die Welt an. Von ihr an datirt die Grossindustrie." (Kapp (1877) S.127)

Insgesamt ist zu beobachten, daß die technikgeschichtlich 'zurückblickenden' Texte — auch noch im 20. Jahrhundert (z.B. Fürst (1927) Bd.4 S.155ff.) — die verherrlichenden und bewundernden Formulierungen am stärksten pflegen. Denn erst in der historischen Distanz ist das herausragend Faszinierende erkennbar, daß aus der ehemaligen Pumpe, 'die durch Feuer Wasser hebt', eine universal verwendbare Kraftmaschine geworden ist:

> "Sie unterstützt alle menschliche Thätigkeit in Haus und Hof, in Wald und Feld, zu Wasser und zu Land, sie schafft als Zug- und Lastthier, hilft Kabel legen und Bücher drucken" (Kapp (1877) S.128)

8.10 Arbeitsmaschine und Kraftmaschine: Erste Ansätze einer neuen Begriffsbildung

Mit dem so charakterisierten "umfassenden neuen Motor" ist in der Tat eine Maschine entstanden, die in allen Anwendungsbereichen die lebendigen und natürlichen Antreiber, die in den Techniktexten "äußere Kräfte" genannt werden, ersetzen kann: das Zugtier, den Haspelknecht, den unzuverlässigen Wind, den von Eis und Trockenheit bedrohten Mühlbach. Der neue Begriff der KRAFTMASCHINE, mit dem die nunmehr auch maschinellen Antreiber zusammengefaßt werden, bildet sich in den beiden letzten Jahrzehnten des 18. Jahrhunderts in den anspruchsvolleren Techniker-Fachtexten heraus. Dieser Prozeß soll im Mittelpunkt dieses Abschnittes stehen. Die endgültige Lexikalisierung der beiden Maschinenklassenbezeichnungen *Arbeitsmaschine* und *Kraftmaschine* ist erst im 19. Jahrhundert abgeschlossen (siehe 9.7).

Eine textgeschichtlich bedeutsame Vorstufe der Klassifizierung ist im Bergbaubuch von Delius (1773/1806) geleistet. Die beiden Maschinenklassen sind insofern schon als Klassenbegriffe ausgebildet, als sie durch eine gegliederte Aufzählung und eine paraphrasierende Umschreibung genau vorgegeben sind, jedoch sind sie in dem Sinne noch vorbegrifflich, als irgendeine Andeutung einer klassenbildenden 'Überschrift' o.ä. fehlt. In der Gliederung der in der Wasserhaltung im Bergbau eingesetzten Maschinen stehen sich gegenüber:

(1) Die **ARBEITSMASCHINEN** "Pumpenwerk" und "Kunstsatz", die die die eigentlich gewünschte Pump- und Hebearbeit leisten: "Denn die Pumpenwerke sind eigentlich diejenigen Hebezeuge, wodurch das Wasser heraus geschafft wird, und diese sind in der Hauptsache bey allen Maschinen einerley."

(2) Die antreibenden **KRAFTMASCHINEN** "Kunstrad" (ober- oder unterschlächtiges Wasserrad), "Rosskunst", "Feuermaschine" und "Wassersäulenmaschine": "Weil aber zu ihrer Bewegung eine bewegende Kraft erfordert wird, so sind **obbenannte Maschinen** [...] die jenigen **bewegenden Kräfte**, die die Pumpen in Bewegung bringen müssen." (Delius (1773/1806) Bd.2 S.54f., Hervorhebung K.J.)

Bei Delius ist **erstmals** in einem Fachtext die Gleichsetzung von "bewegenden Kräften" und "Maschinen" vollzogen. So sind die natürlichen Antreiber erstmals gemeinsam mit dem neuen maschinellen Antreiber Feuermaschine in **einer** gemeinsamen Gruppe zusammengefaßt. Solch erste zaghafte Klassifizierungsversuche werden dann bis etwa um 1800 zu einer endgültigen und festen Dichotomie der beiden Maschinentypen ausgebaut. Ausgelöst bzw. beschleunigt wird dieser Prozeß durch eine weitere entscheidende technische Innovation im Bereich der Dampfmaschinentechnik (vgl. Eckoldt (1986) S.49ff). Zunächst waren (ebenso wie die alten atmosphärischen Dampfmaschinen) auch die ersten Maschinen von James Watt nur in der Lage, die **Hubbewegung** des Dampfkolbens auf die Hubbewegung eines Pumpenkolbens zu übertragen. Die Einsatzmöglichkeiten waren somit erheblich eingeschränkt. Zu Anfang der 80er Jahre gelingen James Watt entscheidende Verbesserungsinnovationen (Maschinen mit Doppelkolben, höhere Drehzahlen, Parallelogrammführung, Planetengetriebe, Schwungrad), die die Dampfmaschine zur allgemein einsetzbaren Kraftmaschine machen, weil die von ihr erzeugte **Rotationsbewegung** auf die verschiedensten Typen von Arbeitsmaschinen übertragen werden kann. In England treibt erstmals im Jahre 1785 eine Dampfmaschine eine Produktionsmaschine in einer Textilfabrik. In Deutschland steht erstmals im Jahre 1800 eine Dampfmaschine zum Betrieb von Arbeitsmaschinen in einer Berliner Porzellanfabrik.

Verglichen mit früheren Zeiten ist der Wissenstransfer solcher Neuerungen in Texten erheblich schneller, was auf text- und kommunikationsgeschichtliche Veränderungen zurückzuführen ist (siehe 6.3 u. 8.1). Der Zeitschriftenaufsatz im Göttingischen Magazin von 1782 (vgl. Kirchhof (1782)) brachte 13 Jahre nach Erteilung des ersten Patents an James Watt dem deutschen Leser den ersten ausführlichen Bericht über die Neuerungen (siehe 8.9.2). Die ersten Belege für die neue Anwendbarkeit der Dampfmaschine im Industriebetrieb tauchen Mitte der 90er Jahre, also mit ca. 10jähriger 'Verspätung', in Zeitschriften auf:

> "nicht nur um Grubenwasser aus Schächten zu heben, sondern auch dadurch andere Maschinen in Bewegung zu setzen." (Neues Journal (1795) Bd.1 S.81)

Somit ist durch die geschilderte technische Innovation in den 90er Jahren ein wichtiger Anstoß für die Weiterentwicklung des Begriffs KRAFTMASCHINE

gegeben. In vier anspruchsvollen Techniker-Fachtexten kann man die Entwicklung sehr verdichtet und mikroskopisch untersuchen: Um 1790 ist die Begriffsbildung noch auf dem Stande von Delius (1773/1806), in den Jahren danach erfolgen die ersten Vorschläge zur Lexikalisierung. Folgende vier Texte werden herangezogen:
(1) Prony (1790): Nouvelle architecture hydraulique.
(2) Prony (1795): Neue Architektura Hydraulika.
(3) Lempe (1795): Lehrbegriff der Maschinenlehre.
(4) Langsdorf (1797-99): Handbuch der Maschinenlehre.

Vorneweg ein Überblick über die in den Texten verwandten Ausdrücke für die Maschinenklassen:

	KRAFTMASCHINE	ARBEITSMASCHINE
Prony (1790):	*moteur*	*machine*
Prony (1795):	*Kraft*	*Maschine*
Lempe (1795):	*Kraft*	*Maschine*
Langsdorf (1797-99):	*würkende Maschine*	*leidende Maschine*

Prony (1790) unterscheidet den antreibenden *moteur* von der angetriebenen *machine*. Die Benennungen sind in Gliederung und Überschriften deutlich als Klassenbildung zu verstehen, beispielsweise in einer Kapitelüberschrift:

> "Section V. Des **machines** et des **moteurs** qu'on peut y appliquer, considérés avec les differéntes circonstances physiques qui influent sur l'équilibre et le mouvement." (Prony (1790) S.427, Hervorhebung K.J.)

In **Prony (1795)**, der deutschsprachigen Version des französischen Originals von 1790, wird die Terminologie vom Übersetzer Karl Christian Langsdorf in die deutsche Benennungstradition eingepaßt. Die übersetzte Version der Überschrift:

> "Von den **Maschinen** und denen dabei anwendbaren **Kräften**, in Bezug auf die physischen Nebenumstände betrachtet, welche auf das Gleichgewicht und die Bewegung Einfluß haben." (Prony (1795) Inhaltsverz., Hervorhebung K.J.)

Die Übersetzung von "moteur" durch "Kraft" wird vom Übersetzer ausdrücklich kommentiert und begründet (vgl. die Anmerkung in Prony (1795) S.36). Dann wird im gesamten Text, noch völlig dem Benennungstand von Delius (1773/1803) entsprechend, von dem Gegensatz *Kraft* und *Maschine* ausgegangen:

> "Die Kräfte, welche wir bei den Maschinen zu betrachten haben, sind die Menschen, die Thiere, das Wasser sowohl in seinem natürlichen Zustand als in der Gestalt der Dämpfe, die Luft [...] Wenn nun irgend eine von diesen Kräften bei einer Maschine angebracht ist [...]" (Prony (1795) S.257)

Dieser Sprachstand ist auch noch in **Lempe (1795)** gegeben. Dessen Beitrag zur begrifflichen Weiterentwicklung besteht in einer exakten Untergliederung, die auch heutigen Ansprüchen an einen Fachtext genügen würde. Ergänzt man seine Darstellung in den Abschnitten "Absicht und Eintheilung der Maschinen" durch eine Dezimal-Numerierung und die noch nicht ausgebildeten Lexikalisierungen *Kraft-/Arbeitsmaschine*, ergibt sich folgende moderne Gliederung (vgl. Lempe (1795) S.61-72):[46]

(1) ARBEITSMASCHINE:
"Mit einer Maschine **will man** überhaupt eine beabsichtigte **Bewegung vortheilhaft** hervorbringen. Der Vortheil betrift entweder die Kraft oder die Geschwindigkeit."
Die Subklassenbildung erfolgt "nach dem Zwecke":

- (1.1) Heb- und Fortschaffungszeuge
- (1.2) Preßzeuge und Rammel
- (1.3) Wasserhebungsmaschinen
- (1.4) Pneumatische Maschinen
- (1.5) Mühlwerke
- (1.6) Uhrwerke
- (1.7) Fabrikmaschinen

(2) KRAFTMASCHINE:
"Die Kräfte, womit die Maschinen in Bewegung gesetzt werden, sind die Kräfte **belebter und unbelebter** Wesen."

- (2.1) "belebte Wesen": Mensch, Pferd, Ochse und Esel.
- (2.2) "unbelebte Wesen": Gewichte, elastische Federn, Wasserdämpfe, Luft und Wasser.

Im Hinblick auf die endgültige Lexikalisierung im 19. Jahrhundert wird mit dem Werk von **Langsdorf (1797-99)** ein entscheidender Schritt getan. Die Benennungen drücken nun erstmals deutlich aus, daß der alte Gegensatz *Kraft* vs. *Maschine* überholt ist und nun in **beiden** Klassen *Maschinen* vorkommen (vgl. Langsdorf (1797) Bd.1 S.316f.):

[46] Darin sind teilweise gegenwärtige Maschinenklassen erkennbar (z.B. (1.1) Transportmaschine oder (1.7) Werkzeugmaschine). Mit den Uhrwerken sind aber auch Unterklassen vertreten, die heute nicht mehr zu den Arbeitsmaschinen gerechnet werden.

(1) KRAFTMASCHINE = "würkende Maschine"
(2) ARBEITSMASCHINE = "leidende Maschine"

In den Abschnitten zum 19. Jahrhundert ist dann auszuführen, wie die noch stark von KÖRPER–Modellen geprägten Attribute in die heutigen Benennungen überführt werden (siehe 9.7) und wie der Gegensatz zwischen dem französischen Lehnwort *Motor* und der deutschen Bildung *Kraftmaschine* zu einer 'vertikalen' Differenzierung in der Technikfachsprache und der Alltagssprache führt.

9. 1800 – 1850: Die Verbreitung der Dampfmaschine in Produktion und Verkehr

9.1 Technikhistorische und textgeschichtliche Skizze

Man nennt das 19. Jahrhundert plakativ das Zeitalter der weit verbreiteten und vielseitig eingesetzten Dampfmaschinentechnik, der verkehrstechnischen Revolutionen auf Schiene und Straße und der neuen Ingenieurstechnik. Mit diesen Schlagwörtern sind die drei Schwerpunkte des 9. Kapitels gekennzeichnet, das den Zeitraum von 1800 bis 1850 umfassen soll.

Es ist das Zeitalter der "Emanzipation der Technik" (Manegold (1969b)) und der Etablierung einer hohen Technikdisziplin auf ingenieurwissenschaftlichem Niveau, deren entscheidende Institutionalisierung zwar erst in der zweiten Jahrhunderthälfte stattfindet (z.B. Technische Hochschulen, Verein Deutscher Ingenieure), deren entscheidende Ansätze sich aber in der ersten Jahrhunderthälfte ausbilden (z.B. Polytechnische Schulen, Theorieschriften zum Maschinenbau). Mit der Emanzipation der Technik ist aber auch die Auflösung des allumfassenden Bildungsideals der Aufklärung und die Herauslösung der natur- und ingenieurwissenschaftlichen 'Kultur' aus der allgemeinen, literarischen und geisteswissenschaftlichen Bildung verbunden. Diese kulturgeschichtliche Dissozation hat bekanntlich große Folgen für die naturwissenschaftlichen und technischen Disziplinen und für das problematische Verhältnis, das die kulturtragenden bildungsbürgerlichen Eliten zur Technik des Industriezeitalters haben (siehe 4.4).

Die technikgeschichtlichen Schwerpunkte dieses Kapitels für die Zeit von 1800 bis 1850 ergeben sich zumeist aus dem Umfeld der Dampfmaschinentechnik:

(1) Die Dampfmaschine erfährt als universale Kraftmaschine erstmals eine sektoral übergreifende Verbreitung. Eine der technischen Voraussetzungen hierfür ist die Entwicklung der Hochdruckdampfmaschine ab 1800/1810 (vgl. Eckoldt (1986) S.55- 62). Zu den Zeiten von James Watt arbeiten die Maschinen mit einem Dampfdruck von **ca. 1.4 at.** Die ersten deutschen Hochdruckdampfmaschinen von Ernst Alban arbeiten um 1840 mit **ca. 10 at.** Gegenüber der Innovationsphase der Dampfmaschine ergibt sich ein 'Rückschritt' in der Entwicklung, denn mit den anfangs noch nicht beherrschten Druckkräften beginnt nun auch das Zeitalter der Kesselexplosionen. Der Respekt vor der Zerstörungsgewalt des Dampfdruckes, die Berichte über Explosionen und Zerstörungen und die Weiterentwicklung der Sicherheitstechnik und der Maschinenüberwachung sind beherrschende Themen in den Fachzeitschriften des 19. Jahrhunderts (vgl. z.B. Dinglers Journal 10(1823) S.370). Dagegen ist auf der Seite des 'Fortschritts' zu verbuchen, daß die technische Weiterentwicklung mit ihrer Erhöhung von Dampfdruck und Drehzahl logischerweise auch zur Steigerung der Leistungsabgabe führt. Damit ist die entscheidende Grundlage für die weitere Erhöhung der Einsatzmöglichkeiten

gelegt: Denn einerseits können nun noch größere Arbeitsmaschinenkomplexe angetrieben werden, andererseits werden die Maschinen bei steigender Leistung kleiner und damit vielseitiger plazierbar (z.B. auf Fahrzeugen).

(2) Die klassifizierende Begriffsbildung und die Lexikalisierung der Maschinenklassen sind etwa zur Jahrhundertmitte abgeschlossen. Nach 1850 kommen dann weitere Kraftmaschinen hinzu: der Heißluftmotor, der Verbrennungsmotor (für Gas oder flüssige Brennstoffe) und die Dampfturbine.

(3) Das überragende technische Ereignis der ersten Hälfte des 19. Jahrhunderts ist die Dampfeisenbahn.[47] Das erstmals mögliche 'Fahren ohne Pferde' verändert die Auffassungen von Fahrzeugen und Fortbewegung. Daher werden hier die Auswirkungen auf die vorindustriellen Begriffe WAGEN und FAHRZEUG behandelt. Diese erste verkehrstechnische Begriffsrevolution ist auch für die später zu behandelnde zweite verkehrstechnische Zäsur, nämlich für die Automobiltechnik (siehe Kap. 10), entscheidend und grundlegend.

(4) Neben den Innovationen und Modernisierungen sind auch die Nachwirkungen des 18. Jahrhunderts weiterhin zu verfolgen: die Relikte der irrationalen Auffassungen von Maschinen, die weitere 'Rationalisierung' der Automatenkonzeption, die 'Gleichzeitigkeit' der vorindustriellen Maschinenprototypen.

(5) Die in der Kapitelgliederung gesetzte Zäsur um 1850 ist **technikgeschichtlich** durch das Ende der Innovationsphase für die Dampfeisenbahn bedingt. Sie ist ebenso **textgeschichtlich** durch die neue Qualität der Techniker-Fachtexte vorhanden, die mit den Werken des Karlsruher Maschinenbautheoretikers Ferdinand Redtenbacher ((1848) (1852) (1853a) (1853b) (1860) (1862-65)) zur Ingenieur-Literatur modernen Zuschnitts werden.

Das 19. Jahrhundert bringt insgesamt eine weitere Entfaltung und Verbreiterung der textgeschichtlich ausgerichteten Untersuchungsmöglichkeiten. In den Analysen können die textsortenspezifischen Längsschnitte oder Vergleiche gegenüber den Möglichkeiten in Kapitel 8 weiter gesteigert werden, wie folgender Überblick über die ausgewerteten Quellen zeigt:

(1) **Theorie-Fachtexte:** Enzykl. Methodologie (1814), Physikal. Wörterbuch (1825-45)

(2) **Techniker-Fachtexte:** Allg. Masch.-Enzykl. (1841-44), Hachette (1828), Poppe (1816-20), Redtenbacher (1848), Technol. Enzyklopädie (1830-52), Techn. Wörterbuch (1843-44), Weisbach (1848)

(3) **Anwender-Fachtexte:** Allg. Enzykl. Kaufleute (1838), Baader (1822), Baader (1825), Baader (1826), Bernoulli (1829) (1846), Ding-

[47]Die Eisenbahn- und Dampfwagengeschichte beginnt in England schon zu Anfang des Jahrhunderts. Auch in Deutschland gibt es schon vor dem historischen Datum von 1835 eine Vorgeschichte der Pferdeeisenbahn, der Dampfeisenbahn und der Dampfwagen auf der Straße. Vgl. hierzu Fürst (1924) Bd.2 S.71ff., Mauel (1971), Eckermann (1984) S.26-39).

lers Journal (1820-1849), Ginzrot (1817/1981), Karmarsch (1837-41), Langsdorf (1826-28), Magazin (1800-1808), Poppe (1806) (1807-11)

(4) **Vermittlungstexte:** Blasche (1804-10), Brockhaus/2.Aufl. (1812-19), Brockhaus/2.Aufl./Plagiat (1818-19), Brockhaus/7.Aufl. (1830), Campe (1807-11), Maschinenwesen (1846), Newhouse (1834), Populäres physik. Lexikon (1834-38), Schweizer (1847)

Für die erste Jahrhunderthälfte sind drei wichtige Entwicklungen in der Textgeschichte festzuhalten.

(1) **Wissenschaftliche und technische Fachzeitschriften:** Nach den Ansätzen in den 90er Jahren des 18. Jahrhunderts entstehen zu Beginn des 19. Jahrhunderts die modernen wissenschaftlichen Fachzeitschriften, die zunächst noch nicht auf Teilgebiete spezialisiert sind, sondern die Breite großer Fächer im Titel ausweisen (Beispiel: Annalen der Physik Jg.1 (1799)).

Auch auf technisch-praktischem Niveau entsteht die Zeitung für den Techniker, den Praktiker und den Anwender (Beispiele: Magazin/Erfindungen Jg.1 (1800), Dinglers Journal Jg.1 (1820)). Die frühen Jahrgänge solcher Blätter bieten noch ein buntes Sortiment an Texten aus einem breiten Themenspektrum und mit unterschiedlichstem Niveau.[48] Unter dem Sammelbegriff 'Polytechnik' sind etwa in Dinglers Journal Berichte über neue Erfindungen und neue Techniken, Hausrezepte, Berichte über besonders 'unglaubliche' Ereignisse, Diskussion zu Fragen der Gewerbeausübung und der Volkswirtschaft u.a. versammelt.[49] Die Zeitschrift ist noch nicht im eigentlichen Sinne ein Fachperiodikum, sondern auch noch deutlich mit Vermittlungs- oder gar Allgemeinbildungsaufgaben befaßt. Mit ihren aktuellen und relativ schnellen Auslandsberichten hat sie für den internationalen Transfer andererseits avantgardistische Funktionen. Für den Technikhistoriker ist bei jenen Berichten wiederum besondere Vorsicht geboten (vgl. Troitzsch (1969) S.338), weil viele wundersame und sensationelle Dinge oft ohne Überprüfung nachgedruckt werden, beispielsweise der "Wasserschiffzug", der sich unter Ausnutzung der Gegenströmung selbst flußaufwärts zieht oder die merkwürdige Maschine, "welche durch den Dampf von Schwefeläther in Gang gesetzt wird" (vgl. Dinglers Journal 30(1828) S.73, 99(1846) S.479). Die Technik-Fachzeitschriften der Frühzeit weisen also insgesamt eher einen zwiespältigen Charakter auf.

(2) **Übersetzungen und Bearbeitungen von englischer und französischer Fachliteratur:** Die westeuropäischen Länder England und Frankreich haben als wissenschafts- und technikgeschichtliche Avantgarde auch einen textgeschichtlichen Vorsprung. Ihre Nachschlagewerke und Lehrbücher werden als vorbildlich erkannt und als Übersetzungen oder Bearbeitungen für

[48]Vgl. Fischer (1975), Treue (1970) und Troitzsch (1969). Die Auflagen des Dinglerschen Journals: im Jahre 1840 ca. 1500, im Jahre 1858 ca. 3000.

[49]Kurze Informationen über 'Hausrezepte' (vgl. z.B. Dinglers Journal 100(1846) S.100: "Über das Entleeren der vollgesogenen Blutegel mittelst Weins") zeigen die fast unglaubliche Reichweite der Sammelkategorie 'Polytechnik'.

das deutsche Publikum eingerichtet. Verschiedene wichtige deutsche Fachtexte des frühen 19. Jahrhunderts gehen auf fremdsprachige Vorlagen zurück.

Einige Beispiele: Die 1. Auflage des 'Vademecums für Mechaniker' (Bernoulli (1829)) ist dem englischen Vorbild 'Compendium of Mechanics' von Robert Brunton nachempfunden. Karl Karmarsch bearbeitet das 'Dictionary of Arts, Manufactures and Mines' von Andrew Ure für den deutschen Leser zum dreibändigen 'Technischen Wörterbuch oder Handbuch der Gewerbkunde' um (Techn. Wörterbuch (1843-44)). Die frühen Werke von Ferdinand Redtenbacher sind durch einen englischen Titel beeinflußt: 'R.Willis; Principles of Mechanism 1841' (vgl. Strandh (1981) S.61). Auch wenn keine direkten 'Imitationen' oder 'Filiationen' vorliegen oder nachzuweisen sind, ist der allgemeine Einfluß der westeuropäischen Vorbilder stets hoch anzusetzen. So wird beispielsweise dem Werk des maßgeblichen französischen Maschinentheoretikers Jean Nicolas Pierre Hachette (1769-1834) bis zum Erscheinen der Maschinentheorie von Franz Reuleaux ((1875) und (1900)) ein maßgeblicher und weitreichender Einfluß zugeschrieben, der ohne 'konkrete Imitation' ganz allgemein für die Theoriebildung, Klassifizierung und Terminologie angenommen werden muß (vgl. Strandh (1981) S.61).

Weiterhin gelten in der ersten Hälfte des 19. Jahrhunderts für Forschungs-, Erkundungs- und 'Spionage'-Reisen ähnliche Kommunikations- und Transferbedingungen. Als Beispiel seien die Informationsreisen des bayerischen Beamten Joseph von Baader (1763-1835) genannt, der besonders Informationen über die ersten Eisenbahntests von England nach Deutschland brachte (vgl. Mauel (1971)). Allerdings wird durch das Zeitschriftenwesen die direkte Informationserlangung vor Ort immer mehr in den Hintergrund gedrängt.

(3) **Die Textbereiche 'Theorie, Technik und Alltag'**: In den beiden letzten Jahrzehnten des 18. Jahrhunderts stand in Ansätzen schon die spätere Textvielfalt des 19. Jahrhunderts für vergleichende Längsschnittuntersuchungen in Kapitel 8 zur Verfügung. Im Zeitraum 1800-1850 ist eine weitere Steigerung der mikroskopisch-verdichteten Anaylse möglich, weil Enzyklopädien, Fachtexte, Zeitschriften über einen **längeren Zeitraum** vergleichbar sind: Sie erscheinen entweder periodisch oder in kurz aufeinanderfolgenden Auflagen, oder ältere Standardwerke haben in jüngeren Standardwerken direkt vergleichbare 'Nachfolger'.

Gerade in den alltagsnäheren Texten ist jetzt überprüfbar, was an Fachwissen und Fachsprache aus den höheren Texten noch 'unten ankommt': Wörterbücher (z.B. Campe (1807-11), Schweizer (1847)), Konversationslexika (z.B. Brockhaus (1812) ff.) oder Nachschlagewerke für Nichttechniker (z.B. Allg. Enzykl. Kaufleute (1838)). Man kann für den hier zu behandelnden Bereich der Fach- und Vermittlungstexte behaupten, daß bereits um 1850 eine Textvielfalt und Textdifferenzierung erreicht ist, die dem gegenwärtigen Stand des 20. Jahrhunderts entspricht.[50]

[50] Gegenüber der heutigen vielfältigen Skalierung vom hochspezialisierten Fachtext bis zur Laienlektüre fehlt allenfalls noch der Bereich, den man heute mit 'Hobby- oder Ratgeber-Literatur' bezeichnen würde (z.B. das Gartenbuch für den Hobby-Gärtner oder

Einige Bemerkungen zu den vier Textgruppen Theorie–Fachtexte, Techniker–Fachtexte, Anwender–Fachtexte und Vermittlungstexte:

(1) **Theorie–Fachtexte:** Das Physikalische Wörterbuch (1825-45) von Johann Gehler ist ein Beispiel für einen Theorie–Fachtext jener Zeit, in dem 'Niveauvolles' und 'Triviales' noch bunt gemischt dargeboten werden konnte:

> "Wir haben uns daher [...] nicht abhalten lassen, so weit es in unsern Kräften stand, und die Hülfsmittel reichten, von den zur Physik eigentlich gehörigen Gegenständen nichts Bedeutendes zu übergehen, zugleich auch in solchen Artikeln, welche ein grosses Publicum interessieren, als Aräometer, Barometer, Blitz, Blitzableiter u.a. möglichst vollständig zu seyn, aus den Hülfswissenschaften aber, unserer Ankündigung gemäss, nur das Wesentlichste zu berücksichtigen." (Physikal. Wörterbuch (1825) Bd.1 S.V)

Neben wissenschaftlich zu nennenden Abhandlungen über Dampf, Gas, Kraft u.a. stehen auch anwendungsbezogene Artikel, wie z.B. Ratschläge fürs Feuerlöschen, Preistabellen für Dampfmaschinen oder Abhandlungen über die Heizungstechnik in der Wohnung (vgl. Physikal Wörterbuch (1826) Bd.2 S.485, (1827) Bd.4.1 S.199ff., (1828) Bd.4.2 S.141ff). Die vorrangige Intention des zitierten Wörterbuchs ist ohne Zweifel eine wissenschaftliche Darlegung, aber sie enthält als 'vormoderne Beigabe' noch mehr narrative und instruierende Textteile als heute angemessen erscheint.

Eine weitere textgeschichtlich bedeutsame Veränderung ist für mehrbändige Fachwerke des 19. Jahrhunderts zu bedenken. Ältere Nachschlagewerke standen hinsichtlich des dargestellten Entwicklungsstandes der Technik und der Wissenschaft auf einem einheitlichen Niveau, waren sozusagen 'aus einem Guß'. Ob man aus Zedlers Universallexikon (1732-50) den ersten oder den letzten Band zitiert, macht einen für das 18. Jahrhundert zu vernachlässigenden 'Wissenszeitraum' von 18 Jahren aus. Jetzt ist im 19. Jahrhundert innerhalb eines einzigen Werkes die rasche Wissensentwicklung ablesbar (vgl. Hund (1978) Bd.2 S.13), was zu weiterer Heterogenität innerhalb des Werkes führen kann. Im Falle des Physikalischen Wörterbuchs (1825-45) liegen zwischen dem ersten und dem elftem Band entscheidende 20 Jahre, in denen beispielsweise in der Theoriebildung über die Formen der Energie und über die Elektrizität solche Fortschritte erzielt wurden, daß der wissenschaftliche Artikel des ersten Bandes im Vergleich zum wissenschaftlichen Artikel von 1845 bereits zur Trivialität herabgesunken sein kann.

Beide Phänomene, die nicht säuberliche Trennung der Textintentionen innerhalb eines Textes und die durch die Wissenentwicklung verursachte 'Trivialisierung' von Werkteilen, sind bei der sprachgeschichtlichen Bewertung der Theorie–Fachtexte stets zu bedenken.

---

die Motor–Zeitschrift für den Automobil–Fan).

(2) **Techniker–Fachtexte:** Um 1850 beginnt die ingenieurwissenschaftliche Literatur.[51] Auch Nachschlagewerke entstehen, deren Niveau eine Zuordnung zur Gruppe der Techniker–Fachtexte rechtfertigt. Ebenso wie die Theorie–Texte zeichnen sie sich durch eine Vermischung verschiedener Wissensniveaus aus. Die Technologische Enzyklopädie (1830-69) sollte laut Vorwort ein Werk werden,

> "das zum Nachschlagen, zum Unterrichte und zur Übersicht für Jeden dient, der sich über irgend einen Gegenstand der technischen Künste in irgend einer Beziehung belehren will [...] Die Haupttendenz des Werkes ist praktisch. Wissenschaftliche Begründung ist jedoch dabei nicht ausgeschlossen, vielmehr mit Sorgfalt berücksichtigt." (Technol. Enzyklopädie (1830) Bd.1 S.III/V)

Die Vermischung von wissenschaftlichen Begründungen und praktischen Belehrungen scheint auf den ersten Blick nicht über dem Niveau des 18. Jahrhunderts zu stehen. Der entscheidende Fortschritt besteht jedoch m.E. darin, daß sich in solchen einleitenden Reflexionen über die Einordnung der Texte eine zumindest erkannte und beabsichtigte Trennung der Textbereiche ausdrückt, die dann in der Praxis **noch nicht** konsequent durchführbar ist, weil das potentielle Lesepublikum noch nicht eindeutig in spezielle Zielgruppen unterteilbar und ansprechbar ist.

(3) **Anwender–Fachtexte:** In der Gruppe der Anwender–Fachtexte wurden schwerpunktmäßig das Handbuch von Bernoulli (1829) (1846) und die bereits ausführlich vorgestellte Praktiker–Zeitschrift Dinglers Journal (Jg.1 (1820) ff.) ausgewertet.

(4) **Vermittlungstexte:** Mit den sogenannten Konversationslexika tritt im 19. Jahrhundert ein neuer Typ von Enzyklopädie in die Textgeschichte ein, der seither in Deutschland vor allem mit den Namen Brockhaus und Meyer verbunden ist.[52] Für den Zeitraum 1800-50 wurden drei Versionen des Brockhaus' für die Analyse ausgewählt: die 2. Auflage von 1812-19, ein Stuttgarter Plagiat der 2. Auflage aus den Jahren 1818-19 und die 7. Auflage von 1830. Die Intention des neuen Lexikontyps ist in den Vorwörtern relativ deutlich umrissen. Dem Vorwort der 2. Auflage zufolge soll das Werk

> "bloß diejenigen Kenntnisse enthalten, welche ein jeder als gebildeter Mensch wissen muß, wenn er an einer guten Conversation Theil nehmen oder ein Buch lesen will, wiefern gewisse wissenschaftliche Begriffe unter den Begriffen des gemeinen Lebens das Bürgerrecht erlangt

[51] Redtenbacher (1848) und Weisbach (1848) sind an erster Stelle zu nennen. Ein guter Überblick über die Techniker–Fachtexte des gesamten 19. Jahrhunderts (von Poppe über Redtenbacher bis Reuleaux) ist in Mauel (1969a) gegeben.

[52] Allein schon die bedeutenden Auflagen und Verkaufszahlen heben sie als die wichtigsten wissensvermittelnden Texte des Jahrhunderts heraus: Beispielsweise wurde der Brockhaus aus Leipzig in ca. 30 Jahren in sechs Auflagen aufgelegt und ca. 80 000 mal verkauft; vgl. Brockhaus/7.Aufl. (1830) Bd.12 S.XXII.

> haben." Ferner sind "Personen und Dinge aufzunehmen, welche der **Geist der Zeit** interessant machte" (Brockhaus/2.Aufl. (1812) Bd.1 S.VII)

Die allgemeinbildende und wissenschaftsvermittelnde Intention wird 1830 bekräftigt:

> "Übrigens ist die Grundidee des Werks: das Wissenswürdigste für **allgemeine** Bildung, aus dem Umfange der Wissenschaft, der Natur, der Kunst und des öffentlichen Lebens, auf eine der Gestalt, dem Charakter und dem Bedürfnisse der neuesten Zeit entsprechende Art kurz und deutlich darzustellen, fest im Auge behalten worden." (Brockhaus/7.Aufl. (1830) Bd.1 S.VII-VIII)

In dieser Bildungszielsetzung kommt allerdings gelegentlich die Technik zu kurz. In der 2. Auflage wird im Artikel "Maschine" der Maschinenbegriff in Theater und Literatur behandelt (vgl. Brockhaus/2.Aufl. (1815) Bd.6 S.162). Die Kraft- und Arbeitsmaschinen des Industriezeitalters existieren offensichtlich nicht. Im Artikel "Kutsche" wird die Geschichte der Fahrzeuge seit der Antike ausführlich behandelt, aber nichts zur Fahrzeugtechnik der Gegenwart beigetragen (vgl. Brockhaus/2.Aufl./Plagiat (1818) Bd.4 S.143). Man muß dies als erste Symptome für das nachaufklärerische und nachklassische Bildungsideal nehmen, das durch eine im Laufe des 19. Jahrhunderts erfolgende Ausgliederung der Technik reduziert wird.

Rückblickend auf die Geschichte der ersten sechs Auflagen werden in der 7. Auflage einige Veränderungen aufgezeigt:

> "Anfangs berechnet auf die Wünsche gewöhnlicher Leser, erhob es sich erst nach 16 Jahren zu dem höhern Standpunkte, auf welchen es die geistige Bildung der neuesten Zeit, so wie sie in der Gesellschaft erscheint, in ihrer weiten Verzweigung zu umfassen erstrebte, um danach ein Abbild der das öffentliche Leben durchdringenden Begriffswelt aufzustellen. Je näher das nach diesem Zwecke neu begründete Werk seinem Ziele kam, um so mehr verbreitete es sich in allen Classen der Gesellschaft." Es war aber "nicht für die Schule, sondern für die Welt" bestimmt. (Brockhaus/7.Aufl. (1830) Bd.12 S.V/XI)

Eine weitere Art der Vermittlungstexte entsteht mit den sogenannten populären Fachlexika. Ihnen wird die Aufgabe zugeschrieben, dem interessierten Laien vor allem die neuen naturwissenschaftlichen Erkenntnisse der Zeit zu vermitteln. Das fünfbändige 'Populäre Physikalische Lexikon oder Handwörterbuch der gesamten Naturlehre für die Gebildeten aus allen Ständen', das hier stellvertretend ausgewählt wurde, wird von seinem Herausgeber G. O. Marbach hinsichtlich seiner Konzeption ausdrücklich mit der Berufung auf das wissenschaftlich ausgerichtete, bereits erschienene Fachlexikon von

Gehler (Physikal. Wörterbuch (1825-1845)) gerechtfertigt und als allgemeinverständlichere Variante, die für populärwissenschaftliche Vermittlungsaufgaben zuständig sei, eingeführt (vgl. Populäres physik. Lexikon (1834) Bd.1 S.V-VII).

Aus der Sicht des Linguisten erfüllt es diese Aufgabe hervorragend und wird seiner Aufgabe als 'vermittelnde' Schrift im besten Sinne gerecht. Denn deutlicher als andere Texte bietet es in einzelnen Artikeln eine Dichotomie von alltäglichem und fachspezifischem Wissen (z.B. bei den Artikeln zur Verdunstung, Wärme, Apparat). Dabei wird zunächst die allgemein bekannte, alltagssprachliche Bedeutung behandelt. Danach wird der Leser mittels einer geschickten Überleitung, in der er erfährt, was unter dem Sachverhalt 'eigentlich' zu verstehen sei und wie er 'eigentlich' richtig benannt werden müsse, zu einem fachspezifischen Wissensniveau und einer fachsprachlichen Bedeutungserklärung geführt. Es schmälert nicht die grundsätzlichen Qualitäten dieses anspruchsvollen Vermittlungslexikons, wenn ähnlich wie im Physikalischen Wörterbuch Gehlers auch narrative Textpassagen eingeschoben sind: Die Artikelfolge zur Dampfmaschinentechnik enthält auch ca. 20 Seiten, in denen die Ereignisse bei verschiedenen Dampfmaschinenunglücken minutiös genau geschildert werden (vgl. Populäres physikalisches Lexikon (1834) Bd.1 S.541-559).

9.2 Physikalische Grundbegriffe in Techniktexten

Ebenso wie für das 18. Jahrhundert geschehen, sollte auch in diesem Kapitel zunächst auf einige wichtige Grundbegriffe der Physik eingegangen werden, die in den Technikertexten gewissermaßen den theoriegestützten Hintergrund abgeben. Die neuen Auffassungen von Energie, Wärme, Gas etc. prägen die maschinentechnischen 'Theorien' in den Techniktexten. Auf dem Hintergrund der Wissensfortschritte über die sogenannten Imponderabilien sind bei den Technikern neue Theorien über Dampfmaschinen und über Kraftmaschinen zu erwarten. Die Phänomene der Energieumwandlung, des mechanischen Wirkungsgrades, der thermodynamischen Grundlagen werden den modernen Entwicklungen in der Naturwissenschaft angepaßt.

Dabei ist bei den behandelten Grundbegriffen zu bedenken, daß sie etwa in der Zeit von 1750 bis 1850 aus einer Wechselwirkung zwischen Wissenschaft und Technik entstehen. Die stereotype Formulierung von der Technik als angewandter Naturwissenschaft ist mit den hier vorliegenden Entwicklungen besonders gut zu falsifizieren: Die technische Entwicklung der Dampfmaschinentechnik geht voran und beeinflußt und befördert die endgültige wissenschaftliche Klärung der zugrundeliegenden Gesetze nachhaltig (Thermodynamik, Energieerhaltung und -umwandlung, Gastheorie).

9.2.1 Mechanische und allgemeine Energie

In Anwender–Fachtexten wird der Gegensatz von *Last* und *Kraft* ohne weitere theoretische Reflexion als Grundgröße der Maschinentechnik vorausgesetzt:

> "Zu jeder **Bewegung** wird eine **Kraft** erfordert; was bewegt werden soll, heißt **Last**." (Bernoulli (1829) S.21)

In solchen Gegenüberstellungen ist das Begriffspaar sicher vorrangig als fachsprachliche, an die Wissenszusammenhänge der einfachen Mechanik angebundene Dichotomie aufzufassen (vgl. z.B. Physikal. Wörterbuch (1825) Bd.1 S.925). Doch durch die ausdrucksseitige Übereinstimmung mit den Alltagsbegriffen sind immer auch die vormodernen Wurzeln dieser Fachwortbildung, nämlich ihre Rückführung auf Körpererfahrung und anthropomorphe Grundlagen, noch erkennbar. Damit ist der Übergang vom Fachwort der Mechanik zum ungefähren Alltagsverständnis fließend. Denn im obigen Zitat ist neben der Bewegungs–Maschine auch der lastenschleppende Mensch eingeschlossen.

Wie bereits für den Kraftbegriff des 18. Jahrhunderts ausgeführt (siehe 8.3.1), dominieren in den Techniktexten bei den Größen der einfachen Mechanik immer noch 'im Vordergrund' die alltagsphysikalischen Denkmodelle. Im 19. Jahrhundert gewinnt dies insofern eine neue Qualität, als man für die Zeit um 1800 in den Theorievorstellungen zur mechanischen und allgemeinen Energie eine wissenschaftsgeschichtliche Zäsur und einen Paradigmenwechsel ansetzen muß (vgl. Koch (1975) S.92):

(1) **Bis 1800** interpretierten Physiker alle Phänomene der belebten und unbelebten Natur grundsätzlich als Phänomene aus Kraft und Bewegung, "als positionelle Veränderungen der Körper im Raum".

(2) **Nach 1800** traten in den Mittelpunkt des Interesses die verschiedenen Erscheinungsformen der Energie, die natürlich vorhanden waren oder künstlich erzeugt wurden, sowie deren gegenseitige Verwandelbarkeit.

Die zuvor herrschenden Größen (Masse, Kraft, Bewegung, Raum) waren als direkte Weiterentwicklungen der Alltagsphysik erfahrbar, vorstellbar und lernbar. Nun wird aber, durch den Wissenszuwachs in der Elektrizitätslehre initiiert (Volta, Oersted, Faraday) und durch die Pionierleistungen der allgemeinen Energietheorie und Thermodynamik (Joule, Mayer, Carnot, Helmholtz) allmählich herausgearbeitet, ein neuer 'abstrakter' Begriff von Energie notwendig, der über den bisherigen Begriff von mechanischer Energie hinausgreift. Bis dahin konnte die Physik versuchen, alles mit den drei Grundgrößen Länge, Zeit und Masse/Kraft zu erklären. Selbst das Licht, der Wärmestoff und auch die schon lange bekannte Reibungselektrizität konnten noch 'mechanisch' gedeutet werden. Das alte beherrschende Modell zerfiel erst, als die neuen elektrischen und magnetischen Phänomene nicht mehr 'mechanisch' beherrschbar waren und nur mit neuen Energiegrößen (z.B. die Grundgröße der elektrischen Ladung) sinnvoll erklärt werden konnten (vgl. Mittelstraß

(1970) S.318). Das alte aus Körperdenken und Alltagserfahrung hergeleitete Paradigma bleibt aber in Alltag und Technik bestehen und ist dort heute noch verwurzelt, weil für die technische und alltägliche Verständnissicherung noch immer der 'mechanische Vordergrund' unverzichtbar ist (siehe 5.2).

Die Wissenschaftsgeschichte setzt den im folgenden zu behandelnden Zeitraum 1800-1850 als Übergangsphase für eine Zäsur an: Zu Beginn, um 1800, dominiert noch das mechanische Paradigma. Am Ende steht um 1850 der zusammenfassende Begriff der ALLGEMEINEN ENERGIE. Hermann (1969) zeigt diese Übergangssituation anhand der Texte von Michael Faraday aus den 20er und 30er Jahren, in denen **beide** Modelle zur Deutung elektrischer Phänomene dienen.

Der ehemalige allgemeine Kraft– und Energiebegriff und die *vis viva* des 18. Jahrhunderts gehen in der ersten Hälfte des 19. Jahrhunderts im allgemeinen Energiebegriff auf, der weiterhin als *Kraft* bezeichnet wird, gehen aber auch in die neue Bezeichnung *Arbeit* ein, die für die aus mechanischen Energieformen gewonnene Arbeitsleistung reserviert bleibt:

> "Erst durch Coriolis und Poncelet (1826) wird der Name 'travail' eingeführt und gebräuchlich. In diesen Veröffentlichungen französischer Autoren wird die mechanische Arbeit zum ersten Mal zu einem Grundbegriff." (Breger (1982) S.152)

Aufgrund des anthropomorphen Hintergrunds der Bezeichnung erscheint ihre Übernahme in Alltag und Technik selbstverständlich. Die Arbeitsleistung und -mühsal werden dem Menschen durch Werkzeuge erleichtert:

> "**Arbeit** wird die körperliche Anstrengung genannt, wodurch unter Leitung größerer oder geringerer Geisteskräfte irgend ein Naturprodukt umgestaltet und veredelt wird. Das meiste kommt hierbey auf den geschickten Gebrauch der Hände und auf die Regierung der Werkzeuge an" (Poppe (1816) Bd.1 S.148)

Bei dem technikgeschichtlich bedingten Ersatz des arbeitenden Lebewesens durch die *Arbeits*–Maschinen geht die Benennung auf die Arbeitsverrichtung der Maschine über (siehe 9.7):

> "Der Begriff der Arbeit ist auf Maschinen offenbar übertragen worden, indem man ihre Verrichtungen mit denen der Menschen und Thiere verglich, zu deren Ersatz sie bestimmt waren" (Helmholtz; zit. nach Kapp (1877) S.131)

Um 1850 ist die Herausbildung des neuen Paradigmas von der allgemeinen Energie abgeschlossen: Wärme und Bewegung sind Daseinsformen von ENERGIE, sind ineinander überführbar und können nicht vernichtet werden. Der einfache Satz Robert Mayers 'Wärme ist Bewegung' klingt noch heute für das Alltagsverständnis fremd, weil die körperliche Erfahrung von Wärme und Bewegung völlig verschieden ist (vgl. Gerlach (1962) S.45). Er faßt jedoch das Wesentliche der neuen Energietheorie zusammen, die u.a. in der entscheidenden Schrift von Robert Mayer "Bemerkungen über die Kräfte der unbelebten Natur" (1842)[53] in Ansätzen niedergelegt ist.

Die neuen gewagten Formulierungen des Energiebegriffs in den 40er Jahren des 19. Jahrhunderts sieht Breger als Indiz für einen Paradigmenwechsel der Naturwissenschaft von allererster Bedeutung (etwa im Sinne Thomas Kuhns) an (vgl. Breger (1982) S.47). Die neue Auffassung von Energie und die Denkleistung Mayers in wenigen Stichworten (vgl. Hund (1943)):

(1) Robert Mayer hat als erster den neuen Begriff der ALLGEMEINEN ENERGIE formuliert, der aber immer noch mit dem 'alten' Ausdruck *Kraft* bezeichnet wird.

(2) Die Mechanik hatte schon seit dem 18. Jahrhundert ein Vorläuferaxiom von der Erhaltung der Energie. In der reibungsfreien Mechanik war dies modellhaft vorstellbar. Das perpetuum mobile war theoretisch und praktisch obsolet. Jetzt wird der Satz von der Erhaltung der Energie zum allgemeinen Axiom der Naturlehre.

(3) Im neuen Energiebegriff werden bisher völlig getrennt interpretierte 'Substanzen' und Energieformen zusammengeführt: Bewegung, Elektrizität, Licht, Magnetismus, Wärme.

(4) Damit sind die Substanz–Auffassungen von den Imponderabilien endgültig überholt: Der Feuerstoff, der Wärmestoff, das elektrische Fluidum sind mit dem neuen Axiom nicht mehr haltbar.

Zwar ist die neue Energieauffassung aus einer Theoriediskussion und einer reflektierten Begriffsbildung entstanden und somit für den Techniker, der sich mit den praktischen Problemen der Maschinentechnik beschäftigen muß, bis zum heutigen Tage nicht relevant. Doch das neue Energieparadigma fußt auch entscheidend auf den Anschauungsmöglichkeiten, die erst durch die Dampfmaschinentechnik zur Verfügung gestellt werden: Hier ist die Umwandlung von Wärmeenergie in kinetische Energie erstmals in großem Umfange **technisch und praktisch** durchgeführt, bevor er **wissenschaftlich und theoretisch** bewältigt wurde.

Insgesamt kann man für die erste Jahrhunderthälfte zumindest für die anspruchsvolleren Nachschlagewerke festhalten, daß die Definitionen und Auffassungen von *Kraft* jetzt deutlich reflektierter formuliert werden. Das Physikalische Wörterbuch gibt zunächst eine außerordentlich problemorientierte und reflektierte Einführung in den Artikel "Kraft":

[53]Ein Reprint des Aufsatzes findet sich im Quellenband zur Physik des 19. Jahrhunderts: Kleinert (1980).

> "Der Ausdruck **Kraft** wird unzählig oft gebraucht, ohne dass bei weitem in den meisten Fällen irgend eine Undeutlichkeit oder ein Missverständnis dabei obwaltet [...] Die gewöhnliche Definition, wonach Kraft alles dasjenige bezeichnet, was Bewegung erzeugt oder hindert und ändert, ist zunächst aus der Mechanik entnommen, aber es fragt sich, ob sie alle Anwendungen des Wortes umfasst." (Physikal. Wörterbuch (1830) Bd.5.2 S.956f.)

Wie bereits in der textgeschichtlichen Skizze angedeutet (siehe 9.1), werden in dem wissenschaftlichen Wörterbuch noch häufig auch technische, alltägliche und auch ganz unphysikalische Sachverhalte miteinbezogen. Im vorliegenden Fall schließen sich entsprechend weitere Aspekte zu *Kraft* an. Zunächst wird weiterhin der anthropomorphe Hintergrund der Kraft und ihrer technischen Anwendung betont, was auch dem technikgeschichtlichen Entwicklungsstand entspricht:

> "Die Anwendung der menschlichen Muskelkraft ist unter allen die einfachste, weil sich der Mensch am leichtesten den verschiedenen Maschinen und der eigenthümlichen Art, sie zu bewegen, anfügt." (Physikal. Wörterbuch (1830) Bd.5.2 S.979)

Die Klassifikation der an den Maschinen wirkenden Kräften erhebt sich dagegen schon deutlich über die von den menschlichen Bewegungen ausgehenden Klassifizierungen. Die Einteilung der allgemeinen Krafttypen Gewicht, Stoßkraft, Zentrifugalkraft und Elastizität ist 'entkörperlicht' (vgl. Physikal. Wörterbuch (1830) Bd.5.2 S.1005ff). Im weiteren Verlauf des Artikels werden die behandelten Kräfte dann immer 'niedriger'. Es gehört zu den faszinierenden Merkmalen solcher Texte, daß nach den anspruchsvollen wissenschaftlichen und technischen Abhandlungen in demselben Lexikonartikel auch die Kräfte der Wünschelrute und andere "Geheime Kräfte" behandelt werden.

Auch im populärwissenschaftlichen Nachschlagewerk ist eine zunächst 'vorsichtige' Definition des im Laufe der Wissensentwicklung immer allgemeiner verstandenen Kraft-Begriffs zu finden:

> "**Kraft** ist der allgemeine Ausdruck der zum (sic!) Grunde liegenden Ursache einer Wirkung, die wir nur nach der bestimmten Art, in der sie sich äußert, nach den **Gesetzen** ihrer Wirksamkeit bestimmen." (Populäres physik. Lexikon (1836) Bd.3 S.225)

Die daran anschließende Differenzierung der "bewegenden Kräfte bei Maschinen" ist nicht anthropomorph vorgenommen, sondern mechanisch und maschinentechnisch bestimmt: Druck, Schwere, Stoß, Schwung-, Spann- und Zugkraft (vgl. Populäres physik. Lexikon (1836) Bd.3 S.227).

Überprüft man in den Techniker-Fachtexten oder Anwender-Fachtexten, welcher begriffliche Entwicklungsstand hinter den Wörtern, die bei Maschinenbeschreibungen eingesetzt werden, steht (z.B. *Geschwindigkeit, Bewegung,*

Kraft, Arbeit), stellt man fest, daß der Techniker möglicherweise weiterhin in alten Energievorstellungen verbleibt. Beispielsweise wird im folgenden Zitat, sofern man es wörtlich auffassen will, der Effekt eines Getriebes als Geschwindigkeitserhöhung und somit als Energievermehrung beschrieben:

> "Das sogenannte **Räderwerk** [...] soll theils nur zur Fortsetzung einer sonst bewirkten Bewegung, theils zur Vergrößerung, theils zur Verminderung einer sonst eintretenden Geschwindigkeit dienen." (Langsdorf (1826) Bd.1 S.427)

Auch in vielen anderen Beispielen ist gut nachzuweisen, daß der Techniker die Meßgrößen Kraft, Geschwindigkeit, Zeit, Weg und deren Zusammenhang mit Arbeitsleistung und Energieaufwand oft noch 'falsch' formuliert. Da andererseits in den Fachtexten die Maschinentechnik modern und ohne jegliche Anklänge an die Utopien der Barocktechnik dargestellt wird, muß man wohl folgern, daß hier überkommene Fachwortschatzbestände und andere Sprachtraditionen nachwirken und somit eine überholte Vorstellung der Techniker vortäuschen: Techniktextautoren wie der eben zitierte Langsdorf **'glauben'** im 19. Jahrhundert **nicht** mehr an 'Energievermehrung' im Getriebe.

Im Vorfeld des theoretischen Axioms von der Erhaltung der Energie haben die Techniker dies aus praktischer Erfahrung bereits antizipiert. Innerhalb der mechanischen Energieformen und innerhalb der maschinentechnischen Anwendung gilt das Axiom schon.

9.2.2 Gas und Dampf

Der entscheidende Wissensfortschritt, der in den Texten dieses Zeitabschnittes auszumachen ist, ist die Erkenntnis von den temporären und permanenten Gasen. Damit ist die unsystematische Synonymik von *Luft, Dunst, Dampf* und *Nebel*, wie sie für das 18. Jahrhundert konstatiert wurde (siehe 8.3.2), theoretisch überholt.

Ein Blick in die wissenschaftlichen Nachschlagewerke zeigt den Fortschritt in der Gastheorie und in der Erkenntnis, daß der gasförmige Aggregatzustand von Druck und Wärme abhängig ist (vgl. den Artikel "Gas" im Physikal. Wörterbuch (1828) Bd.4.2 S.1012ff). Somit wird der Wasserdampf als temporäres Gas erkennbar:

> "Unter Dampf versteht man jede elastische oder expansibele Flüssigkeit, welche durch den Einfluss der Wärme auf tropfbar flüssige oder feste Körper aus diesen gebildet ist, und ihre expansibel flüssige Beschaffenheit nur so lange vollständig und ohne Ausscheidung eines Theiles derselben in tropfbar flüssiger oder fester Gestalt beibehält, als die Temperatur nicht abnimmt oder der Raum, in welcher sie eingeschlossen ist nicht vermindert wird." (Physikal. Wörterbuch (1826) Bd.2 S.279)

Man sieht, daß das zur Verständnissicherung notwendige Modell FLÜSSIGKEIT nun als Klassenbezeichnung eingesetzt wird. Auch im technischen Nachschlagewerk ist dies bereits angekommen:

> "**Dampf** ist die elastische oder luftförmige Flüssigkeit, in welche irgend eine tropfbare Flüssigkeit durch die Aufnahme einer gewissen Menge von Wärme verwandelt wird." (Technol. Enzyklopädie (1831) Bd.3 S.493)

Schließlich setzt sich die heutige Benennung *Gas* für die 'luftförmigen Flüssigkeiten' in diesen Jahrzehnten durch:

> "**Gas** oder **Gasarten** nennt man diejenigen elastischen Flüssigkeiten, welche sich bis zu einem bedeutenden Grade zusammendrücken oder erkälten [sic!] lassen, ohne die Gasform zu verlieren und tropfbarflüssig zu werden." (Technol. Enzyklopädie (1835) Bd.6 S.361)

Mit dieser neuen lexikalisierten Klassenbildung sind die ehemaligen Bezeichnungen *Dampf* und *Luft* zusammengefaßt. Denn es setzt sich die Erkenntnis durch, daß zwischen den verschiedenen Erscheinungsformen von Gas nur ein gradueller Unterschied, eigentlich nur "eine willkührlich gezogene Grenze" bestehe (Techn. Wörterbuch (1843) Bd.1 S.815). Der Wasserdampf wird als temporäres Gas erkannt, das durch 'künstliche' Maßnahmen in diesem Aggregatzustande gehalten wird:[54]

> "Diejenigen ausdehnbarflüssigen (sic) Körper, welche aus dem tropfbarflüssigen Zustande durch die Wärme gebildet worden sind, und in diesem Aggregationszustande, ohne daß ein Theil derselben wieder in einen anderen Aggregationszustand übergeht, nur so lange beharren, als die Wärme oder der sie einschließende Raum nicht vermindert wird, heißen **Dämpfe**." (Populäres physik. Lexikon (1834) Bd.1 S.426)

Allerdings zeigen die Benennungen der Techniktexte jener Zeit einen Widerspruch zwischen Theorie und Praxis. Gegen die aus Alltagserfahrungen gebildeten Differenzierungen zwischen Gas, Luft und Dampf und die entsprechenden Benennungen setzt sich die strenge Klassifizierung nicht durch. Hier liegt ein Exempel für eine textspezifische Dissoziation vor: Die wissenschaftliche Literatur hat die wesentlichen Bestände der modernen Gastheorie bereits adaptiert, die praxisorientierten Texte bleiben mit der 'falschen' Alltagsauffassung von DAMPF weit und deutlich zurück.

> "**Abdampfen, Verdampfen, Abdünsten, Verdünsten** bezeichnen im Allgemeinen jene Vorgänge, bei welchen irgend eine Flüssigkeit in

[54] Vgl. hierzu auch. Techn. Wörterbuch (1843) Bd.1 S.417, Brockhaus/2.Aufl./Plagiat (1818) Bd.3 S.35.

> Dampf verwandelt, und in dieser Gestalt verflüchtiget wird." (Technol. Enzyklopädie (1830) Bd.1 S.1) — "**Abdampfen**, Abdunsten, Abrauchen, Abtreiben, Evaporieren. So nennt man die Trennung eines Körpers von einem andern durch Hülfe der Wärme, die jenen Körper in Dämpfe verwandeln muß." (Poppe (1816) Bd.1 S.3)

Die archaischste Definition findet sich im Wörterbuch von Campe. Dort steht für Dampf noch: "jeder dicke Rauch, Nebel und Dunst" (Campe (1807) Bd.1 S.674). Im Brockhaus werden sogar noch die alten Vorstellungen vom Feuer- und Wärmestoff bemüht:

> "Ein Theil ihrer Bestandtheile scheint sich mit dem Feuer- oder Wärmestoff zu verbinden, und gleichsam in Feuer aufgelöset zu werden, und sie werden in diesem Zustande **Dämpfe** genannt." (Brockhaus/ 2.Aufl./ Plagiat (1818) Bd.2 S.257)

Der Übergang der Flüssigkeit in Gas wird alltäglich und in der Anwender-Technik weiterhin mit ungenauen Vorstellungen und nicht spezifizierten Bezeichnungen belegt. Der Dampf erscheint als diffuse Zwischenstufe zwischen Flüssigkeit und 'richtigem' Gas:

> "Indem die öhlige Flüssigkeit durch dieses Rohr in die heiße Retorte tritt, verwandelt sie sich in Dampf, welcher sich [...] in Öhlgas zersetzt" (Technol. Enzyklopädie (1835) Bd.6 S.405) — "Es haben also hier in der Flamme drei auf einander folgende Vorgänge Statt: die **Verdampfung** [...] die völlige **Zersetzung** der Dämpfe in **brennbare Gasarten**; die Verbrennung dieser letztern." (Technol. Enzyklopädie (1838) Bd.9 S.131)

Noch heute besteht der Gegensatz zwischen dem alltags- und fachssprachlichen Begriff DAMPF. Auf die Unterschiede zwischen dem 'alltäglichen' *Dampf* und dem 'eigentlichen' *Dampf* wird in den Nachschlagewerken gelegentlich hingewiesen (vgl. z.B. Populäres physik. Lexikon (1837) Bd.4 S.751).

9.3 Die endgültige begriffliche Trennung von Werkzeug und Produktionsmaschine

In der Mensch-Maschinen-Analogie dominiert weiterhin der pejorative Gebrauch. Wie schon zu Ende des 18. Jahrhunderts in Ansätzen sichtbar, scheint *Maschine* nun auch als alltägliches Schimpfwort für einen Menschen einsetzbar zu sein,

> "der nur durch äußere Triebe, und gleichsam durch äußern Anstoß, mithin ohne Selbstthätigkeit des Geistes, denkt und handelt." (Brockhaus/2.Aufl./Plagiat (1818) Bd.4 S.517)

Der Wechsel im Theoriebegriff macht stellvertretend für alle möglichen Auffassungen von MASCHINE den entscheidenden Wechsel sichtbar: Von dem wegen seiner Künstlichkeit bewunderten Analogien-Komplex UHR, AUTOMAT, MASCHINE und ORGANISMUS findet ein Wechsel zur arbeitenden PRODUKTIONSMASCHINE statt, die zuverlässig und stupide (also in dem pejorativen Sinne 'maschinengleich') ihre Arbeiten ausführt. Zu den zentralen Komponenten der Vorstellung des 19. Jahrhunderts von der Maschine gehört ferner, daß diese an die Stelle der menschlichen Tätigkeit tritt und 'selbst arbeitet' (vgl. Breger (1982) S.156). Wenn in den unterschiedlichsten Texten des späteren 19. Jahrhunderts von *Maschine* die Rede ist, ist stets dieser neue Maschinenbegriff des Industriezeitalters umrissen. Es wurde ja bereits darauf hingewiesen, daß die Schriften von Lamettrie rückblickend mit dieser neuen Auffassung möglicherweise mißverständlich interpretiert wurden. Damals galt eben gerade dieses Konzept noch nicht, sondern MASCHINE war gleichzusetzen mit UHR (siehe 8.2).

In den Technikfachtexten des frühen 19. Jahrhunderts finden sich Relikte des noch unspezifizierten Maschinenbegriffs aus dem 18. Jahrhundert: MASCHINE als künstliches, zusammengesetztes und vorteilhaft einsetzbares Werkzeug. Beispiele aus einem Anwender-Fachtext und einem Vermittlungstext:[55]

> "**Maschinen** aber heißen die künstlicheren Vorrichtungen, wodurch wir mit Ersparniß von Kraft und Zeit, also auf eine vortheilhafte Art, Arbeiten verrichten können, obgleich man ihnen auch bisweilen den Namen Werkzeuge gibt [...] Je künstlicher die Werkzeuge sind, desto simpeler ist die Arbeit; und umgekehrt, je einfacher die Instrumente, desto künstlicher ist fast immer die Arbeit." (Poppe (1806) S.21f.)
> "**Maschine,** jedes künstlich zusammengesetzte Ding ohne Leben und eigene Bewegung, welches als Mittel zur Erreichung eines äußern Zwecks dient; [...] im engsten Sinne ein zusammengesetztes Werkzeug [...] welches als Hervorbringung oder Erleichterung einer Bewegung dient." (Brockhaus/ 2.Aufl./Plagiat (1818) Bd.4 S.517)

Das populärwissenschaftliche Nachschlagewerk setzt bei seiner Begriffsbestimmung schon akzentuierter die Produktionsmaschine des Industriezeitalters in den Mittelpunkt und hat darüberhinaus vorlexikalische Umschreibungen für die späteren ARBEITSMASCHINEN (=1) UND KRAFTMASCHINEN (=2):

> "**Maschine** [...] heißt jedes Werkzeug, durch welches bei in Thätigkeitsetzung gewisser Kräfte bestimmte Wirkungen hervorgebracht werden. [1:] Die Maschinen haben theils den Zweck die Wirksamkeit der in Thätigkeit gesetzten Kräfte zu erhöhen [...] [2:] theils Kräfte in

[55] Vgl. die ähnlichen, relativ archaischen Maschinendefinitionen in: Campe (1808) Bd.2 S.1089; Schweizer (1847) S.303.

> Wirksamkeit zu setzen, die ohne sie nicht angewendet werden könnten [...]" (Populäres physik. Lexikon (1836) Bd.3 S.605, Numerierung K.J.)

Auch wenn die Maschine in den Lexika noch gelegentlich allgemein als zusammengesetztes und herausragendes Werkzeug definiert wird, so herrschen doch im 'normalen' Gebrauch in den Techniktexten relativ klare begriffliche Trennungen zwischen WERKZEUG und MASCHINE, die mit den Bedeutungen in der Gegenwartssprache übereinstimmen: WERKZEUGE sind die einfachen, von der Hand geführten Geräte (vgl. Poppe (1806) S.21). In einem Vermittlungstext, dem lehrhaften 'Technologischen Jugendfreund" (Blasche (1804-10)), sind alle überkommenen einfachen Geräte als *Werkzeug* eingeführt (z.B. Hammer, Schraubstock, Feile). Dagegen sind in dem Text alle komplizierten Gebilde, die das zentrale Merkmal 'selbständige Arbeitsverrichtung' aufweisen, als *Maschinen* bezeichnet (z.B. Schneidemaschine mit Kurbelantrieb, Drehbank und Töpferscheibe mit Pedalantrieb, verschiedene Mühlen).

Die Begriffe WERKZEUG und MASCHINE sind also nunmehr deutlich im gegenwärtigen Sinne voneinander unterschieden. Rückfälle sind nur selten zu beobachten, wenn z.B. mit *Werkzeug* der Oberbegriff für alle zielgerichtet einsetzbaren Artefakte bezeichnet wird:

> Eine Lokomotive ist ein "Werkzeug, um von einem Orte zum andern zu fahren." (Schweizer (1847) S.299)

Weitere Benennungen für den Begriff WERKZEUG sind *Instrument* und auch *Organ*. Der Brockhaus deutet hierfür eine Bedeutungsunterscheidung zwischen artifiziellem Instrument und dem natürlichen Organ an:

> "**Organ** [...] jedes Werkzeug, womit Etwas zu Stande gebracht wird; in dieser wörtlichen Bedeutung könnte es auch ein mechanisches Werkzeug (Instrument) sein, welches durch fremde Anregung oder durch fremdes Leben erst in Bewegung gesetzt wird. Allein der Sprachgebrauch hat zwischen dem griech. Organ und dem lat. Instrument einen auffallenden Unterschied begründet. Unter Instrument versteht man ein Werkzeug der Kunst, wodurch ein vorhandener Stoff bearbeitet wird, unter Organ einen Theil des organischen Körpers oder des **Organismus**." (Brockhaus/7.Aufl. (1830) Bd.8 S.91)

Doch ist zu berücksichtigen, daß unter dem Einfluß der französischen Fachtexte das Wort *Organ* auch im Sinne von 'Teil eines größeren Artefakts' verwendet werden kann. Beispielsweise wird bei Hachette von "Les organes des Machines" gesprochen (vgl. Hachette (1828) S.327). In anderen Nachschlagewerken wird dem Rechnung getragen, indem in der allgemeinen Bedeutung artifizielle und organische Umgebungen, in der bevorzugten Bedeutung nur noch die Organe eines Organismus zugelassen werden:

> "Organe sind dem Wortverstande nach Werkzeuge, zur Ausführung irgendeiner Verrichtung [...] Allein **dem gebräuchlichen Verstande nach** bedeutet es einen durch eigenes inneres Leben in Thätigkeit gesetzten Körper, der zwar ein in sich geschlossenes Ganzes ausmacht, jedoch wieder Theil eines andern Ganzen ist." (Brockhaus/ 2.Aufl./ Plagiat (1819) Bd.5 S.249, Hervorhebung K.J.; vgl. auch Schweizer (1847) S.362)

Dieser Spezifizierung folgend können Maschinenteile in Texten von Langsdorf, der als Übersetzer wichtiger französischer Literatur in Erscheinung trat, dem französischen Vorbild entsprechend auch als "Organe einer Maschine" bezeichnet werden (vgl. Langsdorf (1826) Bd.1 S.500, Langsdorf (1828) Bd.2.2 S.370). Wenn also im 19. Jahrhundert im Umfeld der Maschinentechnik eine '*Organ*-Metaphorik' auftaucht, darf man dahinter nicht voreilig die Wiederbelebung der MASCHINEN-ORGANISMUS-Konzepte des 18. Jahrhunderts vermuten. Die Ausdrücke sind lediglich Reflexe der französischen Fachsprache.

In einer relativ diffusen Grauzone zwischen 'eindeutigem' WERKZEUG (ausgedrückt durch *Werkzeug, Instrument, Gerät*) und 'eindeutiger' MASCHINE steht das Konzept vom APPARAT, in dem die Merkmale beider Begriffe unterschiedlich gewichtet werden können. In den Definitionen der Nachschlagewerke wird betont, daß die mit *Apparat* bezeichneten Artefakte keine produzierenden und arbeitenden Geräte, sondern Versuchsvorrichtungen (Beobachtung, Messung, Simulierung eines Effektes) sind:

> "**Apparat** [...] jedes Rüstzeug, Werkzeug oder Instrument, dessen man sich zu Anstellung von Versuchen und Beobachtungen bedient." (Populäres physik. Lexikon (1834) Bd.1 S.44; vgl. auch Physikal. Wörterbuch (1825) Bd.1 S.348)

Beispielsweise werden typische APPARATE, wie Luftpumpe oder Waage, im Physikalischen Wörterbuch durch die genera proxima *Apparat, Instrument* oder *Werkzeug* bestimmt. Aber in demselben Werk kann eine ganz einfache Luftpumpe wiederum zur "Luftmaschine" gesteigert werden (vgl. Physikal. Wörterbuch (1831) Bd.6.1 S.523f., (1834) Bd.7.2 S.976, (1841) Bd.10.1 S.1).

Die genaue Analyse wird eben durch den Umstand erschwert, daß in den Techniktexten fortwährend solche Widersprüche zwischen der üblichen Benennung, der manchmal erkannten 'eigentlichen' Benennung und der in den Definitionen verwandten expliziten begrifflichen Klassifizierung bestehen:

> "**Elektrisirmaschine** [...] Ein Apparat um die ursprüngliche E. eines für sich el. Körpers durch Reiben stark und anhaltend zu erregen, und andern Körpern mitzutheilen." (Physikal. Wörterbuch (1826) Bd.2 S.413)

Die Zuordnung zu dem Begriff APPARAT ist korrekt, die Benennung mit *-maschine* ist 'eigentlich falsch', steht aber in der Bezeichnungstradition des 18. Jahrhunderts. Deshalb wird an anderer Stelle darauf hingewiesen, daß solche Vorrichtungen "passender den Namen von Apparaten" (Populäres physikal. Lexikon (1836) Bd.3 S.605) tragen sollten.

Die Kompositabildungen mit *-apparat* und *-maschine*, die Kurt Dröge für die Fachsprache der Drucker im 19. Jahrhundert zusammengetragen hat (vgl. Dröge (1978) S.81ff.), zeigen, daß die Bildungen mit *-maschine* im allgemeinen die 'höheren' PRODUKTIONSMASCHINEN bezeichnen (z.B. Rotationsmaschine, Druckmaschine), während die 'einfachereren' Hilfsvorrichtungen und Instrumente eher als Determinativkompositum mit *-apparat* gebildet werden (z.B. *Gieß-, Gummier-, Zählapparat*). Aber man muß auch — wie oben bei der Elektrisiermaschine — die Zufälligkeiten der traditionellen Benennungen bedenken und konzedieren, daß man bei beiden Bezeichnungen von einer "weitgehenden Unbestimmtheit und allgemeinen mechanischen Globalvorstellung" ausgehen muß (Dröge (1978) S.88). Die "Heftmaschine" und der "Heftapparat" (vgl. Dröge (1978) S.84 vs. S.89) sind vermutlich weder technisch noch begrifflich zu unterscheiden.[56]

Sieht man von der 'Grauzone' der APPARATE ab, die relativ willkürlich als *Instrument, -apparat, -maschine* oder *Vorrichtung* bezeichnet werden können, so sind doch nunmehr mit der Entwicklung der Begriffe in den Fachtexten des 19. Jahrhunderts die beiden im 18. Jahrhundert noch näher beieinander stehenden Begriffe WERKZEUG und MASCHINE deutlich getrennt. Die MASCHINEN sind nicht mehr den WERKZEUGEN untergeordnet.

(1) Der Begriff WERKZEUG (benannt als *Werkzeug, Instrument, Gerät*): das einfache handhabbare Instrument für eine zielgerichte Arbeitsverrichtung.

(2) Der Begriff MASCHINE mit den Merkmalen: produzierend, an Stelle des Menschen arbeitend, selbsttätig und selbständig ablaufend. Der Maschinenbegriff wird somit im Industriezeitalter zur PRODUKTIONSMASCHINE verengt.

9.4 Der neue Begriff vom Produktionsautomaten

Die begriffliche Einengung auf die PRODUKTIONSMASCHINE im Laufe der ersten Jahrhunderthälfte ist typisch für die Veränderungen in der ersten revolutionären Phase der Technisierung und Industrialisierung in Deutschland. Auch schon länger bestehende Technik wird nun im aufkommenden

[56] Die willkürlichen Benennungen sind in der Alltagssprache der Gegenwart reichlich vorhanden: Einen Haarföhn würde man nicht *Maschine* nennen, obwohl in ihm eine MASCHINE, nämlich ein Elektromotor, steckt. Andererseits ist die Bezeichnung *Kaffeemaschine* 'eigentlich falsch', denn die arbeitsverrichtende Vorrichtung im Innern (Heizspirale, Röhrensystem) ist keine MASCHINE.

Industriezeitalter deutlich durch die Maschinentechnik der industriellen Revolution begrifflich verändert. Der sich wandelnde Begriff für das, was man einen *Automaten* nannte und nennt, ist ein weiterer Beleg hierfür.

Zunächst wirken selbstverständlich die Automatenkonzepte des 18. Jahrhunderts nach. Allerdings sind die letzten naiven Elemente in der Vorstellung von den 'Selbstbewegern' aufgegeben. Der ernsthafte Techniker assoziiert im Zusammenhang mit Automaten keine technischen Utopien mehr. Das perpetuum mobile gehört nicht mehr zum Begriffsfeld des Automaten.[57] In jedem Text wird mehr oder weniger lehrhaft auf die Vortäuschung hingewiesen, die mit der sogenannten 'Bewegung aus sich selbst' gegeben ist:[58]

> Automat nennt "man **eigentlich** jede ohne eine leicht sichtbare Ursache, also **gleichsam** von selbst und wie durch eigenen Willen sich bewegende Maschine. Hiernach könnte man eine Uhr und viele andere Kunstwerke dazu rechnen, welches aber nicht geschiehet, weil bei diesen die bewegende Ursache allgemein bekannt ist. Man belegt also nur diejenigen Maschinen mit diesem Namen, welche, durch verborgene Kräfte in Bewegung gesetzt, aussergewöhnliche Verrichtungen zeigen." (Physikal. Wörterbuch (1825) Bd.1 S.649, Hervorhebung K.J.)

In einigen Werken deutet sich eine Bedeutungsverengung dahingehend an, daß nur noch der androide Lustbarkeitsautomat, der epigonenhaft als Jahrmarktbelustigung weiter existiert, als *Automat* bezeichnet wurde:

> "Allein der Sprachgebrauch beschränkt den Ausdruck Automat hauptsächlich auf jene mechanischen Kunstwerke, bei welchen die verborgene, in Thätigkeit gesetzte Kraft die willkürlichen Bewegungen lebender Wesen nachahmt. Menschliche Figuren dieser Art kommen zuweilen unter der besonderen Benennung **Androide** vor." (Technol. Enzyklopädie (1830) Bd.1 S.403)

Ein Nachschlagewerk bemerkt zum technikgeschichtlichen Hintergrund dieser Bedeutungsveränderung, daß eben solche belustigenden Spielautomaten überholt seien, daß man sich vielmehr im Zeitalter der sinnvoll einsetzbaren Automaten (z.B. Rechen- oder Stickmaschine) befinde (vgl. Populäres physik. Lexikon (1834) Bd.1 S.141). Mit ähnlicher Intention wird in einer anderen Quelle über die alten und neuen Automaten reflektiert: Die Faszination des 18. Jahrhunderts für die spielerischen Automaten sei hinfällig, weil

---

[57] Aber immerhin betrachten Autoren von Anwender-Fachtexten es offensichtlich immer noch als ihre Pflicht, ihren Lesern deutlichste Warnungen mitzugeben: "Jeder Mechaniker hüte sich also, auf diese Grille Zeit und Geld zu verwenden" (Bernoulli (1829) S.23). Solche Ratschläge sind auch noch in späteren Auflagen vorhanden (vgl. Bernoulli (1846) S.23).

[58] Ähnliche Definitionen finden sich auch in allen anderen Textarten: vgl. z.B. Technol. Enzyklopädie (1830) Bd.1 S.403, Allg. Masch.-Enzykl. (1841) Bd.1 S.673, Populäres physik. Lexikon (1834) Bd.1 S.133, Brockhaus/ 2.Aufl. (1812) Bd.1 S.166, Brockhaus/7.Aufl. (1830) Bd.1 S.580. Auch der eingedeutschte "Selbstbeweger" in Campes Wörterbuch ist 'entzaubert'; vgl. Campe (1810) Bd.4 S.405.

jetzt sinnvolle und nützliche "selbstwirkende Maschinen" vorhanden seien, die "eben so viel Ehre machen" (vgl. Allg. Masch.-Enzykl. (1841) Bd.1 S.674).

Die Automaten im alten Sinne leben in volkstümlicher Form im Kuriositätenkabinett fort, "aber streng genommen war ihre Zeit vorüber" (Heckmann (1982) S.280). Denn vom neuen Automaten des 19. Jahrhunderts erwartet man ganz andere Leistungen, die Helmholtz pointiert so formuliert:

> "Wir suchen jetzt nicht mehr Menschen zu bauen, welche die tausend verschiedenen Dienstleistungen **eines** Menschen vollziehen, sondern verlangen im Gegenteil, daß eine Maschine **eine** Dienstleistung, aber an Stelle von **tausend** Menschen, verrichte." (Heinrich Helmholtz 1854, zit. nach Heckmann (1982) S.281)

Die entscheidenden Merkmale des neuen Automaten nähern sich somit denen der PRODUKTIONSMASCHINE an:

(1) nicht kunstvoll und 'künstlich', nicht android, keine 'äußerliche' **Imitation** des Menschen, keine Arbeitsleistung wie der Mensch,

(2) sondern Arbeitsleistung an Stelle des Menschen und möglichst gewaltige **Überbietung** des Menschen und seiner Arbeitskraft und Leistungsfähigkeit.

Die Wörter *Automat* und *automatisch* bleiben weiterhin für das besonders Faszinierende und Bewundernswürdige an der Technik konstant bestehen, aber die Auffassung, was das herausragend Faszinierende sei, hat sich geändert. Deshalb wird der alte Automatenbegriff zum Begriff vom PRODUKTIONSAUTOMATEN verengt:

> "**Automatisch**; dieser Ausdruck kann zur Bezeichnung solcher technischen Betriebe dienen, die durch eine selbstthätige Maschinerie ausgeführt werden [...] Ganz besonders in den jetzigen Maschinerien zur Verarbeitung von Baumwolle und Flachs kommen solche automatischen Operationen sehr ausgezeichnet vor, denn hier werden durch Elementarkraft Millionen zusammengesetzter Organe, und hölzerne, eiserne und messingene Theile gleichsam in denkende Arbeiter umgewandelt [...] ein System von arbeitenden Maschinen, die durch eine Zentralkraft in Bewegung gehalten werden" (Techn. Wörterbuch (1843) Bd.1 S.86)

Der zuletzt genannte Aspekt wird immer wieder mit den neuen Automaten-Vorstellungen in Verbindung gebracht: In der Mitte steht die neue universale Kraftmaschine, die die Bewegung und die Kraft 'spendet'; alle an sie angekoppelten Arbeitsmaschinen um sie herum scheinen dann 'wie von selbst' zu arbeiten. Die folgende Beschreibung des Maschinenparks in einer Münzpresse folgt diesem Automatenbild:[59]

[59]Eine ähnliche Beschreibung eines Maschinenensembles ist in einer Quelle von 1813/14 belegt, in der die zentrale Dampfmaschine sogar als "Seele" der Fabrik bezeichnet wird; vgl. Kroker (1971) S.139.

"Durch die Kräfte der Dampfmaschine gehen alle Operationen von einer und derselben Stelle aus. Die Metallstangen werden durch die Maschine **selbst** zu Blech gewalzt,; andere polirte Stahlcylinder nehmen sie dann sogleich auf, und poliren sie noch; der Durchschnitt kommt **von selbst** in Bewegung und schneidet aus den Zainen die runden Münzplatten. Die Maschine legt **von selbst** die runden Platten auf den Prägeklotz, und so wie diese geprägt sind, machen sie sogleich einer andern Platte Platz." (Poppe (1810) Bd.2 S.611, Hervorhebung K.J.)

Die Faszination der neuen Antriebsart durch Dampfkraft kann so übermächtig sein, daß sie direkt als bewegendes Agens genannt wird und die vielfältigen maschinellen Vorrichtungen (z.B. Räderwerk, Kraftübertragung an die Arbeitsmaschine) unterschlagen werden:

"Dämpfe von kochendem Wasser waren die bewegenden Kräfte, welche das Getraide fegten oder reinigten, welche es mahlten und beutelten. Die Mühle ging mit einer Schnelligkeit und mit einem so außerordentlichen Effekt, wie man vorher nichts ähnliches gesehen hatte." (Poppe (1807) Bd.1 S.183)

Solche direkten sprachlichen Verknüpfungen ('Dampf fegt Getreide') nimmt natürlich niemand wörtlich. 1807 ist die Dampfmaschine schon so entzaubert, daß dies ausgeschlossen werden kann. Die sprachlichen Ausdrucksmittel sind vielmehr Indiz für ein naives Modell, das nur die Art des Antriebs und den gewünschten Effekt der Arbeitsmaschine beinhaltet. Die dazwischen liegenden Maschinenteile sind für die Darstellung des Wesentlichen, die einmalige Schnelligkeit, zu vernachlässigen.[60] Die direkten Verknüpfungen der äußerlich sichtbaren 'Agenten' mit den äußerlich erfahrbaren Prozessen und Auswirkungen, die darüber hinaus vielleicht noch durch anthropomorphisierende oder teleologisierende Verben verstärkt werden, sind typische Ausdrucksmittel des funktionalen Technikwissens und der darin existierenden naiven Modelle (siehe 3.10 u. 3.13).

Bilanz zum neuen Begriff des AUTOMATEN:

(1) Die Automatenmerkmale sind von der Einzelmaschine auf das Maschinenensemble des Produktionsbetriebes übertragen.

(2) In den sprachlichen Ausdrucksformen (*von selbst*) wirkt die alte Automatenauffassung weiter.

(3) Auch im 19. Jahrhundert wird mit Automat das bezeichnet, was aktuell die technische Avantgarde ist und den Zeitgenossen am stärksten beeindruckt.

[60]Die Äußerung *Mein Auto fährt mit Benzin* wäre auf vergleichbarem Modell- und Sprachniveau.

(4) Der AUTOMAT ist eine besonders weit entwickelte Form der PRODUKTIONSMASCHINE. Die Kraftmaschinen übernehmen die Aufgabe, die zuvor der 'innewohnende Antrieb' hatte.

(5) Die mentalen Modelle MENSCH und HANDLUNG sind in den teleologisierenden Beschreibungen der Maschinentätigkeiten sehr stark vertreten: Zwar ist der Begriff des PRODUKTIONSAUTOMATEN völlig 'rationalisiert' worden, aber die sprachlichen Ausdrucksmittel hierfür sind heute noch nicht 'entzaubert'.

9.5. Die vorindustriellen Prototypen: Muskelkraftmaschine, Wasserkunst und Mühle

Die naive Vorstellung, auf die die Technikgeschichte des frühen 19. Jahrhunderts gelegentlich 'kondensiert' wird, nämlich daß im Zeitalter der Dampfmaschinentechnik alle Bereiche nun mit einem Schlag mit Dampfmaschinen ausgestattet wären, ist dringend korrekturbedürftig. Vielmehr erfahren die neuen Kraftmaschinen (auch die aus der zweiten Jahrhunderthälfte) nur eine allmähliche Diffusion in Produktion und Verkehrswesen.

Das 19. Jahrhundert wird somit für die Kraftmaschinentechnik zur klassischen Epoche der 'Gleichzeitigkeit des Ungleichzeitigen'. Die Fachtexte belegen dies anschaulich: Auch im Jahre 1852, also 50 Jahre nach der ersten Dampfmaschine in einem deutschen Industriebetrieb, sind die Muskelkraftmaschinen in einem technischen Nachschlagewerk noch eine Abhandlung von ca. 50 Seiten wert. Weiterhin kann in den kleinen Maschinenensembles der Handwerksbetriebe und Manufakturen nicht auf die Kraftanstrengung der Lebewesen verzichtet werden:

> "Soll das Gewicht der Menschen und Thiere zum Maschinenbetriebe benützt werden, so bedient man sich der **Treträder, Laufräder** und **Tretscheiben.**" (Technol. Enzyklopädie (1852) Bd.18 S.478)

Insofern erscheint es sinnvoll, die vorindustriellen Prototypen der Maschinentechnik (Muskelkraftmaschine, Wasserkunst, Mühle) auch in diesem Zeitabschnitt kurz zu behandeln und zu prüfen, ob bei ihrer Beschreibung unter dem Eindruck der neuen Maschinen Veränderungen eingetreten sind.

(1) **Die vorindustriellen Muskelkraftmaschinen** sind nicht mehr die einzigen 'Bewegungsmaschinen', sondern nur noch eine Gruppe unter vielen. In detaillierter Beschreibung wird aufgeschlüsselt, wie bei solchen 'Kraft'-Maschinen die Erzeugung und Übertragung der Bewegung in technisch verwertbare Rotationsbewegungen vonstatten geht:

> "Die **Göpel** dienen zur Einleitung einer drehenden Bewegung durch die als Zugkraft sich äußernde thierische Muskelkraft, in dem eine stehende Welle mittelst Hebelarmen, an denen die Zugkraft wirket, umgedreht wird." (Technol. Enzyklopädie (1836) Bd.7 S.109)

Eine einzigartig ausführliche Detailbeschreibung der menschlichen Arbeitsleistung auf solchen Muskelkraftmaschinen ist in einem Techniker-Fachtext gegeben (vgl. Technol. Enzyklopädie (1852) Bd.18 S.482-490). Dabei werden auch ausführlich Themen angesprochen, die die Humanisierung dieses als inhuman erkannten vorindustriellen Arbeitsplatzes betreffen: Arbeitszeit, Sicherheitseinrichtungen (z.B. Bremsvorrichtungen), Komforteinrichtungen (z.B. Frischluftzufuhr), Belastbarkeit und Schädigung des Menschen u.a. Der Artikel ist ein beeindruckendes Dokument dafür, daß an die Entwicklungen in der Technikgeschichte auch eine Entwicklung der Arbeitsbedingungen gekoppelt ist. Die 'Ersetzbarkeit' des Menschen in solchen Treträdern ist erst durch die neuen Kraftmaschinen möglich und 'erkannt'. Erst durch die 'Erkenntnis' der Möglichkeiten der neuen Technik kann dies überhaupt als humanes Ziel 'erkannt' werden:

> "daß man eine so teuflische Maschine in unserem aufgeklärten Zeitalter [...] noch irgendwo anwenden kann [...] Nur durch gesezliches Verboth läßt sich Verbannung dieser heillosen Maschine aus der Gesellschaft erwarten." (Dinglers Journal 25(1827) S.295)

Begrifflich und sprachlich bleibt eine relativ unbekümmerte Gleichsetzung von Mensch und Artefakt bestehen, die heute als voraufklärerisch und inhuman gelten muß. Der bei einem Dampfmaschinenunglück aufgetretene Schaden wird beispielweise so bilanziert:

> "wobei einige Nachbarhäuser und verschiedene Arbeiter beschädigt wurden" (Physikal. Wörterbuch (1826) Bd.2 S.315) — "Glücklicher Weise kam kein Mensch, sondern nur ein Pferd hiebei um's Leben." (Dinglers Journal 56(1835) S.71)

Es ist problematisch, hier zu vordergründig auf die 'menschenverachtende' Schreibweise des Technikers oder Wissenschaftlers abzuzielen. Durch das ganze 19. Jahrhundert gehört zur Techniksprache, daß Lebendiges, Natürliches und Artifizielles übereinstimmender und in direkterem Vergleich als heute beschrieben werden kann.

Die mentalen Modelle und die sprachlichen 'Resonanzphänomene' sind — möglicherweise unter der technikgeschichtlichen Situation der 'Gleichzeitigkeit' verstärkt — noch näher beieinander. Dies läßt sich am besten an völlig 'harmlosen' Beispielen zeigen: Die *Backe* oder die *Wange* des Schraubstocks würden auch in der Gegenwart als normale und unauffällige Organ-Metaphern der Techniksprache gelten (vgl. Blasche (1805) Bd.2 S.32). Die ältere Techniksprache zeichnet sich darüberhinausgehend dadurch aus, daß solche Metaphorik direkt in Syntagmen eingebunden werden kann, mit denen — analog dem natürlichen Vorbild — technische Vorgänge beschrieben werden. Deshalb konnte der Techniker im 19. Jahrhundert ein Werkstück bearbeiten, das "der Schraubstock in seinem Maule festhält" (Blasche (1805)

Bd.2 S.3). Heute würde man in der Techniksprache anstatt der agentivierenden Formulierung, die zu 'aufdringlich' dem Schraubstock eine HANDLUNG zuspricht, eine deagentivierende Konstruktion (z.B. *das Werkstück wird zwischen die Wangen eingespannt*) vorziehen.

Zur angemessenen Interpretation der vermeintlichen 'Gleichsetzung' von Mensch, Tier und Artefakt können auch die zeitgenössischen Reflexionen über angemessene Benennungen beitragen. Wiederum würden in der Gegenwart die Werkzeug- oder Maschinenbezeichnungen mit Tiernamen (z.B. *Fleischwolf, Sägebock*) als selbstverständliche Tier-Metaphern der Techniksprache gelten können. Solche Bildungen müssen dagegen früher noch als direktere Analogien aufgefaßt worden sein. Anders sind die Rechtfertigungen und Reflexionen über die Angemessenheit einzelner Benennungen nicht zu erklären.

Montgolfier hat im 18. Jahrhundert eine von ihm erfundene Wasserhebemaschine "bélier hydraulique" genannt (vgl. Hachette (1828) S.153). Dazu schreibt Langsdorf:

> Sie trägt "den Namen **Bélier hydraulique, hydraulischer Widder**, wofür ich den Namen **hydraulischer Stösser** gewählt habe, weil sie durch den Stoss wirkt, übrigens aber nicht die mindeste Veranlassung zu dem Gedanken an einen Widder giebt, und in Rücksicht auf die Kraft des Stosses der **hydraulische Ochse** noch passender wäre, als der schwache Widder." (Langsdorf (1827) Bd.2.1 S.351)

(2) Bei den **Wasserhebevorrichtungen** und der **Kolbenpumpentechnik** bleiben die Definitionen und Beschreibungen im Rahmen der mentalen Modelle und sprachlichen Mittel, die schon für das 18. Jahrhundert (siehe 8.6 u. 8.7) festgehalten wurden.[61] Doch zeichnet sich jetzt ein Gegensatz zwischen *Wasserkunst* und *Wassermaschine* ab, der mit dem neuen Maschinenbegriff in Zusammenhang steht. Bei Campe ist die überkommene Bezeichnung *Wasserkunst* noch die übergreifende Bezeichnung für alle wasserhebenden und wasserfördernden Vorrichtungen:

> "**Wasserkunst** [...] Eine Anstalt, wo das Wasser durch Kunst gehoben wird um es an einen beliebigen Ort zu leiten." (Campe (1811) Bd.5 S.588)

Aber im Fachtext gibt es Ansätze, mit *Kunst* nur die althergebrachte Wasserhebetechnik und mit *Maschine* nur die neueren Typen (z.B. die Wassersäulenmaschine) zu benennen (vgl. Langsdorf (1826) Bd.1 S.525, S.743). Dies bedeutet, daß die Bezeichnungen für die Pumpentechnik aus der technikgeschichtlichen Perspektive des frühen 19. Jahrhunderts differenziert werden, weil offensichtlich nur noch die neueren Versionen als 'maschinengemäß' im Sinne des neuen Maschinenbegriffs des 19. Jahrhunderts gelten können. Ein

[61] Vgl. die Beschreibungen in: Physikal. Wörterbuch (1826) Bd.2 S.622ff., Physikal. Wörterbuch (1834) Bd.7.2 S.947, Technol. Enzyklopädie (1841) Bd.11 S.221.

solcher Vorgang, der in der Sprachgeschichtsschreibung häufig zu sehr als wortgeschichtlicher 'Verdrängungsprozeß' aufgefaßt wird, wäre demnach begriffsgeschichtlich zu präzisieren: Der neue Begriff der PRODUKTIONSMASCHINE setzt eine leistungsstarke, produktive und industriell einsetzbare Maschine voraus. Die alte zwar sehr 'künstliche', aber leistungsschwache Wasserförderungsvorrichtung hat in diesem neuen Begriff keinen Platz mehr: Deshalb 'verdrängt' das Wort *Maschine* das Wort *Kunst*.

(3) Die **Mühle** gehörte im 17. und 18. Jahrhundert zur fortgeschritteneren Maschinentechnik und wurde deshalb in gewisser Weise zum vorindustriellen Prototyp der antreibenden und arbeitenden Maschine (siehe 7.5 u. 8.6). In der Technologischen Enzyklopädie gilt wie bisher als erstrangige Bedeutung die zerkleinernde Arbeitsmaschine:

> "Unter 'Mühle' versteht man im Allgemeinen jede Maschine oder Vorrichtung, mittelst welcher etwas zerrieben, zerstoßen, zerschnitten, zerquetscht oder auf sonstige Weise verkleinert oder abgearbeitet wird." (Technol. Enzyklopädie (1840) Bd.10 S.1)

Doch wird auch noch mit historischer Distanz darauf hingewiesen, daß es einen allgemeinen Mühlenbegriff gab, der zum Prototypen für alle Maschinen wurde, die mittels eines Räderwerks für Kraftübertragungen sorgten:

> "und in diesem allgemeineren Sinne, mit welchem man gewöhnlich noch den Begriff verbindet, daß dabei ein Räderwerk angebracht sey [...] Nach einem noch allgemeineren Sprachgebrauche **war oft** diese letztere Eigenschaft **allein schon hinreichend**, irgend einer Maschine die Benennung 'Mühle' zu vindiziren." (Technol. Enzyklopädie (1840) Bd.10 S.1f., Hervorhebung K.J.)

Der prototypische Begriff MÜHLE für die 'Maschine mit Räderwerk oder zur Kraftübertragung' ist jetzt überholt. In den technischen Beschreibungen und besonders in den Klassifizierungsversuchen ist ablesbar, daß die dichotomische Begriffsbildung der ARBEITS- und KRAFTMASCHINE wirklich zum Abschluß gekommen ist (siehe 8.10) und daß lediglich die endgültige Terminusbildung noch fehlt (siehe 9.7). Im Gegensatz zu den Techniktexten des 18. Jahrhunderts wird nämlich in allen untersuchten Texten eine klare Zweiteilung der mehr oder weniger ausführlichen Subklassifizierungen zu den *Mühlen* geboten: Auf der einen Seite stehen die Spezifizierungen der Antriebsart (Wasser, Wind, Dampf, Tier, Mensch), auf der anderen Seite die vielfältigen Differenzierungen der Arbeitsvorgänge (Mahl-, Schneide-, Stampfmühle etc.)[62]

[62]Vgl. hierzu: Technol. Enzyklopädie (1840) Bd.10 S.1f., Poppe (1819) Bd.3 S.676-678, Techn. Wörterbuch (1843) Bd.2 S.458, Brockhaus/2.Aufl./Plagiat (1818) Bd.4 S.793, Brockhaus/7.Aufl. (1830) Bd.7 S.579, Langsdorf (1828) Bd.2.2 S.369ff., Campe (1809) Bd.3 S.358/360.

Bemerkungen zu weiteren sprachlichen Details:

(1) Der mit der alten Mühlentechnik verbundene Fachwortschatz der Getriebetechnik besteht weiterhin. Die Fachbezeichnungen für die Einzelteile der Räderwerke sind im 19. Jahrhundert mit denen des 18. Jahrhunderts völlig identisch. Sie bleiben auch noch im späten 19. Jahrhundert stabil, wenn die hölzerne Getriebetechnik des 17. und 18. Jahrhunderts längst durch modernere Maschinerien aus Metall ersetzt werden:[63]

> Stirnrad, Kronrad, Kammrad, Treibrad, Triebrad, Getriebrad, Getriebe, Triebstock, Treibstock, Triebwerk, Trilling, Welle, Laterne

(2) Weiterhin ist *Räderwerk* (und noch nicht *Getriebe*) die umfassende Bezeichnung für das Gesamtgebilde GETRIEBE:

> "Unter **Räderwerken** begreift man Verbindungen von Rädern, die nicht an derselben Welle sich befinden [...] Bei allen Räderwerken hat man die treibenden und die getriebenen wohl zu unterscheiden, obschon man gewöhnlich die kleineren Getriebe nennt." (Bernoulli (1829) S.91f.)

(3) Auch in der Versprachlichung der Modellvorstellungen von den inneren Abläufen einer Mühlenmaschinerie zeigen die Techniktexte der ersten Jahrhunderthälfte eine sprachliche Konservativität. Selbstverständlich gelten weiterhin die überkommenen KÖRPER-Metaphern für Einzelteile der Mühlentechnik:

> "Während der Umdrehung des **Läufers** fällt das aus dem **Schuhe** herabfallende Getreide durch das **Auge**, zu beiden Seiten der Haue auf die Fläche des Bodensteines." (Techn. Wörterbuch (1843) Bd.2 S.461, Hervorhebung K.J.)

(4) Weiterhin besteht das Modell MASCHINE IST KÖRPER in einer — an heutigen Standards gemessen — unglaublich 'wörtlichen' Gleichsetzung der Beschreibungen für Lebewesen und Artefakte:

> Einer Zuckermühle muß man genügend "zu käuen geben" (Blasche (1810) Bd.5 S.227). — Eine Maschine kann "mit voller Anstrengung" arbeiten (Bernoulli (1829) S.132). — In Dinglers Journal wird über Öfen berichtet, "welche ihren Rauch selbst verzehren" (Dinglers Journal 33(1829) S.344). — Als Ursache einer Dampfkesselexplosion "fand man, daß die Speiseröhre verstopft war" (Dinglers Journal 102(1846) S.407).

[63] Vgl. Physik. Wörterbuch (1834) Bd.7.2 S.1147ff., Technolog. Enzyklopädie (1841) Bd.11 S.465f., Populäres physik. Lexikon (1837) Bd.4 S.273f., Langsdorf (1826) Bd.1, Campe (1808) Bd.2 S.353.

9.6 Das Ende der Dampfmaschinen–Revolution: Entzauberung, Veralltäglichung und neuer Mythos

In den verschiedenen Texttypen, die untersucht wurden, zeigt sich zu Beginn des 19. Jahrhunderts in der Behandlung der Dampfmaschinentechnik eine zunächst widersprüchlich anmutende Situation. Sie ist in vier Punkten kurz zu charakterisieren:

(1) Der endgültige Abschluß des sprachlichen Anpassungsprozesses ist relativ eindeutig. Die ehemalige Bezeichnung *Feuermaschine* verschwindet in den 20er Jahren des Jahrhunderts endgültig in allen Texttypen. Der neue Begriff der DAMPFMASCHINE wird nun auch im Ausdruck endgültig.

(2) Dies ist sprachliches Indiz einer kognitiven Entwicklung: Die Maschine erfährt eine endgültige Entzauberung. Sie wird endgültig vom Mythos des Feuerantriebs befreit und die Dampfkraft als normale, für den Maschinenantrieb geeignete Kraft in die Gruppe der KRAFTMASCHINEN eingereiht.

(3) Sowohl die sprachliche als auch die kognitive Veränderung sind auf dem Hintergrund zu sehen, daß die ehemals 'exotische Maschine aus England' nun in nachnapoleonischer Zeit auch auf dem Kontinent allmähliche Verbreitung als Universalantrieb findet und daher zumindest für den Techniker und technisch Interessierten eine Veralltäglichung erfährt.

(4) Zeitgleich mit Entzauberung und Veralltäglichung ist in der Parteinahme der Techniker für oder gegen die neuen Möglichkeiten der Dampfmaschinentechnik eine widersprüchliche Haltung zu beobachten: Teils dominiert noch eine beharrende Skepsis, die vor allem mit technikinternen oder betriebswirtschaftlichen Argumenten gestützt wird, teils sind bereits die Vorboten eines neuen Dampfmaschinen–Mythos sichtbar, der in euphorischer Manier die Dampfmaschine als wichtigen Bestandteil des anbrechenden Industrie- und Maschinenzeitalters preist.

ad (1): **Feuermaschine und Dampfmaschine**

Man kann insgesamt davon ausgehen, daß etwa ab 1800 im Prinzip alle technischen Formen der neuen Technik als *Dampfmaschine* benannt werden. Auch die technikgeschichtlichen Vorstufen der direktwirkenden Dampfmaschine von James Watt werden mit entsprechenden differenzierenden Zusätzen so genannt (z.B. *Newcomen–Dampfmaschine, atmosphärische Dampfmaschine, Savery's Dampfmaschine*). Dies gilt uneingeschränkt für die Theorie- und Techniker–Fachtexte, sofern sie keine Nachschlagewerke sind.[64] Dagegen ist in französischen Techniker–Fachtexten die Doppelbenennung noch länger belegt. Beispielsweise gehen in Hachette (1828) die Bezeichnunen "machine à feu" und "machine à vapeur" in einer geradezu willkürlichen Beliebigkeit durcheinander. Teils finden sich sogar Abweichungen zwischen den Überschriften im Text und denen im Inhaltsverzeichnis (vgl. Hachette (1828) S.XII, S.XV, S.256, S.274, S.287ff).

In Deutschland sind die letzten Ausläufer der *Feuermaschinen* bis in die

[64]Vgl. beispielsweise die Abschnitte zur Dampfmaschine in Langsdorf (1827) Bd.2.1.

20er Jahre nur noch in den Nachschlagewerken zu finden. Dort erwecken sie allerdings meistens den Eindruck, als seien sie 'redaktionelle Relikte', die auf Benutzergewohnheiten Rücksicht nehmen.[65] Denn in den Nachschlagewerken wird noch relativ lange zu Beginn der Artikel über die Dampfmaschine das alte Synomym angegeben oder durch Querverweise die alte mit der neuen Bezeichnung verknüpft (z.B. "Feuermaschine, siehe Dampfmaschine"). Diese sprachliche Beharrung ist sicherlich ein textspezifisches Merkmal des Lexikons. Denn in allen anderen Anwender-Fachtexten oder Vermittlungstexten ist mit Jahrhundertbeginn die *Feuermaschine* überholt. Selbst im "Magazin aller neuer Erfindungen" ist für die Jahre 1800-1808 eine große Übermacht der *Dampfmaschine* gegenüber nur fünf Relikten der *Feuermaschine* belegt (vgl. Magazin/Erfindungen (1800-1808) Bd.8 Register).

ad (2): **Entzauberung der Dampfkraft**
Wie schon für das Ende des 18. Jahrhunderts festgehalten (siehe 8.9.2), ist der Benennungswechsel hier ein direktes Indiz für die endgültige Entzauberung des 'Feuers' in der Maschine. Selbst in Vermittlungstexten und Anwender-Fachtexten werden mit Beginn des 19. Jahrhunderts die Vorgänge im Innern einer Dampfmaschine endgültig durchschaubar, technisch detailliert und frei von vormodernen Feuer- und Wärmetheorien dargestellt. Vom Theorie-Fachtext bis zum Vermittlungstext reichen die einfachen, korrekten und unspektakulären Definitionen, was das Wesentliche für eine Dampfmaschine sei:

> "welche durch Dampf in Bewegung gesetzt werden" (Physikal. Wörterbuch (1826) Bd.2 S.417) — "welche durch die elastische Kraft des Dampfes in Bewegung gesetzt wird" (Populäres physik. Lexikon (1834) Bd.1 S.481) — "welche vermittelst des Dampfes von kochendem Wasser in Bewegung gesetzt wird" (Campe (1807) Bd.1 S.675)

Die Entzauberung ist im Alltagswissen breiter Bevölkerungskreise sicher noch nicht vollzogen. Hierzu gibt es immer wieder Hinweise in Anwender-Fachtexten:

> "Fast allgemein findet man hier nämlich noch die Meinung verbreitet, daß Rauch, den man mit Dampf verwechselt, das Agens in der Dampfmaschine sey, woher man denn auch gegen die Anlegung einer Dampföhlmühle in Rostock den sonderbaren Grund aufstellte, daß eine solche Mühle, worin durch Rauch und Feuer eine so brennbare Materie, als das Oehl ist, ausgepreßt werde, der Stadt jede Minute ein feuriger Untergang drohe." (Dinglers Journal 40(1831) S.2)

[65] So beispielsweise in: Poppe (1816) Bd.2 S.14 u. S.411, Brockhaus/2.Aufl./Plagiat (1818) Bd.2 S.258, Physikal. Wörterbuch (1826) Bd.2 S.417. Die zuletzt genannte Quelle von **1826** ist der allerletzte Beleg für *Feuermaschine*.

Die technikgeschichtliche Unterscheidung in den Fachtexten zwischen älterer und neuer Version trägt weiter zur Erhellung für den zeitgenössischen Leser bei. Das Verfahren der älteren Dampfmaschine, in der "die atmosphärische Luft durch ihren Druck das Wasser hebt" (Physikal. Wörterbuch (1826) Bd.2 S.422), wird von James Watt weiterentwickelt zur Direktwirkung des Dampfes, "durch welche die Maschine zur **eigentlichen Dampfmaschine** wurde" (Physikal. Wörterbuch (1826) Bd.2 S.441). Auch in vermittelnden Texten ist ab den 30er Jahren schon die geradezu selbstverständlich wirkende historische Distanz zu beobachten, wenn auf die "Feuerpumpe" und auf die "atmosphärische Dampfmaschine" zurückgeblickt wird (vgl. Populäres physikal. Lexikon (1834) Bd.1 S.482ff). Ein weiteres Indiz für die Erkenntnis von dem Arbeitsvermögen des Dampfes ist die in den Fachtexten stattfindende Begriffsreflexion und die Diskussion darüber, ab wann man von einer 'eigentlichen' Dampfmaschine sprechen könne:

> "Mit vollem Rechte betrachtet man daher Watt als den zweiten Erfinder, oder besser als den eigentlichen Schöpfer der Dampfmaschine von der Form und Einrichtung, wie wir sie jetzt beinahe in allen Zweigen der Industrie nutzbar verwenden." (Techn. Wörterbuch (1843) Bd.1 S.427)

Die bisher eher 'verkapselte' Dampfmaschinentechnik wird in Einzelteile 'zerlegt', somit werden die einzelnen Abläufe und Prozesse von Wärme, Kraft und Bewegung in den verschiedenen Teilen der Maschine sichtbar:

> (1) "Heizapparat", (2) "Dampfkessel", (3) "Dampfcylinder", (4) "Embolus oder Dampfkolben", (5) "Dampfrohr", (6) "Steuerung" (Hahnen, Ventile), (7) "Condensatoren", (8) "Balancier oder Baum (beam)", (9) "Schwungrad" (Physikal. Wörterbuch (1826) Bd.2 S.461ff.)

Auch wenn die technischen Darstellungen deutlich über dem sprachlichen Niveau von 'Dampf fegt Getreide' liegen (siehe 9.4), schließt dies nicht aus, daß auch weiterhin naive mentale Modelle die Detailbeschreibungen über die inneren Abläufe in der Dampfmaschine beherrschen. Es sind dies vor allem Bestände des Modells HANDLUNG, wie der folgende beispielhafte Textausschnitt zeigt:

> "Durch jenen bekommen die Dämpfe einen Ausgang und ihre Kraft auf den Kolben wird so vermindert, daß er durch das Uebergewicht des Balanciers bey BE in die Höhe steigen kann; durch das Oeffnen der letztern Hahnen wird dieses Emporsteigen beschleunigt; denn nun können die Dämpfe aus dem Dampfkessel durch die Röhre acf unter den Kolben treten. Ist der Kolben seinem höchsten Standpunkte näher gekommen, so schließen sich die Hahnen bey f und D, und die Hahnen bey d und K werden geöffnet; jene um die Dämpfe wieder oben nach H hinzuleiten und dadurch den Kolben herabzutreiben, diese, um den

> Dämpfen unter dem Kolben H einen Ausgang zu verstatten (sic!) und das Herabsteigen des Kolbens nicht zu verhindern." (Poppe (1816) Bd.2 S.21)

Ein Blick auf die Verben, mit denen die physikalischen Gesetze von Druck und Kraft und die maschinellen Bewegungen beschrieben werden, zeigt, daß die inneren Details der Dampfmaschinentechnik in einem Modell dargestellt werden, das sich der Verknüpfungen von 'primitiven Aktionen' (PROPEL, PTRANS etc., siehe 3.10) mit einfachen 'force schemata' (COMPULSION, BLOCKAGE etc., siehe 3.3) bedient. Eine Beschreibung würde im Prinzip heute nicht anders möglich sein, gewandelt hat sich allenfalls die Auffassung, welche Verben dafür angemessen sind. Vermutlich würden die folgenden Handlungsbeschreibungen aus dem Beispieltext für gegenwärtige technische Texte als unangemessen gelten:

> Ausgang bekommen, steigen können, treten können, einen Ausgang verstatten.

Der Großteil des Verb-Wortschatzes ist jedoch durch die Jahrhunderte stabil:

> austreten, drücken, gehen, hindurchdringen, pressen, steigen, strömen, treten, übertreten, verdichten, ziehen (vgl. Poppe (1816) Bd.2 S.14ff.)

Damit konnte eine menschengetriebene Wasserpumpe des 18. Jahrhunderts beschrieben werden, damit sind die Kraft- und Bewegungsabläufe in einer Dampfmaschine des frühen 19. Jahrhunderts zu beschreiben, auch eine moderne Pumpenanlage könnte damit beschrieben werden.

Analysiert man eine solche Detailbeschreibung genauer, dann sieht man, daß jede einzelne Instanz und jeder einzelne Prozeß in der Maschine auf bereits bestehende mentale Modelle zurückgreifen kann:

> "[1:] Im Kessel wird nämlich durch eine starke Feuerung das Wasser in Dämpfe verwandelt, die von da in einen Cylinder treten und in demselben mit Gewalt einen Kolben in die Höhe treiben. [2:] Wasser, das hernach sogleich unter den Kolben gespritzt wird, schlägt die Dämpfe nieder, und macht, daß der Kolben wieder herabsinkt. [3:] Neue Dämpfe treiben den Kolben abermals in die Höhe; neues eingespritztes Wasser macht, daß er wieder niedersinkt. Und so geht die Bewegung durch Hülfe des sinnreichsten Mechanismus ununterbrochen fort. [4:] An dem Kolben sitzt eine Kolbenstange, welche oben mit einem großen Balancier verbunden ist. Die Kolbenstange macht die auf- und niedergehende Bewegung des Kolbens mit, folglich auch der Balancier, der sich um eine Achse dreht. [5:] Der Balancier treibt mit dem von der Dampfmaschine abgekehrten Ende eine zweckmäßig starke Stange auf und nieder. [6:] Diese führt durch eine Kurbel eine

Welle mit einem Rade herum, welches in zwey andere Räder, auf jeder Seite in Eins, eingreift. [7:] Jedes Rad treibt eine lange starke Welle und mit dieser fünf Kammräder herum, deren jedes seinen Mühlstein in Bewegung setzt." (Poppe (1807) Bd.1 S.184, Numerierung K.J.)

Die sieben Schritte sind anschaulich aufgegliedert und für den Leser leicht nachvollziehbar,

(1) weil er sein Alltagwissen über die Kraft des Wasserdampfes (Modell KOCHTOPF) aktivieren kann (= 1,3),

(2) weil er das Technikwissen über Kurbelantrieb, Getriebeübersetzungen etc. aus der Kenntnis der technikgeschichtlichen Vorgänger zieht (= 4,5,6,7)

(3) und weil die einzigen wirklich neuen Wissenselemente, nämlich die Arbeitsverrichtung der Maschine durch die Kondensation des Dampfes, sich auf zwei Punkte isolieren lassen (= 2,3).

Die meisten Texte des frühen 19. Jahrhunderts zeigen im Vergleich zum Ende des 18. Jahrhunderts insgesamt eine bessere, angemessenere und technisch genauere Vermittlung der Dampfmaschinentechnik. Man kann dies als sprach-, text- und wissensgeschichtlichen Reflex der technik- und industriegeschichtlichen Entwicklung ansehen: Die Maschine verliert allmählich ihre Sonderstellung als 'exotische' und 'englische' Rarität. Somit kann erst dadurch das mentale Modell WASSERDAMPF — KOLBEN — ROTATIONSBEWEGUNG zum Normalbestand des technischen Fachwissens werden.

ad (3): **Die normale Kraftmaschine**

Die nunmehr in Technikerkreisen bekannte und offenkundige Tatsache, daß die Dampfmaschine als universaler Antrieb für Pumpen, Werkzeugmaschinen u.a. zur Verfügung steht (siehe 8.1 u. 9.1), hat ebenso entscheidenden Anteil an der Einordnung als eine 'normale' KRAFTMASCHINE wie die oben beschriebene Entzauberung der inneren Vorgänge in der Maschine. Die Maschine verliert in doppeltem Sinne ihre 'Einmaligkeit'. Insofern erbringen beide Vorgänge in gegenseitiger Wechselwirkung die entscheidenden Anstöße für den neuen Begriff DAMPFMASCHINE, aber auch für den neuen Begriff KRAFTMASCHINE (siehe 9.7).

Die Belege, in denen die Dampfmaschine **nur** als wasserhebende Bergwerksmaschine beschrieben wird, werden immer seltener und beschränken sich bezeichnenderweise auf Wörterbuch und Konversationslexikon:

"vorzüglich in Bergwerken angewendet" (Campe (1807) Bd.1 S.675)
"gewöhnlich zur Hebung großer Massen Wasser" (Brockhaus/2.Aufl. (1812) Bd.2 S.138)

In anderen Texttypen wird im Gegensatz dazu gerade der universale Einsatz als 'Beweger' stets betont:

"solche Maschinen können überhaupt als bewegendes Mittel, selbst beim Fuhrwerke gebraucht werden" (Physikal. Wörterbuch (1826) Bd.2 S.441) — "daß der Dampf zum Beweger von Maschinen benutzt werden könne, ja daß derselbe alle bis dahin bekannten Beweger an Macht übertreffe" (Populäres physik. Lexikon (1834) Bd.1 S.481) — "also um mittelst derselben irgend eine Maschinerie zu betreiben, oder irgend einen mechanischen Nutzeffekt hervorzubringen" (Technol. Enzyklopädie (1831) Bd.3 S.586) — "diese Bewegung wieder andern Maschinen mittheilen, die in Manufakturen und Fabriken arbeiten" (Poppe (1816) Bd.2 S.14).

Die Einreihung in die bereits vorhandenen 'Beweger' ist nun selbstverständlich. Mit ihren natürlichen und lebendigen Vorgängern zusammen bildet die Dampfmaschine die zukünftige Maschinenklasse der KRAFTMASCHINEN:

"**Dampfmaschinen** werden diejenigen mechanischen Vorrichtungen genannt, durch welche die bewegende Kraft des Dampfes in Wirksamkeit gesetzt wird [...] Bei den Dampfmaschinen ist daher der Dampf die bewegende Kraft auf dieselbe Art, als bei dem Pferdegöpel das Thier, bei dem Wasserrade das Wasser, bei den Windmühlenflügel der Wind." (Technol. Enzyklopädie (1831) Bd.3 S.586)

ad (4): **Modethema zwischen Skepsis und Mythos**
Die Dampfmaschinentechnik wird in den 20er und 30er Jahren des 19. Jahrhunderts ohne Zweifel zu einem Modethema der Technikliteratur. Ihre ausführliche Beschreibung in den Texten ist verständlich, denn das Interesse reicht von der Wissenschaft über die Industrie bis zur 'Allgemeinheit':

"allein wegen der Wichtigkeit derselben für **Physik, Technologie** und **Fabrikenwesen** und bei dem **allgemeinen Interesse,** welches sie wegen ihrer vielfachen Anwendung, insbesondere in den neuesten Zeiten, erregt haben" (Physikal. Wörterbuch (1826) Bd.2 S.417, Hervorhebung K.J.)

Auch die Veränderungen im maßgeblichen Konversationslexikon dieser Zeit weisen auf das Modethema hin. Im Brockhaus von 1830 zeigt der Artikel zur Geschichte, Bedeutung und Anwendung der Dampfmaschine (vgl. Brockhaus/7.Aufl. (1830) Bd.3 S.23ff.) gegenüber der Auflage von 1812 einen enormen Zuwachs. In den Fach–Nachschlagewerken zeigen ganze Artikelserien, daß das Zeitalter der Dampfmaschine und ihrer universalen Anwendung begonnen hat. In der Technol. Enzyklopädie nehmen die sieben Artikel zur Dampftechnik (Dampf, Dampfgeschütz, Dampfkessel, Dampfleitung, Dampfmaschine, Dampfschiff, Dampfwagen) ca. 300 (!) Seiten ein (vgl. Technol. Enzyklopädie (1831) Bd.3 S.493-691, (1833) Bd.4 S.1-102).

Die ausführlichen Beschreibungen und Diskussionen zum Modethema Dampftechnik sind noch ohne die 'Dampfmaschinen–Euphorie' geschrieben, die später im 19. Jahrhundert vorherrschen wird. In den hier untersuchten Fach- und Vermittlungstexten ist die Dampfmaschinentechnik noch nicht die menschheitsbeglückende Zukunftsvision. Möglicherweise müßten die Ansätze solcher eschatologischer Technikinterpretationen in anderen Quellen gesucht werden (vgl. Kapp (1877), Weber (1978b)). Ganz im Gegenteil zeigt sich in den Anwender-Fachtexten noch bis in die 20er Jahre eine erstaunliche, konservativ verharrende Skepsis:

> "Sie können auch in unserm Vaterlande nie so allgemein angewandt werden, als in England, weil sie nicht blos viel in der Anlage kosten, sondern auch immer eine starke Feuerung erfordern." (Poppe (1816) Bd.2 S.15, vgl. auch Poppe (1806) S.339) — "Wir haben die ausserordentliche Kraft kennen gelernt, mit der die Dampfmaschinen wirken und ihre grosse Überlegenheit über alle andere Maschinen behaupten. Dennoch sind sie keineswegs dazu geeignet, unsere Wassersäulenmaschinen, Wasserräder und Windmühlen und nicht einmal den Gebrauch thierischer Kräfte bei Laufrädern, Tretscheiben und Göpeln ganz zu verdrängen." (Langsdorf (1827) Bd.2.1 S.109)

Langsdorf hatte schon 1797 die 'wälderfressende' Maschine nach England zurückgewünscht (siehe 8.9.3). Den Technikern fehlt hier offensichtlich die Fähigkeit, technische Utopien auszubilden. Für sie ist die zukünftige Maschinentechnik ohne den althergebrachten Pferdegöpel nicht vorstellbar. Sie argumentieren ganz 'praktisch', mit technikinternen oder auch betriebswirtschaftlichen Einwänden.

Die ersten Belege mit Tendenzen zur Verherrlichung der Dampfkraft finden sich bezeichnenderweise in Texten, die auf französische und englische Vorbilder zurückgehen.[66] Das folgende Zitat stammt aus einem Wörterbuch, das die deutsche Bearbeitung des englischen 'Dictionary of Arts, Manufactures and Mines' darstellt:

> "In den geräumigen Sälen der englischen Manufakturen versammelt die wohlthätige Dampfkraft Myriaden folgsamer Diener um sich, und theilt einem jeden seine genau bestimmte Arbeit zu, seine schwache unsichere Muskelkraft durch die Kraft ihres eigenen Riesenarmes ersetzend." (Techn. Wörterbuch (1843) Bd.1 S.87)

Zu den Leitintentionen des Populären Physikalischen Lexikons von G.O. Marbach gehört es, durch naturwissenschaftliche Bildungsarbeit die mythenhaften Vorstellungen von Naturvorgängen und Technikabläufen abzubauen (vgl. Populäres physik. Lexikon (1834) Bd.1 S.I-VIII). Die Referierungen über die Dampfmaschine sind gerade deshalb so aufschlußreich für die Wundervorstellungen ungebildeter Zeitgenossen:

---

[66] Bereits für das 18. Jahrhundert wurde am Beispiel der Übersetzung des französischen Handbuchs von Belidor vermerkt (siehe 8.9.3), daß hier die westeuropäischen Texttraditionen offensichtlich eher zu verherrlichenden und mystifizierenden Beschreibungen und Bewertungen neigen.

> "Leblose, sinnlose Maschinen vollbringen die künstlichsten Arbeiten, üben die ungeheuersten Kräfte aus, und stiegen unsere Väter aus den Gräbern und sähen das Wirken einer Dampfmaschine, sie würden, auch die freigeistigsten unter ihnen, ein Wunder zu sehen glauben. Und sie würden **nicht** irren. Eine ganze Welt von Wundern, von denen die ungebildeten Menschen, und die Zahl derselben ist größer, als es den Anschein hat, keine Ahnung haben, thut sich dem auf, der das Gebiet der Physik betritt. Wir nennen nur nicht mehr Wunder, wo wir einigen Zusammenhang von Ursache und Wirkung gewahren, aber in der That bleibt die Ursache so wunderbar, wie die Wirkung; aber die Ursache selbst sehen wir nicht, und darum meint der nur sinnliche Mensch, auch das Wunder sei verschwunden. Die Wirkung der Dampfmaschine ist ein geringeres Wunder als die Eigenschaft des Dampfes, wodurch sie möglich wird, denn sie ist nur eine Anwendung von jener Eigenschaft."
> (Populäres physik. Lexikon (1834) Bd.1 S.II-III)

Die aufklärerische Tendenz des Werkes ist deutlich zu spüren. Man kann wohl davon ausgehen, daß das 'Wunder' der Dampfmaschine im Laufe des 19. Jahrhunderts immer weiter verschwindet. Nicht mehr das 'Innere' der Maschine ist das vorrangig Bewundernswürdige, dies ist mit der Aufklärung über Ursache und Wirkung von Dampf, Kraft und Bewegung aufgehoben, vielmehr wird nun die 'äußere' Umgebung der neuen Maschine zum Mythos überhöht: Das Wunder steckt nicht mehr in der Maschine, sondern in ihrer neuen Bestimmung als universal einsetzbare 'Wohltäterin' und 'Kraftspenderin' in Industrie, Handwerk und Verkehr.

Für die Deutung der Maschine galt schon oft das mentale Modell vom HELFER und DIENER. Beispielsweise nannte schon Thomas Savery im Jahre 1696 seine wasserhebende Dampfmaschine, die dem Bergmann Erleichterung bringen sollte, "the miner's friend" (vgl. Hachette (1828) S.288). In einer Aufklärungsschrift mit dem programmatischen Titel 'Das Maschinenwesen und die darüber verbreiteten Vorurteile' wird die Maschine zum "Knecht" und "unermüdlichen Gehilfen" des Arbeiters (vgl. Maschinenwesen (1846) S.13f). In der veränderten technikgeschichtlichen und vor allem sozialgeschichtlichen Situation um 1850 erhalten solche vermenschlichenden Attribute eine ganz andere Qualität: Im Zeitalter der euphorisch begrüßten und gleichzeitig heftig bekämpften Maschinentechnik indizieren die Anthropomorphisierungen eine deutliche Parteinahme für die erstgenannte Position, also gegen die 'vorurteilsbeladenen' Maschinenstürmer.

9.7 Arbeitsmaschine und Kraftmaschine: Die endgültige Lexikalisierung

Erste vorsichtige Ansätze zu einer stabilen, lexikalisierten und terminologisierten Benennung für die Klasse der KRAFTMASCHINEN waren im letzten Jahrzehnt des 18. Jahrhunderts in den anspruchsvolleren Techniker–Fachtexten von Marie R. Prony, Johann F. Lempe und Karl Chr. Langsdorf zu finden (siehe 8.10). Im 19. Jahrhundert sind zunächst in verschiedenen Texten bis in die 30er Jahre, ohne daß weitere Lexikalisierungsvorschläge für den Klassenbegriff der Kraftmaschinen genannt würden, weiterhin die Aufzählungen der 'bewegenden Kräfte' zu finden, wie sie schon im 18. Jahrhundert bestanden (vgl. z.B. Poppe (1806) S.43, Technol. Enzyklopädie (1830) Bd.2 S.53).

Die Aufzählungen der *Kräfte* zeigen noch sehr deutlich die Rückbindung der zukünftigen KRAFTMASCHINE an den anthropomorphen bzw. an den auf die Naturkräfte bezogenen Begriff von KRAFT:

> "**Bewegende Kraft der Maschinen.** Hierunter versteht man die Kraft, welche man anwendet, um Maschinen [...] in Bewegung zu setzen. Man gebraucht nämlich dazu: Die Kraft des Menschen [...] Die Kraft der Thiere [...] Die Kraft des Windes [...] Die Kraft heißer Wasserdämpfe gebraucht man [...] seit dreissig Jahren zur Bewegung sehr großer und würksamer technologischer Maschinen [...] Die Kraft der Gewichte [...] Die Kraft elastischer Federn [...] Die Kraft des fließenden Wassers" (Poppe (1816) Bd.1 S.399-401)

Doch gleichzeitig zeigt sich anhand solcher Textstellen, daß auch in Techniker- und Anwender-Fachtexten aufzählende Zusammenfassungen der KRAFT nur Sinn machen, wenn man den physikalischen Begriff der kinetischen Energie dahinter sieht (siehe 9.2.1). Die aufgezählten *Kräfte* weisen allesamt die Fähigkeit auf, 'kinetische Energie an andere Maschinensysteme abzugeben'. Die dabei erfolgende Einordnung des Dampfes ist ja schon länger selbstverständlich (siehe 8.10 u. 9.6): Selbst das Konversationslexikon schreibt ohne irgendeine besondere spektakuläre Betonung, daß "man sich in neuerer Zeit auch der Dampfmaschinen als bewegenden Kraft zu den Mühlen bedient" (Brockhaus/2.Aufl./Plagiat (1818) Bd.4 S.794).

Die lebendigen, natürlichen und technischen *Kräfte* sind längst begrifflich zusammengefaßt. Es fehlt lediglich noch der letzte Schritt zur Lexikalisierung des Kompositums *Kraftmaschine*. Der erste sprachliche Versuch von Langsdorf (1797), die "würkende Maschine" (siehe 8.10) wird jedenfalls von der Fachliteratur nicht aufgenommen. Die sprachlichen Prozesse werden vielmehr weiter vorangetrieben durch die Unterscheidung zwischen den 'kraftspendenden' und den 'arbeitenden' Maschinen. Da die 'kraftspendende' Instanz entweder als neuer PRODUKTIONSAUTOMAT (siehe 9.4) oder als DIENER und KNECHT (siehe 9.6) begriffen wird, werden die durch die Kraft unterstützten Maschinen zu ARBEITSMASCHINEN. Das Maschinenensemble einer Fabrik wird zu einem "System von **arbeitenden** Maschinen, die durch eine **Zentralkraft** in Bewegung gehalten werden" (Techn. Wörterbuch (1843) Bd.1 S.86, Hervorhebung K.J.).

Damit verändert sich auch der Begriff der PRODUKTIONSMASCHINE weiter. Für ihn wird nun auch das Kriterium des maschinellen 'Kraftantriebs' wesentlich:

> "Der gewöhnliche Webstuhl, der durch Hand- und Fußbewegung des Webers in Thätigkeit kommt, kann — so künstlich und verwickelt er auch in einzelnen Fällen ist — streng genommen **niemals eine Maschine** genannt werden. Er ist stets **nur ein kunstvoll zusammengesetztes Werkzeug**; denn die ihn bewegende Kraft ist nicht als solche allein thätig [...] Nur in so fern wird der Webstuhl zur Maschine, als eine verstandslose [...] Kraft ihn von einem Punkte aus in Gang setzt, und durch Mechanismen sich so den verschiedenen Vorrichtungen des Stuhls mittheilt" (Karmarsch (1841) Bd.2 S.487f., Hervorhebung K.J.)

In die begriffliche Klassifizierung übertragen lautet dieser Standpunkt: Nur eine ARBEITSMASCHINE, die von einer nichtlebendigen KRAFTMASCHINE angetrieben wird, ist eine 'richtige' PRODUKTIONSMASCHINE.

Die neue Klassenbildung der ARBEITSMASCHINE kann also streng genommen als begriffsgeschichtlicher Nachfolger des einfachen *Werkzeuges* und der *zusammengesetzten, künstlichen Maschine*, die noch werkzeugähnlich vom Menschen geführt und gesteuert wurde, angesehen werden. Der endgültige 'Schöpfungsprozeß' der neuen Fachwörter *Kraftmaschine* und *Arbeitsmaschine* ist auf den Zeitraum von 1826 bis 1848 einzugrenzen. Die französischen Bildungen "machine motrice" und "machine–outil" (vgl. Hachette (1828) S.VII/VIII u. S.446) waren sicher als ein mögliches Vorbild prägend, da der am Lexikalisierungsprozeß entscheidend beteiligte Langsdorf als Übersetzer französischer Literatur deren Fachterminologie genauestens kennt. Bezeichnenderweise tritt nach Langsdorfs Vorschlag von 1797 wiederum ein Text von Langsdorf mit avantgardistischen Benennungsvorschlägen im Jahre 1826 auffällig in Erscheinung. Er schlägt drei Unterklassen des Maschinenbegriffs vor:

> (1) "**Wirkungsorgan, Hintermaschine**" — "welche die verlangte Wirkung unmittelbar hervorbringen soll".
> (2) "**Belebungsmaschine, Vormaschine**" — "welche die ursprüngliche Bewegung hervorbringen, die Wirkungsorgane beleben soll".
> (3) "**Verbindungsmaschine, Zwischenmaschine, Zwischenwerk, Zwischengeschirr**" — "welche die Vormaschine mit der Hintermaschine verbinden soll". (Langsdorf (1826) Bd.1 S.278)

Zur Veranschaulichung dieser Dreiteilung nennt der Verfasser ein konkretes Beispiel:

> "Bei einer Schneidmühle ist das Wasserrad die Vormaschine, das Gatter mit der Säge die Hintermaschine, alles übrige gehört zum Zwischenwerk." (Langsdorf (1826) Bd.1 S.278)

Im Text unterscheidet er die Maschinenklassen in Fortführung von 1797 gelegentlich mit differenzierenden Attributen: "betreibende" vs. "betriebene" Maschinen (vgl. Langsdorf (1827) Bd.2.1 S.143).

Bei Langsdorf ist (wie auch später bei Redtenbacher) das textgeschichtlich bedeutsame Phänomen zu beobachten, daß die moderne Terminologie im Text zwar eingeführt wird, aber dem Verfasser noch nicht ausgereift scheint oder vielleicht auch gar nicht wichtig genug ist, so daß er sie — möglicherweise auch mit Rücksicht auf den Leser, dem er sie erst noch vermitteln muß — in Inhaltsverzeichnis, Textgliederung und Überschriften (noch) nicht einsetzt oder (noch) nicht einsetzen will. Die Großkapitel in Langsdorfs Teilband 2.1 sind noch nach alten Gesichtspunkten (Betriebart, Anwendungsbereich, Bauprinzip) gegliedert, innerhalb derer sowohl ARBEITS- als auch KRAFTMASCHINEN behandelt werden:

> "Pneumatische Maschinen", "Wasserhebungsmaschinen", "Mühlwerke", "Landwirthschaftliche Maschinen", "Specielle Bergmaschinen" (Langsdorf (1827) Bd.2.1 Inhaltsverz.)

Ein weiterer Lexikalisierungsversuch taucht in den 30er Jahren auf. Da die KRAFTMASCHINEN kinetische Energie in Form von Rotationsbewegungen liefern, also andere Maschinen 'umtreiben', ist der Vorschlag der *Umtriebsmaschine* in gewisser Weise technikgeschichtlich motiviert und für den Zeitgenossen durchschaubar. Das Wort ist in den bearbeiteten Quellen erstmals für 1834 belegt.[67] In Weisbachs Handbuch 'Der Ingenieur' (1848) hat die Neubildung bereits einen so festen Status erreicht, daß sie als Klassizierung für die Textgliederung taugt. Die vier letzten Kapitel des Buches sind bezeichnet mit:[68]

> (1) "Umtriebsmaschinen", (2) "Von der Wärme und von den Dampfmaschinen", (3) "Zwischenmaschinen", (4) "Arbeitsmaschinen"

Die endgültigen Benennungen, die in der Maschinenklassifikation heute noch Gültigkeit haben (vgl. Lueger (1960) Bd.1 S.304ff.), sind erstmals in Ferdinand Redtenbachers 'Resultate für den Maschinenbau' (1848) ausgearbeitet, also bezeichnenderweise in einem Text, der an einer wichtigen textgeschichtlichen Zäsur steht: Mit den Texten Redtenbachers, der in Karlsruhe an der Vorgängerinstitution der späteren Technischen Hochschule lehrt, beginnt etwa ab 1850 die moderne Ingenieurliteratur (siehe 9.1). Redtenbacher verwendet die Benennungen ohne Kommentierungen als selbstverständliche Fachwörter im Text:

> "was für eine **Kraftmaschine** unter gegebenem Umstande am Besten dem Zweck entspricht" — "die **Arbeitsmaschinen**, welche durch die Dampfmaschine getrieben werden sollen" (Redtenbacher (1848) S.137/210, Hervorhebung K.J.)

[67] Vgl. Technol. Enzyklopädie (1834) Bd.5 S.595; weitere Belege in: Allg. Masch.-Enzykl. (1841) Bd.1 S.340/938, Weisbach (1848).

[68] Daß die Dampfmaschine ein eigenes Kapitel erhält und nicht im Kapitel über die anderen Umtriebsmaschinen behandelt wird, obwohl sie als solche erkannt ist, ist dem Modethema Dampfmaschinentechnik zuzuschreiben.

Im neuen Kompositum *Kraftmaschine* ist endgültig lexikalisiert, was zuvor in der Tradition der Kräfte-Klassifikationen noch als "krafterzeugende Maschinen" umschrieben wurde (vgl. Dinglers Journal 51(1834) S.81).

In Redtenbachers Handbuch ist die bereits bei Langsdorf zu beobachtende Diskrepanz zwischen Gliederung und Inhaltsverzeichnis einerseits und 'normalem' Text andererseits besonders auffällig. Im Inhaltsverzeichnis ist der Abschnitt "Arbeitsmaschinen und Fabrication" nach alten Ordnungskriterien (Einsatzbereich, Industriezweig u.ä.) gegliedert. Die Dichotomie Arbeits- und Kraftmaschine existiert nicht, gemessen am Text ist die Gliederung archaisch (vgl. Redtenbacher (1848) S.X-XII).

Zusammenfassung der Benennungsvorschläge von 1797 bis 1848:

	KRAFTMASCHINE	ARBEITSMASCHINE
Langsdorf (1797)	*würkende Maschine*	*leidende Maschine*
Langsdorf (1826)	*Belebungsmaschine*	*Wirkungsorgan*
	Vormaschine	*Hintermaschine*
	betreibende M.	*betriebene M.*
Weisbach (1848)	*Umtriebmaschine*	*Arbeitsmaschine*
Redtenbacher (1848)	*Kraftmaschine*	*Arbeitsmaschine*

Um 1850 ist das Fachwortpaar nach etwa 50jähriger 'Innovation' für eine begrifflich längst existierende Zweiteilung der Maschinen entstanden. Es wird ungefähr weiterer 50 Jahre bedürfen, bis die 'Diffusion' in den verschiedenen Textarten abgeschlossen ist (siehe 10.3).

Der Sonderfall *Kraftmaschine* und *Motor*: In der Gegenwartssprache existiert mit den beiden Ausdrücken eine Doppelbenennung der KRAFTMASCHINE, die allerdings in Alltags- und Fachsprache für unterschiedliche Klassen stehen:

(1) In der Alltagssprache ist der Begriff der KRAFTMASCHINE ein wesentlich engerer. Er umfaßt nur die in der alltagsnahen Technik bekannten und verwandten Elektro- und Verbrennungmotoren, die als *Motoren* zusammengefaßt werden.

(2) In der Techniker-Fachsprache ist der Begriff der KRAFTMASCHINE die umfassende Klassifizierung: Maschinen, die andere Energieformen in kinetische Energie umwandeln. Daher subsumiert der Techniker unter der Klassenbezeichnung *Kraftmaschine* die Dampfturbine im Kernkraftwerk **und** den Elektromotor im Cassetten-Recorder.

(3) In der Anwender-Fachsprache wird allerdings, ähnlich wie in der Alltagssprache, ein Unterbegriff für die 'kleinen' und 'normalen' Kraftmaschinen gebildet, die ebenfalls als *Motoren* bezeichnet werden.

Die Benennungsdivergenzen sind sprachgeschichtlich aufs 19. Jahrhundert zurückzuführen, wo neben der oben beschriebenen Herausbildung der *Kraftmaschine* auch noch das französische Lehnwort *Motor* existiert. In den französischen und deutschen Quellen des 19. Jahrhunderts meint *moteur* bzw. *Motor* zunächst keine Antriebsmaschine, sondern steht (ähnlich wie die *Kräfte*) für eine allgemeine Bedeutung 'bewegende Kraft'.

> **Ein französisches Beispiel:** "On sait que les seuls moteurs applicables aux Machines sont les animaux, l'eau, le vent et les combustibles [...] Toute Machine a pour objet de modifier l'action d'un moteur [...] Les moteurs animés" (Hachette (1828) S.V, S.1, S.29)
> **Ein deutsches Beispiel:** "Über die Anwendung der ausgedehnten Luft als Motor" (Dinglers Journal 112 (1849) S.72)

Die Klassenbezeichnung *Motor* führt deshalb, wenn man nur vom heutigen Verständnis des MOTORS ausgeht, zu einigen Mißverständnissen oder Interpretationsproblemen. Beispielsweise erscheint die Tabelle zu den Leistungen "belebter Motoren" in einem Technikbuch, in der Esel, Maulesel, Pferd, Ochse, Arbeiter und Handlanger verglichen werden (vgl. Bernoulli (1846) S.70), auf den ersten Blick als Provokation. Die Technikkritik hat in solche Textbelege (oder auch in Zitate wie "Der Mensch ist der vielseitigste Motor" o.ä.) fälschlicherweise das Paradigma der 'Technisierung des Menschen' hineingedeutet (vgl. z.B. Bahr (1983) S.116). Dies ist ein doppelter Irrtum. Weder stehen diese Bezeichnungen für das sprachliche Nachwirken des Mensch–Maschine–Modells von Lamettrie, noch wird der Mensch im neuen Paradigma des Maschinenzeitalters als MASCHINE vereinnahmt. *Motor* steht hier lediglich als Technikfachwort für den Begriff BEWEGER VON MASCHINEN. Im Sinne dieses Begriffs ist der Mensch in der Tat der *vielseitigste Motor*, denn er kann über Handkurbelantrieb, Tretvorrichtung, Haspel, Zugseil, Schubstange, Hebel u.a. seine KRAFT an die Maschinen abgeben. Unter dem Einfluß des Französischen ist es noch bis zur Jahrhundertwende üblich, den Menschen zu den *belebten Motoren* zu rechnen.

Der Sonderfall des Elektromotors kann aus anderer Sicht verdeutlichen, daß das Wort *Motor* zunächst wirklich für den allgemeinen BEWEGER steht. Die Maschine, die dem heutigen Begriff ELEKTROMOTOR entspricht, d.h. die durch Zuführung von elektrischer Energie Rotationsbewegungen erzeugen kann, wurde nach der Innovation von Moritz H. Jacobi (1835) bis zur dynamoelektrischen Maschine (1866) von Werner Siemens in einem Zeitraum von 30 Jahren allmählich entwickelt (vgl. Lindner (1985) S.91ff). Erst mit dem Durchbruch in den 60er Jahren ist der Elektromotor als Kraftmaschine universal einsetzbar.

Wenn schon in den 30er Jahren in den Quellen andauernd von *Elektromotoren* die Rede ist, muß damit ein anderer Begriff von ELEKTRISCHEM BEWEGER gemeint sein. Es wäre unangebracht, deshalb die Geschichte des Elektromotors neu schreiben zu wollen: Der Elektromotor wurde nicht 'früher' erfunden, sondern in jener Zeit nannte man galvanische Elemente (Batterien), die zur Hervorbringung elektromagnetischer Erscheinungen eingesetzt wurden, entgegen dem gegenwärtigen Motorenbegriff ebenfalls *Elektromotoren.*[69]

9.8 Details der Maschinentechnik: Kraftübertragung, Steuerung und Leistungsangabe

Zu den auffälligsten sprachlichen Ausdrucksmitteln in den Beschreibungen von Arbeits- und Kraftmaschinen gehört das Modell KINETISCHE ENERGIE IST SUBSTANZ. In der Technikspräche wird die KRAFT sprachlich behandelt, als gäbe es einen 'Kraftstoff', den man 'weiterleiten', 'sammeln', 'vermehren' oder 'vermindern' könne. Beispiele für den Begriff WEITERGABE VON KRAFT, in dem unschwer das allgemeinere Modell MECHANIK, das vierte mentale Modell der Techniksprache, erkennbar ist:

> "Diese Bewegung pflanzt sich erst bis zu einem Balancier (einem starken Hebel) fort" (Poppe (1806) S.76) — "muß man die von irgend einer Kraft entstandene Bewegung auf entferntere Theile hin verpflanzen, damit auch diese in Bewegung kommen" (Poppe (1816) Bd.1 S.402) — "Die Bewegung wird den verschiedenen Maschinenstühlen durch einen Treibriemen zugeführt." (Maschinenwesen (1846) S.13)

Während solche Formulierungen über die KRAFT als SUBSTANZ noch heute in Alltags- und Fachsprache notwendig sind, zeigen die Techniktexte des 19. Jahrhunderts bei der Beschreibung der Schwungräder einige Ausprägungen des Modells, die heute als naiv und überholt erscheinen. In Kolbenkraftmaschinen wird die Auf- und Abbewegung des Kolbens durch ein Kurbelgestänge oder andere Mechanismen in Rotationsbewegungen umgesetzt. In den Maschinen des 19. Jahrhunderts sicherte ein Schwungrad kraft seiner trägen Masse die Gleichförmigkeit der Umdrehung. Die Funktion des Rades ist leicht nachzuvollziehen, da mit der Vorstellung vom SCHWUNG des angestoßenen Rades, Fahrzeuges u.ä. ein ungefährer Alltagsbegriff von der MASSENTRÄGHEIT besteht. Zur naiven Alltagsphysik kommt die Erfahrung aus der alltagsnahen Technik (vgl. z.B. Blasche (1805) Bd.2 S.82).

Darauf aufbauend wird im Anwender-Fachtext die Aufgabe des Schwungrades mit der Alltagsvorstellung der VORRATSKAMMER und dem oben formulierten SUBSTANZ-Modell der Kraft beschrieben:

> "Die Schwungräder [1:] haben den Zweck, die Ungleichförmigkeiten der Bewegung in den Maschinen zu beseitigen, [2:] und dies geschieht dadurch, daß sie in denjenigen Momenten, in welchen sich Ueberfluß an Kraft vorfindet, denselben ansammelt, um ihn in anderen Momenten

[69] Vgl. Physikal. Wörterbuch (1828) Bd.4.2 S.749, Dinglers Journal 61(1836) S.247, Populäres physik. Lexikon (1835) Bd.2 S.477f.

> bei einem vorkommenden Mangel an Kraft wieder abgeben zu können." (Bernoulli (1846) S.293, Numerierung K.J.)

Der erste Teil des Zitats ist die moderne, heute noch akzeptable Definition. Der zweite Teil erläutert dies in aus heutiger Sicht zu bildhafter Form. Doch ist zu betonen, daß hinter dieser naiven sprachlichen Vermittlung **keine** naive Vorstellung vom Schwungrad steht, denn die Vorstellung einer wundersamen Energievermehrung wird ausdrücklich verworfen:

> "Durch die Anwendung eines Schwungrades wird daher keineswegs, wie Viele glauben, Nutzeffekt gewonnen." (Bernoulli (1846) S.293)

Im Nachschlagewerk des Technikers ist das Bild von der Vorratskammer nicht notwendig. Die Funktion des Schwungrades wird angemessen erklärt, aber immer noch ist zur Beschreibung das Modell HANDLUNG mit den Verben *aufsammeln* und *abgeben* notwendig:

> Bei bestimmten Antriebsvorrichtungen entstehe eine "ungleichförmige Geschwindigkeit". Die Unregelmäßigkeiten der Bewegung müßten "möglichst vermindert werden, wozu die Schwungräder ein geeignetes Mittel darbieten." Sie müssen daher die "lebendige Kraft in sich aufsammeln" und diese dann "wieder abgeben" (Technol. Enzyklopädie (1846) Bd.14 S.258f).

In der Fachsprache der Gegenwart gehört zu den wichtigen Leistungsangaben einer Kraftmaschine die Tourenzahl (z.B. "Der Motor leistet 60 kw bei 5000 U/min"). Die Herausbildung der fachsprachlichen Angabe *Tourenzahl* oder *Umdrehungszahl* ist im 19. Jahrhundert auf dem Hintergrund des Übergangs vom 'lebendigen' zum 'maschinellen' Motor anschaulich zu verfolgen:

(1) Die erste Grundlage der Benennung ist der 'Umgang', der 'Umlauf' und der 'Umtrieb' von Tier und Mensch in der Muskelkraftmaschine:

> "oder auch durch einen Ochsen oder ein Pferd umgetrieben werden." (Blasche (1810) Bd.5 S.227) — "Bei ganz gewöhnlichem Gange machen die Pferde [...] in 55 Sekunden einen Umgang." (Langsdorf (1828) Bd.2.2 S.724)

(2) Von der Grundbedeutung des lebendigen Antreibers ausgehend wird der 'Umgang' zum KÖRPER-Modell für die parallel bestehenden oder technikgeschichtlich nachfolgenden Maschinen. Nun können auch Maschinen und Maschinenteile 'umgehen':

> Der Läuferstein in der Mühle: "Zahl der Umläufe in einer Minute" (Langsdorf (1828) Bd.2.2 S.392) — Das Rad: "Macht das Rad in 1 Minute 8 Umgänge" (Langsdorf (1828) Bd.2.2 S.515)

(3) Aus Umlauf und Umgang der verschiedenen Lebewesen und Maschinenteile wird für die Kraftmaschine das entscheidende gemeinsame Merkmal, die Rotationsbewegung, isoliert und dann in den Fachwörtern *Umdrehung* oder *Tour* ausgedrückt:[70]

> "Wenn aber erstere Welle etwa 100-600 Umdrehungen per Minute macht" (Dinglers Journal 109(1848) S.185)

Das KÖRPER–Modell der Muskelkraftmaschine existiert noch weiter, etwa wenn man z.B. davon spricht, daß der Motor bei hohen Drehzahlen 'leide' oder 'unnötig belastet werde'.

Das bei der Dampfmaschine im 18. Jahrhundert erstmals eingesetzte technische Verfahren, daß eine Maschine sich 'selbst steuert und regelt', wurde in der Literatur mit entsprechender Bewunderung verarbeitet (siehe 8.9.3). In der hier zu behandelnden Epoche ist der Begriff von der SELBSTSTEUERUNG der Maschine jetzt deutlich anders. Was im 18. Jahrhundert noch meistens 'aus sich selbst' o.ä. hieß, ist in Fachtexten jetzt unter dem selbstverständlichen Terminus *Steuerung* versachlicht:

> "Eine solche Vorrichtung zum Selbstöffnen und Selbstschließen der Ventile wird **Steuerung** genannt." (Poppe (1816) Bd.2 S.26)

In den Vermittlungstexten bleiben weiterhin die Modelle MENSCH und HANDLUNG in sprachlich naiver Form bestehen:

> "Auch dieses künstliche Spiel von Hähnen oder Klappen muß die Maschine **selbst** und **aufs pünktlichste** verrichten." (Brockhaus/7.Aufl. (1830) Bd.3 S.27, Hervorhebung K.J.)

Dennoch ist der Mythos von der SELBSTBEWEGUNG der Maschine nicht mehr gegeben. Auch die "pünktlichste" Verrichtung der Maschinenbewegung besteht lediglich als sprachliches Relikt im Gesamtkonzept des PRODUKTIONSAUTOMATEN weiter, ist aber dort konsequent rationalisiert und entzaubert (siehe 9.4).

Wie bereits bei den Übergängen vom 'Umlauf' des Lebewesens zur 'Umdrehung' der Maschine gezeigt, herrschen in verschiedenen Details der Maschinentechnik noch relativ lange die Konzepte der Vorgängertechnik nach. Dabei ist zum wiederholten Male zu betonen, daß selbstverständlich noch heute das

[70] Die Lexikalisierung zur *Tourenzahl* erfolgt durch den Einfluß der französischen Techniksprache. Dabei ist zu berücksichtigen, daß die *Tour* auch als Fachwort in der handwerklichen Technik bekannt war: "Man nennt jede Umdrehung des Schlüssels eine Tour (tour), und benennt die Schlösser nach der Zahl von Touren, welche gemacht werden müssen, um die Bewegung des Riegels zu vollenden." (Karmarsch (1837) Bd.1 S.575, vgl. auch Schweizer (1847) S.548)

Sprechen über Maschinen ohne die beiden Modelle KÖRPER und MENSCH nicht funktioniert. Zu Beginn des 19. Jahrhunderts kommt zu dieser Konstanten jedoch — durch die technikgeschichtliche Nähe und Gleichzeitigkeit der Muskelkraftmaschine — eine größere Intensität hinzu, die sich darin zeigt, daß in der Maschinentechnik Mensch und Tier 'Maß aller Dinge' sind:

> "Bey Laufrädern verhält sich, wenn auf Gewicht, Muskelkraft und Geschwindigkeit zugleich gesehen wird, die Würkung eines Menschen zu dem Effekte eines Pferdes wie 1:6 [...] Der Ochse ist im Verhältnis 1,8:1 und der Esel im Verhältnis 2:1 der Leistungskraft des Menschen überlegen. (Poppe (1816) Bd.1 S.400)

Für die Belastbarkeit des Menschen wird an anderer Stelle die folgende Angabe gemacht:

> "So dürfte der Mensch, wenn lange Fortdauer der Arbeit erfordert wird, täglich nicht länger als durch acht Stunden mit 25 Pfund Zugkraft und zwei Fuß Geschwindigkeit in Anspruch genommen werden." (Technol. Enzyklopädie (1836) Bd.7 S.115)

Auf der Grundlage solch ungenauer Leistungsangaben für Mensch und Tier werden die Vergleiche zu den technikgeschichtlichen Nachfolgern gezogen, bzw. deren Leistungsstärke in den Maßangaben der Vorgängertechnik ausgedrückt.

Generell ist in den Texten oft keine große Messgenauigkeit gefragt, sondern die anschauliche Analogie zum Lebewesen: Wie lange? Wieviel Futter? Wie hoch? Wie schwer?:

> "Bey einem Scheffel Steinkohlen, der in der Dampfmaschine des Boulton zu Birmingham verbrannt wird, hebt diese Dampfmaschine 3 Millionen Pfund Wasser 10 Fuß hoch; und ein Scheffel Steinkohlen leistet bey einer Dampfmaschine so viel, als zehn starke Pferde in einer Stunde vermögend sind." (Poppe (1816) Bd.2 S.15) — "Sie bewies sich so wirksam, daß sie mit 600 Stücken Torf von der schlechtesten, oben abgestochenen Sorte während vier und zwanzig Stunden 21600 Kubikfuß Wasser Anfangs sieben, zuletzt zehn bis zwölf Fuß hoch hob, und in Zeit von sechs Tagen und vier Nächten den großen Torfmoor [...] trocken legte, daß ungehindert an demselben gearbeitet werden konnte." (Dinglers Journal 40(1831) S.3)

Dabei sind sich die Techniker der relativen Ungenauigkeit solcher Maßangaben sehr bewußt (vgl. z.B. Techn. Wörterbuch (1843) Bd.2 S.602).

Die Meßtechnik der Maschinentechniker ist bis zur endgültigen Durchsetzung der modernen, allgemein einsetzbaren Leistungsgrößen (PS, kw, kcal, Joule etc.) immer noch 'vormodern' und 'qualitativ'. In den Techniktexten ist bis 1850 kein wesentlicher Fortschritt in der quantitativen Bestimmung von Arbeitsleistung und mechanischer Energie zu sehen. Trotz der häufig verwandten 'horse power' von Watt dominieren die qualitativen Analogien, die im 18. Jahrhundert schon ausgebildet wurden (siehe 8.3.1):

> "So, z.B. ist eine Dampfmaschine von 60 Pferde-Kräften noch kein Riesenwerk, sie kann in einem kleinen Raume aufgestellt werden, und ihr Gang ist eben so regelmäßig und gleichförmig, als der einer Maschine von 4 Pferden. Wie ungeheuer, plump und unbehilflich würde aber eine Roßkunst in allen ihren Dimensionen ausfallen, an welcher sechzig Pferde zugleich arbeiten?" (Dinglers Journal 18(1825) S.55)

9.9 Fahrzeug, Fuhrwerk und Wagen

In einer Abhandlung über die Technik der Landfahrzeuge aus dem Jahre 1817 werden vier Wörter synonym verwandt: *Fuhrwerk, Wagen, Gefährt, Fahrzeug* (vgl. Ginzrot (1817/1981)). Alle vier dienen mit kaum feststellbaren Abstufungen im Text als Kollektivbezeichnungen für die Gesamtheit der Land- bzw. Straßenfahrzeuge. Daß *Fahrzeug* zu dieser Gruppe gehört, ist eine neue Entwicklung des frühen 19. Jahrhunderts. Denn durch das ganze 18. Jahrhundert läßt sich beobachten, daß das Wort entgegen dem heutigen Sprachgebrauch für eine begriffliche Zusammenfassung von Booten und Schiffen, also für WASSERFAHRZEUG steht. Die Definition von 1737 gilt auch noch 1796:

> "**Fahr-Zeug** bedeutet allerhand Gattung grosser und kleiner Schiffe." (Univ.Lexikon/Zedler (1737) Bd.9 Sp.105) — "**Das Fahrzeug** [...] ein jedes Schiff oder Schiffsgefäß, in welchem man auf dem Wasser fähret." (Adelung (1796) Bd.2 Sp.22)

Die um 1800 bestehende Einteilung der Fahrzeugbenennungen ist in Campes Wörterbuch sehr korrekt gegliedert: *Wagen* oder *Fuhrwerk* für die Landfahrzeuge auf Rädern, *Schlitten* für die Landfahrzeuge auf Kufen und schließlich *Fahrzeug* für alle Wasserfahrzeuge (vgl. Campe (1811) Bd.5 S.537).[71] Die hinter *Fuhrwerk* und *Fahrzeug* stehende Begriffsdichotomie wird übereinstimmend in allen einschlägigen Fachtexten zugrundegelegt. Ein Beispiel:

> "Neue Methode, Boote oder kleine **Fahrzeuge im Wasser** und leichte **Fuhrwerke auf dem Lande** vorwärts zu treiben." (Dinglers Journal 10(1823) S.276, Hervorhebung K.J.)

[71] Durch andere Nachschlagewerke wird die enge Bedeutung von *Fahrzeug* bestätigt. Vgl. fürs 18. Jahrhundert: Allg. Lexikon/Jablonskie (1767) S.436, Jacobsson (1781) Bd.1 S.643, Univ.lexikon/Zedler (1734) Bd.9 Sp.105. Vgl. fürs frühe 19. Jahrhundert: Campe (1808) Bd.2 S.6ff., Poppe (1816) Bd.2 S.257, Brockhaus/2.Aufl. (1812) Bd.2 S.518, Brockhaus/7.Aufl. (1830) Bd.4 S.12f. Vgl. zur Geschichte der Landfahrzeuge: Tarr (1978).

Lediglich in der Gruppenbildung der LANDFAHRZEUGE zeigen die Quellen geringfügige Unterschiede. Zwar dominiert deutlich die Begriffsbestimmung, wonach unter der Bezeichnung *Fuhrwerk* nur Landfahrzeuge mit Rädern zusammenzufassen sind:[72]

> "darunter nur Karren und Wägen, oder zweirädrige und vierrädrige Transportmittel verstanden werden sollen." (Techn. Wörterbuch (1843) Bd.1 S.766)

Doch sind auch einige Definitionen belegt, in denen auch die Landfahrzeuge ohne Räder unter der Oberbezeichnung *Fuhrwerk* Platz finden:

> "Unter dem Nahmen **Fuhrwerk** begreift man jede Vorrichtung, welche dazu dient, auf dem Lande Lasten mit hinreichender Bequemlichkeit und Kraftersparniß von einem Orte zum andern zu führen. Man hat dazu zwei Mittel, nämlich durch **Schleifen** oder **Rollen**." (Technol. Enzyklopädie (1835) Bd.6 S.282, vgl. auch Ginzrot (1817/1981) S.295, Campe (1808) Bd.2 S.193)

Der *Wagen* ist also mit *Fuhrwerk* nur dann synonym, wenn das Merkmal 'auf Rädern' gegeben ist:

> "**Wagen**. Ein Gerüst auf zwei bis vier Rädern, zum Fortschaffen von Lasten bestimmt" (Brockhaus/2.Aufl./Plagiat (1819) Bd.7 S.601)

Unterhalb des Bezeichnungspaares *Wagen/Fuhrwerk* für alle LANDFAHRZEUGE MIT RÄDERN wird aufgrund der Räderanzahl in *Wagen* und *Karren* differenziert, wodurch der *Wagen* auch zur Spezialbezeichnung für das LANDFAHRZEUG MIT VIER RÄDERN wird:[73]

(1) "einrädriges Fuhrwerk" = "Schubkarren"
(2) "zweirädriges Fuhrwerk" = "Karren"
(3) "vierrädrige Wagen" = "Wagen"

Sowohl *Wagen* als auch *Fuhrwerk* können demnach in den Texten für unterschiedlich große Ausschnitte aus dem Begriffsspektrum *Landfahrzeug* stehen.

Die folgende tabellarische Zusammenfassung zeigt die Gliederung der technischen Begriffe und der Ausdrücke:

---

[72] Vgl. weitere Belege in: Physikal. Wörterbuch (1834) Bd.7.2 S.1136, Newhouse (1834), Dinglers Journal 5(1821) S.145 u.ö.

[73] Vgl. Technol. Enzyklopädie (1835) Bd.6 S.309ff.; vgl hierzu auch: Techn. Wörterbuch (1843) Bd.1 S.766f., Physikalisches Wörterbuch (1834) Bd.7.2 S.1129ff.

	BEGRIFF	Ausdruck
(1)	WASSERFAHRZEUG	*Fahrzeug, Schiff, Boot*
(2)	LANDFAHRZEUG	*Fuhrwerk*
(2.1)	LANDFAHRZEUG OHNE RÄDER	*Schlitten, Schleife*
(2.2)	LANDFAHRZEUG MIT RÄDER	*Fuhrwerk, Wagen*
	(2.2.1) vier Räder	*Wagen*
	(2.2.2) zwei Räder	*Karren*
	(2.2.3) ein Rad	*Schubkarren*

9.10 Die erste revolutionäre Zäsur im Verkehrswesen: das Landfahrzeug mit Dampfmaschinenantrieb

Mit dem ersten Einsatz der Dampfmaschinentechnik im Verkehrswesen in der ersten Hälfte des 19. Jahrhunderts ist eine technische Neuerung gegeben, die — wie keine andere Innovation zuvor — sofort in ihrer Relevanz und in ihren einschneidenden Auswirkungen auf Wirtschaft, Kultur und Alltagsleben erkannt wird und eine dementsprechend breite Resonanz in der Öffentlichkeit erfährt. Sie führt zu den bekannten euphorischen Stimmungen, aus denen heraus das neue Verkehrsmittel als 'Förderer der Kultur', als 'Kommunikationsmittel der Völkerverständigung' oder als 'Lebensader der Nation' gepriesen wird. Durch die Darstellung des 'Eisenbahn-Zeitalters' innerhalb der Kultur- und Geistesgeschichte (und sogar der Literaturgeschichte) sind diese Stimmen gut bekannt (vgl. z.B. Riedel (1987), Segeberg (1987b)).

Mit der Dampfeisenbahn verändert sich der Begriff des Landfahrzeugs, ferner die allgemeinen Auffassungen von der technisch unterstützten Fortbewegung des Menschen. Als Nebeneffekte dieser ersten Verkehrsrevolution wandeln sich die Vorstellungen von Entfernungen, Reisezeiten und Geschwindigkeiten (vgl. Popp (1989), Schivelbusch (1977)). Die zeitgenössischen Stimmen über die 'Zerstörung von Raum und Zeit' zeigen gleichermaßen skeptische und begeisterte Reaktionen.

Die alten und neuen Vorstellungen von Entfernungen und Reisezeiten geraten 'durcheinander': Solange die fahrzeugunterstützte Fortbewegung über weite Entfernungen ausschließlich auf der Basis der Pferdewagentechnik möglich ist, ist die Angabe einer Stunde Reisezeit eindeutig.[74] Mit der neuen Verkehrstechnik werden 'alte' und 'neue' Maßeinheit vergleichend gegenüber-

[74] Vgl. hierzu die Analyse des Textausschnitts aus dem Reiseführer von Baedeker (1846) in Abschnitt 1.4.

gestellt. Da es kein tertium comparationis (z.B. in Form von Geschwindigkeitsangaben) gibt, entstehen verwirrende Formulierungen:

> "von 5 1/2 **Wegstunden** in einer **Zeitstunde**" — "**in 8 Minuten,** einen Gütertransport mit 2000 Centnern, und sogar von mehr als 3000 Centnern, **eine Stunde weit** fortschafft" (Newhouse (1834) S.6/11)

Die zeitgenössischen Stimmen belegen hinreichend, daß von den revolutionären Umwälzungen in der Verkehrstechnik jener Zeit eine besondere Faszination ausgegangen sein muß, die mehr ist als 'Technikbegeisterung' oder 'Fortschrittseuphorie'. Die Motive sind grundsätzlicher: Erstmals in der Geschichte der Menschheit ist es möglich, die 'gemächliche' und 'beschwerliche' Fortbewegung des Menschen und den an natürliche und organische Grenzen gebundenen Warentransport mit dem tiergezogenen Wagen durch eine unglaubliche technische Überbietung vergessen zu machen. Selbst die heute lächerlich anmutende Geschwindigkeitssteigerung durch das Laufrad des Freiherrn von Drais führt in der Technikliteratur bereits zu nachdenklichen Überlegungen, in denen das Gehlensche Konzept der 'Organentlastung' (siehe 2.2) antizipiert ist:

> "Nur durch Einführung und Vervollkommnung dieser Maschinen [=Laufräder, K.J.] kann der Mensch von einem der langsamsten Thiere in der Schöpfung durch wohlthätige Ausübung eigener Kraft zu einem der schnellsten erhoben werden." (Dinglers Journal 5(1821) S.292)

Die schnell und unbeschwert sich fortbewegenden Tiere (z.B. Vogel, Pferd) haben ja bekanntlich in den Vorstellungen nahezu aller (Natur-)Religionen und Mythologien einen festen Platz. Die konstante Faszination, die sie auf das 'langsame Tier' Mensch ausüben, geht nunmehr auf die Dampfeisenbahn über, die in Leistung und Geschwindigkeit alle natürlichen und organischen Grenzen sprengt:[75]

> "Der Dampfwagen auf seiner Eisenbahn ist einem schnell fliegenden Vogel, mit der Kraft von mehreren hundert Pferden begabt, vergleichbar." (Newhouse (1834) S.5)

Einige Bezeichnungen der 20er Jahre weisen auf die so aufgefaßte Einmaligkeit der technischen Neuerung hin: *Kutschen ohne Pferde, Wunderkutschen, Dampf-Pferde* u.a.[76]

[75]Der Traum von der unbegrenzten Bewegungsfreiheit durch technische Hilfsmittel ist eine Konstante der Technikgeschichte. Zu allen Zeiten knüpften die Menschen an die gerade aktuellen technischen Errungenschaften stets übertriebene Hoffnungen und unrealistische Entwürfe für die zukünftigen Fortbewegungsmöglichkeiten. Beispielsweise nahm man im 18. Jahrhundert unter dem Eindruck der ersten Ballongondeln folgendes Verfahren an: Man erhebt sich mit einem Ballon z.B. in Rom senkrecht in die Lüfte, verharrt dann dort oben, währenddessen sich die Erde weiterdreht. Dann landet man nach einer knappen Stunde wieder unten, wo per Erdrotation inzwischen Paris angekommen ist (vgl. Mittelstraß (1970) S.370).

[76]Vgl. z.B. Baader (1825) S.20, Dingler Journal 17(1825) S.193, 33(1829) S.247.

Die ersten sensationellen Berichte über die Fahrten der 'Wagen ohne Pferde' in England lösen offensichtlich in Ansätzen eine Renaissance von längst überholten AUTOMATEN-oder SELBSTBEWEGER-Konzepten aus. Zumindest in einigen sprachlichen Indizien scheint dies erkennbar. Beispielsweise sind die kurzen Berichte über die Dampfwagenfahrten mit heute unüblichen Personifizierungen versehen:

> "Der Dampfwagen Wilhelm IV [...] hat am 24. September einen Unfall erlitten, als er abends nach Manchester zurückfuhr." — "zeigte seine Kraft im Übersteigen von Hügeln" — "Nach Einnahme eines neuen Vorrathes von Wasser und Kohlen in Cloucester kehrte er [=der Wagen] in Begleitung mehrerer Privatequipagen und mehrerer Reiter nach Cheltenham zurück." (Dinglers Journal 39(1831) S.168/465, 40(1831) S.44/73)

Auch wenn man keinen naiven Glauben an die 'Selbständigkeit' der neuen Fahrzeuge unterstellen darf, so bleibt doch symptomatisch, daß die technische Sensation der SELBSTBEWEGER zumindest eine kurze sprachliche 'Verwirrung' hervorruft. In der Vorstellung vom Landfahrzeug war bisher die 'Aufgabenverteilung' eindeutig: Das Tier zieht, der Wagen wird gezogen, der Kutscher lenkt und führt. Nunmehr scheint zumindest für kurze Zeit Unklarheit darüber zu bestehen, wie die Formulierungen für das 'Fahrverhalten' des neuen Konzepts DAMPFWAGEN auszusehen haben. Daher sind bis zur relativ schnell eintretenden kognitiven und sprachlichen Einpassung solche 'animistischen' Formulierungen belegt. In den Techniker- und Anwender-Fachtexten sind nach den ersten Sensationsberichten die Personifizierungen und auch Bezeichnungen wie *Wunderkutsche* schnell verschwunden.

Ganz im Gegenteil ist dann zu beobachten, wie schnell und problemlos sich das neue Verkehrsmittel sprachlich in die Vorgaben der Techniksprache einpassen läßt. Ebenso wie bei der zeitgleich ablaufenden Begriffsbildung der Kraftmaschine (siehe 9.7) wird die Austauschbarkeit von lebendigen und künstlich hergestellten 'bewegenden Kräften' erkannt:[77]

> "Die Anwendung des Dampfes als bewegende Kraft zur Fortschaffung der Wagen, ist neulich mehrfach zur Sprache gekommen." (Langsdorf (1828) Bd.2.2 S.770)

Die Konsequenz ist, daß die Neuigkeit 'Dampf als bewegende Kraft' kognitiv und sprachlich an das alte Modell LANDFAHRZEUG MIT LEBENDIGEM ANTRIEB angebunden wird und daß lediglich eine sprachliche Hervorhebung des 'besonderem Antriebs' notwendig ist. Zuvor war mit den Wörtern *Wagen* und *Fuhrwerk* selbstverständlich stets das durch das Tier oder den Menschen bewegte Fahrzeug gemeint. Sie wären demnach eigentlich immer als *Ochsenwagen, Pferdefuhrwerk* o.ä. zu ergänzen. Aus sprachökonomischen Gründen

[77] Vgl. die ähnlichen Einordnungen als 'bewegende Kraft' in: Baader (1825) S.20, Technol. Enzyklopädie (1835) Bd.6 S.311f., Techn. Wörterbuch (1843) Bd.1 S.567.

bleibt jedoch für das Selbstverständliche und Althergebrachte das einfache unmarkierte Wort reserviert, das Betonenswerte und Neue wird durch neue Komposita ausgedrückt. Der bereits bestehende Wortschatz für Landfahrzeuge wird lediglich mit *Dampf-* versehen:[78] *Dampfwagen, Dampffuhrwerk, Dampfkutsche.*

Aus den verschiedenen Benennungsvorschlägen bildet sich relativ schnell der *Dampfwagen* als Haupttyp heraus, der somit an den alten Begriff vom LANDFAHRZEUG MIT VIER RÄDERN (siehe 9.9) anschließt:

> "Wagen, welche durch eine auf denselben befindliche Dampfmaschine vorwärts bewegt werden, werden **Dampfwagen** genannt (steam-carriages, locomotive-engines)." (Technol. Enzyklopädie (1833) Bd.4 S.77)

Nach diesem Bildungsprinzip, die explizite Spezifizierung der neuen Antriebsart mit der alten Fahrzeugbezeichnung zu verbinden, kommen auch die neuen Wörter für die Wasserfahrzeuge zustande:

> "**Dampfboot** [...] Eine Dampfmaschine setzt die Schaufeln in Bewegung, wodurch denn das Schiff selbst gegen Wind und Strom, mit ausserordentlicher Schnelligkeit fortgetrieben wird [...] In Deutschland sah man das erste am 12ten Juni 1816 zu Cölln" (Brockhaus/ 2.Aufl./ Plagiat (1818) Bd.2 S.258, vgl. auch Physikal. Wörterbuch (1826) Bd.2 S.486)

Die Vorgeschichte der Eisenbahn und der Dampflokomotive vor 1835 ist strenggenommen noch in erster Linie die Geschichte des *Dampfwagens,* denn das Wort *Lokomotive* ist in Deutschland noch nicht bekannt. Außerdem ist in den ersten Jahrzehnten noch offen und unter den Technikern auch heftig umstritten, ob das neue Fahrzeug in der Zukunft auf Straßen oder auf Schienen fahren wird. Erst in den 30er Jahren verengt sich die technische Weiterentwicklung immer mehr zu dem Verkehrsmittel, das heute begrifflich mit *Eisenbahn* verbunden wird: MASCHINELL GETRIEBENES SCHIENENFAHRZEUG.

Die allmähliche technische Auseinanderentwicklung von Straßen- und Schienenfahrzeug schlägt sich begriffs- und wortgeschichtlich in der allmählichen Trennung von *Dampfwagen* und *Lokomotive* nieder. Zunächst werden bis in die 30er Jahre alle Fahrzeuge mit Dampfantrieb einheitlich benannt. Soll spezifiziert werden, auf welchem Untergrund sie sich bewegen, muß dies durch Zusätze spezifiziert werden:

> "Dampfwagen auf Eisenbahnen" — "Dampfwagen auf gemeiner Straße" — "Dampfwagen auf gewöhnlichen Wegen und auf Eisenbahnen" (Technolog. Enzyklopädie (1833) Bd.4 S.78/97, Dinglers Journal 39(1831) S.465)

---

[78] Vgl. z.B. Ginzrot (1817/1981) S.315, Langsdorf (1828) Bd.2.2 S.770, Dinglers Journal 33(1829) S.487, Technol. Enzyklopädie (1833) Bd.4 S.77/97, Populäres physik. Lexikon (1834) Bd.1 S.563.

Auch bei der Bezeichnung mit *Fuhrwerk* sind beide technischen Ausführungen möglich:

> "Bei diesem Fuhrwerk [auf der Straße, K.J.] ist es noch viel nöthiger, als bei jenem auf der Eisenbahn, Dampfapparate von geringem Gewichte anzuwenden." (Technol. Enzyklopädie (1833) Bd.4 S.97)

Die Geschichte der LOKOMOTIVE ist in den deutschen Texten bis 1830 die Geschichte des *Dampfwagens auf der Eisenbahn*. In den unterschiedlichsten Fach- oder Vermittlungstexten werden oft nur Schienenfahrzeuge vorgestellt und besprochen. Sie sind noch alle unter dem Stichwort *Dampfwagen* zu finden:[79]

> "**Dampfwagen** [...] Er bewegt sich in eisernen Geleisen ohne Pferde und mit eigener Kraft." (Brockhaus/2.Aufl./Plagiat (1818) Bd.2 S.259)

In den 20er Jahren zeigt sich unter dem Eindruck der erfolgreichen Transportbahnen in den englischen Bergwerken immer mehr, daß die Zukunft zunächst dem Schienenfahrzeug gehört, weil beim damaligen Stande der Technik die technischen Probleme (Rollreibung, Lenkung, Räder, Gewicht des Wasser- und Kohlenbehälters etc.) auf der Schiene leichter zu lösen waren als für den Straßenverkehr. Mit den ersten Personenzügen in England von Liverpool nach Manchester (1830) und in Deutschland von Nürnberg nach Fürth (1835) ist technikgeschichtlich dann endgültig die Entscheidung gegen das Straßenfahrzeug gefallen. Die Entwicklung läßt sich sprachgeschichtlich nachzeichnen. Es beginnt die allmähliche Trennung des *Straßendampfwagens* vom *Dampfwagen* auf der Schiene. Der Letztgenannte wird zum unbezeichneten Normalfall, das Straßenfahrzeug wird immer mehr durch besondere Kennzeichnungen hervorgehoben: *Chaussee-Dampfwagen, Straßendampfwagen, Dampfkutsche, freilaufender Dampfwagen.*[80]

Nur noch in direkten Gegenüberstellungen und Vergleichen mit dem Straßenfahrzeug wird das Schienenfahrzeug durch eine präpositionale Ergänzung oder ein Kompositum gekennzeichnet, z.B. als "Dampfwagen auf Eisenbahnen" (Populäres physik. Lexikon (1834) Bd.1 S.571) oder als "Eisenbahn-Dampfwagen" (Newhouse (1834) S.5). Die zunehmende Begriffstrennung von SCHIENEN- und STRASSENFAHRZEUG wird durch die Verwendung der englischen Entlehnung *locomotive engine* dann auch ausdrucksseitig deutlich. Ab etwa 1845 ist der sprachliche Trennungsprozeß vollzogen und die *Lokomotive* als selbstverständliche Benennung für das Schienenfahrzeug fest lexikalisiert:

[79] Weitere Beispiele hierfür sind: Baader (1822) (1825) (1826), Physikal. Wörterbuch (1826) Bd.2 S.499ff., Techn. Wörterbuch (1843) Bd.1 S.545ff.

[80] Vgl. beispielsweise: Langsdorf (1828) Bd.2.2 S.770ff., Dinglers Journal 33(1829) S.17, Brockhaus/7.Aufl. (1830) Bd.3 S.23/29, Newhouse (1834) S.5, Populäres physik. Lexikon (1834) Bd.1 S.563ff., Dinglers Journal 56(1835) S.82.

	bis 1825	**1825 bis 1845**	**ab 1845**
STRASSE	*Dampfwagen*	*Straßendampfwagen u.a.*	*Dampfwagen*
SCHIENE	*Dampfwagen*	*Dampfwagen*	*Lokomotive*

Der allmähliche Übergang von der zweiten zur dritten Phase soll im folgenden für das Schienenfahrzeug dargestellt werden. Aus den Quellen ist sehr genau herauszulesen, wie der allmähliche Übergang vom *Dampfwagen* über die *lokomotive Maschine* und die *Lokomotivmaschine* bis zur *Lokomotive* vonstatten geht. Am Beginn des Entlehnungsprozesses stehen Belege aus Quellen, in denen in Klammern die englischsprachigen Entsprechungen der Fachbezeichnungen genannt werden:[81]

> "die Wagen durch wandelnde und feststehende Dampfmaschinen (locomotive and stationary Steam-Engines) zu treiben" (Baader (1825) S.22) — "selbstfahrende Maschine (Loco-motive Engine)" (Dinglers Journal 40(1831) S.327)

Beeinflußt vom englischen 'Original' tauchen dann ab den 30er Jahren die Bildungen "locomotive Maschine" oder "Locomotivmaschine" auf (vgl. z.B. Allg. Enzykl. Kaufleute (1838) S.312, Dinglers Journal 60(1831) S.235/317/333). Ein Nachschlagewerk von 1843 dokumentiert den variantenreichen Übergang zur endgültigen Bezeichnung *Lokomotive*:

> "bewegliche Dampfmaschinen" — "Dampfwagen (locomotiv engines)" — "lokomotive Dampfmaschine" — "Lokomotive" (Techn. Wörterbuch (1843) Bd.1 S.567/569/584)

Ab etwa 1840 ist die heute noch gültige Form *Locomotive* bzw. *Lokomotive* dominierend (vgl. z.B. Dinglers Journal 75(1840) S.75/126ff). Sie wird dann in den 40er Jahren immer mehr zur selbstverständlichen Bezeichnung für den schienengebundenen, 'ziehenden' Dampfwagen. Die selbstverständliche Einordnung in die Nachschlagewerke zeigt den Abschluß der Entlehnung, der damit verbundenen Substantivierung und die endgültige Lexikalisierung. Die Nachschlagewerke der frühen 30er Jahre kannten dagegen das Stichwort noch nicht.[82] In der Fachliteratur gibt es auch hier gelegentlich die schon öfters beobachtete Divergenz zwischen Gliederung und Text: In Bernoullis Handbuch lautet die Kapitelüberschrift noch "Von den Dampfwägen", aber im gesamten Text kommen nur "Locomotiven" vor (vgl. Bernoulli (1846) S.367ff).

[81] Was im übrigen keine Besonderheit der Eisenbahnliteratur, sondern zu Beginn des 19. Jahrhunderts auch in Fachtexten anderer Bereiche ein übliches Verfahren ist.

[82] Vgl. hierzu Physikal. Wörterbuch (1844) Bd.10.3. Im Gegensatz dazu: Populäres physik. Lexikon (1834) Bd.1 S.563ff. und Physikal. Wörterbuch (1831) Bd.6.1 S.2436.

Die höhere Technikliteratur hat dann um 1850 die beiden neuen Begriffe des Straßen- und des Schienenfahrzeugs ausgebildet: Die beiden Fahrzeugklassen heißen nun "Fuhrwerke für Strassen" und "Locomotiven" (Redtenbacher (1848) S.XI). Da das maschinengetriebene Straßenfahrzeug erst am Ende des 19. Jahrhunderts technisch endgültig realisierbar ist (siehe Kap. 10), bleiben die alten Begriffe und Bezeichnungen für die durch Tiere fortbewegten Wagen und Kutschen (siehe 9.9) noch weitere 50 Jahre bestehen.

Zusammenfassung:

(1) *Wagen, Fuhrwerk, Kutsche* und *Karren* stehen wie bisher für das TIERGEZOGENE STRASSENFAHRZEUG.

(2) Mit der revolutionären Zäsur der Dampfeisenbahn bildet sich der neue Begriff des MASCHINENGETRIEBENEN SCHIENENFAHRZEUGS aus, das mit Bezeichnungen wie *Lokomotive, Zug* und *Eisenbahn* deutlich vom STRASSENFAHRZEUG geschieden ist.

Der Zug: Eine auf Schienen fahrende Fahrzeuggruppe, die aus **einem** ziehenden und **mehreren** gezogenen Fahrzeugen besteht, wird im heutigen Sprachgebrauch *Zug* genannt. Zum Zeitpunkt der Innovationsphase der Dampfeisenbahn existieren für den neu zu schaffenden Begriff EISENBAHNZUG keine direkten technikgeschichtlichen Vorgänger, weil das herkömmliche Landfahrzeug im allgemeinen nur aus **einem** (oder höchstens zwei) gezogenen Wagen besteht. *Zug* ist als Alltagswort für eine größere Gruppe von Objekten, die sich hintereinander fortbewegen (*Festzug, Leichenzug* etc.) selbstverständlich bekannt. Doch als Wort für die neue Vorstellung von einem FAHRZEUGZUG scheint es nicht geläufig zu sein. Die ausführliche Definition in einem Nachschlagewerk lautet:

> "Sämmtliche Wagen sind hinter einander an einer Kette befestigt, so dass die Maschine beim Anlassen erst sich selbst und dann stets einen folgenden Wagen in Bewegung setzt, bis sie alle im Gange sind." (Physikal. Wörterbuch (1826) Bd.2 S.501)

Die etwas umständliche Erklärung für die Übertragung der Zugkräfte deutet darauf hin, daß ein sicheres Wissen noch nicht vorausgesetzt werden kann (siehe 3.10). Das mentale Modell FAHRZEUGZUG (eine ZIEHENDE AGENS, mehrere hintereinander gereihte GEZOGENE OBJEKTE, Weitergabe der Zugkraft, gemeinsame Fortbewegung) muß offensichtlich erst durch eine ausführliche Beschreibung aufgebaut werden.

Das Wort selbst ist in den Techniktexten zunächst noch nicht belegt, vielmehr wird das Phänomen EISENBAHNZUG durch Aufzählung der beiden Komponenten ZUGFAHRZEUG und ANHÄNGERFAHRZEUGE beschrieben. Dabei ist eine deutliche Entwicklung im Wortschatz zu beobachten, die mit dem oben beschriebenen Übergang vom *Dampfwagen* zur *Lokomotive* parallel läuft und schließlich in der Quelle von 1844 den heutigen Sprachstand erreicht:[83]

(1) **1828:** "Dampfwagen" und anhängende "Kutschen"

(2) **1830:** "Dampfwagen" und anhängende "Lastwagen"

(3) **1844:** "Locomotiven" und anhängende "Waggons"

Erst mit der weiteren Verbreitung der Eisenbahntechnik in der zweiten Hälfte des Jahrhunderts wird die Vorstellung vom ZUG in den heute noch gültigen Wortschatz umgesetzt (z.B. *Personenzug, Güterzug, ein langer Zug, mit dem Zug reisen, den Zug verpassen*).

Die Eisenbahn: Die Wortgeschichte von *Eisenbahn* scheint auf den ersten Blick eine uninteressante Entwicklung abzugeben. Doch steckt hinter der Stabilität des Ausdrucks eine durch die Innovation der Dampflokomotive ausgelöste weitreichende Begriffsentwicklung. Ursprünglich war mit *Eisenbahn* nur die Schienenanlage gemeint, auf denen die Wagen (zunächst im Bergwerk oder beim Materialtransport vom Bergwerk zum Hafen o.ä.) von Pferden gezogen wurden. Auch in deutschen Texten 'vor 1835' wird *Eisenbahn* in der Bedeutung SCHIENE FÜR PFERDEWAGEN gebraucht:

> "so daß jetzt 10 Pferde auf dieser Eisenbahn eben so viel verrichten, als sonst 400" (Brockhaus/2.Aufl. (1812) Bd.2 S.369) — "Die wichtigste Frage ist hier: wieviel kann ein Pferd auf einer solchen Eisenbahn ziehen?" (Langsdorf (1826) Bd.1 S.353) — "Auf einer englischen Eisenbahn zieht 1 Pferd so viel als 8 gleich starke Pferde auf einer gewöhnlichen Chaussee." (Brockhaus/7.Aufl. (1830) Bd.3 S.467)

Die alte Bedeutung METALLSCHIENE tritt in einzelnen Belegen noch deutlicher hervor, wenn beispielsweise die "Eisenbahn" mit einer "Holzbahn" verglichen wird (vgl. Ginzrot (1817/1981) S.318ff.) oder wenn die paraphrasierende Umschreibung "eiserne Bahnen für Fuhrwerke" gebraucht wird (vgl. Langsdorf (1826) Bd.1 S.352). Noch lange nach den entscheidenden Innovationen in der Dampflokomotiventechnik wird *Eisenbahn* ausschließlich in diesem engen technischen Sinne verwandt. Eine Redewendung 'mit der Eisenbahn fahren' wäre zum damaligen Zeitpunkt unmöglich. Stattdessen ist die Beschreibung gängig, daß 'die Wagen auf der Eisenbahn fahren'.[84]

---

[83] Vgl. Dinglers Journal 30(1828) S.72, Brockhaus/7.Aufl. (1830) Bd.3 S.29, Physikal. Wörterbuch (1844) Bd.10.3 S.2436.

[84] Vgl. z.B. Brockhaus/2.Aufl. (1812) Bd.2 S.368, Baader (1822) (1825) (1826), Physikal. Wörterbuch (1826) Bd.2 S.499ff., Dinglers Journal 18(1825) S.151, 20(1826) S.316, 40(1831) S.48, Technol. Enzyklopädie (1833) Bd.4 S.78ff., Newhouse (1834), Populäres physik. Lexikon (1834) Bd.1 S.563ff., Bernoulli (1846) S.73/367ff., Weisbach (1848) S.346/587.

Die in den 30er Jahren übliche Definition spezifiziert bereits nicht mehr die Art der auf den Schienen fahrenden Wagen, sondern setzt (im Gegensatz zu den genannten Belegen über die Pferdeeisenbahn) den Einsatz von *Pferdewagen* und *Dampfwagen* voraus:[85]

> "**Eisenbahn** oder **Schienenweg** (rail way) ist eine fahrbare Kommunikationsstrecke, bei welcher die Geleise, auf welcher die Wagenräder laufen, aus ebenen eisernen Schienen hergestellt sind." (Technol. Enzyklopädie Bd.5 (1834) S.45)

Schließlich ist in den 40er Jahren zu beobachten, wie das Wort allmählich zur üblichen Bezeichnung für das 'gesamte Verkehrswesen auf Eisenbahnen' wird. Eine Quelle von 1843 spricht immer noch vom Transport "**auf** Eisenbahnen", aber auch schon in der erweiterten Bedeutung vom "Betrieb der Eisenbahnen" (vgl. Techn. Wörterbuch (1843) Bd.1 S.567).

Das Verkehrsmittel EISENBAHN hat die Zeitgenossen verängstigt und begeistert, die Verkehrsverhältnisse der Neuzeit revolutioniert und die Mobilität von Gütern und Personen mit den bekannt weitreichenden Folgen für Kultur und Wirtschaft drastisch gesteigert. Aber der technische Teil, der dem neuen Verkehrsmittel den Namen gibt, ist für dasselbe "eigentlich am wenigstens neu und charakteristisch" (Rahnenführer (1965) S.18), denn schließlich fahren schon vor 1835 in Deutschland Wagen **auf** Eisenbahnen.

Wenn man heute davon spricht, daß 1835 zwischen Nürnberg und Fürth die erste *Eisenbahn* fuhr, meint man damit 'eigentlich': Erstmals wurde in Deutschland eine technische Einrichtung realisiert, die die **drei** schon längst bekannten technischen Teilelemente WAGEN, SCHIENE und KRAFTMASCHINE zusammenführte.

---

[85] Vgl. hierzu auch Techn. Wörterbuch (1843) Bd.1 S.545, Allg. Enzykl. Kaufleute (1838) S.312.

10. 1850 — 1910: Die Verbrennungskraftmaschinen, der Motorwagen und das Automobil

10.1 Technikhistorische Skizze

Mit dem erstmaligen Bau von Hochdruckdampfmaschinen war zu Beginn des 19. Jahrhunderts ein bedeutender Fortschritt in der Weiterentwicklung der Dampfmaschinentechnik erreicht worden (siehe 9.1). Nun kommen in der hier zu behandelnden zweiten Jahrhunderthälfte zwei weitere entscheidende Innovationsschübe hinzu:

(1) Der erste Einschnitt ist für die Jahre um 1860/1870 mit den ersten 'schnellaufenden' Dampfmaschinen anzusetzen. Mit den sogenannten 'Schnelläufern' von Charles Talbot Porter (1826-1910) gelingt in den 60er Jahren eine entscheidende qualitative Steigerung in der Leistungsabgabe der Dampfmaschinen. Zuvor sind Umdrehungszahlen von ca. 50-60 U/min möglich, diese werden jetzt auf ca. 500 U/min gesteigert (vgl. Mayr (1973), Eckoldt (1986) S.62-67). Doch auch die Entwicklung der schnellaufenden Dampfmaschine stößt bald an Grenzen, die durch das Prinzip der Kolbenmaschine gegeben sind. Den Ausmaßen des Zylinders (Hub, Bohrung) und den Drehzahlerhöhungen sind Grenzen gesetzt, die eine weitere Steigerung des nach wie vor mäßigen Wirkungsgrades der Kolbendampfmaschine nicht zulassen.

(2) Erst mit dem Übergang von der Kolben- zur Strömungsmaschine, d.h. mit der Entwicklung der Dampfturbine um 1880/1890, ist nochmals eine bemerkenswerte Zunahme der Leistung und des Wirkungsgrades möglich (vgl. Lueger (1960) Bd.1 S.304ff., Eckoldt (1986) S.81-86). Die Idee, die Kolbenmaschine durch eine Strömungsmaschine zu ersetzen, ist schon älter, da schon früh erkannt wurde, daß bei einer direkten Erzeugung der Rotationsbewegung einige Maschinenteile (z.B. Ventiltechnik, Schwungrad, Kurbelwelle) wegfallen könnten und daß damit auch eine Verminderung der Energieverluste möglich wäre (vgl. Weyrauch (1907) Bd.2 S.200). Der Einsatzplatz der neuen Dampfturbine ist zur Jahrhundertwende recht bald in der Hauptsache das Elektrizitätswerk, wo sie noch heute als wichtigste Strömungskraftmaschine der Gegenwartstechnik für den Antrieb der Stromgeneratoren sorgt.

Immer wieder wird in den einschlägigen Quellen beklagt, daß die Dampfmaschinentechnik nur in der Großindustrie einsetzbar sei. Demzufolge ist die Suche nach einer kleineren, vielseitig einsetzbaren Kraftmaschine auch wirtschaftspolitisch motiviert:[86]

---

[86] Vgl. die Formulierungen mit ähnlichen Intentionen in: Dinglers Journal 159(1861) S.4/16 u. 186(1867) S.97), Hosemann (1881) S.4f., Reuleaux (1891) S.9, Diesel (1913/1984) S.V.

"Die Beschaffung einer mechanischen Betriebskraft für die Werkstätte des Handwerkers" ist unabdingbar für "den Kampf mit der Grossindustrie" (Knoke (1887) S.1) — Der neue Gasmotor ist von "segensreichem Einflusse für das um sein Dasein kämpfende Kleingewerbe." (Musil (1897) S.109)

Gelegentlich werden bei solchen technischen und wirtschaftspolitischen Diskussionen über die Bedeutung der kleinen Kraftmaschinen auch deutliche allgemeinpolitische Akzente gesetzt. Man erhofft sich 1878 (!), daß damit die Großindustrie aufzulösen sei und somit auch "das radicale Arbeiterproletariat nach und nach wieder in dem conservativen Mittelstande aufgehen" werde (Hell (1878) S.8).

Man muß sich vergegenwärtigen, daß gegen die im Prinzip unbegrenzten Verbreitungsmöglichkeiten der Dampfmaschine in allen Produktionsbereichen tatsächlich handfeste technische und betriebswirtschaftliche Hindernisse bestehen. Die Dampfmaschine ist wegen des großen bautechnischen und organisatorischen Aufwandes (Kesselhaus, Ausmaße der Gesamtanlage, Brennstofflager, Überwachung durch Personal, Sicherheitsvorkehrungen etc.) nur im Großbetrieb einsetzbar. Auf diesem Hintergrund sind die Attribute zu verstehen, die für eine der neuen kleinen Kraftmaschinen, den neuen Gasmotor, immer wieder betont werden: "wohlfeilst", "einfachst", "gefahrlosest" und "überall anwendbar" (vgl. Mauel (1974) S.42). Der barocke Titel einer Broschüre von 1860 faßt die Hoffnungen und Motive, die den neuen Gasmotor begleiten, anschaulich zusammen:

> "Die **Dampf-Maschine ersetzt** durch die neuerfundene, einfache **Gastriebkraft-Maschine** welche nicht nur weit wohlfeiler als die Dampfmaschine ist, sondern auch, sowohl im Grossen als im Kleinen, **(3-4 Pferdekraft) in jedem Zimmer oder jeder Werkstätte** an der gewöhnlichen Gasröhre angelegt und zugleich mit **zur Heizung des Zimmers oder der Arbeitsräume benutzt werden kann.**" (Dampfmaschine (1860) Titelblatt)

Mit der Betonung verschiedener Vorteile (z.B. "in jedem Zimmer", "an der gewöhnlichen Gasröhre") wird die wirtschaftspolitische Bedeutung dieses neuen Dampfmaschinenersatzes für Mittelstand und Handwerker deutlich verkündet.

Mit den neuen Konkurrenten der Dampfmaschine wird die zweite Hälfte des 19. Jahrhunderts damit zum herausragenden Innovationszeitraum der neuen Verbrennungskraftmaschinen (Heißluftmotor, Gasmotor, Benzinmotor, Dieselmotor). In diesen Jahrzehnten findet der vermeintliche 'Kampf' zwischen alter und neuer Technik statt:

> "Zwei Jahrhunderte lang war die alte Dampfmaschine unbestrittene **Alleinherrscherin** auf dem Gebiete der Wärmekraftmaschinen gewesen, bis sie dann in den beiden letzten Jahrzehnten des verflossenen

> Jahrhunderts in einen **heftigen Kampf** verwickelt wurde, [...] Wer weiß, ob überhaupt jemals eine **Partei** als **Siegerin** über die andere aus dem **Kampfe** hervorgehen wird." (Vater (1906) S.1f., Hervorhebung K.J.)

Belege für eine mit (sozial-)darwinistischer Metaphorik überformte Technikgeschichtsschreibung sind um 1900 häufig zu finden:
(1) Wie im obigen Zitat kann die Konkurrenz und das Nebeneinanderbestehen von verschiedenen Techniksystemen als 'Kampf' gedeutet werden:

> "im Daseinskampfe der beiden Motorensysteme" (Musil (1897) S.117) — "Der Gasmotor [...] ein mächtiger Rivale für die Dampfmaschine" (Handbuch/Masch.techn (1904) S.III)

Aber auch in den weniger auffälligen Verben sind die 'evolutionistischen' und 'darwinistischen' Auffassungen von der Technikgeschichte versteckt:

> "Bohr- und Schrämmaschinen fingen an, **sich einzuführen.** Die Schachtfördermaschine [...] **mußte sich** den besten Betriebsmaschinen immer mehr **anzupassen suchen.**" — "Die hydraulische Presse mit ihrem das Material viel besser durcharbeitenden starken Druck im Vergleich zum Schlag des Hammers, fing an, ihn zu **verdrängen.**" (Matschoß (1919) S.92/124, Hervorhebung K.J.)

(2) Auch in den Gesamtdeutungen der Technikgeschichte wird die Kampfes-, Verdrängungs- und Auslesemetaphorik gegen Ende des Jahrhunderts immer deutlicher. Das neue biologisch-darwinistische Paradigma führt dazu, daß die 'natürliche' Entwicklung der Lebewesen und die 'künstliche' Entwicklung der Artefakte unter dem gemeinsamen Dach der Evolution zusammengefaßt werden. In einer vom Rektor der TH Karlsruhe gehaltenen Festrede aus dem Jahre 1900 wird zum explizit formulierten Programm erhoben, die Geschichte der Maschinen als eine "Geschichte der Gattung" nebst deren "Kampf ums Dasein" und "Anpassung" zu beschreiben (vgl. VDI-Zeitschrift 44(1900) S.112). Der Verfasser eines Vermittlungstextes scheut sich nicht, die technisch überholten Vorstufen der Dampfmaschinen und die ausgestorbenen Dinosaurier miteinander zu vergleichen:

> "Die unzweckmäßigen Glieder der Maschine sind (ebenso wie der Ichthyosaurus) verschwunden und haben Zweckmäßigerem Platz gemacht." (Rasch (1899) S.31)

(3) Mit der deutlich darwinistisch überformten Technikgeschichtsschreibung erfahren auch die Deutung des Menschen als Mängelwesen und die Deutung der Technik als Organüberbietung eine 'kämpferische' Akzentuierung. Nicht das Werkzeug, sondern die Waffe ist nun der Prototyp der künstlichen Organschaffung:

> "Der Mensch, hilflos wie kein anderes Wesen geboren, hat sich seine Stellung in der Natur durch die Waffe erobert, und mit den Waffen der Gegenwart hat er sie zu behaupten [...] Kampf ums Dasein, siegreicher Kampf gegen hindernde Naturgewalten ist Naturgesetz und die Vorbedingung jeder Kultur." (Riedler (1900) S.3-5)

Somit werden die Anfänge der Technikgeschichte und die gesamte Frühgeschichte der Menschheit konsequenterweise zu einem 'mitleidslosen' Ausleseprozess:

> "Mit Sturmschritt geht es von Fortschritt zu Fortschritt. Die geistigen Kräfte wachsen im zähen, mitleidslosen, die Auslese des Besten und Stärksten fördernden Kampf." (Berdrow (1907) S.1)

Neben dem darwinistischen Paradigma ist noch ein weiteres zeitspezifisches Konzept hervorzuheben, das in den untersuchten Quellen deutlich wird: die allgemeine Fortschrittseuphorie. Für die Zeit von ca. 1860 bis zu Beginn des 20. Jahrhunderts läßt sich generalisierend feststellen, daß die Bewunderung der Gegenwartstechnik und besonders der Rückblick auf die jüngere Technikgeschichte immer mehr zu den tragenden Komponenten einer euphorischen und fast metaphysisch überhöhten Industriebewunderung und Fortschrittsgläubigkeit werden. Beispielsweise wird in der Brockhaus-Ausgabe aus den 60er Jahren der Dampfmaschine nicht nur eine "Umwälzung in der gesammten Industrie", sondern auch ein großer "Einfluß auf die allgemeine Civilisation" und "auf den moralischen und intellectuellen Fortschritt" zugeschrieben. Mit den weiteren Entwicklungen (z.B. der Dampfschiffahrt und der Telegraphie) sei gar "eine neue Cultur- und Civilisationsepoche für alle Völker" angebrochen (vgl. Brockhaus/11.Aufl. (1864-68) Bd.4 S.939, Bd.5 S.701). Auch im Anwender-Fachtext endet eine kurze Abhandlung über die wichtigsten Stationen der Technikgeschichte mit der Bewunderung für das Erreichte und mit der Vorstellung, daß nun der Höhepunkt der 'herrlichen Zeiten' erreicht sei:

> "bis man endlich mit der Erfindung von Dampf- und Calorischen Maschinen den Höhenpunkt der Civilisation erreichte, welcher der Gegenwart angehört, wo wir mechanische Arbeiten von nicht geahnter Vollkommenheit mit einer Schnelligkeit und fast unglaublicher Menge verrichten." (Rühlmann (1862) Bd.1 S.2)

Aber auch in Theorie-Texten ist ein gewisser Primat der Technik zu verspüren. Die Einzigartigkeit und Konstanz der Technik in der Menschheitsgeschichte rückt in den Vordergrund. Die Technik wird zur unumstrittenen "Kulturmacht" und hat in der geschichtlichen Entwicklung gar eine "Führerschaft [...] auf dem Wege der Kultur" inne (Wendt (1906) S.281, vgl. auch Sombart (1911) S.321, Engelmeyer (1899) S.22).

In beiden dargestellten Komplexen, sowohl in der Sprache der darwinistischen Technikgeschichte als auch in der Sprache der Technikbegeisterung, rücken die sprachlichen Ausdrücke für Artefakt und Lebewesen wieder näher zusammen. Die sprachlichen Traditionen der Mensch–Maschinen–Modelle werden wieder verstärkt eingesetzt. Allerdings werden die damit verbundenen Theorietraditionen nicht wieder aufgenommen. Es findet keine modellhafte Erklärung des menschlichen Körpers durch die Maschine oder der Maschine durch den Menschen statt.

Die bildhaften und pathetischen Sprachformen sind in der Zeit des Kaiserreichs typische Ausdrucksmittel, die auch in anderen Textarten häufig und 'unangemessen' eingesetzt werden. Daher liegt hier eine zeittypische Sprache der Technik- und Industriebewunderung vor, deren erste Anfänge in der noch relativ bescheidenen Dampfmaschinen–Bewunderung der ersten Jahrhunderthälfte zu sehen sind (siehe 9.6). In der Vermengung von Technikfaszination und dem Pathos des Gründerzeitstolzes werden durchaus auch Bilder aus anderen, nicht–biologischen Bereichen gebraucht:[87]

> "[...] führt uns ein bedeckter Gang in den Maschinenraum. Ein Hämmern und Klopfen, daß Einem Hören und Sehen vergehen möchte, verräth uns, daß wir uns dem Schauplatz lebhafter industrieller Thätigkeit nähern, der Arena, auf welcher sich die Erzeugnisse menschlichen Scharfsinns die Palme des Sieges streitig machen." (Kohler (1872) S.73)

In einer Rede, die Adolf Slaby als Rektor der Technischen Hochschule Berlin anläßlich des Geburtstags des Kaisers hält (vgl. Slaby (1895), VDI–Zeitschrift 39(1895) S.121), kommen zwei Sprachströmungen zusammen: einerseits das metaphernreiche Festreden–Pathos des Wilhelminismus, andererseits die metaphysisch überhöhte Verlebendigung der neuen technischen 'Wunder'. In dieser Rede metaphorisiert Slaby beispielsweise die Transformation der hochgespannten Elektrizität aus der Überlandleitung in die niedrige Spannung des Haushaltsstromes folgendermaßen:

> "Im Transformator wechselt sie [=Elektrizität] wieder das Reisekleid und betritt als gesitteter Bote die Stätten der Menschen. Dienstbereite Elektromotoren empfangen sie und verwandeln sie in die vertraute Form mechanischer Bewegung." (Slaby (1895) S.8)

Die nach 1850 entstehenden Kraftmaschinen (Heißluftmotor, Gasmotor, Petroleummotor, Benzinmotor, Dieselmotor) und ihre 'revolutionären' Auswirkungen auf die Fahrzeugtechnik stehen im Mittelpunkt dieses Kapitels:

---

[87]Zu den Konstanten der Technikfaszination scheint es zu gehören, daß stets der von den Maschinen ausgehende Lärm besonders beeindruckt. Bereits bei den Besichtigungen der ersten Dampfmaschinen von James Watt hatte ja der Lärm der neuen Maschinen irrationale Reaktionen ausgelöst (siehe 8.9.3).

(1) In einem Entwicklungsstrang von 1816 bis 1868 entsteht zunächst der Heißluftmotor, der aber bereits zu Beginn des 20. Jahrhunderts in der technischen Entwicklung keine Rolle mehr spielt.[88] Die wichtigsten Daten:

1816: Robert Stirling (1790-1879) verwirklicht die erste Maschine, in der statt Wasserdampf erhitzte Luft zur Kolbenbewegung verwandt wird.

1833: Die erste einsatzfähige 'Caloric Engine' von John Ericsson (1803-1899).

1868: Wilhelm Lehmann entwickelt mit der 'geschlossenen Heißluftmaschine' eine vielseitig einsetzbare und weit verbreitete Kraftmaschine.

(2) Der zweite Entwicklungsstrang, der die erfolgreichere und heute noch maßgebliche Verbrennungskraftmaschine hervorbringt,[89] umfaßt zwischen allererster Realisation und 'massenhaftem' Einsatz der verschiedensten Untertypen in Produktion und Verkehrswesen gerade 40 bis 50 Jahre in unserem Untersuchungszeitraum:

1860: Jean Joseph Étienne Lenoir (1822-1900) baut in Paris den ersten Gasmotor der Welt.

1867: Der Atmosphärische Gasmotor von Nikolaus August Otto (1832-1891).

1876: Otto entwickelt den direktwirkenden Gasmotor mit dem Viertaktprinzip, die heute noch maßgebliche technische Grundlage aller Verbrennungsmotoren.

1886: Im Zusammenhang mit dem Automobil entsteht der leichte, schnellaufende Benzinmotor durch Carl Benz (1844-1929), Gottlieb Daimler (1834-1900) und Wilhelm Maybach (1846-1929).

1897: Der erste selbstzündende Verbrennungsmotor von Rudolf Diesel (1858-1913).

War um 1850 die Dampfmaschine noch die unangefochtene "Alleinherrscherin auf dem Gebiete der Wärmekraftmaschinen" (siehe oben), so ist 50 Jahre später bereits ein deutlich sektorenspezifischer Einsatz der verschiedenen Kraftmaschinen festzustellen:

(1) Die neue **Dampfturbine** wird relativ schnell die vorrangige Kraftmaschine für den Antrieb der Stromgeneratoren.

(2) Die alte **schnellaufende Kolbendampfmaschine** bleibt weiterhin in der industriellen Großanlage unersetzlich für den zentralen Antrieb von Produktionsmaschinen und als Antreiber von Lokomotive und Dampfschiff.

[88] Ein genauerer Überblick über die Entwicklung der Heißluftmaschinen, die Spezialtypen und deren Bauzeiten findet sich in Mauel (1969b) S.341. Vgl. hierzu auch Weyrauch (1905) Bd.1 S.180f.

[89] Vgl. zur Geschichte der Verbrennungskraftmaschinen im 19. Jahrhundert: Eckermann (1981) S.36-51, Mauel (1969b), Maulel (1974), Sass (1962), Strandh (1981) S.135-153.

(3) Die **stationären Verbrennungskraftmaschinen** (Heißluftmotoren und Gasmotoren) sind die bevorzugten Kraftmaschinen in kleineren Produktionsbetrieben.

(4) Die **mobilen Verbrennungskraftmaschinen** für flüssige Brennstoffe (Benzinmotoren) sind in Fahrzeugen oder anderen mobilen Einsätzen dominierend.

Technikgeschichtlich ist der 'Kampf' zwischen dem Heißluftmotor und den Verbrennungsmotoren bis zum Jahrhundertwechsel relativ schnell entschieden: Zu Beginn der 90er Jahre sind schon etwa 30000 bis 35000 Verbrennungsmotoren, aber nur 6000 bis 7000 Heißluftmaschinen gebaut worden (vgl. Mauel (1974) S.39, Reuleaux (1891) S.8). In der dritten Auflage des Motorenhandbuchs von Alfred Musil wird die Heißluftmaschine nicht mehr behandelt, da sie "derzeit nicht zu den gebräuchlichsten Motoren gezählt werden kann" (Musil (1897) S.IX, vgl. auch Schreber (1903) S.247).

Neben den wichtigen Basisinnovationen dieser Jahrhunderthälfte im Bereich der Kraftmaschinen existiert eine zweite wichtige Technik–Zäsur, die mit der Entwicklung der Verbrennungskraftmaschine im direkten Zusammenhang steht: die 'Erfindung' des Automobils im Jahre 1885/86. Sie verkörpert nach der Eisenbahn–Revolution die zweite entscheidende Zäsur im Verkehrswesen des 19. Jahrhunderts. Aus ihr entwickelt sich der Individualverkehr und die weitgreifende Mobilität im Alltagsleben des 20. Jahrhunderts. Nicht erst im Zeitalter der Massenmotorisierung nach 1950, sondern bereits um 1900 ist die neue Qualität erkennbar. Das motorgetriebene Straßenfahrzeug bringt entscheidende Veränderungen im "Localverkehr", fährt es doch "vor jedermanns Haus" (vgl. Dinglers Journal 297(1895) S.128, Krämer (1898-1902) S.294). Das Bewußtsein für die sich möglicherweise daraus entwickelnde verkehrstechnische Zäsur ist schon 1895 ausgeprägt:

> "Sobald also die mechanischen Wagen einen entsprechenden Grad technischer Vollkommenheit erlangen, und das kann nicht mehr lange ausbleiben, gewinnt die Menschheit ein neues Verkehrsmittel, und darum ist es kaum übertrieben, zu sagen, dass wir jetzt in dieser Hinsicht einen historischen Wendepunkt erleben, dessen Bedeutung — wie die der zwanziger Jahre für den Eisenbahnverkehr — nur die Nachkommenschaft in vollem Maasse zu würdigen im Stande sein wird." (Dinglers Journal 297(1895) S.128)

In der Zeit von 1885 bis 1900, also zu Beginn der sogenannten "Pionier- und Reifezeit" des Automobils (vgl. Eckermann (1984) S.40ff.), sind folgende Daten für die Technikgeschichte von ausschlaggebender Bedeutung:

1885/86: Die erste Vereinigung von Verbrennungsmotor und Fahrzeug: Motorrad und Motorkutsche von Carl Daimler, Motorwagen von Carl Benz.

1894: Mit dem ersten Autorennen der Welt von Paris nach Rouen beginnt in Frankreich eine spezifische 'Automobil–Subkultur' (Renn– und Sportveranstaltungen, Aussstellungen, Clubs, Hobby–Literatur, Zeitschriften etc.), die in Deutschland etwa erst um 1900 einsetzt.

1900: Mit der Konstruktion des ersten Mercedes' durch Wilhelm Maybach erfahren Fahrzeugtechnik und äußere Erscheinung der Motorwagen eine radikale Veränderung. Eigentlich wird dadurch das motorgetriebene Straßenfahrzeug ein zweites Mal erfunden: Aus dem Konzept MOTORWAGEN entsteht der Prototyp des Konzepts AUTOMOBIL.

10.2 Textgeschichtliche Skizze

Für den Zeitraum 1850 bis 1910 wurden folgende Quellen ausgewertet:

(1) **Theorie–Fachtexte:** Darmstädter (1908), Engelmeyer (1898), Engelmeyer (1899), Grimsehl (1909), Handwörterbuch Naturwiss. (1912-15), Knies (1853), Reuleaux (1891), Riedler (1900), Slaby (1895), Sombart (1911), Wendt (1906), Weyrauch (1905-07).

(2) **Techniker–Fachtexte:** Amtl. Bericht (1852), Amtl. Bericht (1855), Amtl. Bericht (1863-65), Amtl. Bericht (1874-75), Amtl. Bericht (1894), Fink (1884), Grashof (1890), Ingenieurs Taschenbuch (1857) (1887) (1905), Lueger (1894-99), Musil (1878), Musil (1879), Musil (1897), Redtenbacher (1852), Redtenbacher (1853b), Redtenbacher (1862-65), Reuleaux (1875), VDI–Zeitschrift Jg.1 (1857)ff., Weisbach (1850-60).

(3) **Anwender–Fachtexte:** Bernoulli (1865) (1897), Dinglers Journal Nr.115 (1850)ff., Handbuch/Masch.techn. (1904) (1914), Hart (1867), Hell (1878), Hosemann (1881), Illustr. techn. Wbb. (1906)ff., Kessels (1864), Knoke (1887), Kraftübertragung (1907), Merklein (1896), Redtenbacher (1860), Rühlmann (1862-75), Schiefferdecker (1900), Schwartze (1892), Technol. Enzyklopädie/Suppl.bände (1857-69), Technol. Lexikon (1883), With (1859).

(4) **Vermittlungstexte:** Allg. Enzykl. Kaufleute (1862), Berdrow (1907), Brockhaus/11.Aufl. (1864-68), Brockhaus/14.Aufl. (1894-97), Dampfmaschine (1860), Diesel (1913), Feeg (1902), Illustr. Konvers.lexikon (1870-80), Jansen (1881), Kohler (1872), Krämer (1898-1902), Lotz (1906), Matschoß (1919), Rasch (1899), Schreber (1903), Strassen–Dampf–Wagen–System (1880), Vater (1900), Vater (1906).

(5) **Institutionen–Texte:** Borght (1894) (1912), Germershausen (1907), Kirchner (1915), Layriz (1908), Manes (1902), Rauchberg (1901), Statist. Jahrbuch Jg.28 (1907), Wörterbuch Verw.recht (1890) (1911-14).

(6) **Texte der Automobil–Subkultur:** AAZ Jg.1(1900)ff., Automobil-Rundschau Jg.12 (1913)ff., Automobil-Welt Jg.1 (1903)ff., Autler/Protest (1909), Automobil/Frage (1907), Baudry de Saunier (1900-01), Braunbeck (1910), Daimler–Mot.gesell. (1915), Dechamps (1907), Festschrift/Reichsverband (1926), Handbuch/Opel (1913), Küster (1906) (1909), Löw von und zu Steinfurth (1912), Lohner (1900), Mitteleurop. Motorwagenverein Jg.1 (1902)ff., Motorwagen Jg.1 (1898)ff., Müllendorf/Kübel (1900), Pictet (1898).

Einige grundsätzliche Bemerkungen zur Textgeschichte, Relevanz, Auswahl und Analyse der fünf Textgruppen:

(1) Theorie–Fachtexte

Ein idealer Abschluß der naturwissenschaftlichen Texte des 19. Jahrhunderts ist insofern gegeben, als mit dem zehnbändigen Handwörterbuch der Naturwissenschaften (1912-15) ein Text vorhanden ist, der den Stand der Naturwissenschaften zu Beginn des 20. Jahrhunderts in einem modernen wissenschaftlichen Nachschlagewerk festhält. Im direkten Textvergleich mit dem Physikalischen Wörterbuch (1825-45) von Gehler oder anderen wissenschaftlichen Quellen jener Zeit sind die Wissenszuwächse und die daran anschließenden Sprachveränderungen, die die zweite Hälfte des 19. Jahrhunderts erbrachten, sehr deutlich ablesbar. Man vergleiche beispielsweise die folgenden Begriffsbestimmungen zu *Dampf, Gas* und *Verbrennung* mit früheren Definitionen (siehe 8.3 und 9.2):

> **Dampf und Gas:** "Wir gelangen somit zu der Auffassung, daß Dämpfe nichts anderes sind als Gase in der Nähe ihres Sättigungspunktes, oder umgekehrt Gase nichts anderes als hoch überhitzte Dämpfe." (Handwörterbuch Naturwiss. (1912) Bd.2 S.823)
> **Verbrennung:** "Unter Verbrennung im engeren Sinne versteht man die Vereinigung beliebiger Stoffe mit gasförmigem, molekularem Sauerstoff, wobei als Verbrennungsprodukte Oxyde der verbrennenden Stoffe entstehen." (Handwörterbuch Naturwiss. (1915) Bd.10 S.218f.)

Durch die Analyse zweier Physik–Lehrbücher wird zusätzlich der Wissensstand überprüft, der um 1900 sozusagen schon 'lehrbuchreif' vermittelbar ist (vgl. Grimsehl (1909), Weyrauch (1905-07)). In den beiden Texttypen Fachlexikon und Lehrbuch ist mit dem Zeitpunkt 'um 1900' gewissermaßen der Wissensstand am Ende der 'Epoche der klassischen Physik' (1700-1900) dokumentiert, bevor mit der Entdeckung der Radioaktivität und mit den Theoretikern Max Planck und Albert Einstein die 'Epoche der modernen Physik' des 20. Jahrhundert beginnt.

(2) Techniker–Fachtexte

Braun (1977) unterteilt die Entwicklung der maschinentechnischen Disziplinen im 19. Jahrhundert in vier Phasen. In diesen Unterteilungen spiegelt sich auch die Textgeschichte der modernen Maschinenbauliteratur wider. Die erste Phase, geprägt durch die Spätkameralisten Beckmann und Poppe und durch die Polytechniker Prechtl und Karmarsch,[90] zeigt zwei gegensätzliche Gruppen von Technologen,

> "die einerseits empiristisch–vortheoretisch arbeiten und praktische Rezepte anbieten wollen, zum anderen die moderne — französische — polytechnische Wissenschaft der Zeit verarbeiten und, darüber hinaus, das eigenständige Moment der Technik herauszuarbeiten versuchen." (Braun (1977) S.10)

Mit der zweiten Phase beginnt die sogenannte Maschinenwissenschaft, die vor allem mit dem Namen Ferdinand Redtenbacher verbunden ist (vgl. Engelmeyer (1899)). Zu ihrem Programm gehört die programmatische Vereinigung von Theorie und Praxis innerhalb einer eigenständigen Ingenieurs–Disziplin Technik, die sich besonders von der Etikettierung 'angewandte Naturwissenschaft' absetzen will. In der dritten Phase, für die die Maschinentheoretiker Grashof (1890) und Reuleaux (1875, 1890) stehen, wird eine weitere Verwissenschaftlichung der Maschinenwissenschaft angestrebt, die sich vor allem in der Hinwendung zu naturwissenschaftlichen Methodenidealen zeigt (vgl. Braun (1977) S.10). In der vierten Phase erfolgt die heftige und polemische Gegenreaktion der 'Praktiker' (z.B. Riedler) auf die 'Theoretiker'.

Für unser text– und sprachgeschichtliches Interesse ist besonders der Übergang von der ersten zur zweiten Phase bedeutsam. Um 1850 entstehen mit den Texten der neuen Maschinenwissenschaft anspruchsvolle Hand– und Lehrbücher, die die moderne Ingenieurliteratur begründen.

Gleichzeitig entsteht in den 50er Jahren ein institutionell verbundener und abgesicherter Textkomplex, der für die nächsten Jahrzehnte den Berufsstand der Ingenieure und deren Fachkommunikation maßgeblich prägt und beeinflußt. Dazu gehören

(a) Texte, die von dem 1857 gegründeten Verein deutscher Ingenieure (VDI) herausgegeben werden.

(b) Lehrwerke, die von Professoren des Polytechnikums Karlsruhe (später Technische Hochschule) verfaßt werden.

(a) **Texte des Vereins Deutscher Ingenieuere (VDI)**: Im Jahre 1857 wird der VDI gegründet. Er wird schnell zum größten und einflußreichsten Technikerverband im 19. Jahrhundert.[91] Das Fachorgan des Verbandes (siehe

[90] Vgl. Beckmann (1782-1805), Poppe (1806) (1807-11) (1816-20), Karmarsch (1837-41), die von Prechtl herausgegebene Technol. Enzyklopädie (1830-69) und das von Karmarsch bearbeitete Techn. Wörterbuch (1843-44).

[91] Vgl. zur Geschichte des VDI die wissenschaftlich anspruchsvolle Festschrift zum 125jährigen Bestehen der Organisation: Ludwig (1981).

VDI-Zeitschrift 1(1857)ff.) wird zur bedeutendsten Technik-Fachzeitschrift des 19. Jahrhunderts (vgl. Burchardt (1981) S.193). Entsprechend der Bedeutung, die man diesem Organ für die Aus- und Weiterbildung des Ingenieurstandes zumessen muß, dürfte auch sein maßgeblicher Anteil an der Entwicklung und Verbreitung der Techniksprache gewesen sein.

Im Jahre 1857 erscheint erstmals ein umfassendes Ingenieurhandbuch in Deutschland. Bis 1915 erfährt es 22 Auflagen.[92] Es ist vom Verein 'Hütte' herausgegeben, der in den 40er Jahren im Umfeld des Berliner Gewerbe-Instituts entsteht und zu einer der institutionellen Keimzellen des VDI wird (vgl. Scholl (1981) S.9; VDI-Zeitschrift 1(1857) S.1). Ohne Zweifel hat das Werk in der zweiten Jahrhunderthälfte den Status eines 'VDI-amtlichen' Handbuches. Auch ihm kommt in der technischen und sprachlichen Aus- und Weiterbildung der sich entfaltenden Berufsgruppe der Ingenieure eine wichtige Aufgabe zu (vgl. Ingenieurs Taschenbuch (1857) S.V-VIII, Ingenieurs Taschenbuch (1905) S.VII-IX). Schon die erste Auflage von 1857 erfüllt im Vergleich zu anderen Handbüchern der Zeit in nahezu allen Belangen die Ansprüche eines modernen ingenieurwissenschaftlichen Standards. Allerdings findet man im dritten Teil des Werkes auch noch Relikte der weiten Auffassung von 'Polytechnik', wie sie zur gleichen Zeit in Dinglers Journal geboten wird.[93] In den folgenden Auflagen sind jedoch solche Relikte getilgt. Der Rezensent schreibt in Dinglers Journal über eine Auflage der 90er Jahre:

> "Der ganzen Haltung nach ist das Taschenbuch für den wissenschaftlich gebildeten Techniker bestimmt." (Dinglers Journal 287(1893) S.240)

(b) **Texte von Karlruher Professoren:** Wichtige Lehrbücher zum Maschinenbau von Ferdinand Redtenbacher (1809-1863) und Franz Grashof (1826-1893) bilden die zweite Textgruppe, die ab den 50er Jahren eine institutionell und personenbezogen zusammenhängende Texttradition ergeben.[94] Redtenbacher veröffentlicht als Professor am Polytechnikum in Karlsruhe, an dem er seit 1841 lehrt, zahlreiche Standardwerke. Er steht in Verbindung mit dem Verein 'Hütte' und ist in dessen Taschenbuch eine vielzitierte Autorität (vgl. Ingenieurs Taschenbuch (1857) S.VIII). Grashof wird 1863 in Karlsruhe Nachfolger Redtenbachers und bearbeitet in dieser Funktion auch weitere Auflagen der Werke seines Vorgängers (z.B. die 1869 erschienene 5. Auflage von Redtenbachers Resultate für den Maschinenbau). Er selbst verfaßt eine dreibändige Maschinenlehre, die für das letzte Jahrhundertviertel ebenfalls zum Standardwerk der Ingenieurstechnik wird.

---

[92] Für die Analyse wurden drei Auflagen ausgewählt: die 1., 13. und 19. Auflage (siehe Ingenieurs Taschenbuch (1857) (1887) (1905)).

[93] Immerhin enthält die Version von 1857 noch eine Bauanleitung für ein "Mistbeetfenster" und einen wichtigen Hinweis für den Bau eines "Rindviehstalls": Man solle die "Vorderfront womöglich nach Abend oder Mitternacht" ausrichten (vgl. Ingenieurs Taschenbuch (1857) T.3 S.65/76). Vgl. zur Polytechnik in den frühen Jahrgängen von Dinglers Journal auch Abschnitt 9.1.

[94] Vgl. zu den Biographien der beiden Professoren: Braun (1977), Mauel (1969a); vgl. ferner den Nachruf auf Grashof in der VDI-Zeitschrift 38(1894) S.24f.

Mit Grashof ist die Brücke vom 'Textkomplex Karlsruhe' zum 'Textkomplex VDI' hergestellt. Er ist nämlich als Gründungsmitglied des VDI über 30 Jahre lang (1857-1890) Direktor des Verbandes und außerdem 10 Jahre lang (1857-67) leitender Redakteur der VDI-Zeitschrift. Man kann davon ausgehen, daß diese beiden Textgruppen einen wesentlichen Einfluß in der Verbreitung technischen Wissens innerhalb der sich herausbildenden Gruppe von Ingenieuren modernen Zuschnitts hatten und somit auch — lange vor dem Beginn einer institutionell organisierten Fachsprachennormierung — deutlichen Einfluß auf die Herausbildung von Verkehrsnormen in den technischen Fachsprachen nahmen.

Durch diese deutliche 'Vernetzung' der untersuchten Quellen ist möglicherweise eine neue Qualität der text- und sprachgeschichtlichen Analysen zu erreichen. Erstmals kann man sicher davon ausgehen, daß viele Texte der hier zu behandelnden 50 Jahre in einer gemeinsamen Texttradition einer stabilen Lesergruppe stehen und somit nicht nur eine nachträglich historisch interpretierte Textchronologie darstellen, sondern schriftliche Quellen einer 'real' vernetzten Fachkommunikation.

Wenn auf solcher Grundlage die Herausbildung sprachlicher Normen an einigen ausgewählten Beispielen mikroskopisch genau von Redtenbachers Lehrbuch (1848) bis zur 19. Auflage des Ingenieurs Taschenbuch (1905) verfolgt werden kann, so kann für diesen Zeitraum mit sehr viel größerer Berechtigung von Prozessen wie 'allmähliche Wortverdrängung', 'Benennungstradition', 'Konkurrenz zweier Benennungen' u.a. gesprochen werden. Auf der Basis einer so verdichteten und gesicherten Textabfolge haben solche sprachgeschichtlichen Aussagen einen erheblich höheren Grad an 'Realitätsnähe', als wenn man solche Vorgänge des Sprachwandels bei einem Vergleich zweier isolierter und zeitlich weit auseinanderliegender Texte relativ kühn interpolieren muß.

Im Untersuchungszeitraum steht ein neuer Typ von Technik-Fachtext, der Ausstellungsbericht, zur Verfügung. Im Jahre 1852 erscheint anläßlich der 1851 in London veranstalteten 'Industrieausstellung aller Völker' ein offizieller Bericht von der "Berichterstattungskommission der Deutschen Zollvereins-Regierungen" (vgl. Amtl. Bericht (1852) Untertitel). Für die nationale und internationale Vermittlung der neuesten technischen Entwicklungen werden die Weltausstellungen in der zweiten Jahrhunderthälfte zu einem herausragenden Faktor (vgl. Kroker (1969)). Durch sie ist eine sehr schnelle Veröffentlichung der Innovationen möglich, was aus wirtschaftlichen und patentrechtlichen, aber auch aus nationalistischen Motiven angestrebt wird. Beispielsweise wird die neue atmosphärische Gaskraftmaschine von Nikolaus Otto kurze Zeit nach ihrer Fertigstellung sofort auf der Pariser Weltausstellung von 1867 'veröffentlicht' und tritt dort als chauvinistisch umjubelte Konkurrenz gegen die Maschinen des französischen Gasmotoren-Pioniers Lenoir auf (vgl. Dinglers Journal 187(1868) S.1-12). Im Gefolge der Ausstellungen kommen weitere Formen der Berichterstattung auf. Neben den bereits genannten amtlichen Berichten, die für die Analysen ausgewertet wurden,[95] erscheinen auch Berichte in Fachzeitschriften, Tageszeitungen oder in Privattexten (z.B. Reisebeschreibungen).

Weiterhin sind auch in der zweiten Jahrhunderthälfte für den deutschen Techniker französische Werke der theoretischen und praktischen Technik von außerordentlicher Wichtigkeit. Der Literaturüberblick, den Redtenbacher in einem seiner Standardwerke gibt, zeigt dies (vgl. Redtenbacher (1860) S.XV-XXII).

Neben der bereits genannten VDI-Zeitschrift kommen im Laufe der letzten Jahrzehnte des 19. Jahrhunderts weitere technische Fachzeitschriften auf. Die statistischen Angaben zu Umfang und Auflagen der Fachpresse für die Zeit von 1870 bis 1914 zeigen eindrücklich, daß auch für die Fachzeitschriften das Zeitalter der Massen-Medien begonnen hat (vgl. Pape (1927) S.12-14).

(3) **Anwender-Fachtexte**
Eine ähnliche Bedeutung, wie sie das genannte VDI-amtliche Ingenieurtaschenbuch mit seinen 22 Auflagen von 1857 bis 1915 für den Ingenieur hatte, kommt auch dem 'Vademecum des Mechanikers' von Christoph Bernoulli zu. Es ist das maßgebliche Handbuch des 19. Jahrhunderts für die technisch-praktische Anleitung des Mechanikers und des Technikers. Es hat ebenfalls eine beeindruckend lange Textgeschichte, sie reicht von der ersten Ausgabe im Jahre 1829 bis zur 25. Auflage von 1914.[96] Die Untertitel des Handbuchs, in denen der angesprochene Leserkreis jeweils genannt wird, variieren durch die Jahre. Doch ist stets deutlich, daß konstant der unterhalb des Ingenieursniveaus stehende praxisorientierte Anwender angesprochen ist.

Weiterhin ist Dinglers Journal das maßgebliche Organ für den Praktiker und Polytechniker (siehe 9.1). Insgesamt kann man den Eindruck gewinnen, daß die Zeitschrift in den 50er Jahren eine Qualitätssteigerung erfährt, so daß etwa ab 1860 zumindest die maschinentechnischen Artikel korrekt den Stand der Technik widerspiegeln. Dennoch bleiben bis ans Ende des Jahrhunderts unter dem Sammelbegriff Polytechnik weiterhin auch alltagspraktische Ratschläge versammelt. Beispielsweise findet sich im Jahrgang 1893 eine Miszelle über die "Reinigung weisser Glacéhandschuhe ohne Benzin" (Dinglers Journal 288(1893) S.96).

Mit den Illustrierten technischen Wörterbüchern aus den Jahren 1906 bis 1932 ist dokumentiert, welche Ausdrücke der Technikfachsprachen nach Ab-

[95] Es wurden folgende amtlichen Berichte ausgewertet: über die Weltausstellungen 1851 und 1862 in London (siehe Amtl. Bericht (1852) (1863-65)), über die Industrie-Ausstellung 1854 in München (siehe Amtl. Bericht (1855)) und über die Weltausstellungen 1873 in Wien und 1893 in Chikago (siehe Amtl. Bericht (1874-75) (1894)).

[96] Für die Analysen wurden sechs Auflagen ausgewählt: Für die erste Jahrhunderthälfte (siehe Kap.9) die 1. und 5. Aufl. (Bernoulli (1829) (1846)), für den hier zu behandelnden Zeitraum die 12., 21., 23. und 25. Aufl. (Bernoulli (1865) (1897), Handbuch/Masch.techn. (1904) (1914)).

schluß der hier untersuchten Entwicklungen im 19. Jahrhundert zu Beginn des Jahrhunderts lexikalisiert und sozusagen 'wörterbuchfest' geworden sind.[97] In den nach Fachgebieten aufgegliederten Bänden ist der technische Fachwortschatz in sechs Sprachen in einem entscheidenden Sprachstadium der Technikfachsprachen niedergelegt, nämlich unmittelbar vor den ersten Versuchen, die technischen Fachwörter einer institutionell geregelten nationalen und internationalen Terminologisierung zu unterziehen. Dabei versteht sich das Werk ausdrücklich als ein solcher Beitrag, der die internationale Terminologisierung unterstützt und voranbringen soll (vgl. Illustr. techn. Wbb. (1910) Bd.10 S.VI).

(4) **Vermittlungstexte**

Die Textgruppe der Vermittlungstexte ist gegenüber den vorhergehenden Epochen wesentlich erweitert und daher auch heterogener. Sie wird nunmehr zur relativ unscharfen Sammelgruppe, in der alle Texte, die sich nicht ausdrücklich an einen spezialisierten Leser richten, zusammengefaßt sind: Enzyklopädien, Konversationslexika, Wörterbücher, populärwissenschaftliche Presse, Ratgeberliteratur.

Bei den Nachschlagewerken kommen weitere Spezialtypen hinzu. Neben die bereits bestehenden etablierten Konversationslexika (Brockhaus, Meyer) treten solche, die noch gezielter eine populäre Vermittlung anstreben. Das Illustrierte Konversationslexikon (1870-80) beispielsweise will

> "in erster Linie ein **Nachschlagebuch für den täglichen Gebrauch** sein und in seinen **größeren** Abhandlungen zugleich eine ansprechende Lektüre für **Jung und Alt** gewähren." (Illustr. Konvers.lexikon (1870) Bd.1 S.V)

Die Bedeutung der etablierten Enzyklopädien steigt weiterhin (siehe 9.1). Die zehnte Auflage des Brockhaus' wird ca. 30 000 mal verkauft (vgl. Brockhaus/11.Aufl. (1868) Bd.15 S.XVIII). Die leitende Intention des Werkes gilt auch in der zweiten Jahrhunderthälfte:

> "hat dagegen das 'Conversations–Lexikon' die Flüssigmachung und Popularisierung der wissenschaftlichen, künstlerischen und technischen Ergebnisse, nicht für die geschäftliche Praxis, sondern für die Befriedigung und Förderung der allgemeinen Bildung zur Aufgabe." (Brockhaus/11.Aufl. (1868) Bd.15 S.V)

Die Tages– und Wochenzeitungen übernehmen mit den aufkommenden speziellen Bildungs–Beilagen wichtige Aufgaben der Wissensvermittlung. Seit den

[97] Siehe Illustr. techn. Wbb. (1906-32). Für die vorliegende Thematik sind nur vier Bände der Jahre 1908 bis 1910 einschlägig: Bd.3 (1908), Bd.4 (1908), Bd.9 (1910) und Bd.10 (1910). Insofern könnte man auch hier von einem Wissens– und Sprachstand 'um 1910' ausgehen.

50er Jahren existieren spezielle wissenschaftliche Beilagen. Beihefte mit ausschließlich technischer Orientierung erscheinen allerdings erst um 1900 (vgl. Stummvoll (1935) S.28). Mit der Jahrhundertwende beginnt dann aber umso beeindruckender die Zeit der Presse-Beilagen, die Technikwissen und damit einhergehend auch die zeittypische Technikbegeisterung vermitteln (vgl. Stummvoll (1935) S.134). Zur gleichen Zeit beginnt die Entfaltungsphase eines weiteren Typs der Vermittlungstexte: Die Ratgeber- und Anleitungsliteratur für den Hobby-Techniker. Zwar existierten zuvor auch schon vereinzelt solche Broschüren für den technikanwendenden Laien, der informiert, beraten und aufgeklärt werden will,[98] doch ist die bedeutende Verbreitung der Hobby-Literatur erst ab 1900 zu spüren.

Angesichts der revolutionären Entwicklungen der Naturwissenschaften und der Technik im 19. Jahrhundert wäre es nicht verwunderlich, wenn die Nachschlagewerke, die sich an ein breiteres Lesepublikum wenden, mit der Wissens- und Sprachentwicklung nicht immer Schritt halten könnten. Doch zeigt sich, daß die anspruchsvolleren Lexika in der zweiten Jahrhunderthälfte sehr wohl mit nur geringfügigen Verzögerungen die Entwicklungen verarbeiten. Dagegen bleiben die deutschen Wörterbücher des späten 19. Jahrhunderts (Heyne, Weigand) auf einem archaischen Wissensstand stehen. Einige Beispiele:[99]

> **Feuer**: "das leuchtende und wärmende Element" — **Wasser**: "der natürliche Stoff zum Waschen und Trinken" — **Dampf**: "dicker Rauch; dick aufsteigende nebelartige Feuchtigkeit"

Sie sind — im Gegensatz zu den Wörterbüchern von Campe und Adelung — als sprachgeschichtliche Quelle praktisch nicht brauchbar: Entweder nennen sie ausschließlich triviale oder archaische Alltagsdefinitionen und fallen damit hinter den Standard, den Adelung mit seinen differenzierten Bedeutungsangaben gesetzt hat, zurück, oder sie zitieren ohnehin nur wörtlich die älteren Wörterbücher (besonders häufig Campe).

Die populären Nachschlagewerke zeigen dagegen, daß auch neuere Erkenntnisse 'populär' vermittelbar sind. Der Artikel 'Feuer' hält nichts mehr vom "wärmenden Element":

> "**Feuer** nennt man die bei gewissen chemischen Vorgängen (Oxydation, Verbrennungen) auftretenden heftigen gleichzeitigen Licht- u. Wärmeentwicklungen, bes. wenn dabei entweichende Gase unter Lichterscheinung verbrennen. Früher hielt man das Feuer selbst für einen Stoff" (Illustr. Konvers.lexikon (1875) Bd.4 Sp.114)

---

[98]Beispielsweise erscheint 1878 eine Beratungsschrift über die neuen Kraftmaschine (siehe Hell (1978)). Sie trägt den Titel "Die wichtigsten Klein-Kraft-Maschinen, ihre Vorzüge und ihre Mängel" und den entscheidenden textspezifizierenden Untertitel "Ein Rathgeber für den Gewerbetreibenden und den Landwirth beim Ankauf eines Motors".

[99]Vgl. hierzu Heyne (1890-95) Bd.1 Sp.005 u. Bd.3 Sp.1337, Weigand (1909) Bd.1 S.329 u. S.526.

(5) **Institutionen–Texte**
Die Technik des 19. Jahrhunderts entwickelt sich nicht im rechtsfreien Raum. Die Fortschritte der Maschinentechnik werden durch institutionelle Regelungen begleitet und auch gesichert. Die technischen Fachzeitschriften widmen sich deshalb gelegentlich auch patentrechtlichen und sicherheitsrechtlichen Fragen. Dabei zeigen sich in den Abhandlungen gelegentlich Divergenzen zwischen den Begriffen der Techniker und den juristischen Begriffen. Beispielsweise ist ab 1894 in Dinglers Journal eine Diskussion über die "Begriffserklärung der Dampfkesselexplosionen" dokumentiert. In dieser Auseinandersetzung wird über die 'richtige' Begriffsbestimmung der Kesselexplosion gestritten, etwa ob das Merkmal "Trennung des Kessels" reiche oder ob das Merkmal "plötzlicher Ausgleich der Spannungen" hinzukommen müsse (vgl. Dinglers Journal 293(1894) S.306, 301(1896) S.23 u.ö.).

Mit der Ära des Automobils tritt ab 1900 das Phänomen, daß technische Begriffe durch institutionelle Begriffe begleitet werden, in der Sprache deutlicher hervor. Erstmals ist eine getrennte Behandlung von Texten der institutionellen Kommunikation sinnvoll und notwendig. Schon recht frühzeitig zeigt sich, daß in den Gesetzen und Vorschriften des Verkehrsrechts 'anders' über das neue motorgetriebene Straßenfahrzeug geschrieben wird als in den technischen Fachtexten unterschiedlichsten Niveaus.

Da das Automobil "jedermanns Haus" erreicht (siehe 10.1), greift es wie keine andere technische Innovation der Zeit unmittelbar in das alltägliche Leben und damit auch in dessen Rechtsvorschriften ein. Regelungen des Strafrechts, der Haftpflicht, der öffentlichen Ordnung etc. müssen nach dem Auftauchen der ersten Automobile spezifiziert und angepaßt werden. In den Texten entsteht recht bald eine institutionensprachliche Variante der Automobilsprache, deren bekanntester, heute noch gültiger Ausdruck *Kraftfahrzeug* ist (siehe 10.10).

(6) **Texte der Automobil–Subkultur**
Im Gefolge der neuen Automobiltechnik bildet sich etwa ab 1900 eine eigene 'Automobil-Subkultur', deren Texte mit einer bestimmten gruppensprachlichen Überformung deutliche Sonderentwicklungen zeigen. Die Sprache der 'Automobilisten' wird daher in einer eigenen Textgruppe (Zeitschriften der Automobil-Clubs, Pannen-Ratgeber, Broschüren etc.) in einem speziellen Abschnitt untersucht (siehe 10.9).

10.3 Grundbegriffe der neuen Energietheorie in Fach– und Vermittlungstexten

Aus dem Paradigmenwechsel der Physik um 1850, mit dem ein völlig neuer Energie-Begriff etabliert wird (siehe 9.2.1), ergeben sich Auswirkungen auf die maschinentechnischen Begriffe in den Fach- und Vermittlungstexten. In einem allmählichen Diffusionsprozeß werden Texte unterschiedlichsten Niveaus allmählich mit den Versatzstücken der neuen Theorie durchsetzt, bis schließlich etwa ab 1890 in allen Texten die Konzepte von der Erhaltung und Umwandelbarkeit der Energie angekommen sind. Dabei zeigt sich, daß die Techniktexte häufig 'zweischichtig' werden: Zum einen wird schon über die ALLGEMEINE ENERGIE, die nicht mehr nur KINETISCHE ENERGIE ist, reflektiert, zum anderen sind aber noch die überkommenen Ausdrücke der alten Konzepte (z.B. *lebendige Kraft*) beibehalten.

Weiterhin gilt, daß die Technikdisziplin keine angewandte Naturwissenschaft darstellt. Sie bringt ihre maschinentechnischen Neuerungen nicht durch Anwendung neuer Theorien hervor. Auch in dieser Jahrhunderthälfte werden theoretische Konzepte im Maschinenbau "eher nachgeschoben" (vgl. Diesel (1913/1984) Einleitung des Hg., S.VII). Die Vorgehensweise von Rudolf Diesel, der ausgehend von Carnots Wärmegesetzen den Verbrennungsmotor neu konzipieren wollte, bleibt die Ausnahme. Wenn also in den untersuchten Techniker-Fachtexten die neuen Energiekonzepte thematisiert werden, dann eher als nachträgliche Beschreibung und Erklärung oder als grundsätzliche Erläuterung. Für die Anwender-Fachtexte und für die Vermittlungstexte ist dies ohnehin selbstverständlich.

Zunächst ist interessant zu beobachten, daß einige Verfasser immer noch Warnungen vor dem perpetuum mobile für notwendig halten. Die Mahnungen haben nun eine neue Qualität, denn mehrfach wird die Unmöglichkeit einer solchen Maschine mit den neuen Erkenntnissen von der Nichtvermehrbarkeit der Energie begründet. Man weiß jetzt auch als Techniker,

> "daß derartige Maschinen nicht möglich sind, daß vielmehr für jede bestimmte Menge mechanischer Arbeit, welche eine Maschine leistet, dieser eine ganz bestimmte Menge irgend einer anderen Energieform zugeführt werden muß." (Schreber (1903) S.2)

Nur noch ganz Unbelehrbare widmen sich dieser technischen Utopie, weil sie "mit einem gewissen bewußten Nihilismus" die Energiegesetze ignorieren (Rasch (1899) S.11, vgl. auch Technol. Lexikon (1883) S.488).

Die Techniker-Fachtexte geben um 1850 in ihren Theorie-Kapiteln den gesicherten Wissensstand über die MECHANISCHE ENERGIE und die damit verbundenen Gesetzlichkeiten für Masse, Bewegung, lebendige Kraft, Beschleunigung, Geschwindigkeit etc. wieder (vgl. z.B. Redtenbacher (1852) S.76ff, S.187ff). Aber KINETISCHE ENERGIE und WÄRMEENERGIE sind als *Kraft* und als *Wärmestoff* noch völlig getrennt behandelt und benannt:

> "Die Kraft [...] ist die Ursache der Bewegung oder der Bewegungsveränderung materieller Körper." — "Wir können die Erscheinungen der Wärme und Kälte einem unendlich feinen und höchst elastischem Stoffe, dem Wärmestoffe [...], der alle Körper in der Natur durchdringt, beimessen." (Weisbach (1851) Bd.1 S.79 u. Bd.2 S.493)

Das neue Axiom über die Äquivalenz von Bewegung und Wärme wird dem Techniker dann in den 50er Jahren durch sehr gute wissensvermittelnde Zeitschriftenartikel nahegebracht (vgl. Dinglers Journal 141(1856) S.191-204, VDI-Zeitschrift 1(1857) S.46). Deren Qualität besteht darin, daß das Niveau der theoretischen Axiome keinesfalls trivialisiert wird, daß aber gleichzeitig durch Beispiele und anschauliche Vergleiche aus Natur und Technik die Aufgabe der Wissensvermittlung hervorragend gelöst wird.

Es spricht auch für die Aktualität und Qualität des Brockhaus', daß schon in der Auflage aus den 60er Jahren die wesentlichen Bestandteile der neuen Energietheorie vermittelnd dargestellt werden. Ebenso bringt das Illustrierte Konversationslexikon in den 70er Jahren in den Artikeln 'Kraft' und 'Wärme' eine Darstellung der neuen Konzepte (vgl. Brockhaus/11.Aufl. (1868) Bd.15 S.291ff., Illustr. Konvers.lexikon (1870-80) Bd.5 Sp.952, Bd.8 Sp.903).

In den verschiedenen Techniker- und Anwender-Fachtexten sind seit den 70er Jahren vermehrt Äußerungen zu beobachten, mit denen im Rahmen von maschinentechnischen Beschreibungen eher 'beiläufig' auf die theoretische Grundlegung der Aussagen hingewiesen wird (vgl. z.B. Fink (1884) S.105). Etwa um 1890 gehört es dann zu den selbstverständlichen Aufgaben der Ingenieursliteratur, dem Leser auch die Grundlagen der Thermodynamik zu vermitteln (vgl. z.B. Ingenieurs Taschenbuch (1887) S.219ff). Die zentralen Axiome über die Erhaltung und Konstanz der Energie werden dabei gelegentlich — je nach theoretischem Niveau des Textes — mehr oder weniger ausführlich referiert. In der Maschinentheorie von Grashof beispielsweise gehören die Axiome zu den grundlegenden und einleitenden Referierungen:

> "Gemäss einem fundamentalen Prinzip der Naturwissenschaften ist die Gesammtgrösse des in der Welt vorhandenen Arbeitsvermögens unveränderlich, und sind nur die Formen desselben, durch die Arbeiten von Kräften vermittelt, vielfachen unaufhörlichen Wandlungen unterworfen." (Grashof (1890) S.2)

Um 1900 ist der entscheidende sprachliche Dissoziationsprozeß zwischen *Kraft* und *Energie* abgeschlossen. Für den neuen Gesamtbegriff der ENERGIE, der BEWEGUNG und WÄRME einschließt, gilt jetzt der Ausdruck *Energie*:

> "Auf diesem Wege weiter fortschreitend, gelangt man schließlich zu dem [...] berühmten **Satze von der Erhaltung der Energie.** Dieser Satz besagt, daß ein in der Welt befindliches Arbeitsvermögen (Energie) nie verloren geht, sondern sich höchstens in andere Formen umwandelt, ebenso wie ein im Weltall vorhandener Stoff niemals untergeht, sondern nur seine Gestalt verändert." (Vater (1900) S.14)

Im Physik-Lehrbuch wird die neue Benennung mit *Energie* auch konsequent eingehalten, z.B. bei der Beschreibung des Viertaktprinzips von Motoren. Das dabei notwendige Schwungrad hatte früher noch *lebendige Kraft*, jetzt hat es *Energie*:

"Nur in der dritten Periode erfährt der Kolben und damit auch das Schwungrad eine von der Explosion herrührende Energiezufuhr. In den drei übrigen Perioden muß die Energie des Schwungrades die Bewegung der Maschine unterhalten." (Grimsehl (1909) S.320)

Diese neue begriffliche und sprachliche Trennung erreicht auch den populären Vermittlungstext und das Physiklehrbuch. Aber die Texte zeigen dann eine Zweischichtigkeit aus alten und neuen Benennungen. Gegen die neuen Begriffe wirken immer wieder die alten Benennungstraditionen nach. Die *Kraft* bleibt für die anthropomorph oder technisch gedeutete BEWEGUNGSENERGIE bestehen:

"Mit dem Worte Kraft bezeichnet man in der Mechanik allgemein die Ursache für die Bewegungsveränderung irgend eines Körpers." (Vater (1900) S.1, vgl. auch Weyrauch (1905) Bd.1 S.5)

In einem ingenieurwissenschaftlichen Artikel von Grashof (vgl. VDI-Zeitschrift 29(1885) S.161ff.) wird neben der neuen Terminologie immer wieder rückversichernd auf die 'gewöhnlichen' Ausdrücke hingewiesen (z.B. "gewöhnlich als lebendige Kraft bezeichnet").

Die gesamte Welt der Maschinentechnik kann nun unter dem vorherrschenden Konzept der ENERGIEUMWANDLUNG verstanden werden. In den anspruchsvolleren Texte zeigt sich dies dreifach:
(1) Zunächst werden die Aufgaben der Technik, die sich aus dem neuen Theorie-Paradigma ergeben, neu bestimmt. Wenn die Energieumwandlung zum zentralen Konzept der Naturdeutung wird, dann muß die vorrangige Aufgabe der Technik sein, Vorrichtungen zu bauen,

"welche die Energievorräte, die sich in der Natur vorfinden, in mechanische Arbeit verwandeln." (Schreber (1903) S.2).

(2) In der Längsbeobachtung der Texte des hier zu behandelnden Zeitraums zeigt sich, daß auch die Definition der allgemeinen Maschine zusehends dem Paradigma der ENERGIEUMWANDLUNG angenähert wird. Ausgehend vom Begriff der PRODUKTIONSMASCHINE, wie er seit dem Ende des 18. Jahrhunderts Bestand hat (siehe 9.3) und noch immer hat (vgl. z.B. Rühlmann (1862) Bd.1 S.22), wandelt sich die Maschinendefinition allmählich. In den Definitionen dominiert das Konzept der UMWANDLUNG:[100]

Kraftmaschinen dienen der "Verwandlung des zum Betriebe disponiblen Arbeitsvermögens in mechanische Arbeit". — Arbeitsmaschinen dienen "zur gleichzeitigen Verwandlung dieser mechanischen Arbeit in die Form von Arbeitsvermögen."

[100] VDI-Zeitschrift 29(1885) S.162, vgl. auch Schreber (1903) S.10, Handwörterbuch Naturwiss. (1912) Bd.6 S.724.

(3) Aus solchen Begriffsbestimmungen wird deutlich, warum die Kraftmaschinen als die 'eigentlichen' ENERGIEUMWANDLUNGS-MASCHINEN in den Mittelpunkt rücken. Da sie auch gleichzeitig aus technikinternen Gesichtspunkten ohnehin die Maschinentechnik der zweiten Jahrhunderthälfte dominieren (siehe 10.1), wird die Kraftmaschinentechnik zu jener Teildisziplin, der das besondere Interesse der Techniker jener Zeit gilt (vgl. VDI-Zeitschrift 12(1868) Sp.654).

Selbst in Vermittlungsschriften muß nach Ansicht der Verfasser das Prinzip der Kraftmaschinen durch Bezüge zu den Energie-Axiomen erklärt werden:

> "Für das Verständnis der Art und Weise, in welcher eine Kraftwirkung in den Kraftmaschinen zustande kommt, ist es nötig einen berühmten und äußerst wichtigen Satz kennen zu lernen [...] den Satz, daß Wärme und Arbeit äquivalent, das heißt gleichwertig seien." (Vater (1900) S.13f, vgl. auch Kraftübertragung (1907) S.4, Berdrow (1907) S.331 u. S.387)

Schließlich zeigen sich in Reflexionen über die Ungenauigkeiten der Technikersprache die neuen Erkenntnisse über die Kraft. Vater weist darauf hin, "daß es unrichtig oder wenigstens ungenau ist", wenn man von "Krafterzeugung" spricht (vgl. Vater (1900) S.14).

10.4 Gemeinsame Modelle und technische Analogien: Dampfmaschine, Heißluftmotor und Gasmotor

In der Reihe der neuen Kraftmaschinen des 19. Jahrhunderts tritt als erste Konkurrentin der Dampfmaschine die sogenannte Heißluftmaschine auf.[101] Häufig ist in der Technikgeschichte festzustellen, daß anläßlich einer neuen sensationellen Innovation gesicherte Wissensbestände wieder erschüttert werden und alte irrationale Technik-Utopien erneut auferstehen. So bringt auch die Schaffung des Heißluftmotors einen Rückfall. Die von Ericsson 1833 fertiggestellte Maschine wird anfangs ernsthaft für ein perpetuum mobile gehalten. Selbst ein großer Theoretiker wie Michael Faraday fällt auf die neue und noch 'undurchschaubare' Variante der Kraftmaschinen herein (vgl. Mauel (1969b) S.342/349). Allerdings waren zu jener Zeit die neuen energietheoretischen Erkenntnisse noch nicht als neues Paradigma etabliert (siehe 9.2.1). Auch der Benennungsvorschlag "Wärmestoff-Maschine" und die Vorstellung, daß in derselben "der Wärmestoff (caloric) als bewegende Kraft" wirke, zeugen noch von den Energievorstellungen des 18. Jahrhunderts (vgl. Dinglers Journal 51(1834) S.81, 123(1852) S.86, 128(1853) S.74).

Um 1850 ist die Maschine allerdings in jeder Hinsicht entzaubert. Die unrealistischen Erwartungen an Leistungsabgabe und Wirkungsgrad sind nicht

[101] Vgl. zur Geschichte des heute nicht mehr bekannten Kraftmaschinentyps die technikhistorische Skizze in Abschnitt 10.1; vgl. auch Mauel (1969b).

erfüllt worden, die Heißluftmaschine wird in den Schriften Redtenbachers als eine 'normale' neue Kraftmaschine vorgestellt.[102] Die ausführliche Beschreibung der Maschine beginnt mit einer grundlegenden Begriffsbestimmung:

> "Wenn man atmosphärische Luft zuerst stark verdichtet, hierauf stark erhitzt, und sie dann in einer Maschine, die **im Wesentlichen wie eine Expansions–Dampfmaschine** eingerichtet sein kann, bis zur atmosphärischen Spannung ausdehnen lässt, so wird dabei eine Wirkungsgrösse entwickelt, die grösser ist als jene, welche die Verdichtung der Luft erfordert; es wird demnach mit einer solchen Einrichtung, die man eine calorische Maschine nennen kann, die Expansivkraft der Wärme durch Vermittlung der Luft zum Betriebe von Maschinen benutzt werden können. Calorische Maschinen wollen wir alle diejenigen Einrichtungen nennen, durch welche atmosphärische Luft oder irgend ein Gas stark verdichtet, stark erhitzt, und dann durch Ausdehnung wirksam gemacht werden kann." (Redtenbacher (1853b) S.1, Hervorhebung K.J.)

Die Herstellung von Analogien zum Aufbau und zur Funktion von Dampfmaschinen wird im Laufe des 19. Jahrhunderts die Beschreibung aller Kraftmaschinen beherrschen. Das mentale Modell EXPANSION IM ZYLINDER — KOLBENHUBBEWEGUNG — ROTATIONSBEWEGUNG kann durch den Prototyp aller Kolbenkraftmaschinen vorausgesetzt werden und muß in obigem Zitat deshalb nicht expliziert werden. Die Vorstellung der neuen Maschine ist dennoch verständlich, weil das nicht Beschriebene seit ca. 50 Jahren selbstverständlicher Bestandteil des Kraftmaschinen–Wissens ist. In nahezu allen Belegstellen zur Heißluftmaschine finden sich Vergleiche zum technischen Vorgänger, wobei der Leser ausdrücklich auf sein Vorwissen hingewiesen werden kann:

> "Genau dieselbe Aufgabe, die in **unseren allbekannten Dampfmaschinen** dem Dampf obliegt, hat bei calorischen Maschinen die atmosphärische Luft zu vollbringen." (Hell (1878) S.33, Hervorhebung K.J.)

Welch wichtige Funktion solche Querverbindungen gerade in Vermittlungstexten haben, zeigen anschaulich zwei Ausschnitte aus dem Brockhaus. Im Artikel zur Dampfmaschine wird dem Laien die 'anschaulichere' Wasser– und Windkraftmaschine als Anknüpfungspunkt geboten:

> "**Dampfmaschinen** [...] bei welchen die Expansionskraft der Wasserdämpfe als Mittel zur Hervorbringung einer Bewegung angewendet wird, gleichwie bei den Wasserrädern der Druck oder Stoß des Wassers, bei den Windrädern der Druck des Windes." (Brockhaus/11.Aufl. (1865) Bd.4 S.938)

---

[102] Die hierfür maßgebliche Schrift Redtenbachers erschien 1853 in zwei Auflagen unter verschiedenen Titeln: "Die Luftexpansions Maschine" (1853a) und "Die calorische Maschine" (1853b).

In demselben Band wird dem Leser im Artikel zur Heißluftmaschine die 'bekanntere' Dampfmaschine als Wissensstütze geboten:

> "**Calorische Maschine** heißt eine nach dem Prinzip der Dampfmaschine gebaute und wie diese als Beweger (Motor) für Arbeitsmaschinen verschiedener Art dienende Maschine [...] nicht durch Dampf, sondern durch erhitzte [...] atmosphärische Luft, sodaß man sie zutreffender als Luftmaschine bezeichnen würde." (Brockhaus/11.Aufl. (1865) Bd.4 S.49)

Zunächst herrscht große Uneinigkeit über die am besten 'zutreffende' Benennung. In den Quellen sind belegt:[103]

> Luftmaschine, Heißluftmaschine, Wärmemaschine, calorische Maschine, Heißluftmotor, Feuerluftmaschine, atmosphärische Maschine, Luftexpansionsmaschine.

Im Laufe des letzten Jahrhundertdrittels setzt sich als Gruppenbezeichnung für die technisch oft sehr unterschiedlich gestalteten Varianten der *Heißluftmotor* durch (vgl. VDI-Zeitschrift 11(1867) S.543). Die *Wärmemaschine* wird zu einer übergeordneten Klassenbezeichnung (siehe 10.5).

Noch deutlicher als bei den Heißluftmaschinen sind die neuen Verbrennungskraftmaschinen des Innovationszeitraumes von 1860 bis 1900, also vom ersten Gasmotor Lenoirs bis zur Innovation Rudolf Diesels (siehe die chronologische Übersicht in Abschnitt 10.1), an die Modelle und Vorstellungen von der Dampfmaschine angebunden. Der naheliegende 'äußere' Grund ist hierfür, daß die Verbrennungsmotorentechnik innerhalb kurzer Zeit eine enorme Verbreitung erfährt und mit den stationären Maschinen eine Revolutionierung der Kraftmaschinentechnik, mit den mobilen Benzinmotoren am Ende des Jahrhunderts die besonders spektakuläre Einsatzmöglichkeit in den Straßenfahrzeugen findet.

Allerdings führt das 'innere' Prinzip der neuen Motoren zunächst zu einiger Verwirrung: Im Gegensatz zu den schon bestehenden Wärmekraftmaschinen (Dampfmaschine und Heißluftmotor), bei denen die Erzeugung der Wärme und Expansivkraft (z.B. im Dampfkessel) von der Ausnutzung der Bewegung im Zylinder getrennt ist, wird beim neuen Maschinentyp die Expansionskraft durch Verbrennung im Zylinder erzeugt und dort sofort in Bewegung umgewandelt.[104] Im Prinzip ist zur Verständnissicherung nur ein

[103]Vgl. beispielweise: Illustr. Konvers.lexikon (1876) Bd.5 Sp.1511, Brockhaus/14.Aufl. (1894) Bd.8 S.1004, Bd.11 S.361f., VDI-Zeitschrift 2(1857) S.83, 6(1862) S.66, 18(1874) S.250 u.ö.

[104]Aufgrund dieser Gemeinsamkeit werden die Motoren später als besondere WÄRMEKRAFTMASCHINEN in der Untergruppe der VERBRENNUNGSKRAFTMASCHINEN zusammengefaßt (siehe 10.5). Vgl. zur Begriffsbestimmung des Verbrennungsmotors und den unzähligen, nach Arbeitsweise, Kraftstoff, Zündung, Zylinderanordnung etc. spezifizierten Subklassen: Lueger (1965) Bd.7 S.472-474.

einfaches gedankliches Modell notwendig, wie die knappe Beschreibung eines "Petroleummotors" zeigt:

> "Das Princip der Maschine besteht darin, dass unter dem Kolben eines einfach wirkenden Cylinders ein Gemisch von Petroleumdämpfen und atmosphärischer Luft zur Explosion gebracht wird, welche zum Forttreiben des Kolbens benutzt wird." (VDI-Zeitschrift 19(1875) Sp.107)

Das alltagsphysikalische Wissen um ERWÄRMUNG und AUSDEHNUNG und das technische Modell KOLBENBEWEGUNG genügen.

Doch die neue Möglichkeit der Bewegungserzeugung im Zylinder wird zunächst unter dem übermächtig wirkenden Modell der GEFÄHRLICHEN EXPLOSION verstanden und auch mißverstanden, was sich bis in die erste Hälfte des Jahrhunderts zurückverfolgen läßt. Die Erfindung des Verbrennungsmotors lag schon lange vor 1860 als konkrete Utopie vor. In vielen Berichten aus den 20er und 30er Jahren werden die neuen Möglichkeiten der Krafterzeugung diskutiert. Schon recht früh ist die antizipierende Benennung "Explosions-Maschine" belegt (vgl. z.B. Dinglers Journal 15(1824) S.250). In ausführlichen Berichten werden Möglichkeiten und Grenzen entworfen (vgl. z.B. Dinglers Journal 93(1844) S.161). Das Modell EXPLOSION und der gewünschte Effekt GLEICHMÄSSIGE BEWEGUNG können noch nicht sinnvoll zusammengebracht werden:

> "Alle solche heftig explodirenden Substanzen sind jedoch, wegen der plötzlich auf die in Ruhe befindlichen Maschinen wirkenden Gewalt, bloss zum Fortschleudern der Körper geeignet, keineswegs aber zur ruhigen Bewegung von Maschinen" (Physikal. Wörterbuch (1830) Bd.5.2 S.1006)

Die Skepsis ist verständlich, denn zu jener Zeit dominieren die Erfahrungen aus den auftretenden Dampfkesselexplosionen die Technikdiskussion und damit auch den technischen Begriff der EXPLOSION.[105] Eine Charakterisierung der neuen Motoren als "Maschinen bewegt von Gasexplosionen" (vgl. Hell (1878) S.11) wäre demnach in der Frühphase der Entwicklung möglicherweise sehr abschreckend gewesen.

Aber auch nach 1860 besteht Skepsis gegenüber der neuen Gasmotorentechnik und den negativen Assoziationsketten (Nichtkontrollierbarkeit, eruptiver Ausbruch, Gefahr) weiter. Die eher konservativ an der bewährten und eingeführten Maschinentechnik orientierte VDI-Zeitschrift schreibt noch 1871:

---

[105] Vgl. z.B. die Berichte über Explosionsunglücke in den drei Jahrgängen 9(1865) bis 11(1867) der VDI Zeitschrift. Vgl. zur lexikalischen Grundbedeutung: Schweizer (1847) S.194, Brockhaus/2.Aufl./Plagiat (1818) Bd.2 S.608.

> "ist doch der wesentlichste Nachtheil dieser Motorengruppe in der **explosiven Wirksamkeit** der sich entzündenden Gase zu suchen. Unmöglich kann es zu Gunsten eines Motors sprechen, wenn bei ihm die Wirksamkeit des Vermittlers in einem **förmlichen Schießen** besteht" (VDI–Zeitschrift 15(1871) Sp.497, Hervorhebung K.J.)

Neben der *Explosion* werden noch *Verpuffung* und *Verbrennung* für die neue Maschinengruppe namengebend (siehe 10.5). Die falschen Vorstellungen bleiben aufgrund der Namengebung noch bis ins 20. Jahrhundert bestehen:

> "Es ist jedoch falsch, zu sagen, daß im Motor–Cylinder eine wirkliche Explosion stattfindet [...] Man spricht daher richtiger von Verpuffungs–Motoren als von Explosions–Motoren." (Fürst (1924) Bd.2 S.79)

Das Denkmodell EXPLOSION, das um die Mitte des 19. Jahrhunderts übertragen wurde, war das einzige Mittel, um das Innere eines Verbrennungsmotors verständlich zu machen. Noch heute ist mit Alltagswissen nur beschränkt nachvollziehbar, wie aus dieser "wahren Hölle von Hitze und Druck" (Fürst 1924) Bd.2 S.82) Rotationsbewegungen erzeugt werden.

Auch die Innovation des Gasmotors führt sofort zu übersteigerten und falschen Vorstellungen von Wirkungsgrad, Leistungsabgabe und Einsatzmöglichkeit der neuen Maschine:

> "Wir wissen zudem, besonders aus dem Beispiel der Entwicklung des Lenoir–Motors im Jahre 1860 in Paris, daß die Berichterstattung technisch nicht einwandfrei war und sachlich weit übertrieben. Dem Lenoir–Motor ging ein weit größerer Ruf voraus als berechtigt war." (Mauel (1974) S.37)

Sowohl in der generellen Beschreibung der neuen Gasmotorentechnik als auch in der Erläuterung der technischen Details dominiert bis zur Jahrhundertwende in allen Texten das übermächtige Modell DAMPFMASCHINE. Dazu kommen die Modelle KOLBENMASCHINE, die beim Leser wiederum durch die Dampfmaschine, aber auch schon durch die vorindustrielle Kolbenpumpentechnik (siehe 8.7 und 9.5) bekannt sind. Dadurch sind in der zweiten Jahrhunderthälfte Grundprinzipien und maschinentechnische Detailausführungen (z.B. Kolbenantrieb durch Expansionskräfte, Kurbelwelle, Schwungrad, Ventilsteuerung) jetzt beim Fachmann als gesichertes strukturales Technikwissen und beim Laien mit entsprechenden Einschränkungen als oberflächliches funktionales Regelwissen voraussetzbar. Die ersten Berichte über die neuen Gasmotoren fallen dementsprechend sprachlich ganz anders aus als die ersten Beschreibungen über das Innere einer Dampfmaschine (siehe 8.9.2).

Oft werden bahnbrechende Neuerungen zum Zeitpunkt ihrer ersten Realisierung kaum beachtet und erst im technikgeschichtlichen Rückblick zur entscheidenden Basisinnovation erhoben. Im Falle des ersten Gasmotors von Lenoir stimmen Geschichtsschreibung und die Fachwelt der frühen 60er Jahre überein. Unzählige Berichte in den Fachzeitschriften zeugen von der sofort wahrgenommenen Bedeutung des neuen Motors.[106] Der allererste Bericht in der VDI-Zeitschrift vollzieht exemplarisch die Analogie, die bis um 1900 die lehrhaften Gasmotorenbeschreibungen beherrscht: Die Maschine funktioniert 'im Prinzip' wie eine Dampfmaschine, nur

> "statt des Dampfes wird aber abwechselnd auf die eine und die andere Seite des Kolbens durch 2 gesonderte Oeffnungen atmosphärische Luft und Leuchtgas aus der Straßenleitung zugeleitet" (VDI-Zeitschrift 4(1860) S.177)

In der genaueren Analyse solcher Texte zeigt sich, wie das neue Modell GAS-MASCHINE in drei Schritten aufgebaut wird:

(1) Grundlegende und einführende Analogie zu einer bekannten Ausführungsform der Dampfmaschine.

(2) Betonung des besonderen und von der Dampfmaschine abweichenden 'Bewegungsstoffes': Gas.

(3) Beschreibung der technischen Details (Kolbenbewegung, Ventilsteuerung etc.), die wiederum durch Vergleiche mit der Dampfmaschinentechnik gestützt werden können.

Nach diesem Prinzip verfahren die meisten Beschreibungen in den Fach- und Vermittlungstexten. Dazu zwei Beispiele:

> **Techniker-Fachtext:** "[1:] Die Lenoir'sche Gasmaschine [...] ist im Wesentlichen so eingerichtet, wie eine nicht condensirende, aber expandirende Dampfmaschine mit einem Cylinder. [2:] Der motorische Stoff ist ein Gemenge von Leuchtgas und atmosphärischer Luft. [3:] Während der Kolben eine gewissen Weg h seines ganzen Schubes l zurücklegt, wird das Gasgemenge in den Cylinder eingesaugt [...]" (Redtenbacher (1862-65) Bd.2 S.613)
> **Anwender-Fachtext:** "[1:] Die Maschine ist einer horizontalen Dampfmaschine ähnlich angeordnet. [2:] Der Kolben saugt Leuchtgas und Luft bei der Bewegung hinter sich in den Cylinder; [3:] das hierdurch entstehende explosive Gemenge wird durch den elektrischen Funken entzündet und durch die Explosion der Kolben vorwärts geschleudert. Beim Rückgang des Kolbens wiederholt sich dasselbe Spiel auf dessen anderer Seite, so dass ein immerwährendes Hin- und Herschleudern des Kolbens stattfindet. An den Kolben ist die Kolbenstange befestigt, von welcher durch einen gewöhnlichen Kurbelmechanismus die Uebertragung der geleisteten Arbeit auf eine rotirende Welle erfolgt." (Hell (1878) S.27, Numerierung K.J.)

[106] Vgl. die Berichte in der VDI-Zeitschrift 4(1860), 5(1861), 6(1862), 8(1864) und 10(1866); vgl. die Berichte in Dinglers Journal: 156(1860), 157(1860), 158(1860), 159(1861) und 160(1861).

Bis zur Jahrhundertwende sind Texte zu finden, in denen für die Detailbeschreibungen des Gasmotors immer noch die technikgeschichtliche Vorgängerin bemüht wird (vgl. z.B. Bernoulli (1897) S.444, Schreber (1903) S.251).

Durch die schnelle Abfolge von unterschiedlichen Konstruktionsprinzipien in den Bauformen der Verbrennungsmotoren erwächst wohl das Bedürfnis, einzelne Spezialtypen mit dem Namen des Erfinders zu belegen, um die Varianten genau und eindeutig unterscheiden zu können. Damit einher gehen wohl sprachökonomische Gründe. Es ist am einfachsten die neue Verbrennungsmaschine von Rudolf Diesel *Diesel-Motor* zu nennen und nicht etwa 'hochverdichtender, selbstzündender, direktwirkender Verbrennungsmotor'. Die beiden Grundverfahren in der Verbrennungsmotorentechnik werden noch heute in den Benennungen *Diesel-Motor* und *Otto-Motor* ausgedrückt. Der Otto-Motor basiert auf dem neukonstruierten Motor von Nikolaus Otto aus dem Jahre 1876. Zu dessen herausragenden Merkmalen gehört eine im Vergleich zu den Vorgängern geringe Lärmentwicklung, was ihm die Bezeichnungen "Otto's geräuschlose Maschine", "geräuschloser Otto-Motor" oder der "Stille Otto" einbringt.[107]

Die entscheidende technische Innovation der Maschine von 1876 ist jedoch das Viertaktverfahren. Die technische Neuerung wird in den Texten durch die Namensnennung und durch den Zusatz 'neu' ausgedrückt, womit der Unterschied zu den vorhergehenden Konstruktionen, z.B. der atmosphärischen Gasmaschine von Otto und Langen aus dem Jahre 1867, deutlich wird:[108]

> Ottos Motor, Ottos Gasmotor, Ottos neuer Motor, Ottos Maschine, Ottosche Maschine, Ottoscher Motor, der neue Otto, Ottos Neuer Gasmotor.

Aus den Benennungsvarianten schälen sich die Fachwörter *Otto-Motor* und *Otto-Prozeß* heraus, mit denen noch heute jeder Verbrennungsmotor belegt wird, der das Viertaktprinzip und die Fremdzündung aufweist (vgl. Schreber (1903) S.272).

---

[107]Vgl. Dinglers Journal 228(1878) S.201, Musil (1897) S.V, Schreber (1903) S.250, Strandh (1981) S.145.

[108]Vgl. hierzu z.B. Musil (1878) S.111ff., Musil (1879) S.1, Hosemann (1881) S.15, Jansen (1881) S.4ff., Technol. Lexikon (1883) S.215/470, Ingenieurs Taschenbuch (1887) S.532, Knoke (1887) S.172, Brockhaus/14.Aufl. (1894) Bd.7 S.578, Musil (1897) S.110, Bernoulli (1897) S.447, Vater (1900) S.57, Weyrauch (1905) Bd.1 S.286ff., Dinglers Journal 230(1878) S.292, 247(1883) S.97ff.

10.5. Arbeitsmaschine und Kraftmaschine, Wärmekraftmaschine und Verbrennungsmotor

Begriffsbildung und endgültige Lexikalisierung der neuen Fachwörter *Arbeitsmaschine* und *Kraftmaschine* sind bereits um 1850 abgeschlossen (siehe 9.7). In der dichotomischen Klassifizierung ist die maschinentechnische Entwicklung der Jahre 1770 bis 1850 begrifflich zusammengefaßt. Dabei stehen sprachprägend am Anfang die Techniker–Fachtexte, d.h. im besonderen die Ingenieur–Lehrwerke von Redtenbacher und Weisbach.

Die Wortbildung *Kraftmaschine* ist theoretisch motiviert: *Kraft* steht um 1850 noch für MECHANISCHE ENERGIE, d.h. eine Kraftmaschine ist eine Maschine, die technisch verwertbare MECHANISCHE ENERGIE zur Verfügung stellt, und demnach heute eigentlich *Energiemaschine* heißen müßte.

Die Benennung der *Arbeitsmaschine* erfolgt aus technikgeschichtlicher Analogie, sie ersetzt die zweckhafte Arbeitsverrichtung des Menschen und seiner Werkzeuge:

> Eine Maschine, "welche zum Ersatz der früher ausschließlich von der Hand des Arbeiters bewegten und geführten Werkzeuge dienen" (Amtl. Bericht (1852) Bd.1 S.585) — "sind diejenigen mechanischen Hülfsmittel, wodurch der Zweck der Maschinen überhaupt zunächst erlangt, nämlich mechanische Arbeit verrichtet wird." (Weisbach (1860) Bd.3.2 S.425)

Erst später rücken beide Klassen unter dem Einfluß der neuen Energietheorie als ENERGIEUMWANDLUNGSMASCHINEN wieder näher zusammen (siehe 10.3). Für die technische Praxis bleibt jedoch die Zweiteilung weiterhin elementar: Die Klassenbegriffe und Klassenbezeichnungen bestehen ja auch bis in die Gegenwart. Für den Zeitraum der zweiten Jahrhunderthälfte ist nur noch beobachtenswert, wie nach der lexikalischen Innovation um 1850 nun ein jahrzehntelanger Diffusionsprozeß stattfindet. Er vollzieht sich bezogen auf die verschiedenen Textgruppen der Techniker–Fachtexte, Anwender–Fachtexte und Vermittlungstexte mit erheblichen Phasenunterschieden und unterschiedlicher Schnelligkeit (vgl. Jakob (1989)). Zusammenfassung der Benennungen in den Fach– und Vermittlungstexten von 1848 bis 1897:

	KRAFTMASCHINE	ARBEITSMASCHINE
Weisbach (1848):	Umtriebmaschine	Arbeitsmaschine
Redtenbacher (1848):	Kraftmaschine	Arbeitsmaschine
Weisbach (1850-60):	Umtriebmaschine Kraftmaschine	Arbeitsmaschine
Redtenbacher (1852):	Kraftmaschine	Arbeitsmaschine
Amtl.Bericht (1852):	Betriebsmaschine	Fabrikmaschine

Amtl.Bericht (1855):	Bewegungsmaschine lebendige Maschine	Gewerbmaschine tote Maschine Arbeitsmaschine
Ingen. Tb. (1857):	Kraftmaschine	Arbeitsmaschine
Rühlmann (1862):	Vordermaschine Bewegungsmaschine Betriebsmaschine Umtriebsmaschine Kraftaufnehmende M.	Hintermaschine
Amtl.Ber. (1863-65):	Allgemeine Masch.	Arbeitsmaschine
Brockhaus (1864-68):	Motor	Arbeitsmaschine
Meyer (1872):	Vordermaschine	Hintermaschine
Amtl.Bericht (1875):	Kraftmaschine Betriebsmaschine	Arbeitsmaschine
Illustr.Konv.(1877):	Motorische Masch.	Arbeitsmaschine
Technol.Lex. (1883):	Kraftmaschine	Arbeitsmaschine
Ingen. Tb. (1887):	Kraftmaschine	Arbeitsmaschine
Grashof (1890):	Kraftmaschine	Arbeitsmaschine
Amtl.Ber. (1894):	treibende Maschine	getriebene M. Arbeitsmaschine
Lueger (1894-99):	Kraftmaschine	Arbeitsmaschine
Brockhaus (1894-97):	Kraftmaschine	Arbeitsmaschine
Meyer (1896):	Kraftmaschine	Arbeitsmaschine
Musil (1897):	Kraftmaschine	—
Bernoulli (1897):	Kraftmaschine	Arbeitsmaschine

Für die ingenieurwissenschaftliche Literatur kann man das Ende der Diffusion etwa um 1870 ansetzen. Die 1848 erstmals belegten Neubildungen sind ca. 20 Jahre später in den Techniker-Fachtexten allgemein verbreitet und stabile Verkehrsnorm geworden. Besondere Beschleunigung erfährt die Stabilisierung durch die Amtlichen Ausstellungsberichte, da in ihnen eine offizielle und terminologisierte Klassifikation der Ausstellungsgegenstände besonders wichtig wird (vgl. Amtl. Bericht (1852) S.137ff). Die Anwender-Fachtexte und die Vermittlungstexte hinken etwas hinterher. Sie sind etwa zum Ende des Jahrhunderts einheitlich sprachlich modernisiert.

In den Zeitschriften ist der Prozeß der Terminologisierung noch genauer durch die Jahre zu verfolgen. In einer ersten Phase ist die Neubildung prinzipiell bekannt, wird aber nur sporadisch und unsystematisch als Fachwort eingesetzt. In einer zweiten Phase wird das Wort dann endgültig als Klassenbegriff eingesetzt, was aus der Formulierung von Überschriften, Kapitelgliederungen, Registereinträgen u.a. geschlossen werden kann. Der Übergang von der ersten zur zweiten Phase ist in der anspruchsvollen Techniker-Zeitschrift des VDI **um 1864**, in der Praktiker-Zeitschrift erst **um 1898** deutlich auszumachen.[109] Die Zeitschriftenanalyse bestätigt demnach zwischen den Techniker- und den Anwender-Fachtexten eine ähnliche Phasen-

[109]Vgl. die Untergliederungen der Miszellen und Literaturberichte in der VDI-Zeitschrift

verschiebung von mehreren Jahrzehnten wie sie die obige Tabelle für die Handbücher ausweist (z.B. das Ingenieurs Taschenbuch vs. Bernoullis Handbuch). Ab 1900 ist das Fachwortpaar endgültig in allen Quellen und Quellentypen durchgesetzt.[110]

Weiterhin gilt in allen Textarten *Motor* als Synonym für *Kraftmaschine*.[111] Auch sind Mensch und Tier bis ans Ende des 19. Jahrhunderts bei den *lebenden Motoren* eingeordnet:[112]

> "Bei lebenden Motoren hat auch die Arbeitszeit wesentlichen Einfluß." — "Als Betriebskräfte sind belebte und mechanische Motoren in Benützung." — "Arbeit menschlicher Motoren" — "Die animalischen Motoren arbeiten entweder an Hebeln oder an Radwellen" — "wo das Pferd meistentheils als alleiniger Motor verwendet wird"

Wie schon in Bernoullis Taschenbuch von 1846 (siehe 9.7) werden weiterhin in einer in allen einschlägigen Texten abgedruckten Leistungstabelle die Fähigkeiten von Pferd, Esel, Ochse und Arbeiter an verschiedenen Muskelkraftmaschinen verglichen.[113] Daran ist zu erkennen, daß *Motor* für den Begriff des ALLGEMEINEN BEWEGERS steht: "Die Luft dient in der Industrie als Motor" (With (1859) S.204, vgl. auch Brockhaus/14.Aufl. (1894) Bd.12 S.31).

Außerdem wird in den Ausführungen stets mit aufklärerischer Intention betont, daß der Mensch als **lebender** Motor ein menschenunwürdiges Dasein geführt habe oder noch führt, das erst durch den technischen Fortschritt, also durch die **maschinellen** Motoren, überwunden worden sei. Entsprechend kritisch wird die Frühgeschichte der Mühlentechnik u.a. dargestellt:

> "Die ältesten Kraftmaschinen sind die Menschen selbst. Der Mann, als der Stärkere, verlangte von seiner Frau die Verrichtung der Arbeit, welche ihm selbst nicht behagte, seine Frau dadurch zur Kraftmaschine erniedrigend." (Schreber (1903) S.29)

8(1864) S.566/570, vgl. die Überschriften und Indices in Dinglers Journal 307(1898) S.1/196 u. Index, 308(1898) S.161ff.

[110]Vgl. z.B. Schreber (1903), Handbuch/Masch.techn (1904) u. (1914), Ingenieurs Taschenbuch (1905), Kraftübertragung (1907), Handwörterbuch Naturwiss. (1912).

[111]Vgl. Redtenbacher (1852) S.267, Bernoulli (1865) S.71, Illustr. Konvers.lexikon (1877) Bd.6 Sp.636, Brockhaus/ 14.Aufl. (1894) Bd.10 S.670, Bernoulli (1897) S.85, Kraftübertragung (1907) S.3, Handwörterbuch Naturwiss. (1912) Bd.6 S.724.

[112]Vgl. hierzu Weisbach (1851) Bd.2 S.157, Bernoulli (1865) S.72, Dinglers Journal 244(1882) S.16f., Lueger (1894-99) Bd.7 S.545, Weyrauch (1905) Bd.1 S.112, Ingenieurs Taschenbuch (1905) Bd.1 S.805.

[113]Vgl. die Techniker-Fachtexte Redtenbacher (1862-65) Bd.1 S.434, Ingenieurs Taschenbuch (1887) S.475f., Ingenieurs Taschenbuch (1905) Bd.1 S.805; vgl. die Anwender-Fachtexte: With (1859) S.122f., Bernoulli (1865) S.74f., Bernoulli (1897) S.85, Handbuch/Masch.techn (1904) S.108.

Die heutige Bezeichnung *Motor* beschränkt sich in der Technik auf die beiden Kraftmaschinen, die einerseits in der alltäglich bekannten oder verwendeten Technik dominieren, die andererseits die wichtigsten Antriebsmaschinen im 20. Jahrhundert geworden sind: den *Verbrennungsmotor* und den *Elektromotor*. Die Bedeutungsverengung des technischen Fachwortes muß zu Beginn des 20. Jahrhunderts eingesetzt haben, denn der Brockhaus der 30er Jahre definiert bereits differenzierend:

> "Früher wurde der Begriff auf alle Kraftmaschinen (auch Dampfmaschinen oder Windräder) ausgedehnt. Heute versteht man unter M., wenn der Begriff ohne nähere Bezeichnung angewendet wird, in der Hauptsache nur noch Verbrennungsmotoren." (Brockhaus/15.Aufl. (1932) Bd.12 S.781)

Die Herausbildung von Subklassifizierungen in den Jahren 1860 bis 1900 soll am Beispiel der **Wärmekraftmaschinen** und der **Verbrennungsmotoren** dargestellt werden. In der gegenwärtigen Terminologie zur Klassifikation der Kraftmaschinen unterscheidet man folgende Gruppen:[114]
(1) Wasserkraftmaschine
(2) Elektromotor
(3) Wärmekraftmaschine
(3.1) Dampfkraftmaschine
(3.2) Verbrennungskraftmaschine bzw. Verbrennungsmotor

In der Zeit zwischen 1860 und 1900 bilden sich die dahinter stehenden Maschinenklassen im Gefolge der maschinentechnischen Innovationen allmählich heraus. Die Subklassifizierungen und die Benennungen, die in jener Zeit entstehen, werden innerhalb weniger Jahrzehnte laufend erweitert und modifiziert, weil die neu hinzukommenden Kraftmaschinen begrifflich und sprachlich eingepaßt werden müssen. Dabei ist interessant zu beobachten, wie in dieser Situation der schnell voranschreitenden technischen Entwicklung die sprachlichen Wandlungen mit Inkonsequenzen, 'falschen' Bildungen und Gelegenheitsbenennungen behaftet sind. Erst um 1900, also am Ende der stürmischen Kraftmaschinenentwicklung, ist dann auch in der Benennung eine relativ stabile Klassifizierung und Terminologie erreicht, die noch heute Bestand hat.

Dabei wird deutlich, daß in den Quellen um 1900 die Zusammenfassung so unterschiedlicher Maschinen wie Dieselmotor und Dampfturbine (die doch für den Praktiker, Anwender und Betrachter sehr große Unterschiede aufweisen) unter der Klasse der Wärmekraftmaschinen nur **theoriegeleitet** begründet

[114]Vgl. hierzu die maßgebliche Terminologie in Lueger (1960) Bd.1 S.304ff.; vgl. auch Meyer (1971-1979) Bd.14 S.282, Bd.15 S.704, Bd.16 S.542 und Bd.24 S.433f. Selbst die offizielle Terminologie ist in den Bildungen mit *-kraftmaschine* vs. *-motor* inkonsequent. Wie im alltäglichen Sprachgebrauch werden nur die beiden 'wichtigsten' Hauptvertreter der alltäglichen Kraftmaschinentechnik als *Motoren* bezeichnet. Die Terminologie entspricht hierin auch durchaus dem üblichen Sprachgebrauch in maßgeblichen Fachtexten; vgl. z.B. Böge (1985) S.1028ff., Leyhausen (1980) S.701ff.

werden kann. Die Begriffsbildung wird aus dem neuen Paradigma der Thermodynamik hergeleitet, so z.B. im Physik-Lehrbuch:[115]

> "Als Wärmemotoren oder thermodynamische Maschinen bezeichnet man diejenigen Maschinen, welche zur Umwandlung von Wärme in mechanische Arbeit dienen." (Weyrauch (1905) Bd.1 S.86)

Innerhalb der *Wärmekraftmaschinen* werden unter der Untergruppe der *Verbrennungskraftmaschinen* diejenigen Maschinen zusammengefaßt, bei denen die Verbrennung im Arbeitszylinder stattfindet und dort direkt zur Kolbenbewegung eingesetzt wird (siehe 10.4). Diese Begriffsbildung ist also eher **technikgeleitet**, da sie auf das Bauprinzip der Maschine und die konkrete Realisierung des Energieumwandlungsprozesses Bezug nimmt. Auch diese Klassenbildung ist zu Jahrhundertbeginn abgeschlossen und in den maßgeblichen Fachtexten lexikalisiert:

> "Die Wirkungsweise der Verbrennungsmotoren beruht darauf, daß ein Gemisch von Luft und Gas oder von Luft und verdampften flüssigen Brennstoff in einem [...] abgeschlossenen Cylinder zur Entzündung gebracht wird. Bei der Verbrennung entwickeln sich hochgespannte Gase, durch deren Druck der Kolben vorwärts geschoben wird." (Handbuch/Masch.techn (1904) S.536, vgl. auch Ingenieurs Taschenbuch (1905))

Der zuvor stattfindende Wandlungsprozeß zwischen 1860 und 1900 ist generell als Entwicklung von der Einzelbezeichnung zur Klassenbezeichnung zu charakterisieren. Vor 1860 existieren als WÄRMEKRAFTMASCHINEN lediglich die Dampfmaschine und der Heißluftmotor, die beide auch entsprechend nach dem Arbeitsmedium benannt werden. Die Benennungen nach dem 'Stoff' setzen die vorindustriellen Wortbildungen fort: **Wasser**rad, **Wind**mühle, **Dampf**maschine, **Heißluft**motor.

Erst nach 1860, mit dem Lenoirschen Gasmotor und der Typenvielfalt seiner direkten Nachfolger, werden Klassenbildungen sichtbar, die in ihrer Benennung statt des 'Stoffes' das gemeinsame 'Prinzip' erkennen lassen. Der allererste Ansatz einer solchen Klassifizierung ist im Rahmen der hier ausgewerteten Quellen auf das Jahr 1868 zu datieren. Franz Grashof faßt in einem Zeitschriftenbeitrag die zukünftige Klasse der WÄRMEKRAFTMASCHINEN erstmals als "Calorische Maschinen" zusammen, die dann weiter unterteilt werden (vgl. VDI-Zeitschrift (12(1868) Sp.655):
(1) "Dampfmaschinen"
(2) "Luftmaschinen"
(2.1) "Luftmaschine im engeren Sinne" (=HEISSLUFTMOTOR)
(2.2) "Gasmaschine" (=VERBRENNUNGSMOTOR)

---

[115] Vgl. die ähnlichen Definitionen in Handwörterbuch Naturwiss. (1915) Bd.10 S.477, Schreber (1903) S.307.

In den 80er Jahren werden dann in allen maßgeblichen Texten allmählich die Wörter *Wärmekraftmaschine* oder *Wärmemotor* zu Standardbenennungen für die Gesamtklasse. Am Ende des Jahrhunderts ist die theoretische Begründung durch das gemeinsame Prinzip der Wärmeumwandlung ebenso eindeutig und einheitlich wie die begriffliche und lexikalische Fixierung.[116] Mit der Verwendung der Bezeichnung *calorische Maschine*, die ja auch als Benennung für die HEISSLUFTMOTOREN üblich ist (siehe 10.4), als gleichzeitiges Hypernym für die WÄRMEKRAFTMASCHINEN ist 1868 ein Prinzip vorgegeben, das die sprachlichen Anpassungen der folgenden Jahrzehnte beherrschen wird: Die ehemalige Einzelbenennung wird **zunächst auch** zur Bezeichnung der gesamten Klasse.

Die genaue Analyse der Quellen wird dadurch erheblich erschwert, wie die Interpretation der verschiedenen Typen der Gas– und Petroleummotoren zeigt. Bei jener Maschinengruppe kommen in den letzten Jahrzehnten des Jahrhunderts laufend neue Varianten und Spezialtypen hinzu. Dementsprechend werden fortwährend die Klassenbezeichnungen angepaßt. Dies geschieht meistens nach dem genannten Prinzip: Die Bezeichnung für den ehemaligen Prototypen ist, weil weitere Varianten hinzukommen, nur noch eine Spezialbezeichnung unter andern, wird aber gleichzeitig als Klassenbezeichnung zum Hypernym.

(1) **Der Gasmotor:** Die Konstruktionen von Lenoir (1860) und Otto (1867) sind 'richtige' Gasmaschinen. Erst seit den 70er Jahren werden auch Maschinen für flüssige Brennstoffe (zunächst vorwiegend für Petroleum) gebaut. Daraus folgt die zunächst irritierende Unterscheidung zwischen der ehemaligen "wirklichen Gasmaschine" und der neuen Klasse, der "Gasmaschine im allgemeinen" (vgl. Schwartze (1892) S.390ff). Dieser doppelte Maschinenbegriff in einer Benennung wird im Brockhaus für den Laien explizit ausgeführt:

> "**Gasmotor im weitern Sinne** jeder Motor, bei welchem die Explosion (s.d.) von Knallgas (s.d.) die treibende Kraft liefert. Der brennbare Bestandteil des explosiven Gemisches ist entweder ein Gas [...] oder ein erst für den vorliegenden Zweck aus einer brennbaren Flüssigkeit (Petroleum, Benzin) erzeugter Dampf. Im erstern Fall heißt die Maschine **Gasmotor** (s.d.) **im engern Sinne**, im zweiten Falle je nach der Flüssigkeit Petroleummotor, Benzinmotor usw." (Brockhaus/14.Aufl. (1894) Bd.7 S.577, Hervorhebung K.J.)

(2) Der Petroleummotor wird somit zur speziellen Unterklasse der Gasmotoren und gleichzeitig zum Oberbegriff aller mit Flüssigkeit betriebenen Gasmotoren:

> "**Petroleummotor**, eine Gaskraftmaschine (s.d.), bei der das Explosionsgemenge aus Petroleum– oder Benzindämpfen und atmosphärischer Luft besteht." (Brockhaus/14.Aufl. (1895) Bd.13 S.20)

[116]Vgl. beispielsweise VDI–Zeitschrift 31(1887) S.834, Grashof (1890) S.400ff., Schwartze (1892) S.390ff., Lueger (1894-99) Bd.7 S.649, Musil (1897) S.61.

Nachdem in den 70er Jahren der Petroleummotor der Normalfall für den mit flüssigen Brennstoffen betriebenen Motor war, findet in den 80er Jahren ein verstärkter Übergang zum Benzinmotor statt. Damit entsteht in den 80er und 90er Jahren die besondere sprachliche Situation, daß nicht jeder *Gasmotor* wirklich mit Gas betrieben wird, daß der *Petroleummotor* ein besonderer *Gasmotor* ist, weil er mit Petroleum betrieben wird, daß aber ein *Petroleummotor* statt des Petroleums auch Benzin aufnehmen kann.

Auch zum *Petroleummotor* finden sich in den Quellen sprachliche Reflexionen:

> "Wir haben hier die Bezeichnung 'Petroleumkraftmaschinen', welche die herkömmliche ist, beibehalten, weil als Brennflüssigkeit, wenn auch nicht Petroleum selbst, so doch Destillationsprodukte desselben Verwendung finden." (Knoke (1887) S.294)

Zunehmend wird dann auch vorgeschlagen, die unglückliche bzw. überholte Benennung durch "Benzinmotor" oder "Benzingasmotor" zu ersetzen (vgl. z.B. VDI-Zeitschrift 31(1887) S.87, Musil (1897) S.186).

Aus solchen Reflexionen und Vorschlägen erwächst die neue Bezeichnung für die VERBRENNUNGSMOTOREN, die auf das gemeinsame Prinzip der Verbrennung, nicht mehr auf die Form des Brennstoffs abzielt. Um 1890 ist die Benennung bereits in institutionellen Texten belegt: Diesels Patent vom 23.2.1893 trägt den Titel "Arbeitsverfahren und Ausführungsart für Verbrennungskraftmaschinen" (vgl. Diesel (1913/1984) S.IX). In den maßgeblichen Texten der Anwender-Literatur ist um 1900 die Benennung endgültig durchgesetzt: In der 21. Auflage des Technikerhandbuchs ist der VERBRENNUNGSMOTOR noch als *Gasmotor* benannt (vgl. Bernoulli (1897) Gliederung), in der 23. Auflage sind die neuen Klassenbezeichnungen *Verbrennungsmotor* und *Wärmekraftmaschine* eingeführt (vgl. Handbuch/Masch.techn (1904) S.439ff., S.536ff).

Im parallelen Benennungsvorschlag *Explosionsmotor* (vgl. z.B. Dinglers Journal 304(1897) S.288) wird die schon in der Frühzeit des Gasmotors herrschende Vorstellung von der EXPLOSION wieder aufgenommen (siehe 10.4). Die Benennung setzt sich nicht durch, bleibt aber noch lange parallel bestehen (vgl. z.B. Grimsehl (1909) S.318ff). Für einige Jahrzehnte sind *Verbrennungs- und Explosionsmotor* nicht nur synonyme Bezeichnungen für den VERBRENNUNGSMOTOR, sie können gleichzeitig für zwei untergeordnete Antonyme stehen.

Beispielsweise differenziert der Verfasser eines Anwender-Fachtextes (vgl. Knoke (1887) S.162) die von im als "Gas- und Petroleummaschinen" eingeführte Maschinenklasse in die Gruppen "Explosionsmaschine" vs. "Verbrennungsmaschine" nach dem Kriterium, ob ein "explosionsartiger" oder ein allmählicher Verbrennungsprozeß stattfindet (vgl. hierzu auch Vater (1900) S.V-VI, S.4, S.134f). Eine solche Unterscheidung ist zu Jahrhundertbeginn bereits wieder aufgegeben:

"Die Bezeichnung 'Verbrennungsmotoren' gilt allgemein für Gas- - und Oelkraftmaschinen, ohne Unterscheidung ob in ihnen die Verbrennung plötzlich [...] oder allmählich [...] verläuft." (Ingenieurs Taschenbuch (1905) Bd.1 S.1074, vgl. auch Weyrauch (1905) Bd.1 S.251)

In den Jahren 1880 bis 1900 trägt diese Unterscheidung im ohnehin schon unübersichtlichen Gewirr von *allgemeinen* und *wirklichen* Gas- und Petroleummotoren zur endgültigen Konfusion der Begriffe und Benennungen im Bereich der Verbrennungsmotorentechnik bei. Im folgenden eine Zusammenfassung:

	BEGRIFF	Bezeichnungen
	WÄRME-KM	*calorische Maschine, Wärmemotor, Wärmekraftmaschine*
(1)	DAMPF-KM	*Dampfmaschine*
(2)	VERBRENNUNGS-KM	*Gas- und Petroleummotoren, (allgemeine) Gasmotoren, Verbrennungsmotoren, Explosionsmotoren*
(2.1)	MIT GAS	*(wirklicher) Gasmotor*
(2.2)	MIT FLÜSSIGKEIT	*(allgemeiner) Petroleummotor*
(2.2.1)	MIT PETROLEUM	*(wirklicher) Petroleummotor*
(2.2.2)	MIT BENZIN	*Benzinmotor, Benzingasmotor*
(3)	HEISSLUFTMASCHINE	(siehe 10.4)

Eine Bilanz: Die sprachliche Situation ist ein Reflex der 'revolutionären' Entwicklung jener Jahrzehnte. In den 'falschen' Behelfsbildungen zeigt sich oft eine einfache Übernahme der gerade bekannten und aktuellen Motorenversion. D.h. ebenso wie z.B. der nachfolgende Benzinmotor auf der Grundlage seines technischen Vorgängers, des Petroleummotors, entwickelt und konzipiert wird, so werden auch Begriff und Bezeichnung auf den Nachfolger übertragen. Im Laufe der technischen Weiterentwicklung gehen Technik und Sprache auseinander: Die neue Sondervariante kann zum Normalfall werden, der ehemals vorherrschende Prototyp kann zur unbedeutenden Variante werden.

10.6 Konstanz der vorindustriellen Technikmodelle

Betrachtet man die Vielfalt der sich in der zweiten Jahrhunderthälfte im Betrieb befindlichen Techniken, so kommt man besonders für die im Rahmen dieser Arbeit behandelten Bereiche Kraftmaschinentechnik und Fahrzeugtechnik zur Überzeugung, daß hier eine besondere Zeitspanne der Technikgeschichte vorliegt. Die Quellenarbeit der vorliegenden Studie konzentriert sich vorrangig auf Themen, die die neuen Techniken betreffen. Darüber gerät leicht in Vergessenheit, daß in denselben Quellen über Verbesserungen an Ochsen- und Pferdegöpeln berichtet werden kann (vgl. z.B. Dinglers Journal 257(1885) S.335, 260(1886) S.446). Noch im Jahre 1903 wird in einer Vorlesung über Kraftmaschinen auch ein Göpel mit einem "Ochsengespann" vorgestellt (vgl. Schreber (1903) S.299).

In den hier zu besprechenden 50 bis 60 Jahren reicht die Spannweite der Kraftmaschine vom Göpel über den Verbrennungs- oder den Elektromotor bis zur riesigen Dampfturbine: Mehrere Jahrhunderte der Kraftmaschinenentwicklung sind hier 'technikgeschichtlich gleichzeitig' (siehe die Beispiele in 4.3). Neben dem schon selbstverständlich maschinenunterstützten Schienenverkehr steht der Straßenverkehr, dem bis 1900 noch fast ausschließlich die Tierkraft zur Verfügung steht. Zur verkehrstechnischen 'Gleichzeitigkeit' berichtet Konrad Matschoß im Jahre 1919 (!) Unglaubliches:

> "Hat es doch vor gar nicht so langer Zeit Lokomotivfabriken gegeben, die keinen Eisenbahnanschluß hatten und ihre Lokomotiven mit vielen Pferden bis zum nächsten Bahnhof transportieren lassen mußten." (Matschoß (1919) S.93)

Lebendige und maschinelle Motoren werden technisch, kognitiv und sprachlich wohl noch eher parallel und 'näher beieinander' behandelt. Einerseits geht die alte Muskelkraftmaschinentechnik kognitiv und sprachlich in die Nachfolgetechnik über. Andererseits kann in Ausnahmefällen auch die alte Technik durch Modelle der neuen Technik beeinflußt werden:
In Dinglers Journal (263(1887) S.266) wird für den Betrieb des Pferdegöpels eine drehzahlabhängige Peitschvorrichtung vorgestellt: Wird der Gang der Pferde zu langsam, so sinkt die Drehzahl der Welle, damit wird unterhalb eines bestimmten Schwellenwertes die automatische Peitschvorrichtung ausgelöst, die Tiere werden 'angespornt' und die Drehzahl steigt wieder.
Das moderne Modell der SELBSTÄNDIGEN DREHZAHLREGLUNG ist mit Erfolg auf die alte Muskelkraftmaschine übertragen. Allerdings erfährt man über das erfolgreiche Funktionieren und den generellen Nutzen dieser Einrichtung nichts.

Die hier nur in verschiedenen Facetten angedeutete Gleichzeitigkeit und stärkere Verwobenheit der alten und neuen Technik muß bedacht werden, wenn im folgenden die Konstanz der vorindustriellen Technikmodelle in der zweiten Hälfte des 19. Jahrhunderts behandelt wird. Viele der vorgeführten sprachlichen Phänomene sind auch in der Gegenwart vorhanden, weil sie

Teil der vier mentalen Modelle der Techniksprache sind, die als anthropologische Konstanten des Sprechens über Technik anzusehen sind (siehe 3.7ff). Während sie jedoch heute möglicherweise eher den Charakter von sprachlichen Relikten haben und auf Modelle hinweisen, die erst durch metasprachliche Reflexionen aufgedeckt werden können, müssen sie für die hier zu besprechende Zeit 'noch wörtlicher' genommen werden.

Es ist anzunehmen, daß auf den Zeitgenossen, der den Krafteinsatz von Mensch und Pferd noch als parallele, gleichwertige und gleichzeitige Antriebsart neben der Maschine erlebt, die sprachlichen Bilder von "einpferdigen Maschinen" anders wirken als auf den Leser mit historischer Distanz. Wenn beispielsweise über die Stärke eines Motors ausgesagt wird, sie liege ungefähr bei "einer Pferdekraft", was "etwa 12 Raddrehern" entspreche (vgl. Dinglers Journal 212(1874) S.202), zeigt sich in den Maßangaben eine noch bewußte Analogie von Mensch, Tier und Maschine.

(1) **Modell KÖRPER:**

Der Vergleich zwischen den inneren Organen der höheren Lebewesen und 'inneren' Bauteilen der Maschinen wird weiterhin bevorzugt für die alten und neuen Wärmekraftmaschinen eingesetzt.

> **Heißluftmotor**: "das wunderbare Wärmeein- und Ausathmungsvermögen des Regenerators" (Redtenbacher (1853b) S.V) — **Dampfmaschine**: "Wir wollen uns hier nicht in alle Geheimnisse des Dampfverteilungsapparates, d.h. der Schieber und Ventile vertiefen, die man als die Seele der Dampfmaschine bezeichnen kann, wenn ihr Cylinder das pochende Herz, der Kessel den Magen und die Röhren das Gefäßsystem darstellen." (Berdrow (1907) S.351) — **Verbrennungsmotor**: Der Vergaser ist die "Lunge des Motors", die Zündung ist das "Zentralnervensystem" und die Kühlvorrichtung kann als "Schweißabsonderungs-Apparat" aufgefaßt werden (vgl. Fürst (1924) Bd.2 S.93)

Mit den Zitaten ist nunmehr eine seit 200 Jahren währende Sprachtradition gegeben, denn organhafte Bilder dieser Qualität verwendet erstmals Belidor zu Beginn des 18. Jahrhunderts für die Feuermaschine (siehe 8.9.3). Die organhafte Beschreibung der Technik wird weiterhin durch das unter französischem Einfluß entstandene Fachwort *Organ* verstärkt, das allgemein für die Teile einer Maschine stehen kann (siehe 9.3):[117]

> "ein sehr wichtiges Organ jeder Gasmaschine" — "Die eigentlich übertragenden Organe der im Motor entwickelten Kräfte sind die Wellen" — "die hauptsächlichsten Schmierorgane" — "die betriebsfähigen Organe" — "Als Verbindungsmittel zwischen treibendem und getriebenem Organ dient ein elastisches Zugorgan"

[117]Vgl. Musil (1897) S.121, Kraftübertragung (1907) S.7 u. S.21f., Diesel (1913/1984) S.6.

Das Teilmodell NAHRUNGSZUFUHR ist durch das Wortfeld *Speisung* vertreten:

> "um die Maschine beim Anlassen mit Petroleum speisen zu können" (Musil (1878) S.48) — Speisen des Dampfkessels, Speiseapparat, Speisepumpe, Speisevorrichtung, Speiserohr, Speiseröhre (Weisbach (1851) Bd.2 S.571f.)

Beschreibungen, die das 'Fehlverhalten' von Maschinen betreffen, belegen mit ihren Bildern das Konzept TIERVERHALTEN:

> **Fehlverhalten**: "Eine Gasmaschine, der eine größere Arbeit zugemutet wird als sie bei regelmäßig eintretenden Zündungen zu leisten vermag, gleicht einem störrischen Pferde, das überanstrengt wird, das heißt sie bleibt stehen." (Vater (1900) S.129) — "Diese Umstände veranlassten die Fachmänner, die Erdölmaschinen 'nervös' zu nennen." (Dinglers Journal 294(1894) S.247) — **Durchgehen**: "musste die Maschine nothgedrungen durchgehen" — "daß der Motor eine enorme Tourenzahl angenommen hatte und buchstäblich durchging." (Dinglers Journal 278(1890) S.261, 280(1891) S.249, Mitteleurop. Motorwagenverein 3(1904) S.224)

In der Technikfachsprache der Gegenwart ist das DURCHGEHENDE TIER noch präsent: Der Dieselmotor braucht einen Regler zur Drehzahlbeschränkung, damit der Motor "nicht durchgehen, d.h. sich selbst zerstören kann" (Leyhausen (1980) S.970). Zum TIERVERHALTEN gehört indirekt auch der nach seinem Erfinder Prony benannte Bremsdynamometer, der sogenannte "Prony'sche Zaum", denn er wird "dem Motor angelegt".[118]

Die Leistungsangabe nach Pferdestärken wird in den Quellen des 19. Jahrhunderts in Formulierungen eingebracht, die das dahinterstehende Analogiekonzept SOVIEL WIE EIN PFERD deutlicher betonen als heute:[119]

> **Maschinen**: "eine zweipferdige Maschine" — "ein 4pferd. stehender Motor" — "eine 600pferdige Gaskraftmaschine" — **Fahrzeuge**: Die Kraft der Lokomotive "ist die von 743 Pferden, der Kessel besitzt jedoch soviel feuerberührte Fläche, daß er den erforderlichen Dampf für 1000 Pferde liefern könnte." — "Mercedes' neuer Vierundzwanzigpferdiger"

Dabei finden sich in den anspruchsvolleren Techniker-Fachtexten schon sehr früh Belege für das Wissen um die Problematik dieser Maßangabe, z.B. im

---

[118] Vgl. hierzu Ingenieurs Taschenbuch (1857) T.2 S.118, Rühlmann (1862) Bd.1 S.185, VDI-Zeitschrift 11(1867) S.294, Dinglers Journal 241(1881) S.426, Ingenieurs Taschenbuch (1887) S.475.

[119] Vgl. Jansen (1881) S.9, Musil (1897) S.130, Berdrow (1907) S.358, Amtl. Bericht (1852) Bd.1 S.494, AAZ 1(1900) Nr.1 S.6.

Beitrag "Ueber die Unbestimmtheit des Ausdruckes und Werthes 'Pferdekraft"' von Franz Reuleaux (vgl. VDI-Zeitschrift 1(1857) S.134). Schließlich wird für das frühe 20. Jahrhundert behauptet, daß die Qualität der 'wörtlichen' Analogie schon längst verloren sei:

> "tatsächlich denkt heute wohl kein Mensch, wenigstens kein Fachmann, mehr an die Leistung eines Pferdes bei diesem Ausdruck" (AAZ 15(1914) Nr.13 S.24)

(2) **Modell MENSCH:**
Besonders in den Texten oder Textteilen, in denen technikgeschichtliche oder 'technikverherrlichende' Beschreibungen geboten werden (siehe 10.1), neigen die Verfasser zur Personifizierung der Maschine:

> "die Dampfmaschine und ihre kraftspendenden Geschwister" — "Arbeitshelferin" — "treuester Arbeitsgehilfe" — "Hilfskräfte" — "zuverlässiger, arbeitsamer Kerl" — "mächtige Dienerin" — "Lastträgerin" — "Kraftspenderin" — "treuer Freund" (aus: Vater (1900) und Berdrow (1907))

Aber selbst in der Anwender-Fachzeitschrift kann der Gasmotor als "Nebenbuhler" des Elektromotors erscheinen (vgl. Dinglers Journal 297(1895) S.16).
Den Teilmodellen INTELLIGENT und SELBSTÄNDIG sind die folgenden Beschreibungen von regelungstechnischen Abläufen in den Maschinen zuzuordnen.

> **Drehzahlregelung**: "niemals hat sie die Herrschaft über sich selbst verloren und stets nach wenigen Umläufen die normale Tourenzahl wieder erlangt." (Musil (1897) S.50)
> **Fehlermeldung**: "Die zur Sicherung des Dampfkesselbetriebes dienenden sog. Speiserufer oder Warnapparate bringen bekanntlich den eingetretenen Wassermangel im Kessel durch das Ertönen einer Dampfpfeife oder auch eines Läutewerkes zur Anzeige." (Dinglers Journal 283(1892) S.31, vgl. auch VDI-Zeitschrift 25(1881) Sp.491)

(3) **Modell MECHANIK:**
Auch in der zweiten Jahrhunderthälfte bedarf das Sprechen über kinetische Energie einer Konkretisierung durch das Modell MECHANIK. In den maschinentechnischen Abhandlungen wird die Bewegung mit Verben beschrieben, die ihr eine MATERIALQUALITÄT zuschreiben:[120]

> "wird die Bewegung sinnreich erdachten Arbeitsmaschinen zugetragen" — "Fortpflanzung der Bewegung" — "Die Schwungräder der Maschinen haben den Zweck die Kraft des Motors, welche nicht sogleich

[120] Vgl. With (1859) S.120, Weisbach (1860) Bd.3.1 S.I, Slaby (1895) S.5, Schreber (1903) S.13.

> gebraucht wird, aufzusparen, und diesen Theil in dem Augenblick zurückzugeben, wo es nöthig ist" — "die Arbeitsüberschüsse müssen von der Kraftmaschine aufgespeichert werden"

Von solchem Sprechen darf nicht auf archaische Vorstellungen über die 'lebendige Kraft' geschlossen werden. Einer der zitierten Texte (Schreber (1903)) ist mit den modernen Energievorstellungen seiner Zeit völlig vertraut. Dennoch hindert ihn dies nicht, sich bei konkreten Detailbeschreibungen einer älteren sprachlichen Schicht, nämlich der Verben des überkommenen Modells BEWEGUNG IST WIE MATERIE, zu bedienen.

10.7 Die zweite revolutionäre Zäsur im Verkehrswesen: das erste Straßenfahrzeug mit Verbrennungsmotor

Die Trennung des ursprünglichen Konzepts DAMPFWAGEN in das der schienengebundenen LOKOMOTIVE und des auf Straßen fahrenden DAMPFWAGENS ist im Prinzip um 1850 vollzogen (siehe 9.10). Gleichzeitig zerfällt auch das ehemalige Konzept LANDFAHRZEUG in die beiden neuen Begriffe STRASSEN- und SCHIENENFAHRZEUG. In den Quellen werden die beiden Klassen jetzt mit entsprechenden Sammelbezeichnungen genannt: *Strassen-Fuhrwerke vs. Eisenbahn- -Fuhrwerke* oder *Strassenfuhrwerke vs. Eisenbahntransportmittel* (vgl. Rühlmann (1868) Bd.3, Amtl. Bericht (1874) Bd.2).

Dabei ist für die Zeit von 1850 bis 1886 eine begriffliche Übergangssituation zu sehen. In der Zweiteilung steckt in besonderem Maße die 'Gleichzeitigkeit' von maschinellem und tierischem Antrieb der Fahrzeuge (siehe 10.6):

(1) SCHIENENFAHRZEUG: Der Maschinenantrieb ist **schon** der Normalfall, der Betrieb mit den Tieren **schon** Relikt und Ausnahme.

(2) STRASSENFAHRZEUG: **Noch** ist die tiergezogene Version die übliche Form, der 'Wagen ohne Pferde' ist auf der Straße **noch** ein Sonderfall.

Obwohl sich seit den 20er und 30er Jahren des Jahrhunderts das Schienenfahrzeug als die technisch realisierbare Version durchgesetzt hat (siehe 9.10), existieren auch nach 1850 und vor 1886 Versuche, ein "Strassen-Dampf-Wagen-System" zu etablieren.[121] Die Quellen zeigen in diesen Jahrzehnten zwei sprachliche Möglichkeiten auf, um das MASCHINENGETRIEBENE STRASSENFAHRZEUG als technischen 'Ausnahmefall' zu kennzeichnen:
(1) Das Wort *Lokomotive*, das für den Normalfall steht, wird vermieden und stattdessen die vor 1840 herrschende Benennungstradition fortgesetzt, d.h. Wagen, Kutsche und Fuhrwerk dienen als Grundwörter:[122]

[121] Vgl. z.B. die Versuche von Amadeus Bollée, über die in einer anonymen Schrift recht euphorisch berichtet wird: Strassen-Dampf-Wagen-System (1880).
[122] Vgl. beispielsweise die Benennungen in Rühlmann (1868) Bd.3 S.128ff., Strassen-Dampf-Wagen-System (1880).

Dampfwagen, Strassen–Dampfwagen, Dampfkutsche, Dampffuhrwerk, Strassen–Dampf–Fuhrwerk.

(2) In der zweiten Variante wird gerade umgekehrt verfahren: Der inzwischen für den Schienenverkehr etablierte Ausdruck *Lokomotive* wird als Grundwort verwendet und die Abweichung von der SCHIENEN–LOKOMOTIVE in einem Kompositum gekennzeichnet:

> "**Straßenlokomotive** (Dampfomnibus, Dampfkutsche, Dampfdroschke, auch Dampfwagen), Fahrzeug, welches zur selbstthätigen Fortbewegung auf ungeschienten Wegen dienen soll (im Gegensatz zu den Lokomotiven der Eisenbahnen)." (Technol. Lexikon (1883) S.675)

Die kuriose Bildung *Strassenlokomotive* wird zur weitverbreiteten Benennung in den Zeitschriften.[123] Auch in den Rechtstexten wird das seltene Straßenfahrzeug so benannt: Im Jahre 1864 wird eine "Verordnung über das Befahren der Landstraßen mit Straßenlokomotiven" erlassen.

Im Jahre 1886 fahren auf den Straßen in Cannstatt und Mannheim die ersten Straßenfahrzeuge mit Verbrennungsmotor. Dieses Datum wird in der technikgeschichtlichen Retrospektive zurecht als die 'Erfindung des Automobils' und als die zweite revolutionäre Zäsur im Verkehrswesen des 19. Jahrhunderts bewertet.[124] Der Begriff, der seit jenem Datum mit AUTOMOBIL verbunden wird, umfaßt ein 'FAHRZEUG mit MOTOR auf der STRASSE fahrend'. Doch die dafür heute übliche Bezeichnung *Automobil* wird erst ab 1897 als französische Entlehnung eingebürgert (siehe 10.8). Zunächst dominieren in den Bezeichnungen die alten Modelle und die traditionellen Fahrzeugbenennungen.

Sollte man in den Jahrgängen 1886 bis 1889 von Dinglers Journal eine Nachricht über die Innovation suchen, wird man weder in den Inhaltsverzeichnissen noch in den Stichwortregistern fündig werden. Erst wenn man den 1889 erschienenen Artikel über "Neue Gaslocomotiven" liest (vgl. Dinglers Journal 272(1889) S.46-61), erkennt man, daß das Automobil für den Techniker konsequenterweise dort besprochen wird, wo auch über andere Neuerungen an Straßenlokomotiven berichtet wird (siehe oben die 2. Variante).

Im weiteren setzen sich jedoch in den 90er Jahren dann schnell solche Benennungen durch, die an die schon üblichen Kompositabildungen der obigen Variante (1) anschließen: statt *Dampfwagen* oder *Dampfkutsche* nun der *Motorwagen* oder die *Benzinkutsche*. *Benzinkutsche* und andere Bezeichnungen wirken aus heutiger Sicht kurios und pejorativ. Doch für den an der technikgeschichtlichen Gleichzeitigkeit teilnehmenden Zeitgenossen ist dies eine

---

[123] Vgl. z.B. VDI- -Zeitschrift 7(1863) S.98f., ferner die zahlreichen Berichte in Dinglers Journal 150(1858) S.173f., 154(1859) S.161ff., 167(1863) S.392, 200(1871) S.433 u.ö. bis in die 80er Jahre.

[124] Vgl. zur Geschichte des Automobils von 1886 bis 1918: Eckermann (1981) S.40ff.

normale analogische Wortbildung in der geschichtlichen Abfolge von *Pferdekutsche, Dampfkutsche* und *Benzinkutsche*. Folgende Varianten dieses Benennungstyps sind in den Jahren von 1886 bis 1897 belegt:

> Motorwagen, Benzinwagen, Benzinmotorwagen — Motorkutsche, Benzinkutsche — Motorfahrzeug, Benzinfahrzeug.

Wie schon teilweise in Abschnitt 10.1. angedeutet, geht von dem neuen Straßenfahrzeug erneut eine große Faszination aus, die offensichtlich auf den Merkmalen 'ist eine Kutsche ohne Pferde' und 'ist frei und von selbst beweglich' beruht. Die 'Verzauberung' der Zeitgenossen ist zunächst unverständlich, denn alle wesentlichen Bestandteile des neuen Fahrzeugs sind längst 'entzaubert': Die Wärmekraftmaschine, die Bewegung 'aus sich selbst' erzeugt, ist seit 100 Jahren bekannt (siehe 8.9). Das Prinzip der Verbrennungsmotoren ist längst in den stationären Gas- oder Petroleummotoren eingeführt (siehe 10.4 u. 10.5). Die Vereinigung von Fahrzeug und Kraftmaschine ist durch die Dampflokomotive seit 1835 im Alltagswissen über Verkehrstechnik verankert (siehe 9.10).

Die beiden genannten Merkmale erheben jedoch das Automobil auf eine neue verkehrstechnische Qualitätsstufe, die in der Stimmung des Zeitgenosssen und im geschichtlichen Rückblick übereinstimmend beurteilt wird:
(1) Das Automobil erreicht jedes Dorf. Es verändert den "Localverkehr" (siehe 10.1), die kleinräumige Mobilität und ermöglicht den motorisierten Individualverkehr des 20. Jahrhunderts:

> "Wir Automobilisten sind mit unseren neuen Maschinen die Pionniere [sic!] einer kolossalen Umwälzung im Verkehrswesen, welche einmal ihre Wirkungen bis in alle Lebensverhältnisse, vielleicht sogar bis auf die Politik erstrecken wird." (Baudry de Saunier (1900) Bd.1 S.449)

(2) Als nicht an Schienen gebundenes Fahrzeug weist es eine 'technische Mobilität und Wendigkeit' auf, die keines der tier- oder maschinengetriebenen Vorgängerfahrzeuge erreicht:[125]

> "**Die Automobile** muss sich allen diesen Verhältnissen anpassen, ohne Ueberraschungen oder Unfällen ausgesetzt zu sein; **sie** muss plötzlich anhalten, die Richtung ändern, auf einem beschränkten Raume umwenden, rückwärts fahren, die Spurrichtung innehalten oder ändern, schnell oder sehr langsam fahren können." (Pictet (1898) S.4, Hervorhebung K.J.)

(3) Ferner ist das neue Fahrzeug technisch direkt an die vertraute und alltägliche Pferdewagen- und Kutschentechnik angeschlossen. Die revolutionäre

[125] Vgl. zum Wechsel des Genus' von "die Automobile" zu "das Automobil" die Ausführungen in Abschnitt 10.8.

Zäsur findet also als Eingriff in die Alltagstechnik der unmittelbaren Umgebung statt, während die Eisenbahntechnik im Gegensatz dazu weit weg von Haus und Hof in eigenen Gleisanlagen und Gebäuden stattfindet.

In einer weiteren Gruppe von Benennungen aus den Jahren 1886 bis 1897 zeigt sich die durch die drei genannten Punkte zu begründende und real existierende Faszination:

> selbstbeweglicher Wagen, Selbstbeweger, selbstfahrender Wagen, Selbstfahrerwagen, Selbstfahrer.

Der sprachlich auch an alte Automaten–Konzepte anklingende Vorstellungskomplex (siehe 8.5 u. 9.4) ist zu berücksichtigen, wenn man die Motive der bewundernden und ablehnenden Stimmen jener Zeit bewerten will (siehe 10.9). In der frühen Automobilliteratur zeigt sich immer eine doppelte Vermittlungsaufgabe. Es muß sowohl die Technik des neuen Fahrzeuges vermittelt als auch um Verständnis und Zustimmung geworben werden:

> "Mein einziger Wunsch geht dahin, dass jeder Mann und **sogar jede Frau** mit gesundem Menschenverstande, wenn sie meine Arbeit gelesen haben, die Ueberzeugung gewinnen, dass ein Automobil **ein sanftes Wesen** ist, welches niemals wild wird." (Baudry de Saunier (1900) Bd.1 S.XIII, Hervorhebung K.J.)

Die unter Punkt (3) genannte Anbindung an die Kutschentechnik ist sprachlich faßbar und aus den Quellen als Denkmodell der Zeitgenossen eindeutig erschließbar. Sie hat aber auch eine reale technische Grundlage, denn Automobiltechnik ist zunächst eine besondere Variante der Kutschentechnik:

> "Daimler war damals der Meinung, der Antrieb müsse so eingerichtet werden, daß er in jeden Pferdewagen eingebaut werden könne. Erst sehr viel später ist die Eigenform für den Kraftwagen entwickelt worden." (Fürst (1924) Bd.2 S.76)

Die Technik des Grundlagenfahrzeuges (Fahrgestell, Aufbau, Kutschenkasten etc.) schließt direkt an den traditionellen Wagenbau an. Die ersten Wagen erscheinen dem historisch distanzierten Betrachter wie 'Kutschen ohne Deichsel und ohne Pferde'. So urteilt auch bereits 1926 eine Festschrift — rückblickend auf etwa 40 Jahre Automobilgeschichte — über die ersten Wagen von Daimler:

> "Der Wagen, der noch vollständig wie ein Pferdewagen, dem die Pferde ausgespannt waren, aussah und wohl am besten als Kutschwagen bezeichnet werden konnte" (Festschrift/Reichsverband (1926) S.6)

Die Traditionen des Kutschenbaus sind noch heute im Fachwortschatz der Fahrzeugtechnik abzulesen. Beispielsweise sind Fachwörter für Fahrzeugteile und für spezielle Fahrzeugvarianten in der Kutschen- und in der Automobiltechnik identisch:[126]

> Karosse, Gestell, Rahmen, Kotflügel — Coupé, Limousine, Kabriolett, Phaeton, Tonneau, Landaulet.

Das technische Grundlagenmodell der KUTSCHE ist in einem Artikel des Brockhaus' aus dem Jahre 1894 sehr deutlich:

> "**Benzinwagen**, ein **Fuhrwerk**, das durch einen Benzinmotor (Petroleummotor, s.d.) vorwärts bewegt wird. Es ist für Personenverkehr auf Straßen bestimmt. Auf einem ein- oder zweisitzigen Wagen mit 3 oder 4 Rädern ist ein zweicylindriger Benzinmotor aufgestellt, von dem aus der Antrieb der einen Radachse erfolgt. Die Steuerung des Motors geschieht vom Sitze des Fahrenden aus." (Brockhaus/14.Aufl. (1894) Bd.2 S.736)

In einzelnen Formulierungen sind die alten technischen und gedanklichen Konzepte abzulesen (z.B. der Motor ist **auf** dem Wagen, der Motor (statt des Wagens) wird gesteuert). Der Satz über die Steuerung des Motors entspricht im Artikel über Pferdefuhrwerke dem Satz:

> "Das Lenken der Gespanne [...] erfolgt entweder vom Bock oder vom Sattel aus" (Brockhaus/14.Aufl. (1894) Bd.6 S.524)

Zum Kutschenkonzept gehört ferner die Benennung dessen, der das Fahrzeug steuert: Ein Automobil ist 1898 geeignet "für drei Personen einschliesslich Kutscher" (Dinglers Journal 310(1898) S.91).

Generell kann man sagen, daß zur Vermittlung der **technischen Details** häufig das gedankliche und sprachliche Modell von KUTSCHE gebraucht wird, was schließlich auf technischer Realität aufbaut. Dagegen hat das mentale Modell KÖRPER–TIER–PFERD, in dem das neue Gefährt direkt mit dem ehemaligen Zugtier gleichgesetzt wird, eine vermittelnde Funktion, wenn die Aufgaben, Einsatzmöglichkeiten und Vorteile des **gesamten Fahrzeuges** 'werbend' darzustellen sind. Ein an die Besucher des Cannstatter Volksfestes 1897 gerichtetes Werbeplakat bietet in volksliterarischer Form auf wenige Zeilen konzentriert alle Teilaspekte der mentalen Modelle NAHRUNG, KRANKHEIT und TIERVERHALTEN, um somit das Produkt als vorteilhaften Ersatz für Ochsen und Pferde anzupreisen:

[126] Der Stand des Wagenbaus, der noch vor der Motorisierung am Ende des 19. Jahrhunderts erreicht ist, wird in einem Handbuch von 1896 dokumentiert (Merklein (1896)). Im Vergleich mit den frühen Automobiltexten zeigt sich anschaulich die Technik-, Wissens- und Sprachtraditionen. Vgl. zu den Wortschatzbeispielen: Illustr. Konvers.lexikon (1876) Bd.5 Sp.1067ff. mit Abb., Merklein (1896), Küster (1906) S.69ff., Viersprachiges Autotechnisches Wörterbuch (1907). Vgl. zur Geschichte der Kutschen auch Tarr (1978). Vgl. zur Terminologie der Gegenwart: DIN–70010 (1978) S.3-6.

"Ein 'Daimler' ist ein gutes Thier,
Zieht wie ein Ochs, du siehst's allhier;
Er frißt nichts, wenn im Stall er steht
Und sauft nur, wenn die Arbeit geht;
Er drischt und sägt und pumpt dir auch,
Wenn's Moos dir fehlt, was oft der Brauch;
Er kriegt nicht Maul= noch Klaueseuch
Und macht dir keinen dummen Streich.
Er nimmt im Zorn dich nicht aufs Horn,
Verzehrt dir nicht dein gutes Korn.
Drum kaufe nur ein solches Thier,
Dann bist versorgt du für und für."
(Abgedruckt in: Eckermann (1981) S.82)

Die höhere Technikerliteratur nimmt von der zukünftigen Revolutionierung des Verkehrswesens in den ersten Jahren nur spärlich Notiz. Besonders der VDI-Zeitschrift kann hierin eine besondere Beharrlichkeit zugeschrieben werden (vgl. hierzu Burchardt (1981) S.196). Ausführliche Automobilartikel werden erst **ab 1898** gedruckt, zuvor erscheinen lediglich kleine Notizen oder Meldungen über die "mittels eines kleinen Benzinmotors getriebenen Strassenfahrzeuge" (vgl. VDI-Zeitschrift 32(1888) S.1023, 35(1891) S.999, 40(1896) S.81/1226, 42(1898) S.560/1357, 43(1899) S.727). Die Zurückhaltung in der Berichterstattung wird damit begründet, daß das Automobil hauptsächlich ein "Sportwerkzeug" sei, weshalb eine ausführliche Darstellung "kaum Anspruch auf Interesse" haben könne (VDI-Zeitschrift 40(1896) S.1226).

In Dinglers Journal sind schon **ab 1889** ausführliche Berichte belegt, 1895 erscheint bereits ein großer Sammelbericht, der den damaligen Stand der Technik ausführlich und angemessen dokumentiert (vgl. Dinglers Journal 272(1889) S.46 u. 297(1895) S.105).

Das Ingenieurs Taschenbuch zeigt als weitere VDI-Quelle die Skepsis der höheren Techniker-Fachtexte. In der 19. Auflage von **1905** (!) fehlen in den Abschnitten über Verbrennungsmotoren und über Verkehrstechnik Hinweise auf das Automobil (vgl. Ingenieurs Taschenbuch (1905) Bd.1 S.1074, Bd.2 S.185). Dabei ist zu berücksichtigen, daß in dieser Auflage auch andere innovative Bereiche (z.B. die Dampfturbinentechnik) fehlen. Die Herausgeber rechtfertigen ihre Zurückhaltung in der Einleitung:

Ein solches Handbuch "soll aber nur allgemein als richtig erkannte Angaben bringen und Gebieten, auf denen die Entscheidung über die Brauchbarkeit ihrer Erzeugnisse erst durch die Praxis herbeigeführt werden muss, fernbleiben." (Ingenieurs Taschenbuch (1905) Bd.1 S.VII)

10.8 Von der Motorkutsche zum Automobil

Mit der Konstruktion des ersten Mercedes' durch Wilhelm Maybach im Jahre 1900 wird die 14 Jahre währende Phase der Motorkutschen beendet und die "eigentliche Geschichte des modernen Automobils" eingeleitet (H. von Fersen, zit. nach Eckermann (1981) S.64). In den Bilderfolgen, die den Wagenbau von 1886 bis 1914 dokumentieren (vgl. z.B. Daimler-Mot.gesell. (1915) S.20), ist selbst für den Laien der technische Qualitätssprung um 1900 offensichtlich:
ein Steuerrad anstatt eines Lenkhebels, ein tiefliegender Fahrzeugaufbau anstatt eines hohen Kutschengestells, zwei gleiche Sitzreihen anstatt eines 'Kutscherbocks', ferner Motorhaube mit Kühlergrill und Scheinwerferreihe u.a.

Mit der technischen Neugestaltung geht in Deutschland um **1900** der eigentliche Beginn der 'Automobil-Kultur' parallel (siehe 10.9). Die in Frankreich etwa schon um 1895 vorhandene Bewegung wird in einer stürmisch einsetzenden Entwicklung imitiert: Es entstehen Clubs, Zeitungen und eine eigene Fachliteratur, die die zögernde Aufnahme der neuen Technik in der etablierten Technikliteratur kompensieren. Ebenfalls um **1900** kommt ein etwa zwei Jahre währender sprachlicher Diffusionsprozeß zum Abschluß, nämlich die Entlehnung der französischen Bezeichnung *l'automobile*. Sie taucht erstmals 1897 in einem deutschsprachigen Text auf. Insgesamt sind in den Jahren 1897 bis 1900 folgende Varianten belegt:

> automobiles Fahrzeug, Automobilfahrzeug, automobiler Wagen, Automobilwagen, Automobil.

In Französischen ist die attributive Verwendung deutlich früher belegt als das Substantiv: *voiture automobile* schon 1875, *l'automobile* erst 1893 (vgl. Lerch (1940) S.220). Wie die Namen der Zeitschriften und Clubs ausweisen, ist schon seit 1895 *l'automobile* im selbstverständlichen Gebrauch.

Die ersten Einzelbelege in deutschsprachigen Texten tauchen 1897 in unterschiedlichen Textarten auf: Der Techniker-Fachtext erwähnt beiläufig innerhalb der Motorentechnik auch die "Automobilwagen" (Musil (1897) S.152). Im Brockhaus-Band von 1894 wird noch der "Benzinwagen" beschrieben (siehe 10.8), im Supplement-Band von 1897 ist der Artikel mit "Motorwagen, automobiler Wagen" überschrieben. Im Text selbst wird variiert (vgl. Brockhaus/14.Aufl. (1897) Bd.17 S.780ff.):

> Motorwagen, automobiler Wagen, Daimlerwagen, Petroleummotorkutsche, Petroleummotorwagen.

Die Jahrgänge 1898 bis 1899 verschiedener Zeitschriften zeigen mit zunehmender Tendenz, daß neben den bestehenden Wortschatz allmählich — aber immer noch isoliert eingestreut — das *Automobil* tritt. Belegt sind die drei Varianten *Automobile, Automobilwagen* und *Automobilfahrzeug.*[127]

[127] Vgl. folgende Belegstellen: VDI-Zeitschrift 42(1898) S.560/1357, Dinglers Journal 310(1898) S.92, Motorwagen 1(1898) S.68, S.116, S.121ff.

Alle Organisationen und Zeitschriften, die 1899 und später gegründet werden, führen einheitlich das französische Lehnwort im Titel: Deutscher Automobil-Club, Allgemeine Automobil-Zeitung usw. (siehe 10.9). Vier Monographien der Jahre 1898 bis 1900 führen die neue Bezeichnung erstmals im Titel:[128]

(1) "Die Automobile und die motorische Kraft"

(2) "Die Automobilen, ihr Wesen und ihre Behandlung"

(3) "Die Fortschritte des Automobilismus"

(4) "Das Automobil in Theorie und Praxis"

In den ersten Jahren erfährt das Wort bei der Einpassung in deutsche Texte einen Genuswechsel. Das zunächst belegte Femininum verweist auf das französische Original: *die Automobile* und *l'automobile*. Die Titel der beiden unter (1) und (2) genannten Texte weisen das ursprüngliche Genus auf (vgl. z.B. auch VDI-Zeitschrift 43(1899) S.727). Die unter (4) genannte Monographie von Baudry de Saunier (1900-01) gebraucht nur noch das Neutrum. Da dieses Handbuch für die nachfolgende deutschsprachige Automobil-Literatur zum wichtigsten Vorbild wird, ist die Übernahme des Neutrums, das der Übersetzer einführt, in allen folgenden Texten nicht verwunderlich. Nach 1900 ist das feminine Genus nur noch in Relikten vorhanden (vgl. z.B. Mitteleurop. Motorwagenverein 1(1902)).

Neben der neuen Hauptbenennung *Automobil* bleiben noch die meisten Benennungsvarianten weiterbestehen, die bereits vor der Jahrhundertwende gebildet wurden.[129] Allerdings sind in der Zusammenfassung der Ausdrücke, die in den Jahren 1900 bis 1910 in Gebrauch sind, die Komposita mit *-kutsche* nicht mehr vertreten:

> Motorwagen, Benzinwagen, Benzinmotorwagen — Motorfahrzeug, Benzinfahrzeug — Selbstfahrer, selbstfahrender Wagen, selbstbeweglicher Wagen — Auto, Automobil, Automobilfahrzeug, Benzinautomobil, automobiles Fahrzeug, Automobilwagen.

Zwei sprachliche Veränderungen sind somit zeitgleich mit dem oben beschriebenen Eintritt in die 'eigentliche Geschichte des Automobils' um 1900 nachzuweisen:

---

[128] Vgl. Pictet (1898), Lohner (1900), Baudry de Saunier (1900-1901) und Müllendorf/Kübel (1900). Müllendorf/Kübel erscheint 1900 bereits in 2. Auflage, die 1. Auflage von 1899 war mir nicht zugänglich. Das zweibändige Handbuch von Baudry de Saunier ist die Übersetzung einer französischen Vorlage, die 1898-99 erschienen ist.

[129] Vgl. z.B. die Benennungsvielfalt in: Feeg (1902), Berdrow (1907), Illustr. techn. Wbb. (1910) Bd.10 S.1.

(1) Die dargestellte allmähliche Verbreitung und grammatische Einpassung des Lehnwortes *Automobil.*

(2) Das Verschwinden der *Benzin- und Motorkutschen*, die in den 90er Jahren noch die sprachliche Analogie zum technischen Vorgängermodell herstellten.

10.9. Die Anfänge einer Automobil–Subkultur und die Gruppensprache der Automobilisten

Etwa ab 1900 entsteht eine Automobil–Subkultur, die sich in Clubs organisiert, die Zeitschriften und andere Texte herausgibt und die recht bald mit einem ausgeprägten Gruppenbewußtsein ("Wir Automobilisten", "unsere automobilistische Bewegung") auftritt.

Als eine Interessensgruppe, die sich einem gemeinsamen Ziel, der Förderung des "Automobilismus" verschrieben hat, die gemeinsame, von der übrigen Gesellschaft abweichende Betätigungs- und Interaktionsformen entwickelt und die ein deutliches Wir–Bewußtsein aufweist, erfüllt sie die wichtigsten Merkmale, um als eine subkulturelle Gruppe eingestuft werden zu können. Wie im folgenden zu zeigen sein wird, wird die Gruppenbildung durch einen eigenen 'Automobil–Jargon', der teils fachsprachliche, teils gruppensprachliche Elemente aufweist (siehe 5.5), bestätigt.

Zunächst ein Überblick über die wichtigsten Daten[130] zur Entstehung der Subkulturen in Frankreich und Deutschland:

(1) Automobil–Clubs:

> In **Frankreich** wird der *Automobile Club de France* 1895 gegründet. Er hat um 1900 ca. 2000 Mitglieder. In **Deutschland** entsteht im Jahre 1897 der *Mitteleuropäische Motorwagenverein*, der erste und einzige Verein, der den *Motorwagen* im Namen trägt. 1899 werden zahlreiche regionale Clubs gegründet, die alle die Bezeichnung *Automobil-Club* führen. 1899 entsteht auch der bedeutendste Club im Kaiserreich, der *Deutsche Automobilclub*, er wird 1905 umbenannt in *Kaiserlicher Automobilclub.*

(2) Autorennen:

> In **Frankreich** finden die ersten Automobilrennen der Welt statt: 1894 Paris — Rouen, 1895 Paris — Bordeaux — Paris. In **Deutschland** wird erstmals im Mai 1898 eine Wettfahrt gestattet: Berlin–Potsdam–Berlin und Berlin–Leipzig–Berlin.

[130] Zusammengestellt nach den Angaben in: Baudry de Saunier (1900) Bd.1 S.423ff., Festschrift/Reichsverband (1926), Braunbeck (1910), Wachtel (1970).

(3) Automobilzeitungen:

> In **Frankreich** existieren in den 90er Jahren schon drei Wochenzeitungen: Ab 1894 *La Locomotion Automobile*, ab 1895 *La France Automobile* und ab 1897 *Les Petites Annales Illustrées du cycle et de l'Automobile*. In **Deutschland** erscheint das erste Periodikum im Jahre 1898: *Der Motorwagen*. Danach führen alle das *Automobil* im Titel: *Automobile* Jg.1(1899), *Allgemeine Automobil-Zeitung* (siehe AAZ 1(1900)ff.), *Automobil-Welt* Jg.1(1903) u.a.

Die deutschen Zeitungen sind von Anfang an nicht als Zeitungen der 'neutralen' Technik–Berichterstattung konzipiert, sondern tragen deutliche Merkmale eines 'parteiischen' Schreibstils: In den Diskussionsbeiträgen zu Fragen des Haftpflicht- oder des Verkehrsrechts, in der Stellungnahme zu öffentlichen Kontroversen über das Automobil, in den Vereinsnachrichten, selbst in den privaten Inseraten und in der kommerziellen Werbung wird deutlich, daß hinter den Texten mindestens eine 'Fan–Gruppe', meistens eine 'Interessens–Gruppe', gelegentlich auch eine 'Agitations–Lobby' stehen. Den aggressivsten Eindruck macht die Zeitschrift Automobil–Welt. Diese kämpft nach eigenen Angaben "den Kampf gegen die wilde Automobilfeindschaft" (Automobil–Welt 3(1905) S.1). Sie leistet im ersten Jahrzehnt des Jahrhunderts fortwährende Überzeugungsarbeit und blickt dabei gelegentlich auf die Entwicklung zurück:

> "In der Anschauung des Publikums war das Automobil erst eine Kuriosität, dann ein Spielzeug einiger reicher Leute, dann ein Ding zur Unterhaltung für sportsfreudige Menschen, darauf in seiner Vermehrung ein Schaden und Schrecken, und schliesslich etwas, was jeder gern besitzen möchte, um an schönen Sommertagen aus der Enge der Stadt in die blühende Natur zu flüchten. Aber damit ist noch lange nicht die richtige Wertschätzung des Automobils erreicht. Erst muss anerkannt werden, dass das Automobil in seiner Bedeutung für den Verkehr, für die Kultur den Eisenbahnen an die Seite kommt." (Automobil–Welt 3(1905) S.125)

Die aufdringlich agitatorische Haltung scheint insgesamt am Ende des Jahrzehntes nachzulassen, nachdem die großen rechtlichen Auseinandersetzungen (z.B. um die Haftpflichtversicherung) und die öffentlichen Kontroversen über Geschwindigkeitsbegrenzungen u.ä. abgeschlossen sind (vgl. z.B. Automobil-Welt Jg.8(1910) vs. Jg.3(1905)).

Im obigen Zitat ist bereits angedeutet, daß das neue Verkehrsmittel zunächst eher 'ein Spielzeug reicher Leute' ist. Verschiedene Texte bieten hierfür eindeutige Indizien. Im Pflege- und Pannenhilfsbuch von 1913 erhält der Leser neben den Informationen über die Behandlung des Automobils auch noch Ratschläge mitgeliefert, wie der "Chauffeur" zu behandeln sei (vgl. Handbuch/Opel (1913) S.55). Auch in einzelnen Zeitungsartikeln (z.B. AAZ

6(1905) Nr.4 S.40) werden eher die "Herren" als die "Chauffeure" angesprochen.

Die heftigen öffentlichen Kontroversen um Gefährlichkeit, Geschwindigkeit, Lärm- und Schmutzbelästigung werden stets auch mit 'sozialen' Argumenten geführt.[131] In einer anonymen Schrift gegen die "Schreckensherrschaft der Straße" wird beklagt, die Automobile seien nur ein Vergnügen der "oberen Gesellschaftsschichten" und ausgerechnet diesen Kreisen, die

> "sonst auf äußerliche Vornehmheit, auf feine Sitten, auf Höflichkeit in den Umgangsformen, auf Beachtung von Ordnungs- und Reinlichkeitsgesetzen" so viel halten, mache es gar nichts aus, "durch Schnellfahren ihrer Automobile der Straße Schmutz bis in seine geheimsten, ekelhaften Tiefen aufzuwühlen, diesen zu pulverisieren, in die Luft zu wirbeln und links und rechts allen ruhig ihres Weges wandelnden Mitmenschen, Gebildeten und Ungebildeten, ins Gesicht zu werfen." (Autler/Protest (1909) S.16)

Die Pro-Automobil-Schrift verwahrt sich gegen den Vorwurf von den Luxusgefährten:

> "daß es durchaus unrichtig ist, von dem Automobil nur als Luxusgefährt zu sprechen, daß vielmehr die Entwicklung immer mehr die praktische Richtung einschlägt. In den Großstädten bieten die Automobildroschken und Automobilomnibusse den Beleg dafür." (Automobil/Frage (1907) S.14)

Alle 'Anklagepunkte' gegen das neue Verkehrsmittel sind in der bereits zitierten anonymen Schrift zusammengefaßt. Darin wird "von einem Rechtsfreund" gegen die "Zucht- und Ruchlosigkeiten" der Straße eine Anklage in vier Punkten geführt (Autler/Protest (1909) Titel u. S.3):

> "Vier Arten von Versündigungen am Volkswohl und Volksrecht macht sich der heutige Automobilismus schuldig: 1. Der Nahrungsmittelvergiftung durch Luftverpestung [...] 2. Gewohnheitsmäßiger frivoler Gefährdungen des Lebens und der Gesundheit Unbeteiligter [...] 3. Der Naturgenußverkümmerung nur auf nächstliegende Naturschönheiten angewiesener großer Volkskreise [...] 4. Der Sittenverwilderung des Volkes [...]"

In einer Veröffentlichung des Kaiserlichen Automobil-Clubs mit dem Titel "Das Automobil in Frage und Antwort für Freunde und Gegner" wird die Intention der Informationsschrift vorneweg formuliert:

---

[131]Dauerthemen der kontroversen Diskussionen sind neben dem "Luxusgefährt" die "Schnellfahrer" und die "Staubplage"; vgl. Dinglers Journal 318(1903) S.441, Layriz (1908); vgl. hierzu auch die Quellenbelege in Link/Reinecke (1987), aus denen ablehnende, zustimmende, euphorische und kritische Haltungen hervorgehen.

> "Die vorliegende kleine Schrift bemüht sich, den Automobilismus in seinem Wesen, seiner Bedeutung, seiner 'Gefährlichkeit' gerecht zu bewerten. Möchte sie aus manchem automobilistischen Saulus einen Paulus machen! Möchte ihr vor allem der Erfolg beschieden sein, zur Wiederherstellung des Friedens auf den öffentlichen Straßen beizutragen!" (Automobil/Frage (1907) S.1)

Auch Vermittlungs- und Anleitungsschriften, die sich weniger mit den Gruppeninteressen und mehr mit der Technik des Automobils befassen, erscheinen nach 1900 und werden zu einem wichtigen Teil der Automobil-Subkultur. Zum Vorbild solcher Automobil-Handbücher wurde das Buch von Baudry de Saunier (1900-01). Eine besondere Bedeutung erlangt in den ersten beiden Jahrzehnten des Jahrhunderts die Broschüren-Reihe "Autotechnische Bibliothek", in die verschiedene Texttypen eingereiht sind:

(1) Wirkliche Vermittlungsschriften über die neue Technik des Automobils, z.B. über die Vergasertechnik (siehe Dechamps (1907)).

(2) Wörterbücher zur internationalen Terminologie (siehe z.B. Viersprachiges Autotechnisches Wörterbuch (1907)).

(3) Eine neue Form der Anleitungs- und Ratgeberschrift (Hobby-Ratgeber, Pannenhilfsbuch etc.), z.B. mit dem Titel "Das Automobil und seine Behandlung" (siehe Küster (1906)).

Auch die moderne Gebrauchs- und Pflegeanleitung für das einzelne Firmenprodukt ist unter den Anwender-Texten vertreten (siehe Handbuch/Opel (1913)).

Ein Großteil der mentalen Modelle, die in den genannten Texten der Subkultur bei der Beschreibung der Automobile eingesetzt sind, entsprechen zunächst den konstanten Technikmodellen, wie sie auch in anderen Texten jener Zeit vorkommen (siehe 10.6). Hier genügen einige ausgewählte Beispiele, um zu zeigen, wie übereinstimmend die Modelle und Metaphern sind:

> **Diener und Organ:** "Der Rahmen des Automobils ist der Diener für alle Organe. Er trägt den Motor mit seinen Nebenorganen und die Karosserie." (Handbuch/Opel (1913) S.47) — **Kampf:** "Die drei Zündungsarten der Benzinmotoren [...] sind noch immer im Kampfe mit einander." (Lohner (1900) S.16) — **Innere Organe:** "Der Carburator [=Vergaser] ist sozusagen unsere kleine transportable Gasfabrik und bildet, wie im menschlichen Körper das Herz, das Centrum, von welchem aus die Versorgung des Motors mit Lebensstoff ausgeht." (Baudry de Saunier (1900) Bd.1 S.11)

Eine zweite Gruppe an sprachlichen Ausdrücken verweist auf die besondere Gleichzeitigkeit der Fahrzeugmodelle PFERDEWAGEN und MOTORWAGEN (siehe 10.6 u. 10.7). Der folgende Vergleich wäre heute kaum noch möglich, da durch die fehlende 'Gleichzeitigkeit der Systeme' auch deren Vergleichbarkeit verloren ist:

> "Aber auch die leichte Steuerung des Wagens, die weit weniger Kraftaufwand beansprucht und daher auch weniger ermüdend ist, als das Lenken guter Pferde [...]" (Müllendorff/Kübel (1900) S.60)

In verschiedenen Formulierungen zeigt sich außerdem, daß — auch nach dem Wechsel von der MOTORKUTSCHE zum AUTOMOBIL um 1900 — die sprachlichen Ausdrücke für Details und Handlungen im Konzept der PFERDEKUTSCHE bleiben können, z.B. der Kutschbock und der Zügel:

> "sich **auf** sein Automobil schwang" — "zog die zwei Bremsen sofort so **straff** als möglich an" (Küster (1906) S.158, Automobil-Welt 12(1914) Nr.12 S.3, Hervorhebungen K.J.)

Erst mit den nachfolgenden Gruppierungen werden sprachliche Phänomene beschrieben, die auf eine spezifische Gruppensprache der Automobilisten hinweisen. Zwar fußen auch sie auf den allgemeinen Modellen der Techniksprache (z.B. KÖRPER und NAHRUNG), doch werden die sprachlichen Ausdrücke hierfür in einer Verdichtung und/oder Übersteigerung eingesetzt, die auf eine fach- und gruppensprachliche Verwendung hinweisen.

(1) Modell KÖRPER und NAHRUNG:
In den Äußerungen über die Verabreichung von Benzin, Öl etc. wird die Maschine als Dativergänzung eingesetzt, so daß der Eindruck einer 'Verlebendigung' des Motors entsteht:

> "Die Motorölung ist Gefühlssache; an warmen Tagen wird der gute Chauffeur **dem Motor** mehr Nahrung, an kalten Tagen weniger Nahrung **geben**." — "Als ich auf das gegebene Zeichen losfuhr, **gab** ich **dem Motor** volles Gas und höchste Zündung" — "um **ihm** etwas mehr Gas **geben** zu können." (AAZ 5(1904) Nr.29 S.22, Küster (1906) S.163, Handbuch/Opel (1913) S.85, Hervorhebungen K.J.)

In der Gegenwartssprache würden die entsprechenden Formulierungen ohne Dativergänzung lauten: *Gas geben, Öl nachfüllen* u.ä.

(2) Modell KÖRPER und TIERVERHALTEN:
Besonders markante gruppensprachliche Formulierungen, die exklusiv in Texten der Automobil-Subkultur vorkommen, sind in den Beschreibungen von Unfällen belegt. Sämtliche Ausdrücke rufen die Modelle PFERD/REITER und PFERDERENNEN auf, denn Wagen und Fahrer *stürzen* oder *brechen nieder*:

"Girardots Wagen nach dem Sturz" (Eine Bildunterschrift in AAZ 6(1905) Nr.26 S.31) — "der Wagen überstürzte sich sammt den Insassen" (Lohner (1900) S.7) — "Aber infolge eines Differentialdefektes brach dieser berühmte Panhardfahrer hinter Landeck in Tirol nieder." (Braunbeck (1910) S.222, Panhard = frz. Firmenname)

(3) Modell MENSCH–MASCHINE–BEZIEHUNG:
Zu den selbstverständlichsten Modellen der Techniksprache gehören die Personifizierungen und Vermenschlichungen, durch die den Maschinen menschliche und emotionale Qualitäten zugesprochen werden. In der Automobil-Literatur sind solche allgemeinen Konzepte zu einem Modell verstärkt, das man MENSCH–MASCHINE–BEZIEHUNG nennen könnte. Die für die 'Beziehungen' zwischen Mensch und Maschine verwandten Ausdrücke sind *Rache, Weigerung, Dienst, Vertrauen, Treue, Liebe* u.a. Dazu einige Beispiele:

"Das Auto ist, wie jede Maschine, streng logisch und rächt schlechte Gewohnheiten und Denkfehler radikal." (Handbuch/Opel (1913) S.131) — "so wird sich der Motor [...] standhaft weigern, seinen Dienst wiederaufzunehmen" (Küster (1906) S.174) — "und wie ein vernünftiger Mann sich nicht den ersten Besten zum Pfleger und Führer seiner Pferde und seines Wagens bestellt, so wird er auch das eiserne Pferd nicht unverständigen Händen anvertrauen." (Automobil-Welt 3(1905) S.83) — "Je mehr man sich mit der Maschine befaßt, desto treuere Dienste wird sie leisten [...] Liebe deinen Opel–Wagen, bewahre und beherzige die folgenden Vorschriften." (Handbuch/Opel (1913) S.128)

(4) Modell MASCHINE=TIER und TIER=MASCHINE:
Weitere typische gruppensprachliche Phänomene liegen mit den scherzhaften Phantasiebildungen vor, die die wechselseitige Benennung von Mensch und Tier gezielt auf den Kopf stellen (vgl. Baudry de Saunier (1901) Bd.2 S.17, Automobil-Welt 3(1905) S.55/83):

"Hafermotor" (für Pferd) — "mechanisches Pferd" (für Motor) — "eisernes Pferd" (für Automobil)

In den vier Modellen, die hier stellvertretend für andere stehen, sehe ich typische Merkmale einer Gruppensprache. In einigen Beispielen (z.B. "Liebe Deinen Opel–Wagen") werden die sprachlichen Ausdrücke so 'gesteigert', daß sie in Texten außerhalb der Subkultur als unangemessen gelten müssen. Die Sprache trägt in solchen Beispielen dann eher zur 'inneren Bewältigung' oder in anderen Fällen zum Aufbau von Gruppen–Prestige bei den 'Automobilisten' bei. Als Belege für die vielleicht zu konstruiert anmutende Gruppensprache lassen sich einige Zitate aus den Automobil–Texten anführen:

"Aus allem ergiebt sich, dass die regelmässige und richtige Zündung beim Betrieb der Oelmotoren die Hauptrolle spielt, und der Zuruf

'Gute Zündung' hat daher als Gruss für Automobilisten seine volle Berechtigung." (Müllendorff/Kübel (1900) S.56) — "In der richtigen Anordnung solcher Ausgleichungen im ganzen Bereiche des Triebwerks und in dem dadurch gesicherten genauen Lauf aller Teile liegt das, was in der Chauffeursprache als 'Souplesse' des Wagens bezeichnet wird." (Handbuch/Opel (1913) S.41)

Aus ihnen geht hervor, daß es ein zeitgenössisches Bewußtsein über Interaktionsformen und sprachliche Ausdrücke gibt, die für den Sprachgebrauch der subkulturellen Automobilisten-Gruppe reserviert sind.

10.10 Die Sprache des Verkehrsrechts: Kraftfahrzeug, Führer und Halter

Seit 1900 wurden die französische Entlehnung *Automobil* bzw. die Kurzform *Auto* neben den bereits bestehenden Grundwörtern *Wagen* und *Fahrzeug* zu den selbstverständlichen Wörtern der Alltagssprache:

> ich bin mit dem Auto gekommen, der Wagen muß abgeschleppt werden, die beiden Fahrzeuge stießen zusammen.

Parallel zur skizzierten Verbreitung des *Automobils* gibt es seit Jahrhundertbeginn eine Zweisprachigkeit im Fachwortschatz des Straßenverkehrs, denn seit 1900 steht neben dem *Automobil* als amtliche Bezeichnung des Verkehrsrechts das *Kraftfahrzeug*. Mit der ersten gesetzlichen Regelung, der 1901 für Berlin erlassenen "Polizei-Verordnung über den Verkehr mit Kraftfahrzeugen"[132] werden erstmals die neuen motorgetriebenen Straßenfahrzeuge unter dieser Benennung klassifiziert. Mit dem 1909 in Kraft getretenen "Gesetz über den Verkehr mit Kraftfahrzeugen" (in: Kirchner (1915) S.18ff., vgl. auch Braunbeck (1910) S.944) werden die enormen rechtlichen Folgen, die die stürmische Entwicklung der neuen Fahrzeugtechnik auf Straßenverkehrsrecht, Haftpflicht etc. hat, endgültig geregelt.[133]

Seither ist die Begriffsbestimmung dieses institutionensprachlichen Terminus' unverändert geblieben:

> "Kraftfahrzeug i.S. des Straßenverkehrsrechts ist ein maschinell getriebenes, nicht an Bahngleise gebundenes Landfahrzeug" (Creifelds (1983) S.653, vgl. auch DIN-70010 (1978) S.3)

Die ersten Belege des neuen Wortes, in dem die technische Kombination aus *Kraftmaschine* und *Fahrzeug* ausgedrückt werden soll, finden sich um 1900:

[132] Vgl. Text und Diskussion in Motorwagen 4(1901) S.122; vgl. auch Braunbeck (1910) S.92, Festschrift/Reichsverband (1926) S.19.

[133] Vgl. Wörterbuch Verw.recht (1913) Bd.2 S.636-639; der Artikel "Kraftfahrzeuge" faßt die zahlreichen betroffenen Rechtsbereiche zusammen.

"Sie werden im allgemeinen mit dem Namen **Automobil** oder **Selbstfahrer (Kraftfahrzeug)** bezeichnet [...] Je nach der Grösse unterscheidet man auch **Motorwagen** und **Motorräder (Kraftwagen** und **Krafträder**)." (Schiefferdecker (1900) S.241, vgl. auch Motorwagen 3(1900) S.28)

Die Texte, die sich mit Fragen des Verkehrsrechts, der Haftpflicht, der Verkehrsstatistik u.ä. befassen, zeichnen sich ab etwa 1905 durch einen strikten Gebrauch des Kraftfahrzeug-Wortschatzes aus (vgl. Statist. Jahrbuch 28(1907) S.77ff., Germershausen (1909), Borght (1912)).

In den Texten der Automobil-Subkultur herrscht eine komplette 'Zweisprachigkeit': In den Teilen der Handbücher und in den Beiträgen der Zeitschriften, in denen gesetzliche Regelungen oder andere institutionenbezogene Fragen behandelt werden, ist ein auffälliger Wechsel vom *Automobil*-Wortschatz zum *Kraftfahrzeug*-Wortschatz zu sehen.[134]

Auch andere institutionensprachliche Begriffe und Fachwörter des Kraftfahrzeugwesens sind zu Beginn des Jahrhunderts fertig ausgebildet, z.B. *Führer* und *Halter* eines Kraftfahrzeuges (vgl. Kirchner (1915), Creifelds (1983)). In alltäglicher Sprache würde man heute den *Führer eines Kraftfahrzeuges* als *Fahrer des Wagens*, den *Halter eines Kraftfahrzeuges* als *den Besitzer des Wagens* bezeichnen.

Die Wörter *Lenker* oder *Steuermann* kämen dem technischen Aufwand, der zur Beherrschung eines Fahrzeuges getrieben werden muß, vermutlich am nächsten. Doch zum Zeitpunkt der institutionellen Wortbildung wurde das Fahrzeug noch nicht mit einem Steuerrad *gesteuert*, sondern wie eine Kutsche *geführt*. Deshalb standen — wie schon zuvor beim *Lokomotivführer* — auch beim *Fahrzeugführer* die mentalen Modelle des PFERDEWAGENS Pate: Der Kutscher *führte* die Pferde mit dem Zügel, so wie man heute noch mit der Hand einen hilfebedürftigen Menschen oder mit der Leine einen Hund oder mit dem Halfter ein Pferd *führen* kann.

In der ursprünglichen Bedeutung konnte man nur denjenigen als *Halter* bezeichen, der sich Haus- oder Nutztiere oder Personal *hielt* (vgl. Adelung (1796) Bd.2 Sp.930). Von den Pferden ausgehend, die man sich als Zugtiere *hielt*, wurde das *Halten* auch auf den gezogenen Wagen und schließlich sogar auf das Gefährt übertragen, dem man die Pferde ausgespannt und die Deichsel weggenommen hatte.

Die institutionensprachlichen Fachwörter wurden im Kaiserreich um 1900 ausgebildet. Wie unsere Analysen in Kapitel 10 ergeben haben, beruht das neue Straßenfahrzeug damals technisch, kognitiv und sprachlich noch völlig auf dem Modell der PFERDEKUTSCHE. Rechtssprachen sind konservative Systeme. Sie bewahren alte Ausdrücke, während die zugrundeliegenden Begriffe durch neue Begriffsbestimmungen schon weiterentwickelt sein können.

[134]Vgl. z.B. Handbuch/Opel (1913) S.133f., Festschrift/ Reichsverband (1926) S.50-70, Braunbeck (1910) S.304-308, Mitteleurop. Motorwagenverein 1(1902) S.72 u. 2(1903) S.170, AAZ 6(1905) Nr.2 S.60 u. Nr.7 S.37, AAZ 15(1914) Nr.4 S.27 u. Nr.7 S.23.

Der *Führer eines Kraftfahrzeuges* hat heute andere Rechte und Pflichten als der *Führer eines Vierspänners*, aber beide werden gleich benannt.

Man sollte sich stets vergegenwärtigen: Wer sich heute institutionensprachlich als *Halter und Führer eines Kraftfahrzeuges* bezeichnet, handelt, denkt und spricht 'eigentlich' immer noch in den Grenzen des mentalen Modells von der PFERDEKUTSCHE.

Quellen

1. Zeitschriften

AAZ (1900ff.): Allgemeine Automobil-Zeitung. Jg.1 (1900) – 44 (1943). Berlin.

Annalen (1799ff.): Annalen der Physik. Halle, Leipzig.

Automobil-Rundschau (1913ff.) Zeitschrift des Mitteleuropäischen Motorwagen-Vereins. Jg.12 (1913)ff. Berlin.

Automobil-Welt (1903ff.) Illustrierte Zeitschrift für die Gesamtinteressen des Automobilwesens. Jg.1 (1903) – 27 (1929). Berlin.

Dinglers Journal (1820-1931): Dinglers Polytechnisches Journal. Nr.1 (1820) – 211 (1874), Nr.212 (1874)ff. Stuttgart.

Journal der Physik (1790-1794). Hg. Friedrich Albrecht Carl Gren. Bd.1 (1790) – 8 (1794) Leipzig.

Journal für Fabrik (1791-1807): Journal für Fabrik, Manufaktur, Handlung und Mode. Bd.1 (1791) – 17 (1807) Leipzig.

Magazin / Erfindungen (1800-1808): Magazin aller neuer Erfindungen, Entdeckungen und Verbesserungen für Fabrikanten, Manufakturisten. Bd.4 (1800) – 8 (1808). Leipzig.

Magazin / Göttingen (1780-85): Göttingisches Magazin der Wissenschaften und Litteratur. Hg. G. Chr. Lichtenberg und G. Forster. Göttingen.

Mitteleurop. Motorwagenverein (1902ff.): Zeitschrift des Mitteleuropäischen Motorwagenvereins. Jg.1 (1902) – 11 (1912). Berlin.

Motorwagen (1898ff.): Der Motorwagen [1898-1901: Zeitschrift des Mitteleuropäischen Motorwagenvereins]. Jg.1 (1898)ff. Berlin.

Neues Journal (1795-97): Neues Journal der Physik. Hg. Friedrich Albrecht Carl Gren. Bd.1 (1795) – 4 (1797). Leipzig.

VDI-Zeitschrift (1857ff.): Zeitschrift des Vereins Deutscher Ingenieure. Jg.1 (1857)ff. Berlin, Düsseldorf.

Wachtel, Joachim (Hg.) (1970): Facsimile. Querschnitt durch frühe Automobilzeitschriften. München.

2. Nachschlagewerke, Handbücher, Monographien

Adelung, Johann Christoph (1793-1801): Grammatisch=kritisches Wörterbuch der Hochdeutschen Mundart. Mit beständiger Vergleichung der übrigen Mundarten, besonders aber der Oberdeutschen. 4 Bde. 2.Aufl. Leipzig.

Agricola, Georg (1556): De re metallica libri XII. Zwölf Bücher vom Berg- und Hüttenwesen. Basel. [zit. nach der deutschen Übersetzung: München 1977]

Agricola, Georg (1557): Vom Bergkwerck XII Bücher. Basel. [Faksimiledruck: Leipzig 1985]

Allg. Enzykl. Kaufleute (1838): Allgemeine Enzyklopädie für Kaufleute und Fabrikanten, sowie für Geschäftsleute überhaupt. Hg. von einer Gesellschaft gelehrter und praktischer Kaufleute. 3.Aufl. Leipzig.

Allg. Enzykl. Kaufleute (1862): Allgemeine Enzyklopädie für Kaufleute, Fabrikanten und Gewerbetreibende. 12.Aufl. Leipzig.

Allg. Lexikon / Jablonskie (1721): Allgemeines Lexikon der Künste und Wissenschaften. Leipzig.

Allg. Lexikon / Jablonskie (1767): Jablonskies Allgemeines Lexikon der Künste und Wissenschaften. Von Johann Joachim Schwaben. 2 Bde. 2.Aufl. Königsberg, Leipzig.

Allg. Masch.-Enzykl. (1841-44): Allgemeine Maschinen-Enzyklopädie. Hg. J. A. Hülsse. Bd.1 (1841): A-Beu, Bd.2 (1844): Bew-Can. Leipzig. [nur 2 Bde erschienen!]

Amtl. Bericht (1852): Amtlicher Bericht über die Industrie-Ausstellung aller Völker zu London im Jahre 1851. Von der Berichterstattungskommission der Deutschen Zollvereins-Regierungen. Bd.1. Berlin.

Amtl. Bericht (1855): Amtlicher Bericht über die allgemeine Ausstellung deutscher Industrie- und Gewerbs-Erzeugnisse zu München im Jahre 1854. 2 Bde. München.

Amtl. Bericht (1863-65): Amtlicher Bericht über die Industrie- und Kunstausstellung zu London im Jahre 1862. Erstattet nach Beschluß der Kommission der Deutschen Zollvereins-Regierungen. 18 Hefte in 3 Bde. Berlin.

Amtl. Bericht (1874-75): Amtlicher Bericht über die Wiener Weltausstellung im Jahre 1873. 3 Bde. Braunschweig.

Amtl. Bericht (1894): Amtlicher Bericht über die Weltausstellung in Chikago 1893. Erstattet vom Reichskommissar. 2 Bde. Berlin.

Anleitung (1777): Anleitung zur Mechanik oder Bewegungskunst. Zum Gebrauche der deutschen Schulen. Wien.

Autler / Protest (1909): Autler-Zucht- und Ruchlosigkeiten. Ein Protest gegen die Schreckensherrschaft der Straße. Von einem Rechtsfreund. Berlin.

Automobil / Frage (1907): Das Automobil in Frage und Antwort für Freunde und Gegner. Hg. Kaiserl. Automobil-Club. Berlin.

Autotechn. Wörterbuch (1929): Autotechnisches Wörterbuch in vier Sprachen. Von Richard Schmidt. Bearbeitet von Heinz Erblich. (Autotechnische Bibliothek 21.) 4.Aufl. Berlin.

Baader, Joseph (1794): Vollständige Theorie der Saug- und Hebepumpen [...] nebst einer Beschreibung der in den englischen Bergwerken gebräuchlichen hohen Kunstsätze, und einigen Vorschlägen zur Verbesserung der deutschen Wasserkünste. Bayreuth.

Baader, Joseph (1822): Neues System der fortschaffenden Mechanik. München.

Baader, Joseph (1825): Über die neuesten Verbesserungen und die allgemeinere Einführung der Eisenbahnen. München.

Baader, Joseph (1826): Über die Vortheile einer verbesserten Bauart von Eisenbahnen und Wagen. München.

Baudry de Saunier, Louis (1900-01): Das Automobil in Theorie und Praxis. Elementarbegriffe der Fortbewegung mittelst mechanischer Motoren. 2 Bde. Wien.

Beckmann, Johann (1782-1805): Beyträge zur Geschichte der Erfindungen. 5 Bde. Leipzig. [Reprint: Hildesheim 1965]

Belidor, Bernard Forest (1740-71): Architectura Hydraulica. Oder: Die Kunst, das Gewässer zu denen verschiedentlichen Nothwendigkeiten des menschlichen Lebens zu leiten [...] T.1 (1740-42), T.2 (1743-50), T.3 (1766-68), T.4 (1769-71). Augsburg. [Frz.: Paris 1737-53]

Berdrow, Wilhelm (1907): Buch der Erfindungen. Volksausgabe in einem Bande. 2.Aufl. Leipzig.

Bernoulli, Christoph (1829): Vademecum des Mechanikers oder praktisches Handbuch für Mechaniker, Maschinen- und Mühlenbauer, und Techniker überhaupt. Stuttgart.

Bernoulli, Christoph (1846): Vademecum des Mechanikers oder Praktisches Handbuch für Mechaniker, Mühlbauer, Ingenieurs, Techniker und Gewerbsleute. Von Johann Gustav Bernoulli, Maschinenfabrikant in Immendingen. 5.Aufl. Stuttgart.

Bernoulli (1865): Bernoulli's Vademecum des Mechanikers oder Praktisches Handbuch für Mechaniker, Mühlbauer, Ingenieurs, Techniker, Gewerbsleute und technische Lehranstalten. Bearbeitet von Friedrich Autenheimer [Gewerbeschule Basel]. 12.Aufl. Stuttgart.

Bernoulli (1897): Bernoulli's Vademecum des Mechanikers oder Praktisches Handbuch für Mechaniker, Techniker, Gewerbsleute und technische Lehranstalten. Bearbeitet von Heinrich Berg [TH Stuttgart]. 21.Aufl. Stuttgart.

Blasche, Bernhard Heinrich (1804-10): Der technologische Jugendfreund. Oder: Unterhaltende Wanderungen in die Werkstätte der Künstler und Handwerker, zur nöthigen Kenntniß derselben. Bd.1 (1804), Bd.2 (1805), Bd.3 (1806), Bd.4 (1808), Bd.5 (1810). Frankfurt.

Böckler, Georg Andreas (1661): Theatrum machinarum novum. Schauplatz der mechanischen Künsten von Mühl- und Wasserwercken. Nürnberg.

Böckler, Georg Andreas (1664): Architectura curiosa nova. Neue ergötzliche sinn- und kunstreiche auch nützliche Bau- und Wasserkunst. Nürnberg. [Reprint: Graz 1968]

Borght, R. van der (1894): Das Verkehrswesen. (Hand- und Lehrbuch der Staatswissenschaften I,7). Leipzig.

Borght, R. van der (1912): Das Verkehrswesen. (Hand- und Lehrbuch der Staatswissenschaften I,7). 2.Aufl. Leipzig.

Braunbeck (1910): Braunbecks Sport-Lexikon. Automobilismus, Motorbootwesen, Luftschiffahrt. Hg. Gustav Braunbeck. Berlin.

Brockhaus / 2.Aufl. (1812-19): Konversations=Lexikon oder Hand=Wörterbuch für die gebildeten Stände über die in der gesellschaftlichen Unterhaltung und bei der Lectüre vorkommenden Gegenstände, Namen und Begriffe [...] 10 Bde. 2.Aufl. Leipzig.

Brockhaus / 2.Aufl. / Plagiat (1818-19): Konversations-Lexikon oder enzyklopädisches Handwörterbuch für gebildete Stände. [=Stuttgarter Plagiat des Brockhaus' 2.Aufl.] 7 Bde. Stuttgart.

Brockhaus / 7.Aufl. (1830): Allgemeine deutsche Real-Enzyklopädie für die gebildeten Stände (Conversations=Lexikon). 12 Bde. 2.Druck der 7.Aufl. Leipzig.

Brockhaus / 11.Aufl. (1864-68): Allgemeine deutsche RealEnzyklopädie für die gebildeten Stände. 15 Bde. 11.Aufl. Leipzig.

Brockhaus / 14.Aufl. (1894-97): Brockhaus' KonversationsLexikon. 16 Bde + 1 Suppl., 14.Aufl. Leipzig.

Brockhaus / 15.Aufl. (1928-35): Brockhaus' KonversationsLexikon. 20 Bde, 15.Aufl. Leipzig.

Brodhagen, Peter Heinrich Christoph (1794): Gemeinnützige Enzyklopädie für Handwerker, Künstler und Fabrikanten. 3 Bände. Hamburg.

Campe, Joachim Heinrich (1807-11): Wörterbuch der deutschen Sprache. 5 Bände. Braunschweig.

Caus, Salomon de (1615): Von gewaltsamen Bewegungen. Beschreibung etlicher sowohl nützlichen als lustigen Maschinen. Frankfurt. [Reprint: Hannover 1977]

Creifelds, Carl (1983): Rechtswörterbuch. 7.Aufl. München.

Curieuse Nachricht (1704): Curieuse Nachricht von Erfindungen und Erfindern der Wissenschaften, Künste und Handwercken. Hamburg.

Daimler-Mot.gesell. (1915): DMG. Zum 25jährigen Bestehen der Daimler-Motoren-Gesellschaft. Stuttgart.

Dampfmaschine (1860): Die Dampf-Maschine ersetzt durch die neuerfundene, einfache Gastriebkraft-Maschine. Leipzig.

Darmstädter, Ludwig (1908): Handbuch zur Geschichte der Naturwissenschaften und der Technik. In chronologischer Darstellung. 2.Aufl. Berlin.

Dechamps, Heinrich (1907): Automobil-Vergaser. (Autotechnische Bibliothek 3.) Berlin.

Delius, Christoph Traugott (1773/1806): Anleitung zu der Bergbaukunst. 2 Bde. Wien. [1.Aufl. 1773, 2.Aufl. 1806]

Descartes, René (1664/1969): Über den Menschen. Beschreibung des menschlichen Körpers. Nach der 1. französischen Ausgabe von 1664. Von Karl Rothschuh. Heidelberg.

Deutsche Enzykl. (1778-1802): Deutsche Enzyklopädie oder Allgemeines Real=Wörterbuch aller Künste und Wissenschaften von einer Gesellschaft Gelehrten. 22 Bde. Frankfurt. [nur bis zum Buchstaben K].

Diesel, Rudolf (1913): Die Entstehung des Dieselmotors. Berlin. [Reprint: Moers 1984]

Duden (1976-81): Duden. Das große Wörterbuch der deutschen Sprache. 6 Bde. Mannheim.

Engelmeyer, Peter Klimentitsch (1898): Was ist eine Maschine? In: VDI-Zeitschrift 42(1898), S.1196-1198.

Engelmeyer, Peter Klimentitsch (1899): Allgemeine Fragen der Technik. In: Dinglers Polytechnisches Journal Nr.311 S.21ff., Nr.312 S.1ff.

Enzykl. Methodologie (1814): Enzyklopädie und Methodologie der physisch-mathematischen Wissenschaften im Grundrisse. Wien.

Enzykl. / Frankr. (1751-80): Encyclopédie ou Dictionnaire raisonné des sciences, des arts et des métiers. Hg. Denis Diderot und Jean Baptiste d'Alembert. 35 Bde. Paris.

Erxleben, Johann Christian (1768ff.): Anfangsgründe der Naturgeschichte. Göttingen. [1.Aufl. 1768, 2.Aufl. 1777, 3.Aufl. 1784, 4.Aufl. 1791, 6.Aufl. 1794]

Feeg, Otto (1902): Die modernen Verkehrsmittel zu Wasser und zu Land. (Seedampfer, Eisenbahn, Fahrrad und Automobil.) In: Frankfurter Zeitgemäße Broschüren NF, Bd XXI, S.295-326.

Festschrift / Reichsverband (1926): Festschrift zum 25jährigen Bestehen des Reichsverbandes der Automobilindustrie e.V. 1901-1926. Berlin.

Fink, C. (1884): Zur Theorie der Gaskraftmaschinen. In: Festschrift der Königlichen Technischen Hochschule zu Berlin. Berlin. S.103-140.

Funcke / Hueck (1934): Funcke & Hueck 1844-1934. Rundschreiben aus den Jahren 1864-1909. Hagen. [Firmenschrift]

Germershausen, Albrecht (1890): Das Wegerecht und die Wegeverwaltung in Preußen. 2 Bde. Berlin.

Germershausen, Albrecht (1907): Das Wegerecht und die Wegeverwaltung in Preußen. (Handbücher des Preußischen Verwaltungsrechts 1.) 2 Bde. 3.Aufl. Berlin.

Ginzrot, Johann Christian (1817): Die Wagen und Fuhrwerke von der Antike bis zum 19. Jahrhundert. München. [Reprint: Gütersloh 1981]

Görges, [xy] (1914): Die dreifache Sprache des Ingenieurs. In: VDI-Zeitschrift 58, S.864-867.

Grashof, Franz (1890): Theorie der Kraftmaschinen. (Theoretische Maschinenlehre 3.) Hamburg.

Grimm, Jacob und Wilhelm (1854-1960): Deutsches Wörterbuch. Leipzig. [Reprint: München 1984 in 32 Bänden]

Grimsehl, E. (1909): Lehrbuch der Physik. Zum Gebrauche beim Unterricht, bei akademischen Vorlesungen und zum Selbststudium. Leipzig.

Hachette, Jean Nicolas Pierre (1828): Traité élémentaire des machines. 4.Aufl. Paris.

Handbuch / Masch.techn. (1904) (1914): Handbuch des Maschinentechnikers. Bernoulli's Vademecum des Mechanikers. Stuttgart, Leipzig. (23. Aufl. 1904, 25. Aufl. 1914.)

Handbuch / Opel (1913): Handbuch für Besitzer von großen Opel-Motorwagen. Eingehende Beschreibung der großen Opel- Motorwagen, Anleitung für deren Behandlung und Instandhaltung und Ratschläge für Behebung von Störungen. 3.Aufl. Rüsselsheim.

Handwörterbuch Naturwiss. (1912-15): Handwörterbuch der Naturwissenschaften. Hg. E. Korschelt u.a. 10 Bde. Jena.

Hart, Josef (1861): Konstruction und Entwürfe aus dem Gebiete des Maschinenbaues [Maschinenbauschule Karlsruhe]. Mannheim.

Hart, Josef (1867): Die Werkzeugmaschinen der Maschinenfabriken zur Metall- und Holzbearbeitung. Teil 1: Text, Teil 2: Tafeln. Heidelberg.

Hell, Peter (1878): Die wichtigsten Klein-Kraft-Maschinen, ihre Vorzüge und ihre Mängel. Ein Rathgeber für den Gewerbetreibenden und den Landwirth beim Ankauf eines Motors. Braunschweig.

Heyne, Moriz (1890-95): Deutsches Wörterbuch. 3 Bde. Leipzig.

Hilse, Karl (1888): Die Haftpflicht für Straßenbahnen und sonstige Fuhrbetriebe. Berlin.

Hosemann, Paul (1881): Über Kleinmotoren. Berlin.

Illustr. Konvers.lexikon (1870-80): Illustrirtes Konversationslexikon. Vergleichendes Nachschlagewerk für den täglichen Gebrauch. 8 Bde. Leipzig, Berlin.

Illustr. techn. Wbb. (1906-32): Illustrierte technische Wörterbücher in sechs Sprachen [dt., engl., frz., russ., ital., span.] Hg. Alfred Schlomann. 17 Bde. Berlin. [Einschlägig: Bd.3 (1908), Bd.4 (1908), Bd.9 (1910), Bd.10 (1910)]

Ingenieurs Taschenbuch (1857) (1887) (1905): Des Ingenieurs Taschenbuch. Hg. von dem Verein "die Hütte". Berlin. (1. Aufl. 1857, 13. Aufl. 1887, 19. Aufl. 1905.)

Jacobsson, Johann K. G. (1781-1795): Technologisches Wörterbuch. Oder alphabetische Erklärung aller nützlichen mechanischen Künste, Manufakturen, Fabriken und Handwerker. Bd.1-4 (1781-84); Suppl.bde 5-8 (1793-95). Berlin.

Jansen, Karl (1881): Gasmotor und Lichtmaschine (Schulprogramm der Realschule Düsseldorf.) Düsseldorf.

Karmarsch, Karl (1837-41): Grundriß der mechanischen Technologie. Als Leitfaden für den technologischen Unterricht an polytechnischen Instituten und Gewerbeschulen. Bd.1 (1837), Bd.2 (1841). Hannover.

Kessels, Heinrich (1864): Technologische Terminologie. Enthaltend eine alphabetische Zusammenstellung und Erklärung aller technischen Ausdrücke und Kunstwörter. Prag.

Kirchhof, N. (1782): Nachricht von der durch Herrn James Watt erfundenen Verbesserung der Feuermaschine. In: Göttingisches Magazin der Wissenschaft und Literatur Jg.3 2.Stück S.218-236.

Kirchner, Rudolf (1915): Gesetz über den Verkehr mit Kraftfahrzeugen vom 3. Mai 1909. 3.Aufl. Berlin.

Klemm, Gustav (1854): Die Werkzeuge und Waffen. Leipzig.

Knies, Karl (1853): Die Eisenbahnen und ihre Wirkungen. Braunschweig.

Knoke, J.O. (1887): Die Kraftmaschinen des Kleingewerbes. Berlin.

Kohler, Friedrich (1872): Mittheilungen über die zu Ulm 1871 stattgefundene schwäbische Industrieausstellung. Ulm.

Krämer, Hans (1898-1902): Welt der Technik im XIX. Jahrhundert. 3 Bde. o.O. [Reprint: Düsseldorf 1984 in 1 Band]

Kraft und Energie (1901): Eine kritische Darstellung über die Grundbegriffe der Mechanik. Wiesbaden.

Kraftübertragung (1907): Kraftübertragung im Fabrikbetriebe. (Schriften des Deutschen Werkmeister-Verbandes 4.) Düsseldorf.

Krünitz (1773-1858): Ökonomische Enzyklopädie oder allgemeines System der Land-, Haus- und Staatswirtschaft. Von Johann Georg Krünitz. 242 Bde. Berlin.

Küster, Julius (1906/1909): Das Automobil und seine Behandlung. 2.Aufl. und 4.Aufl. Leipzig.

Lamettrie, Julien Offray de (1748/1985): Der Mensch als Maschine. Mit einem Essay von Bernd A. Laska. Nürnberg. [Übersetzung der Ausgabe von 1748: L'homme machine.]

Langsdorf, Johann Wilhelm / Langsdorf, Karl Christian (1785-96): Sammlung praktischer Bemerkungen und einzelner zerstreuter Abhandlungen für Freude der Salzwerkskunde. Teil 1 (1785), Teil 2 (1788), Teil 3 (1796). Altenburg.

Langsdorf, Karl Christian (1794): Lehrbuch der Hydraulik. Altenburg.

Langsdorf, Karl Christian (1797-99): Handbuch der Maschinenlehre für Praktiker und akademische Lehrer. 2 Bde. Altenburg.

Langsdorf, Karl Christian von (1826-28): Ausführliches System der Maschinen-Kunde mit speciellen Anwendungen bei mannichfaltigen Gegenständen der Industrie. Für den Praktiker. Bd.1 (1826), Bd.2.1 (1827), Bd.2.2 (1828), Bd.3 (1828). Heidelberg.

Layriz, Otfried (1908): Die Staubplage und ihre Bekämpfung. München.

Lempe, Johann Friedrich (1795): Lehrbegriff der Maschinenlehre mit Rücksicht auf den Bergbau. Bd.1. Leipzig.

Leupold, Jacob (1724a): Theatrum machinarum generale. Schauplatz des Grundes mechanischer Wissenschaften. Das ist: Deutliche Anleitung zur Mechanic oder Bewegungs-Kunst [...] [=Band 1]. Leipzig.

Leupold, Jacob (1724b): Theatrum machinarum hydrotechnicarum. Schauplatz der Wasser-Bau-Kunst [...] [=Band 2]. Leipzig.

Leupold, Jacob (1724c): Theatri machinarum hydraulicarum. Tomus I. Oder: Schauplatz der Wasserkünste. Erster Theil. [...] [=Band 3]. Leipzig.

Leupold, Jacob (1725a): Theatri machinarum hydraulicarum. Tomus II. Oder: Schauplatz der Wasserkünste. Anderer Theil. [...] [=Band 4]. Leipzig.

Leupold, Jacob (1725b): Theatrum machinarium. Oder: Schauplatz der Heb-Zeuge [...] [=Band 5]. Leipzig.

Leupold, Jacob (1726a): Theatrum staticum. Das ist: Schau-Platz der Gewicht-Kunst und Waagen [...] [=Band 6]. Leipzig.

Leupold, Jacob (1726b): Theatrum pontificiale. Oder: Schau-Platz der Brücken und Brücken-Baues. [...] [=Band 7]. Leipzig.

Leupold, Jacob (1727): Theatrum Arithmetico-Geometricum. Das ist: Schau-Platz der Rechen- und Meß-Kunst [...] [=Band 8]. Leipzig.

Leupold, Jacob (1739): Theatri machinarum supplementum. Das ist: Zusatz zum Schau–Platz der Machinen und Instrumenten [Von Joachim Ernst Scheffler]. [=Band 9]. Leipzig.

Löw von und zu Steinfurth, Ludwig Freiherr (1912): Das Automobil, sein Bau und sein Betrieb. 2.Aufl. Wiesbaden.

Lohner, Ludwig (1900): Die Fortschritte des Automobilismus. Vortrag gehalten im Niederösterreichischen Gewerbeverein. Wien.

Lotz, Walter (1906): Verkehrsentwicklung in Deutschland 1800-1900. Sechs volkstümliche Vorträge. (Aus Natur und Geisteswelt 15.) 2.Aufl. Leipzig.

Lüder, Christian Friedrich von (1779): Vollständiger Innbegriff aller bey dem Straßenbau vorkommenden Fällen. Frankfurt.

Lueger, Otto (1894-99): Lexikon der gesamten Technik und ihrer Hilfswissenschaften. 7 Bde. Stuttgart.

Lux, Joseph August (1910): Der Geschmack im Alltag. Ein Buch zur Pflege des Schönen. 2.Aufl. Dresden.

Manes, Alfred (1902): Die Haftpflichtversicherung. Ihre Geschichte, wirtschaftliche Bedeutung und Technik, insbesondere in Deutschland. Leipzig.

Marperger, Paul Jacob (1704): Das neu–eröffnete Manufacturen–Hauß. Hamburg.

Maschine / Boden (1750): Die zu Boden gestürzte Maschine. Oder glaubwürdige Nachricht von dem Leben und sonderbaren Ende des berühmten Arztes de la Mettrie. Frankfurt.

Maschinenwesen (1846): Das Maschinenwesen und die darüber verbreiteten Vorurteile. Leipzig.

Matschoß, Konrad (1919): Ein Jahrhundert Deutscher Maschinenbau. Von der mechanischen Werkstätte bis zur deutschen Maschinenfabrik 1819-1919. Berlin.

Merklein, Franz (1896): Praktisches Handbuch für den gesamten Wagenbau. Wien.

Meyer (1862-1873): Meyers Konversations–Lexikon. 17 Bände. 2. Aufl. Leipzig.

Meyer (1893-1901): Meyers Konversations–Lexikon. 21 Bände. 5. Aufl. Leipzig.

Müllendorf, E. / Kübel, F. (1900): Die Automobilen, ihr Wesen und ihre Behandlung. Ein Ratgeber für Nichtfachleute. 2.Aufl. Berlin. [1.Aufl. 1899]

Musil, Alfred (1878): Die Motoren für das Kleingewerbe. Braunschweig.

Musil, Alfred (1879): Die Motoren für das Kleingewerbe. In: Bericht über die Weltausstellung in Paris 1878, H.5. Wien.

Musil, Alfred (1897): Die Motoren für Gewerbe und Industrie. 3.Aufl. Braunschweig.

Newhouse, Ludwig (1834): Über Chaussee–Dampfwagen statt Eisenbahnen mit Dampfwagen in Deutschland. Mannheim.

Physikal. Wörterbuch (1825-45): Johann Samuel Traugott Gehler's Physikalisches Wörterbuch. Neu bearbeitet von Brandes u.a. 11 Bde Text und 10 Bde Abb. 2.Aufl. Leipzig.

Pictet, Raoul (1898): Die Automobile und die motorische Kraft. Der Luft–Wasser–Motor. Weimar.

Pözinger, Georg Wilhelm (1736-66): Sammlung nützlicher Maschinen und Instrumenten. Nürnberg.

Poppe, Johann Heinrich Moritz (1806): Handbuch der Technologie. Vornehmlich zum Gebrauch auf Schulen und Universitäten. 3 Teile. Frankfurt.

Poppe, Johann Heinrich Moritz (1807-1811): Geschichte der Technologie. Bd.1 (1807), Bd.2 (1810), Bd.3 (1811). Göttingen.

Poppe, Johann Heinrich Moritz (1816-20): Technologisches Lexikon. 5 Bde. Stuttgart.

Popul. physik. Lexikon (1834-38): Populäres physikalisches Lexikon oder Handwörterbuch der gesamten Naturlehre für die Gebildeten aus allen Ständen. Von G.O. Marbach. 5 Bde. Leipzig.

Prony, Marie Riche (1790): Nouvelle architecture hydraulique. Bd.1. Paris.

Prony, Marie Riche (1795): Neue Architektura Hydraulika. Aus dem Französischen von Karl Christian Langsdorf. Bd.1. Frankfurt. [Übersetzung von Prony (1790)]

Ramelli, Agostino (1588): Le diverse et artificiose machine. [Paris].

Ramelli, Agostino (1620): Schatzkammer mechanischer Künste. Leipzig. [Reprint: Hannover 1976]

Rasch, E. (1899): Zum Wesen der Erfindung. (Sammlung gemeinverständlicher wissenschaftlicher Vorträge NF 324.) Hamburg.

Rauchberg, Heinrich (1901): Die Berufs– und Gewerbezählung im Deutschen Reich vom 14. Juni 1895. Berlin.

Redtenbacher, Ferdinand (1848): Resultate für den Maschinenbau. [Bd.1:] Text, [Bd.2:] Abb. Mannheim.

Redtenbacher, Ferdinand (1852): Prinzipien der Mechanik und des Maschinenbaues. Mannheim.

Redtenbacher, Ferdinand (1853a): Die Luftexpansions–Maschine. Mannheim.

Redtenbacher, Ferdinand (1853b): Die calorische Maschine. 2.Aufl. Mannheim.

Redtenbacher, Ferdinand (1860): Resultate für den Maschinenbau. 4.Aufl. Mannheim.

Redtenbacher, Ferdinand (1862-65): Der Maschinenbau. Bd.1 (1862), Bd.2 (1863). Mannheim.

Reuleaux, Franz (1875): Theoretische Kinematik. Grundzüge einer Theorie des Maschinenwesens. (Lehrbuch der Kinematik Bd 1). Braunschweig.

Reuleaux, Franz (1891): Deutschlands Leistungen und Aussichten auf technischem Gebiete. (Rede des Rektors der TH Berlin zum Geburtstag des Kaisers). Berlin.

Reuleaux, Franz (1900): Die praktischen Beziehungen der Kinematik zu Geometrie und Mechanik. (Lehrbuch der Kinematik Bd 2). Braunschweig.

Riedler, Alois (1894): Ein Rückblick auf die Weltausstellung in Chikago. Vortrag gehalten im Verein zur Beförderung des Gewerbfleisses. (Volkswirtschaftliche Zeitfragen 117.) Berlin.

Riedler, Alois (1900): Über die geschichtliche und zukünftige Bedeutung der Technik. (Rede des Rektors der TH Berlin zum Geburtstag des Kaisers). Berlin.

Rühlmann, Moritz (1862-75): Allgemeine Maschinenlehre. Ein Leitfaden für angehende Techniker, Cameralisten, Landwirthe und Gebildete jeden Standes. 4 Bde. Braunschweig.

Sanders, Daniel (1860-65): Wörterbuch der Deutschen Sprache. Bd.1 (1860), Bd.2.1 (1863), Bd.2.2 (1865). Leipzig.

Savery, Thomas (1702): The miner's friend; or: An engine to raise water by fire. London. [Reprint: London 1827]

Scheuchzer, Johann Jakob (1711): Physica oder Natur–Wissenschaft. 2 Bde. 2.Aufl. Zürich.

Schiefferdecker, Paul (1900): Das Radfahren und seine Hygiene. Stuttgart.

Schmidt, Georg Christoph (1784): Beschreibung gemeinnütziger Maschinen. Jena.

Schreber, K. (1903): Die Kraftmaschinen. Vorlesungen über die wichtigsten der zur Zeit gebrauchten Kraftmaschinen. Leipzig.

Schwartze, Theodor (1892): Katechismus der Dampfkessel, Dampfmaschinen und anderer Wärmemotoren. Ein Lehr– und Nachschlagebuch für Praktiker, Techniker und Industrielle. 4.Aufl. Leipzig.

Schweizer, Johann Conrad (1847): Fremdwörterbuch zur Erklärung aller in die deutsche Umgangssprache aufgenommenen fremden Wörter und Redensarten. 6.Aufl. Zürich.

Slaby, Adolf (1895): Das Gesetz von der Erhaltung der Energie und seine Bedeutung für die Technik. (Rede des Rektors der TH Berlin zum Geburtstag des Kaisers). Berlin.

Sombart, Werner (1911): Technik und Kultur. In: Archiv für Sozialwissenschaft und Sozialpolitik 33, S.305-347.

Statist. Jahrbuch (1880-1918): Statistisches Jahrbuch für das Deutsche Reich. Hg. vom Kaiserlichen Statistischen Amt. Bd.1 (1880) - 39 (1918). Berlin.

Strada, Jacopo de (1626): Künstlicher Abriß allerhand Wasser-, Wind-, Roß- und Handmühlen beneben schönen und nützlichen Pompen. Frankfurt.

Strassen-Dampf-Wagen-System (1880): Das neue Strassen-Dampf-Wagen-System erfunden von Amadeus Bollée in LeMans. In allen seinen Theilen geschützt durch Deutsches Reichs-Patent. Berlin.

Sturm, Leonhard Christoph (1718): Vollständige Mühlen-Baukunst. Augsburg.

Techn. Wörterbuch (1843-44): Technisches Wörterbuch oder Handbuch der Gewerbkunde. Bearb. von Karl Karmasch u.a. [nach: Andrew Ure; Dictionary of Arts, Manufactures and Mines.] 3 Bde. Prag.

Techn. Wortschatz (1920): Technischer Wortschatz. Hg. Karl Hager u.a. Stuttgart.

Technol. Enzyklopädie (1830-69): Technologische Enzyklopädie oder alphabetisches Handbuch der Technologie, der technischen Chemie und des Maschinenwesens. Hg. J. J. Prechtl. 20 Bände, 5 Supplementbände [=21-25], 5 Tafelbände [=26-30]. Stuttgart.

Technol. Lexikon (1883): Technologisches Lexikon für Gewerbtreibende und Industrielle. Band 2: Mechanische Technologie und Maschinenkunde. Leipzig.

Univ.lexikon / Zedler (1732-50): Großes vollständiges Universal-Lexikon aller Wissenschaften und Künste [Verleger: Johann Heinrich Zedler]. 64 Bde. Halle, Leipzig.

Vater, Richard (1900): Einführung in die Theorie und den Bau der neueren Wärmekraftmaschinen. (Aus Natur und Geisteswelt 21.) Leipzig.

Vater, Richard (1906): Neuere Fortschritte auf dem Gebiete der Wärmekraftmaschinen. (Aus Natur und Geisteswelt 86.) Leipzig.

Viersprachiges Autotechnisches Wörterbuch (1907): Von R. Schmidt. [dt., frz., engl., ital.] Bd.1 Leipzig.

Weigand, Friedrich Ludwig Karl (1901-10): Deutsches Wörterbuch. Bearb. von Karl v. Bahder u.a. 2 Bde. Gießen.

Weisbach, Julius (1848): Der Ingenieur. Sammlung von Tafeln, Formeln und Regeln. Braunschweig.

Weisbach, Julius (1850-60): Lehrbuch der Ingenieur- und Maschinenmechanik. Für den Unterricht an technischen Lehranstalten sowie zum Gebrauche für Techniker. 2.Aufl. 3 Bde. Braunschweig.

Wendt, Ulrich (1906): Die Technik als Kulturmacht in sozialer und in geistiger Beziehung. Berlin.

Weyrauch, Jakob J. (1905-07): Grundriss der Wärmetheorie. 2 Bde. Stuttgart.

With, Emil (1859): Hülfsbuch bei dem Bau öffentlicher Arbeiten und Maschinen. Aus dem Französischen. Mannheim.

Wörterbuch Verw.recht (1890): Wörterbuch des deutschen Verwaltungsrechts. Hg. Karl Stengel. 2 Bde. Freiburg.

Wörterbuch Verw.recht (1911-14): Wörterbuch des deutschen Staats- und Verwaltungsrechts. Hg. Max Fleischmann. 3 Bde. 2.Aufl. Freiburg.

Zeising, Heinrich (1612-14): Theatrum machinarum. 5 Teile. 2.Aufl. Leipzig. [1.Aufl. 1607-22, 4.Aufl. 1708]

Literatur

Aitchison, Jean (1987): Words in the mind. An Introduction to the Mental Lexicon. Oxford.

Atkins, Kenneth (1986): Physik. Die Grundlagen des physikalischen Weltbildes. 2.Aufl. Berlin.

Automobil / Kunst (1986): Das Automobil in der Kunst 1886-1986. Katalog der Ausstellung im Haus der Kunst, München 9. August bis 5. Oktober 1986. München.

Bahr, Hans-Dieter (1983): Über den Umgang mit Maschinen. Tübingen.

Balzer, Wolfgang / Kamlah, Andreas (Hg.) (1979): Aspekte der physikalischen Begriffsbildung. Theoretische Begriffe und operationale Definition. Braunschweig.

Bammé, Arno u.a. (1983): Maschinen-Menschen, Mensch-Maschinen. Grundrisse einer sozialen Beziehung. Reinbek.

Barth, Erhard (1971): Fachsprachen. Eine Bibliographie. In: Germanistische Linguistik 3/71, S.205-363.

Baruzzi, Arno (1968): [1:] Die französischen Materialisten des 18. Jahrhunderts. [2:] La Mettrie. In: ders. (Hg.); Aufklärung und Materialismus im Frankreich des 18. Jahrhunderts. München. S.7-19, S.21-62.

Baruzzi, Arno (1973): Mensch und Maschine. Das Denken sub specie machinae. München.

Bayerl, Günter (1987): Herrn Pfisters und anderer Leute Mühlen. Das Verhältnis von Mensch, Technik und Umwelt im Spiegel eines literarischen Topos. In: Segeberg (1987b) S.51-101.

Beier, Elfriede (1961): Grenzen der Sprachnormung in der Technik. In: Muttersprache 71, S.193-206, S.272-283.

Beier, Rudolf (1980): Englische Fachsprache. Stuttgart.

Beling, Gerd / Wersig, Gernot (1979): Pragmatische Aspekte der Terminologienormung. In: Mentrup (1979) S.144-154.

Bloch, Ernst (1935): Erbschaft dieser Zeit. Zürich. [Zit. nach: Bloch Gesamtausgabe Bd.4 (1977), Frankfurt.]

Böge, Alfred (1985): Das Techniker Handbuch. 8.Aufl. Braunschweig.

Boyd, Richard (1979): Metaphor and Theory Change: What is 'Metaphor' a Metaphor for? In: Ortony (1979) S.356-408.

Braun, Hans-Joachim (1977): Methodenprobleme der Ingenieurwissenschaft 1850-1900. In: Technikgeschichte 44, S.1-18.

Braun, Rudolf (1973): Probleme des sozio-kulturellen Wandels im 19. Jahrhundert. In: Wiegelmann, Günter (Hg.); Kultureller Wandel im 19. Jahrhundert. Göttingen. S.11-21.

Breger, Herbert (1982): Die Natur als arbeitende Maschine. Zur Entstehung des Energiebegriffs in der Physik 1840-1850. Frankfurt.

Bückendorf, Helmut (1963): Metaphorik in modernen technischen Bezeichnungen des Englischen. (Phil. Diss.) Köln.

Bühl, Walter (1983): Die Angst des Menschen vor der Technik. Alternativen im technologischen Wandel. Düsseldorf.

Bungarten, Theodor (Hg.) (1981): Wissenschaftssprache. Beiträge zur Methodologie, theoretischen Fundierung und Deskription. München.

Burchardt, Lothar (1981): Standespolitik, Sachverstand und Gemeinwohl. Technisch-wissenschaftliche Gemeinschaftsarbeit 1890 bis 1914. In: Ludwig (1981) S.167-234.

Buschmann, Heinrich / Koeßler, Paul (1973): Handbuch für den Kraftfahrzeugingenieur. 8.Aufl. Stuttgart.

Busse, Dietrich (1987): Historische Semantik. Analyse eines Programms. Stuttgart.

Bussien - Automobiltechnisches Handbuch (1978). Hg. Gustav Goldbeck. (Ergänzungsband zur 18.Aufl.) Berlin.

Carnap, Rudolf (1926): Physikalische Begriffsbildung. Karlsruhe.

Cassirer, Ernst (1930): Form und Technik. [Zit. nach: ders. (1985); Symbol, Technik, Sprache. Hamburg. S.39-91.]

Cherubim, Dieter (1983a): Zur bürgerlichen Sprache des 19. Jahrhunderts. Historisch-pragmatische Skizze. In: Wirkendes Wort 33, S.398-422.

Cherubim, Dieter (1983b): Sprachentwicklung und Sprachkritik im 19. Jahrhundert. In: Cramer (1983) Bd.2 S.170-188.

Cherubim, Dieter / Mattheier, Klaus (Hg.) (1989): Voraussetzungen und Grundlagen der Gegenwartssprache. Sprach- und sozialgeschichtliche Untersuchungen zum 19. Jahrhundert. Berlin.

Cramer, Thomas (Hg.) (1983): Literatur und Sprache im historischen Prozeß. 2 Bde. Tübingen.

de Kleer, Johan / Brown, John (1983): Assumptions and Ambiguities in Mechanistic Mental Models. In: Gentner/Stevens (1983) S.155-190.

Dessauer, Friedrich (1956): Streit um die Technik. 2.Aufl. Frankfurt.

Dieckmann, Walter (Hg.) (1989): Reichthum und Armut deutscher Sprache. Reflexionen über den Zustand der deutschen Sprache im 19. Jahrhundert. Berlin.

Dijksterhuis, E.J. (1956): Die Mechanisierung des Weltbildes. Berlin. [Niederländisch: Amsterdam 1950.]

DIN-2330 (1979). Begriffe und Benennungen. Allgemeine Grundsätze. Berlin.

DIN-2331 (1980). Begriffssysteme und ihre Darstellung. Berlin, Köln.

DIN-70010 (1978). Systematik der Straßenfahrzeuge. Begriffe für Kraftfahrzeuge, Züge und Anhängefahrzeuge. Berlin.

DIN-Begriffslexikon (1961). Benennungen und Definitionen aus den deutschen Normen. Hg. Deutscher Normenausschuß. Berlin.

Dörner, Dietrich (1981): Über die Schwierigkeiten menschlichen Umgangs mit Komplexität. In: Psychologische Rundschau 32, S.163-179.

Dröge, Kurt (1978): Die Fachsprache des Buchdrucks im 19. Jahrhundert. Lemgo.

Drozd, Lubomir / Seibicke, Wilfried (1973): Deutsche Fach- und Wissenschaftssprache. Wiesbaden.

Dubbel-Taschenbuch für den Maschinenbau (1986). Hg. W. Beitz u.a. (Korr. Nachdruck der 15.Aufl.) Berlin.

Duden (1976-81). Deutsches Wörterbuch. 6 Bände. Mannheim.

Dückert, Joachim (1981): Naturwissenschaftliche und technische Fachlexik. In: Schildt u.a. (1981) S.102-189.

Eckermann, Erik (1981): Vom Dampfwagen zum Auto. Motorisierung des Verkehrs. Reinbek.

Eckoldt, Carl (1986): Kraftmaschinen I. Muskelkraft, Windkraft, Wasserkraft, Dampfkraft. 2.Aufl. München.

Eggers, Hans (1977): Deutsche Sprachgeschichte IV. Das Neuhochdeutsche. Reinbek.

Enzyklopädie Philosophie (1980ff.): Enzyklopädie Philosophie und Wissenschaftstheorie. Hg. Jürgen Mittelstraß. Bd.1 (1980), Bd.2 (1984). Mannheim.

Fachwort Technik (1984): Das deutsche Fachwort der Technik. Bildungselemente und Muster. Leipzig.

Felber, Helmut u.a. (Hg.) (1979): Terminologie als angewandte Sprachwissenschaft. Gedenkschrift für Eugen Wüster. München.

Felber, Helmut / Budin, Gerhard (1989): Terminologie in Theorie und Praxis. Tübingen.

Fersen, Olaf von (Hg.) (1985): Ein Jahrhundert Automobiltechnik. Personenwagen. Düsseldorf.

Fiehler, Reinhard / Weingarten, Rüdiger (Hg.) (1988): Technisierte Kommunikation. Opladen.

Fischer, Franz (1975): Dinglers Polytechnisches Journal (1820-1855). In: Archiv für Geschichte des Buchwesens 15, Sp.1027-1142.

Flasche, Hans / Wawrzinek, Utta (1960): Materialien zur Begriffsgeschichte (1900-1955). In: Archiv für Begriffsgeschichte 5 (1960).

Fluck, Hans-Rüdiger (1980): Fachsprachen. Einführung und Bibliographie. 2.Aufl. München.

Freyer, Hans (1960): Über das Dominantwerden technischer Kategorien in der Lebenswelt der industriellen Gesellschaft. In: Akademie der Wissenschaft und Literatur Mainz. Geistes- und sozialwissenschaftl. Klasse 7, S.539-551.

Fürst, Artur (1923-27): Das Weltreich der Technik. Entwicklung und Gegenwart. 4 Bde. Berlin. [Reprint: Düsseldorf 1985-87]

Gehlen, Arnold (1957): Die Seele im technischen Zeitalter. Sozialpsychologische Probleme in der industriellen Gesellschaft. Hamburg.

Gehlen, Arnold (1986): Der Mensch. Seine Natur und seine Stellung in der Welt. 13.Aufl. [1.Aufl. 1940.] Wiesbaden.

Gentner, Dedre (1982): Are Scientific Analogies Metaphors? In: Miall (1982) S.106-132.

Gentner, Dedre / Gentner, Donald (1983): Flowing Water or Teeming Crowds: Mental Models of Electricity. In: Gentner/ Stevens (1983) S.99-129.

Gentner, Dedre / Stevens, A. (Hg.) (1983): Mental models. Hillsdale.

Gentner, Dedre / Toupin, Cecile (1986): Systematicity and Surface Similarity in the Development of Analogy. In: Cognitive Science 10, S.277-300.

Gergely, Stefan M. (1986): Wie der Computer den Menschen und das Lernen verändert. Ein kritischer Ratgeber für Eltern, Lehrer und Schüler. München.

Gerlach, Walther (1962): Die Sprache der Physik. Bonn.

Gerlach, Walther (1966): Die Entwicklung der Physik der Elektrizität im 19. Jahrhundert. In: Technikgeschichte 33, S.356-387.

Geschichtliche Grundbegriffe (1972ff.) Historisches Lexikon zur politisch-sozialen Sprache in Deutschland. Hg. Otto Brunner u.a. Bd.1 (1972), Bd.2 (1975), Bd.3 (1982), Bd.4 (1978), Bd.5 (1984). Stuttgart.

Glaser, Wilhelm (1972): Soziales und instrumentales Handeln. Probleme der Technologie bei Arnold Gehlen und Jürgen Habermas. Stuttgart.

Gnutzmann, Claus (1980): Fachsprachen und Jargon. In: Gnutzmann/Turner (1980) S.49-59.

Gnutzmann, Claus / Turner, John (Hg.) (1980): Fachsprachen und ihre Anwendung. Tübingen.

Grobecker, Kurt (1980): Gleich Vögeln durch die Luft zu schweben. Kuriose Erfindungen aus Urgroßvaters Zeiten. München.

Grosse, Siegfried (1979): Beobachtungen zum fachsprachlichen Vokabular im Leitartikel einer Tageszeitung. In: Mentrup (1979) S.209-217.

Grosse, Siegfried (1986): Zur Entwicklung der deutschen Sprache im 19. Jahrhundert. In: Kontroversen, alte und neue. Bd 4. Tübingen. S.210-21.

Grosse, Siegfried (1987): Sprachwandel und Sprachwachstum im Ruhrgebiet des 19. Jahrhunderts unter dem Einfluß der Industrialisierung. In: Zeitschrift für Dialektologie und Linguistik 54, S.202-221.

Grosse, Siegfried / Mentrup, Wolfgang (Hg.) (1982): Anweisungstexte. Tübingen.

Hahn, Walther von (1971): Die Fachsprache der Textilindustrie im 17. und 18. Jahrhundert. Düsseldorf.

Hahn, Walther von (Hg.) (1981): Fachsprachen. Darmstadt.

Hahn, Walther von (1983): Fachkommunikation. Entwicklung, Linguistische Konzepte, Betriebliche Beispiele. Berlin.

Hartmann, Dietrich (1980): Über den Einfluß von Fachsprachen auf die Gemeinsprache. Semantische und variationstheoretische Überlegungen zu einem wenig erforschten Zusammenhang. In: Gnutzmann/Turner (1980) S.27-48.

Hartung, Wolfdietrich / Schönfeld, Helmut (1981): Kommunikation und Sprachvariation. Berlin.

Haverkamp, Anseln (Hg.) (1983): Theorie der Metapher. Darmstadt.

Hebel, Franz (1979): Spracherfahrungen bei der Suche nach Information. In: Deutschunterricht 31, Heft 5, S.88-108.

Heckmann, Herbert (1982): Die andere Schöpfung. Geschichte der frühen Automaten in Wirklichkeit und Dichtung. Frankfurt.

Heidegger, Martin (1954): Die Frage nach der Technik. In: Die Künste im technischen Zeitalter. München. S.70-108.

Hermann, Armin (1969): Der Kraftbegriff bei Michael Faraday und seine historische Wurzel. In: Manegold (1969a) S.469ff.

Heyer, Gerhard u.a. (Hg.) (1988): Wissensarten und ihre Darstellung. Beiträge aus Philosophie, Psychologie, Informatik und Linguistik. Berlin.

Historisches Wörterbuch (1971ff.): Historisches Wörterbuch der Philosophie. Hg. Joachim Ritter u.a. Darmstadt.

Hörning, Karl (1988): Technik im Alltag und die Widersprüche des Alltäglichen. In: Joerges (1988) S.51-94.

Hoffmann, Dietrich (1974): Die frühesten Berichte über die erste Dampfmaschine auf dem europäischen Kontinent. In: Technikgeschichte 41, S.118-131.

Hoffmann, Lothar (Hg.) (1978): Sprache in Wissenschaft und Technik. Leipzig.

Hoffmann, Lothar (1985): Kommunikationsmittel Fachsprache. 2.Aufl. Tübingen.

Hoffmann, Lothar (1988): Vom Fachwort zum Fachtext. Tübingen.

Hornung, Wilhelm (1978): Zur Frage der lexikalischen Ebenen im Bereich der wissenschaftlichen Kommunikation. In: Hoffmann (1978) S.94-103.

Hums, Lothar (1988): Zur Problematik metaphorischer Benennungen in Wissenschaft und Technik. In: Zeitschrift für Germanistik 9, S.43-56.

Hund, Friedrich (1943): Die Entwicklung und Bedeutung des Energiebegriffes. Zum Gedächtnis seiner allgemeinen Fassung vor hundert Jahren. Leipzig.

Hund, Friedrich (1978): Geschichte der physikalischen Begriffe. 2 Bde. 2.Aufl. Mannheim.

Hund, Friedrich (1979): Grundbegriffe der Physik. 2 Bde. Mannheim.

Huning, Alois (1986): Homo mensura. Der Mensch ist seine Technik — Technik ist menschlich. In: Huning/Mitcham (1986) S.35-45.

Huning, Alois / Mitcham, Carl (Hg.) (1986): Technikphilosophie im Zeitalter der Informationstechnik. Braunschweig.

Ischreyt, Heinz (1965): Studien zum Verhältnis von Sprache und Technik. Düsseldorf.

Ischreyt, Heinz (1968): Sprachwandel durch die Technik. In: Wirkendes Wort 18, S.73-84.

Jakob, Karlheinz (1989): Technische Innovation und Sprachwandel im 19. Jahrhundert. In: Cherubim/Mattheier (1989) S.109-121.

Jakob, Karlheinz (1991): Naive Techniktheorie und Alltagssprache. In: Erscheinungsformen des Deutschen. Konkretisierung in Zeit, Raum und Gesellschaft. Festschrift für Hugo Steger. Hg. Jürgen Dittmann u.a. Berlin. S.137-148. [im Druck]

Jenelten-Allkofer, Christel (1979): Energievorstellungen von 5- bis 16Jährigen bei physikalischen Experimenten. (Phil. Diss.) Kiel.

Jessen, Hans (1977): Die Zeitschriften des deutschen Sprachgebietes von 1871 bis 1900. Stuttgart.

Joerges, Bernward (1981): Zur Soziologie und Sozialpsychologie des alltäglichen technischen Wandels. In: Ropohl (1981) S.137-151.

Joerges, Bernward (Hg.) (1988): Technik im Alltag. Frankfurt.

Johnson, Mark (1987): The Body in the Mind. The Bodily Basis of Meaning, Imagination, and Reason. Chicago.

Johnson-Laird, P.N. (1983): Mental models. Towards a cognitive science of language, inference, and consciousness. Cambridge.

Jokisch, Rodrigo (Hg.) (1982): Techniksoziologie. Frankfurt.

Jung, Lothar (1966): Technik und Sprache. Das Auto in der deutschen Sprache. In: Muttersprache 76, S.114-120.

Kainz, Friedrich (1939): Sprache und Technik. In: Geistige Arbeit 6, Nr.5, S.7-8.

Kalverkämper, Hartwig (1983): Textuelle Fachsprachen-Linguistik als Aufgabe. In: Zeitschrift für Literaturwissenschaft und Linguistik 13, Heft 51/52, S.124-166.

Kamlah, Andreas (1979): Die Bedeutung des d'Alembertschen Prinzips für die Definition des Kraftbegriffs. In: Balzer/ Kamlah (1979) S.191-217.

Kapp, Ernst (1877): Grundlinien einer Philosophie der Technik. Zur Entstehungsgeschichte der Cultur aus neuen Gesichtspunkten. Braunschweig.

Kempton, Willett (1986): Two Theories of Heat Control. In: Cognitive Science 10, S.75-90.

Kieras, D.E. / Bovair, S. (1984): The role of a mental model in learning to operate a device. In: Cognitive Science 8, S.255-273.

Kirchner, Joachim (1977): Die Zeitschriften des deutschen Sprachgebietes von 1831 bis 1870. Stuttgart.

Kittredge, Richard / Lehrberger, John (Hg.) (1982): Sublanguage. Studies of Language in Restricted Semantic Domains. Berlin.

Kleinert, Andreas (Hg.) (1980): Physik im 19. Jahrhundert. Darmstadt.

Klemm, Friedrich (1969): Die Rolle der Technik in der Aufklärung. In: Manegold (1969a) S.318-330.

Klemm, Friedrich (1983a): Geschichte der Technik. Der Mensch und seine Erfindungen im Bereich des Abendlandes. Reinbek.

Klemm, Friedrich (1983b): Perpetuum mobile. Ein 'unmöglicher' Menschheitstraum. Dortmund.

Kluge, Friedrich (1975): Etymologisches Wörterbuch der deutschen Sprache. Bearbeitet von Walther Mitzka. 21.Aufl. Berlin.

Koch, Siegfried (1975): Der Konzeptwandel in den Naturwissenschaften um 1800 im Vergleich. In: Nitschke, August (Hg.); Verhaltenswandel in der industriellen Revolution. S.92-106.

Kocka, Jürgen (1969): Unternehmensverwaltung und Angestelltenschaft am Beispiel Siemens 1847-1914. Stuttgart.

Kocourek, Rotislav (1982): La langue francaise de la technique et de la science. Wiesbaden.

Köhler, Claus (1970): Zum Gebrauch von Modalverben und Passivfügungen in der deutschen Fachsprache der Technik. In: Hahn (1981) S.239-261. [Erstveröffentlichung 1970.]

Koselleck, Reinhart (1978): Begriffsgeschichte und Sozialgeschichte. In: ders. (Hg.); Historische Semantik und Begriffsgeschichte. Stuttgart. S.19-36.

Krafft, Fritz (Hg.) (1986): Große Naturwissenschaftler. Biographisches Lexikon. Mit einer Bibliographie zur Geschichte der Naturwissenschaften. 2.Aufl. Düsseldorf.

Kraftfahrtechnisches Taschenbuch (1984). Hg. Robert Bosch GmbH. 19.Aufl. Stuttgart.

Kroker, Evelyn (1969): Publikationen über Weltausstellungen aus dem 19. Jahrhundert als Quelle für die Wirtschafts- und Technikgeschichte. In: Schmauderer (1969) S.131-147.

Kroker, Werner (1971): Wege zur Verbreitung technologischer Kenntnisse zwischen England und Deutschland in der zweiten Hälfte des 18. Jahrhunderts. Berlin.

Krüger, Sabine (1979): Zum Fachwortschatz des frühen deutschen Eisenbahnwesens (ca. 1800-1860). Terminologische Untersuchungen und Wörterbuch. Düsseldorf.

Kruse, Lenelis (1981): Psychologische Aspekte des technischen Fortschritts. In: Ropohl (1981) S.71-81.

Kühn, Peter (1978): Deutsche Wörterbücher. Eine systematische Bibliographie. Tübingen.

Küster, Rainer (1982): Pragmalinguistische Aspekte von Anweisungen. In: Grosse/Mentrup (1982) S.104-133.

Kuntz, Helmut (1979): Zur textsortenmäßigen Binnendifferenzierung des Fachs Kraftfahrzeugtechnik. Göppingen.

Kutschmann, Werner (1983): Die Newtonsche Kraft. Metamorphose eines wissenschaftlichen Begriffs. Wiesbaden.

Kutschmann, Werner (1986): Der Naturwissenschaftler und sein Körper. Die Rolle der 'inneren' Natur in der experimentellen Naturwissenschaft der frühen Neuzeit. Frankfurt.

Lakoff, George / Johnson, Mark (1980): Metaphors we live by. Chicago.

Lange, Thomas (1980): Literatur des technokratischen Bewußtseins. In: Zeitschrift für Literaturwissenschaft und Linguistik 10, Heft 40, S.52-81.

Laucken, Uwe (1974): Naive Verhaltenstheorie. Stuttgart.

Lenk, Hans (1982): Zur Sozialphilosophie der Technik. Frankfurt.

Lenk, Hans / Moser, Simon (Hg.) (1973): Techne, Technik, Technologie. Philosophische Perspektiven. Pullach.

Lenk, Hans / Ropohl, Günter (1978): Technik im Alltag. In: Kölner Zeitschrift für Soziologie und Sozialpsychologie, Sonderheft 20, S.265-298.

Lepenies, Wolf (1976): Das Ende der Naturgeschichte. Wandel kultureller Selbstverständlichkeiten in den Wissenschaften des 18. und 19. Jahrhunderts. München.

Lerch, Eugen (1940): Aristoteles, die Lokomotive und das Automobil. In: Studia neophilologica 12, S.210-236.

Leyhausen, Hans Jörg (1980): Die Meisterprüfung im Kfz-Handwerk. 2 Bde. 7.Aufl. Würzburg.

Linde, Hans (1972): Sachdominanz in Sozialstrukturen. Tübingen.

Lindemann, Margot (1969): Deutsche Presse bis 1815. Geschichte der deutschen Presse I. Berlin.

Lindner, Helmut (1985): Strom. Erzeugung, Verteilung und Anwendung der Elektrizität. Reinbek.

Link, Jürgen / Reinecke, Siegfried (1987): 'Autofahren ist wie das Leben'. Metamorphosen des Autosymbols in der deutschen Literatur. In: Segeberg (1987b) S.436-482.

Löffler, Heinrich (1985): Germanistische Soziolinguistik. Berlin.

Löning, Petra (1981): Zur medizinischen Fachsprache. Stilistische Gliederung und Textanalysen. In: Muttersprache 91, S.79-92.

Ludwig, Karl-Heinz (Hg.) (1981): Technik, Ingenieure und Gesellschaft. Geschichte des Vereins Deutscher Ingenieure 1856 bis 1981. Düsseldorf.

Lueger (1960-72): Lueger Lexikon der Technik. 17 Bde. 4.Aufl. Stuttgart.

Lutz, Burkart (Hg.) (1987): Technik und sozialer Wandel. Verhandlungen des 23. Deutschen Soziologentages in Hamburg 1986. Frankfurt.

MacCormac, Earl (1986): Mensch und Maschine. Eine Computer-Metapher. In: Huning/Mitcham (1986) S.47-62.

Mackensen, Lutz (1959): Muttersprachliche Leistungen der Technik. In: Sprache. Schlüssel zur Welt. Festschrift für Leo Weisgerber. Hg. Helmut Gipper. Düsseldorf. S.293-305.

Mackensen, Lutz (1962): Technik in sprachlicher Form. In: Studium generale 15, S.59-71.

Mackensen, Lutz (1971): Die deutsche Sprache in unserer Zeit. Zur Sprachgeschichte des 20. Jahrhunderts. 2.Aufl. Heidelberg.

Mahler, Wilma (1978): Der Labor- und Röntgenslang in medizinischen Praxen. In: Muttersprache 88, S.1-18.

Mahr, Johannes (1987): 'Tausend Eisenbahnen hasten ... Um Mich. Ich nur bin die Mitte!' Eisenbahngedichte aus der Zeit des Deutschen Kaiserreichs. In: Segeberg (1987b) S.132-173.

Mandl, Heinz/ Spada, Hans (Hg.) (1988): Wissenspsychologie. München.

Manegold, Karl-Heinz (Hg.) (1969a): Wissenschaft, Wirtschaft und Technik. Studien zur Geschichte. Wilhelm Treue zum 60. Geburtstag. München.

Manegold, Karl-Heinz (1969b): Zur Emanzipation der Technik im 19. Jahrhundert. In: Manegold (1969a) S.379-402.

Martin, J. / Harré, R. (1982): Metaphor in Science. In: Miall (1982) S.89-105.

Mattheier, Klaus (1983): Sprachgeschichte im 19. Jahrhundert. Protokoll einer Diskussionsrunde. In: Cramer (1983) Bd.2 S.202-203.

Mauel, Kurt (1969a): Das technische Lehr- und Fachbuch im Maschinenbau des 19. Jahrhunderts. In: Schmauderer (1969) S.165-186.

Mauel, Kurt (1969b): Die Rolle der Heißluftmaschine bei der Motorisierung des Kleingewerbes im 19. Jahrhundert. In: Manegold (1969a) S.340-350.

Mauel, Kurt (1971): Joseph von Baaders Vorschläge zum Bau von Eisenbahnen in Bayern 1800-1835. In: Technikgeschichte 38, S.48-56.

Mauel, Kurt (1974): Die Unabhängigkeit gleichzeitiger Erfindungen auf dem Gebiete des Verbrennungsmotors. In: Technikgeschichte 41, S.33-52.

Mauel, Kurt (1980): Arbeit und Leistung. Ihre Bestimmung und Messung in der Technik seit dem 18. Jahrhundert. In: Troitzsch/Wohlauf (1980) S.269-301.

Mayr, Otto (1973): Von Charles Talbot Porter zu Johann Friedrich Radinger. Die Anfänge der schnellaufenden Dampfmaschine und der Maschinendynamik. In: Technikgeschichte 40, S.1-32.

Menne, Albert (Hg.) (1987): Philosophische Probleme von Arbeit und Technik. Darmstadt.

Mensch, Gerhard (1975): Das technologische Patt. Innovationen überwinden die Depression. Frankfurt.

Mentrup, Wolfgang (Hg.) (1979): Fachsprachen und Gemeinsprache. Düsseldorf.

Mesch, Franz (1981): Die Technik im Selbstverständnis der Ingenieurwissenschaften. In: Ropohl (1981) S.37-45.

Mey, Hans J. (1984): Die Sprache des Computers. In: Sprache und Wissenschaft. Bern. S.57-71.

Meyer (1971-1979): Meyers Enzyklopädisches Lexikon. 9.Aufl. 25 Bände. Mannheim.

Miall, David (Hg.) (1982): Metaphor. Problems and Perspectives. Brighton.

Mittelberg, Ekkehart (1968): Die Boulevardpresse im Spannungsfeld der Technik. Eine Sprachanalyse anhand der BILD-Zeitung. In: Muttersprache 78, S.1-21.

Mittelstaedt, Peter (1972): Die Sprache der Physik. Aufsätze und Vorträge. Zürich.

Mittelstraß, Jürgen (1970): Neuzeit und Aufklärung. Studien zur Entstehung der neuzeitlichen Wissenschaft und Philosophie. Berlin.

Möhn, Dieter (1979a): Formen der fachexternen Kommunikation. Linguistische Analyse und fachdidaktische Vermittlung. In: Deutschunterricht 31, Heft 5, S.71-87.

Möhn, Dieter (1979b): Zur Aktualität der Fachsprachenforschung. In: Mentrup (1979) S.10-24.

Möhn, Dieter / Pelka, Roland (1984): Fachsprachen. Eine Einführung. Tübingen.

Möser, Kurt (1985): 'Poesie und Technik'. Zur Theorie und Praxis der Technikthematisierung bei Max Eyth. In: Technikgeschichte 52, S.313-330.

Möslein, Kurt (1974): Einige Entwicklungstendenzen in der Syntax der wissenschaftlich-technischen Literatur seit dem Ende des 18. Jahrhunderts. In: Hahn (1981) S.276-319. [Erstveröffentlichung 1974]

Mumford, Lewis (1974): Mythos der Maschine. Kultur, Technik und Macht. Wien.

Norman, Donald (1983): Some Observations on Mental Models. In: Gentner/Stevens (1983) S.7-14.

Oksaar, Els (1988): Fachsprachliche Dimensionen. Tübingen.

Opwis, Klaus (1985): Mentale Modelle dynamischer Systeme. (Phil. Diss.) Freiburg.

Ortony, Andrew (Hg.) (1979): Metaphor and Thought. Cambridge.

Ostwald, Wilhelm (1911): Sprache und Verkehr. Leipzig.

Otto, Helmut / Weber, Wolfhard (1977): Die Hettstedter Feuermaschine im zeitgenössischen Schrifttum. In: Technikgeschichte 44, S.238-245.

Pape, Richard (1927): Handbuch der Fachpresse. Berlin.

Paulinyi, Akos (1978): Kraftmaschine oder Arbeitsmaschine. Zum Problem der Basisinnovationen in der Industriellen Revolution. In: Technikgeschichte 45, S.173-188.

Paulinyi, Akos (1985): John Kays Schnellade, ihre Verbreitung und Folgewirkungen. Zur Problematik 'bekannter Tatsachen' in der Technikgeschichte. In: Technikgeschichte 52, S.95-112.

Pausch, Holger (1971): Anmerkungen zu Problemen und Strukturen der Wissenschaftssprache in der modernen Physik. In: Wirkendes Wort 21, S.411-424.

Pelka, Roland (1971): Werkstückbenennungen in der Metallverarbeitung. Göppingen.

Pelka, Roland (1979): Kommunikationsdifferenzierung in einem Industriebetrieb. In: Mentrup (1979) S.59-83.

Pelka, Roland (1982): Sprachliche Aspekte von Bedienungsanleitungen technischer Geräte und Maschinen. In: Grosse/Mentrup (1982) S.74-103.

Petrie, Hugh (1979): Metaphor and Learning. In: Ortony (1979) S.438-461.

Pflüger, Jörg / Schurz, Robert (1987): Der maschinelle Charakter. Sozialpsychologische Aspekte des Umgangs mit Computern. Opladen.

Piaget, Jean (1926/1988): Das Weltbild des Kindes. [Frz. Erstausgabe 1926.] [Zit. nach der dt. Tb.ausgabe 1988.]

Pörksen, Uwe (1986): Deutsche Naturwissenschaftssprachen. Historische und kritische Studien. Tübingen.

Polenz, Peter von (1983a): Die Sprachkrise der Jahrhundertwende und das bürgerliche Bildungsdeutsch. In: Sprache und Literatur in Wissenschaft und Unterricht 14, S.3-13.

Polenz, Peter von (1983b): Sozialgeschichtliche Aspekte der neueren deutschen Sprachgeschichte. In: Cramer (1983) Bd.2 S.3-21.

Polenz, Peter von (1989): Das 19. Jahrhundert als sprachgeschichtliches Periodisierungsproblem. In: Cherubim/Mattheier (1989) S.11-30.

Polenz, Peter von (1991): Sprachgeschichte und Mediengeschichte. In: Erscheinungsformen des Deutschen. Konkretisierung in Zeit, Raum und Gesellschaft. Festschrift für Hugo Steger. Hg. Jürgen Dittmann u.a. Berlin. [im Druck]

Popp, Helmut (Hg.) (1989): In der Kutsche durch Europa. Von der Lust und Last des Reisens im 18. und 19. Jahrhundert. Nördlingen.

Prescher, Hans (1985): Georgius Agricola. Persönlichkeit und Wirken für den Bergbau und das Hüttenwesen des 16.Jahrhunderts. (Kommentarband zum Faksimiledruck "Vom Bergkwerck XII Bücher" Basel 1557.) Leipzig.

Rahnenführer, Ilse (1965): Untersuchungen zur Entstehung des Fachwortschatzes des deutschen Eisenbahnwesens. (Phil. Diss.) Rostock.

Rammert, Werner (1987): Der nicht zu vernachlässigende Anteil des Alltagslebens selbst an seiner Technisierung. In: Lutz (1987) S.320-325.

Rapp, Friedrich (1981): Technik und Naturwissenschaft. In: Ropohl (1981) S.25-35.

Rehm, Margarete (1979/80): Der bibliographische Nachweis von Allgemeinenzyklopädien. In: DFW 27, Heft 6, S.163ff.

Riedel, Manfred (1987): Vom Biedermeier zum Maschinenzeitalter. Zur Kulturgeschichte der ersten Eisenbahnen in Deutschland. In: Segeberg (1987b) S.102-131.

Rindermann, Bernd u.a. (Hg.) (1986): Politisch–Sozialer Wortschatz im 19. Jahrhundert. Berlin.

Röhrich, Lutz / Meinel, Gertraud (1971/72): Redensarten aus dem Bereich von Handwerk und Gewerbe. In: Alemannisches Jahrbuch, S.163-198.

Ropohl, Günter (1977): Technologische Sprachkompetenz — ein Ziel der Ingenieurausbildung. In: Muttersprache Jg. 87, S.123-133.

Ropohl, Günter (1979): Eine Systemtheorie der Technik. Zur Grundlegung der Allgemeinen Technologie. München.

Ropohl, Günter (Hg.) (1981): Interdisziplinäre Technikforschung. Beiträge zur Bewertung und Steuerung der technischen Entwicklung. Berlin.

Ropohl, Günter (1985): Die unvollkommene Technik. Frankfurt.

Ropohl, Günter (1988): Zum gesellschaftstheoretischen Verständnis soziotechnischen Handelns im privaten Bereich. In: Joerges (1988) S.120-144.

Rosenkranz, Heinz (1978): Technischer Fortschritt als Motor des Bedeutungswandels. Aufgezeigt am thüringischen Kennwort 'Riebes'. In: Wissenschaftliche Zeitschrift der Universität Rostock 27, S.23-28.

Rost, Jürgen (1980): Gedächtnispsychologische Grundlagen naturwissenschaftlichen Wissens. Weinheim.

Rothschuh, Karl (1969): Die Rolle der Physiologie im Denken von Descartes. Nachwirkungen der Cartesischen Physiologie. In: Descartes (1664/1969) S.11-28, S.191-194.

Sachsse, Hans (Hg.) (1974): Technik und Gesellschaft. Bd.1: Literaturführer. München.

Sachsse, Hans (Hg.) (1976a): Technik und Gesellschaft. Bd.2: Ausgewählte und kommentierte Texte: Die Darstellung der Technik in der Literatur, Organisationsformen technischer Zusammenarbeit. München.

Sachsse, Hans (Hg.) (1976b): Technik und Gesellschaft. Bd.3: Ausgewählte und kommentierte Texte: Selbstzeugnisse der Techniker, Philosophie der Technik. München.

Sachsse, Hans (1978): Anthropologie der Technik. Ein Beitrag zur Stellung des Menschen in der Welt. Braunschweig.

Sachsse, Hans (1984): Ökologische Philosophie. Natur, Technik, Gesellschaft. Darmstadt.

Sass, Friedrich (1962): Geschichte des deutschen Verbrennungsmotorenbaus von 1860 bis 1918. Berlin.

Schank, Roger (1975): Conceptual Information Processing. Amsterdam.

Schank, Roger / Abelson, Robert (1977): Scripts, plans, goals and understanding. An Inquiry into Human Knowledge Structures. Hillsdale.

Schanze, Helmut (1983): Von Riesen, Geistern und Zwergen. Überlegungen zum Einfluß der Elektronischen Datenverarbeitung auf Lesen und Schreiben. In: Deutschunterricht 35, Heft 4, S.5-14.

Schenker, Walter (1977): Plädoyer für eine Sprachgeschichte als Textsortengeschichte. In: Deutsche Sprache 5, S.141ff.

Schewe, Wolfgang / Spiegel, Heinz-Rudi (1980): Der Beitrag des DIN und des VDI zur Terminologiearbeit und Fachsprachenforschung. In: Gnutzmann/ Turner (1980) S.11-25.

Schildt, Joachim u.a. (1981): Die Auswirkungen der industriellen Revolution auf die deutsche Sprachentwicklung im 19. Jahrhundert. Berlin.

Schildt, Joachim (1989): Sprache und Sozialgeschichte. Aspekte ihrer Wechselwirkung im 19. Jahrhundert. In: Cherubim/Mattheier (1989) S.31-41.

Schirmer, Alfred (1952): Beseeltes Gerät. In: Muttersprache Jg. 1952, S.158-162.

Schirmer, Alfred / Mitzka, Walter (1969): Deutsche Wortkunde. 6.Aufl. Berlin.

Schivelbusch, Wolfgang (1977): Geschichte der Eisenbahnreise. Zur Industrialisierung von Raum und Zeit im 19. Jahrhundert. München.

Schmauderer, Eberhard (Hg.) (1969): Buch und Wissenschaft. Beispiele aus der Geschichte der Medizin, Naturwissenschaft und Technik. Düsseldorf.

Schmidt-Biggemann, Wilhelm (1980): Maschine. In: Historisches Wörterbuch der Philosophie Bd.5 Sp.790-802.

Schmitz, Ulrich (1988): Maschinelle Operationen als menschliche Handlungen. In: Fiehler/Weingarten (1988) S.159-177.

Schnotz, Wolfgang (1988): Textverstehen als Aufbau mentaler Modelle. In: Mandl/Spada (1988) S.299-330.

Schönemann, Fritz (1987): Vom Schöpfrad zur Kreiselpumpe. Geschichte der Pumpen und ihrer Antriebe durch fünf Jahrtausende. Düsseldorf.

Scholl, Lars U. (1981): Der Ingenieur in Ausbildung, Beruf und Gesellschaft 1856-1881. In: Ludwig (1981) S.1-66.

Schulze, Erich (1978): Der Terminus, Eigenschaften und Wesen sowie seine Abgrenzung von anderen Lexemarten. In: Hoffmann (1978) S.173-191.

Schwarz, Ernst (1967): Kurze deutsche Wortgeschichte. Darmstadt.

Schwarze, Christoph / Wunderlich, Dieter (Hg.) (1985): Handbuch der Lexikologie. Königstein.

Segeberg, Harro (1987a): Literarische Technik-Bilder. Studien zum Verhältnis von Technik- und Literaturgeschichte im 19. und frühen 20. Jahrhundert. Tübingen.

Segeberg, Harro (Hg.) (1987b): Technik in der Literatur. Ein Forschungsüberblick und 12 Aufsätze. Frankfurt.

Seherr-Thoss, Hans Christoph Graf von (Hg.) (1984): Zwei Männer — Ein Stern. Gottlieb Daimler und Karl Benz in Bildern, Daten und Dokumenten. Düsseldorf.

Seibicke, Wilfried (1968): Technik. Versuch einer Geschichte der Wortfamilie um 'techne' in Deutschland vom 16. Jahrhundert bis etwa 1830. Düsseldorf.

Seibicke, Wilfried (1985a): Fachsprachen in historischer Entwicklung. In: Sprachgeschichte (1985) Bd.2, S.1998-2008.

Seibicke, Wilfried (1985b): Von Christian Wolff zu Johann Beckmann. Fachsprache im 18. Jahrhundert. In: Mehrsprachigkeit in der deutschen Aufklärung. Hg. Dieter Kimpel. Hamburg. S.42-51.

Sieferle, Rolf Peter (1984): Fortschrittsfeinde? Opposition gegen Technik und Industrie von der Romantik bis zur Gegenwart. München.

Simmen, René (Hg.) (1967): Der mechanische Mensch. Texte und Dokumente über Automaten, Androiden und Roboter. Zürich.

Spengler, Oswald (1923): Der Untergang des Abendlandes. [Zit. nach der Taschenbuchausgabe: München 1972.]

Spengler, Oswald (1931): Der Mensch und die Technik. Beiträge zu einer Philosophie des Lebens. München.

Spiegel, Heinz-Rudi (1972): Zum Fachwortschatz des Eisenhüttenwesens im 18. Jahrhundert in Deutschland. Düsseldorf.

Spiegel, Heinz-Rudi (1979): Neubenennungen in den technischen Fachsprachen. In: Deutschunterricht 31, H.5, S.22-34.

Spiegel, Heinz-Rudi (1981): Vorindustrielle technische Fachsprachen und ihr Wandel durch den Industrialisierungsprozeß. In: Troitzsch (1981) S.139-153.

Spillner, Bernd (1989): Stilelemente im fachsprachlichen Diskurs. In: Technische Sprache und Technolekte in der Romania. Hg. W.Dahmen u.a. Tübingen. S.2-19.

Sprache und Technik (1932). Bearbeitet im Auftrage des Deutschen Verbandes Technisch-Wissenschaftlicher Vereine von W. Landsberg. Berlin.

Sprachgeschichte (1984/1985). Ein Handbuch zur Geschichte der deutschen Sprache und ihrer Erforschung. Hg. W. Besch u.a. Bd.1 (1984), Bd.2 (1985). Berlin.

Sprondel, Walter M. (1979): "Experte" und "Laie": Zur Entwicklung von Typenbegriffen in der Wissenssoziologie. In: ders. u.a. (Hg.); Alfred Schütz und die Idee des Alltags in den Sozialwissenschaften. Stuttgart. S.140-154.

Stammel, Hans (1982): Der Kraftbegriff in Leibniz' Physik. (Phil. Diss.) Mannheim.

Steger, Hugo (1980): Normprobleme. In: Die Sprachnorm-Diskussion in Presse, Hörfunk und Fernsehen. Bearb. B. Mogge. Stuttgart. S.210-219.

Steger, Hugo (1984): Sprachgeschichte als Geschichte der Textsorten/Texttypen und ihrer kommunikativen Bezugsbereiche. In: Sprachgeschichte (1984) Bd.1, S.186-204.

Steger, Hugo (1986): Zur Frage einer Neukonzeption der Wortgeschichte der Neuzeit. In: Kontroversen, alte und neue. Bd 4. Tübingen. S.203-209.

Steger, Hugo (1988a): Erscheinungsformen der deutschen Sprache. In: Deutsche Sprache 16, S.289-319.

Steger, Hugo (1988b): Revolution des Denkens im Focus von Begriffen und Wörtern. In: Festschrift für Ingo Reiffenstein. Hg. Peter K. Stein u.a. Göppingen.

Steger, Hugo (1991): Alltagssprache. Zur Frage nach ihrem besonderen Status in medialer und semantischer Hinsicht. [im Druck]

Steinbuch, Karl (1987): Das große Unverständnis der Technik und seine Folgen. In: Menne (1987) S.143-160.

Steiner, Gerhard (1988): Analoge Repräsentationen. In: Mandl/Spada (1988) S.99-119.

Stollberg-Rilinger, Barbara (1986): Der Staat als Maschine. Zur politischen Metaphorik des absoluten Fürstenstaates. Berlin.

Stork, Heinrich (1977): Einführung in die Philosophie der Technik. Darmstadt.

Stoyan, Herbert (1988): Wissen wissensbasierte Programme etwas? In: Heyer u.a. (1988) S.250-261.

Strandh, Sigvard (1980): Die Maschine. Geschichte, Elemente, Funktion. Ein enzyklopädisches Sachbuch. Freiburg.

Strube, Gerhard (1986): Computer als Modelle menschlicher Informationsverarbeitung. In: Tischvorlage zu Referat 18, IBM-Hochschulkongreß Oktober 1986 in Baden-Baden.

Studien (1980): Studien zur deutschen Sprachgeschichte im 19. Jahrhundert. Berlin.

Stummvoll, Josef (1935): Tagespresse und Technik. Die technische Berichterstattung der deutschen Tageszeitung. Dresden. (Phil. Diss. Leipzig 1933)

Szabó, István (1979): Geschichte der mechanischen Prinzipien und ihrer wichtigsten Anwendungen. 2.Aufl. Basel.

Taenzler, Walter (1955): Der Wortschatz des Maschinenbaus im 16., 17. u. 18. Jahrhundert. (Phil. Diss.) Bonn.

Tarr, László (1978): Karren, Kutsche, Karosse. 2.Aufl. Berlin, Budapest.

Technik im Leben (1986): Wie funktioniert das? Die Technik im Leben von heute. 3.Aufl. Mannheim.

Teichmann, Jürgen (1974): Zur Entwicklung von Grundbegriffen der Elektrizitätslehre, insbesondere des elektrischen Stromes bis 1820. Hildesheim.

Teichmann, Jürgen (1983): Wandel des Weltbildes. Astronomie, Physik und Meßtechnik in der Kulturgeschichte. 2.Aufl. Darmstadt.

Tergan, Sigmar-Olaf (1986): Modelle der Wissensrepräsentation als Grundlage qualitativer Wissensdiagnostik. Opladen.

Tetens, Holm (1979): Der Status des Massen- und Kraftbegriffs in einer technikorientierten Interpretation der klassischen Mechanik. In: Balzer/Kamlah (1979) S.239-255.

Theimer, Walter (1986): Handbuch naturwissenschaftlicher Grundbegriffe. 2.Aufl. Tübingen.

Thesaurus Maschinenbau (1979). Hg. Fachinformationszentrum Technik Frankfurt a.M. 5.Aufl. Frankfurt.

Thiele, Joachim (1968): Formen der Verwendung naturwissenschaftlicher Begriffe in literarischen Texten. In: Muttersprache 78, S.333-341.

Treue, Wilhelm (1970): Dinglers Polytechnisches Journal. In: Technikgeschichte 37, S.1-12.

Treue, Wilhelm (Hg.) (1977): Deutsche Technikgeschichte. Göttingen.

Troitzsch, Ulrich (1969): Zur Entwicklung der (poly–) technischen Zeitschriften in Deutschland zwischen 1820 und 1850. In: Manegold (1969a) S.331-339.

Troitzsch, Ulrich (1970): Die Rolle des Ingenieurs in der Frühindustrialisierung — ein Forschungsproblem. In: Technikgeschichte 37, S.289ff.

Troitzsch, Ulrich (1975a): Technisches Schulwesen, Wissenschaftsorganisation und Wissenschaftspolitik in Deutschland (1850-1914). In: Technikgeschichte 42, S.35-43.

Troitzsch, Ulrich (1975b): Zum Stande der Forschung über Jacob Leupold. In: Technikgeschichte 42, S.263-286.

Troitzsch, Ulrich (Hg.) (1981): Technologischer Wandel im 18. Jahrhundert. Wolfenbüttel.

Troitzsch, Ulrich (1987): Deutschsprachige Veröffentlichungen zur Geschichte der Technik 1978-1985. Ein Literaturbericht. In: Archiv für Sozialgeschichte 27, S.361-438.

Troitzsch, Ulrich / Weber, Wolfhard (1977): Methodologische Überlegungen für eine künftige Technikhistorie. In: Treue (1977) S.99-122.

Troitzsch, Ulrich / Wohlauf, Gabriele (Hg.) (1980): Technik–Geschichte. Historische Beiträge und neuere Ansätze. Frankfurt. [Einführung S.9-42]

Turkle, Sherry (1984): Die Wunschmaschine. Vom Entstehen der Computerkultur. Reinbek.

Ullrich, Otto (1977): Technik und Herrschaft. Vom Handwerk zur verdinglichten Blockstruktur industrieller Produktion. Frankfurt.

Unger, Christine (1980): Untersuchungen zur Herausbildung und Entwicklung des elektrotechnischen Fachwortschatzes im 19. Jahrhundert. In: Studien (1980) S.130-200.

Varchmin, Jochim / Radkau, Joachim (1981): Kraft, Energie und Arbeit. Energie und Gesellschaft. Reinbek.

VDI–Richtlinie 3772 (1980). Leistung und Funktion des Fachwortes in den technischen Fachsprachen. Düsseldorf.

Wagner, Kurt (1974): Das 19. Jahrhundert. In: Maurer, Friedrich / Rupp, Heinz (Hg.); Deutsche Wortgeschichte. 3.Aufl. Bd.2. Berlin. S.493-528.

Walther-Klaus, Ellen (1987): Begriffsbestimmungen der Technik. In: Menne (1987) S.203-213.

Weber, Wolfhard (1975): Industriespionage als technologischer Transfer in der Frühindustrialisierung Deutschlands. In: Technikgeschichte 42, S.287-305.

Weber, Rolf-Albert (1978a): Studien zur physikalischen Begriffsbildung. (Päd. Diss.) Duisburg.

Weber, Wolfhard (1978b): Quellenprobleme der historischen Innovationsforschung für das 18. und 19. Jahrhundert. In: Technikgeschichte 45, S.162-172.

Weber, Wolfhard (1981): Probleme des Technologietransfers in Europa im 18. Jahrhundert. In: Troitzsch (1981) S.189ff.

Weber, Werner / Maurer, Hans-Joachim (1977): Die Entdeckung der Röntgenstrahlen in der Trivialliteratur und der Fachpresse von 1896-1901. In: Technikgeschichte 44, S.324ff.

Weckerle, Eduard (1928): Rad und Raum. Soziologische Betrachtungen über das Transportwesen. Jena.

Weingart, Peter (1988): Differenzierung der Technik oder Entdifferenzierung der Kultur. In: Joerges (1988) S.145ff.

Weingarten, Rüdiger (1988): Typisierungen technisierter Kommunikation. In: Fiehler/Weingarten (1988) S.57-74.

Wender, Karl (1984): Semantische Netzwerke als Bestandteil gedächtnispsychologischer Theorien. In: Mandl/Spada (1988) S.55-73.

Wessels, Michael (1984): Kognitive Psychologie. New York.

Wettler, Manfred (1980): Sprache, Gedächtnis, Verstehen. Berlin, New York.

Weydt, Harald (1986): Wissen — Sprechen — Metaphern. In: Zeitschrift für Literaturwissenschaft und Linguistik 16, Heft 64, S.87-97.

Wiegand, Herbert Ernst (1977): Fachsprachen im einsprachigen Wörterbuch. Kritik, Provokationen und praktisch-pragmatische Vorschläge. In: Kongreßbericht der 7. Jahrestagung der GAL. Bd.3. Stuttgart. S.39-65.

Wiegand, Herbert Ernst (1988): Was eigentlich ist Fachlexikographie. In: Deutscher Wortschatz. Lexikologische Studien. Festschrift für Ludwig Erich Schmitt. Berlin. S.729-790.

Wimmer, Rainer (1979): Das Verhältnis von Fachsprache und Gemeinsprache in Lehrtexten. In: Mentrup (1979) S.246ff.

Wimmer, Rainer (1983): Metaphorik in der Sprachgeschichtsschreibung. In: Cramer (1983) Bd.2 S.63-82.

Zimmer, Hubert / Engelkamp, Johannes (1988): Informationsverarbeitung zwischen Modalitätsspezifität und propositionalem Einheitensystem. In: Heyer u.a. (1988) S.130-154.

Zoeppritz, Magdalena (1988): 'Kommunikation' mit der Maschine. In: Fiehler/Weingarten (1988) S.109-122.

Bei Fragen zur Produktsicherheit wenden Sie sich bitte an:
If you have any questions regarding product safety,
please contact:

Walter de Gruyter GmbH
Genthiner Straße 13
10785 Berlin
productsafety@degruyterbrill.com